家畜卵母细胞生理和发育

Oocyte Physiology and Development in Domestic Animals

〔美〕R. L. 克里舍　主编

王欣荣　主译

科 学 出 版 社

北 京

图字：01-2018-4866 号

内 容 简 介

哺乳动物的生命从最初的形式——受精卵开始，经过了细胞分化后发育为多细胞的胚胎，卵母细胞在其中发挥了关键作用。本书以卵母细胞为研究对象，阐述了家畜、实验动物及人类生殖过程中与卵母细胞发育能力相关的分子调控机制，包括早期卵泡的激活、卵母细胞的生长、核成熟的调控、核基因的表达、卵母细胞的代谢需求、卵母细胞后续发育的调控等；系统总结了卵母细胞生理和发育方面的新进展和新成果，包括生物标志物的发现、卵母细胞发育能力的鉴别等。

本书为卵母细胞的生理学研究提供了一个广阔的信息视野，可作为从事家畜生殖生理、繁殖调控机制研究的科研人员、高校教师、研究生等的参考用书，亦可作为动物科学、动物医学、生命科学、生物学等专业本科生和研究生的课外读物，对于从事人类生殖医学研究的相关人员也有一定的参考价值。

图书在版编目（CIP）数据

家畜卵母细胞生理和发育 / (美) R. L. 克里舍（Rebecca L. Krisher）主编；王欣荣主译. —北京：科学出版社，2018.9

书名原文：Oocyte Physiology and Development in Domestic Animals

ISBN 978-7-03-058856-2

Ⅰ. ①家… Ⅱ. ①R… ②王… Ⅲ. ①家畜–卵母细胞–研究 Ⅳ. ①S814

中国版本图书馆CIP数据核字（2018）第213932号

责任编辑：李秀伟 岳漫宇 / 责任校对：郑金红

责任印制：张 伟 / 封面设计：刘新新

科 学 出 版 社 出版

北京东黄城根北街 16 号

邮政编码：100717

http://www.sciencep.com

北京建宏印刷有限公司 印刷

科学出版社发行 各地新华书店经销

*

2018 年 9 月第 一 版 开本：720 × 1000 1/16

2019 年 3 月第二次印刷 印张：17 3/4

字数：358 000

定价：128.00 元

（如有印装质量问题，我社负责调换）

谨以此书，献给我的父母：Frederick Krisher 先生和 Mary Ellen Krisher 女士，在我追求科学的旅途中，衷心感谢他们坚定的支持、信任及无私的付出。

《家畜卵母细胞生理和发育》
参加翻译人员

主　译：

王欣荣　甘肃农业大学　　　　博士、副教授

审　校：

孟庆刚　美国犹他州立大学　　博士、高级研究员

副主译：

郭天芬　中国农业科学院兰州畜牧与兽药研究所

李明娜　甘肃农业大学

杨雅楠　甘肃农业大学

翻译和校对人员：

刘　婷　贺延玉　梁　翕　王　彪　刘成泽

张　帆　毛彩琴　郭亚军　杨燕燕　铁雅楠

英文版参编人员名录

Mourad Assidi	Centre de Recherche en Biologie de la Reproduction, Université Laval, Québec City, Québec, Canada
Claudia Baumann	Department of Physiology and Pharmacology, College of Veterinary Medicine, University of Georgia, Athens, GA, USA
Rabindranath De La Fuente	Department of Physiology and Pharmacology, College of Veterinary Medicine, University of Georgia, Athens, GA, USA
Robert B. Gilchrist	Research Centre for Reproductive Health, Robinson Institute, School of Paediatrics and Reproductive Health, The University of Adelaide, Adelaide, Australia
Jason R. Herrick	National Foundation for Fertility Research, Lone Tree, CO, USA
Md M. Hossain	Institute of Animal Science, University of Bonn, Bonn, Germany and Department of Animal Breeding and Genetics, Bangladesh Agricultural University, Mymensingh, Bangladesh
Joshua Johnson	Yale School of Medicine, Department of OB/GYN & Reproductive Sciences, New Haven, CT, USA
Rebecca L. Krisher	National Foundation for Fertility Research, Lone Tree, CO, USA
Pat Lonergan	School of Agriculture and Food Science, University College Dublin, Belfield, Dublin, Ireland
Zoltan Machaty	Department of Animal Sciences, Purdue University, West Lafayette, IN, USA
David G. Mottershead	Research Centre for Reproductive Health, Robinson Institute, School of Paediatrics and Reproductive Health, The University of Adelaide, Adelaide, Australia
Melissa Pepling	Department of Biology, Syracuse University, Syracuse, NY, USA
Karl Schellander	Institute of Animal Science, University of Bonn, Bonn, Germany

Masayuki Shimada	Laboratory of Reproductive Endocrinology, Graduate School of Biosphere Science, Hiroshima University, Higashi-Hiroshima, Hiroshima, Japan
Marc-André Sirard	Centre de Recherche en Biologie de la Reproduction, Université Laval, Québec City, Québec, Canada
George W. Smith	Laboratory of Mammalian Reproductive Biology and Genomics, Departments of Animal Science and Physiology, Michigan State University, East Lansing, MI, USA
Dawit Tesfaye	Institute of Animal Science, University of Bonn, Bonn, Germany
Jeremy G. Thompson	Research Centre for Reproductive Health, Robinson Institute, School of Paediatrics and Reproductive Health, The University of Adelaide, Adelaide, Australia
Swamy K. Tripurani	Laboratory of Animal Biotechnology and Genomics, Division of Animal and Nutritional Sciences, West Virginia University, Morgantown, WV, USA
Maria M. Viveiros	Department of Physiology and Pharmacology, College of Veterinary Medicine, University of Georgia, Athens, GA, USA
Jianbo Yao	Laboratory of Animal Biotechnology and Genomics, Division of Animal and Nutritional Sciences, West Virginia University, Morgantown, WV, USA

译 者 的 话

由美国伊利诺伊大学动物科学系的 Rebecca L. Krisher 教授主编的《家畜卵母细胞生理和发育》一书是关于卵母细胞生理、基因调控及发育机制的专著，系统地阐述了过去的 20 多年间在卵母细胞领域的研究进展和成果，内容涉及早期卵泡激活、卵母细胞生长、卵母细胞和卵泡的关系、核成熟调控、基因表达调控、卵母细胞代谢需求、卵母细胞激活，以及后续发育调控等方面。

卵母细胞是胚胎发育的基础，结构复杂而且神秘莫测。从受精卵形成开始，到成为具有多细胞功能的生物体，单个的卵母细胞发挥着关键作用。《家畜卵母细胞生理和发育》深刻揭示了动物繁殖过程中与卵母细胞发育能力密切相关的分子调控机制，本书对有关内容的阐述富有价值且相对集中，为卵母细胞的生理学研究提供了一个广阔的信息视野。各章着眼于卵母细胞发育的关键阶段多样化的生化机制，特别是一些新的进展如生物标志物的发现、卵母细胞发育能力的鉴别、体外成熟期系统生物学方法的应用等也被包括在内。本书对家畜卵母细胞生理和发育研究领域的新进展所做的系统而全面的总结，可为动物科学和生殖科学研究领域的相关人员提供一定的参考。

我们在本书的翻译过程中，始终坚持忠实原文的指导思想，严格遵守科学出版社《翻译图书编写须知》进行文字的处理，对于专业术语的翻译，依据《英汉生物学词汇（第二版）》和全国科学技术名词审定委员会的“术语在线”检索工具进行规范处理，并遵循翻译规范处理了类似或相关的一些术语表达，个别尚未统一的词汇，我们通过参阅相关文献，并结合上下文含义，进行灵活处理，目的是尽可能不产生歧义，能够忠实反映原文要义。专业书籍的翻译工作是一项系统工程，为真实呈现原文全貌，我们组织了专业功底扎实、英文基础较好、汉语写作规范的工作团队来翻译本书，其中部分成员具有留学背景。翻译团队成员之间既有明确分工，又有密切合作，主译与副主译严格把关，翻译与审校认真负责，既努力实现译文的“信”和“达”，又要通过全文统稿，力争文字优雅、文法规范。本书翻译人员主要来自甘肃农业大学动物科学技术学院、动物医学院，以及中国农业科学院兰州畜牧与兽药研究所的教学或科研一线的骨干教师、科研人员及博士、硕士研究生。为了尽快完成本书的翻译工作，在近 6 个月的翻译审校过程中，同志们加班加点，辛勤工作，付出了巨大的努力和辛劳，我谨向所有参加本书译校工作的同志们表示最崇高的敬意和衷心的感谢。同时，在本书翻译及交付编辑加工、校对及出版过程中，科学出版社的工作人员做了认真细致的编前工作，并在书稿编辑、质量把关方面付出了很大心血，科学出版社责任编辑细致严谨、求实敬业的工作精神是本书顺利出版的有力保障，在此向他们表达最诚挚的谢意。

美国犹他州立大学农学院华人学者孟庆刚博士，从事哺乳动物生殖生理学，特别是卵母细胞生理学研究多年，本书翻译完稿后，孟博士对翻译的忠实性、术语的规范性及文字表述的专业性做了细致入微的校对、审核及修改，并提出了许多很好的修改建议，在此表达我们真心的感谢。另外，四川农业大学动物科技学院的周光斌教授对本书的翻译出版也给予了支持和鼓励，并惠赠封面图片，在此一并表达感谢。

本书的出版受到国家自然科学基金项目“繁殖力差异绵羊卵巢微血管构筑特征及血管发生有关基因表达差异的研究（31560634）”经费的全额资助，我们对国家自然科学基金委员会给予的支持也致以诚挚的感谢。

本书内容专业性很强，涉及领域广，专业术语众多，翻译工作量大，出版时间也较紧迫，虽然翻译团队的同志们竭尽所能，但因为受本人专业知识、业务能力、翻译水平所限，加上时间有限，故在翻译过程中不可避免会出现错漏，文字表达上可能不够规范，专业表述可能不够准确，对可能出现的上述问题，敬请有关专家学者和广大读者谅解并不吝指正为盼。

王欣荣
2018 年 5 月 1 日于兰州

原书前言

卵母细胞是一种特殊的细胞，是胚胎发育的基础，它具备从单细胞的受精卵到发育完成并形成可独立生存的多细胞生物的能力，因此相当复杂。卵母细胞的生长和成熟是一个自身高度协调的过程，最终它将对雌性动物的生殖能力和后代健康产生深远的影响。我们所面临的任务是继续了解卵母细胞的生理机能，并阐明卵母细胞发育能力的分子调控机制。在这方面我们已经取得了很大进展，本书各章节展示的内容就是最好的证明。在研究卵母细胞生化机制的作用方面，我们的进展也十分显著，涵盖了从早期卵泡激活、卵母细胞生长到卵母细胞和卵泡之间的关系、核成熟调控、基因表达调控、代谢需求、卵母细胞激活及之后的发育调控等方面。这些研究推动了用于鉴别优质卵母细胞的生物标记物的开发进程。而当我们尝试在实验室条件下实现这些生理过程时，特别是从分子生物学和系统生物学的角度，我们也正在学习和领会这些微妙而协调的生理过程被赋予的重要涵义。对于家畜辅助生殖技术而言，这些知识具有实质性的意义；对于农业生产及生物医学应用方面，这些知识同样显得意义非凡。此外，我们从家畜和实验动物模型中获取的许多知识会直接推动人类医学科学的进步。

本书的出版目的之一是希望能够提供一个系统化的综述材料，以总结当前关于卵母细胞生理生化机制的科学知识。更为重要的是，我希望这些知识能激发现在和未来的科学家之间的学术交流、科研合作及批判性思维，以鼓励在这个令人振奋的研究领域取得新突破和新进展。

原书致谢

首先，非常感谢所有作者为本书所做的贡献，在许多物种卵母细胞生理学研究的多个重点领域，他们提供了一系列非常优秀且具有历史意义的科学知识、前沿的学术思想和理论。作为本书第一版的编辑，所有作者对我非常亲切且很有耐心，我很荣幸能够成为哺乳动物卵母细胞研究成果的召集人。我相信，研究成果最终将会是对这一领域科学知识的重大补充，因此我谨向分享他们专业知识的所有作者致以最崇高的敬意。

同时我也很感谢 Wiley-Blackwell 的编辑 Justin Jeffryes 先生，如果没有他，该书就不会取得如此的成就，他做了大量的调查并仔细指导了整本书的编辑过程，并且能够保持一贯的耐心、理解和支持，最重要的还有鼓励。Justin Jeffryes 先生一直坚信这本书具有时效性与重要性，当我们看到本书完稿时，我确信他做出了正确的评价。

目　录

1　卵泡前期和卵泡期卵母细胞的发育

Melissa Pepling

1.1　简　　介

本章重点讨论：雌性生殖细胞从细胞定位开始，经过原始卵泡形成（primordial follicle formation）、初始激活及周期性激活，到生长为雌性性腺生殖细胞（germ cell）的发育过程。在大多数物种中该发育过程是相似的，但在时序上会出现一些变化（表 1.1）。本章不讨论原始生殖细胞（primordial germ cell, PGC）到性腺的迁移（migration）过程，也不涉及性别决定问题。对于雌性啮齿动物生殖细胞的发育已有大量的相关研究，因此本章首先讨论啮齿动物的研究概况，其次是家养动物的相关研究。

1.2　生殖细胞包囊和卵巢索形成

小鼠的原始生殖细胞在交配后的 10.5 天到达生殖嵴（genital ridge），并于交配后 13.5 天（days post coitum, dpc）开始有丝分裂（mitosis）（图 1.1a）（Monk & McLaren, 1981）。在此期间，生殖细胞被划分为卵原细胞（oogonia）并发育为相

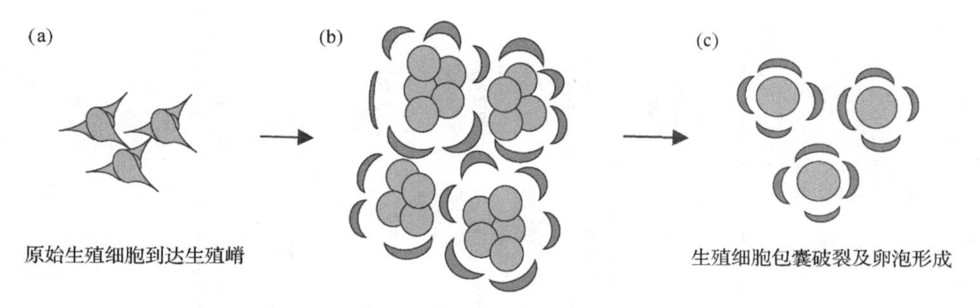

图 1.1　哺乳动物原始卵泡形成的卵母细胞发育事件顺序

（a）原始生殖细胞在未来性腺的外部形成，之后在胚胎发育期迁移至最终的位置。（b）接着生殖细胞分裂形成生殖细胞包囊及围绕着包囊的体细胞，从而形成卵巢索；处于包囊时，生殖细胞进入减数分裂前期 I 的双线期停滞；当生殖细胞开始减数分裂时就被称为卵母细胞。（c）生殖细胞包囊破裂，一些卵母细胞凋亡，其余的卵母细胞围绕体细胞形成原始卵泡。

表 1.1　人、小鼠和几种家畜雌性生殖细胞发育的时间（妊娠天数）

	奶牛	绵羊	猪	山羊	马	小鼠	人
到达生殖腺时间	35（Erickson, 1996）	23（Juengel et al., 2002）	18（Black & Erickson, 1968）	25（Lee et al., 1998）	22（Curran et al., 1997）	10.5（Monk & McLaren, 1981）	28（Witschi,1948）
生殖细胞包囊或卵巢索形成时间	57~90（Garverick et al., 2010; Russe, 1983）	38~75（Juengel et al., 2002; Sawyer et al., 2002）	20~50（Black & Erickson, 1968）	35~90（Pailhoux et al., 2002）		10.5~13.5（Mazaud et al., 2005; Pepling & Spradling, 1998）	50~140（Hartshorne et al., 2009）
减数分裂开始时间	75~82（Erickson, 1966; Russe, 1983）	55（Sawyer et al., 2002）	47（Bielanska-Osuchowska, 2006）	55（Pailhoux et al., 2002; Pannetier et al., 2006）	60（Deanesly, 1997）	13.5（McLaren, 2000）	70（Hartshorne et al., 2009）
卵泡形成时间	90（Yang & Fortune, 2008）	66~75（Juengel et al., 2002; Russe, 1983）	56~68（Bielanska-Osuchowska, 2006; Oxender et al., 1979）	90（Pailhoux et al., 2002; Pannetier et al., 2006）	102（Deanesly, 1977）	17.5（Pepling et al., 2010）	140（Gillman, 1948; Gondos et al., 1971; Witschi, 1963）
卵泡发育时间（第一个卵泡波）	140（Yang & Fortune, 2008）	100（Sawyer et al., 2002）	75~90（Ding et al., 2010; Oxender et al., 1979）			17.5（Pepling et al., 20110）	150（Hartshorne et al., 2009）
妊娠天数	280	145	112	150	340	19.5	280

互联系的细胞簇，此时称为生殖细胞包囊（germ cell cyst）（图 1.1b 和图 1.3a）（Pepling & Spradling, 1998）。关于生殖细胞包囊在雌性和雄性无脊椎动物中已有深入研究（de Cuevas et al., 1997）。在雌果蝇中，经生殖干细胞（germline stem cell, GSC）分裂产生，并由一个子代细胞和一个包囊形成的细胞所组成的包囊被称为包囊干细胞（cystoblast）。GSC 经历了 4 个同步的有丝分裂细胞周期，但每个细胞分裂后的胞质分裂（cytokinesis）都不完整，所以细胞须通过细胞间桥（intercellular bridge）来保持联系。其中只有一个包囊细胞变为卵母细胞（oocyte），其余细胞则作为营养细胞（nurse cell）并借助细胞间桥为卵母细胞提供营养物质。

雌鼠生殖细胞与果蝇生殖细胞包囊有几个共同的特征，包括同期分裂（synchronous division）、不完整胞质分裂、细胞间桥联系及分子和细胞器的跨间桥运送（Pepling & Spradling, 1998）。与果蝇不同，小鼠中每个包囊细胞的数量似乎都是可变的，并且在一些正在分裂的包囊细胞中同期分裂没有出现，目前还不确定小鼠包囊细胞中的一些生殖细胞是否能作为营养细胞。在果蝇中，卵母细胞获得来自营养细胞的胞质后，体积增大（de Cuevas et al., 1997），但这种现象在小鼠中并没有出现（Pepling & Spradling, 2001）。当卵原细胞分裂并形成生殖细胞包囊时，这些细胞簇就被封闭在由基膜环绕的上皮前颗粒细胞组成的卵巢索（ovigerous cord）中（Mazaud et al., 2005）。小鼠前颗粒细胞有三种可能的来源：与中肾相连的卵巢网（rete ovarii）、性腺间充质细胞（mesenchymal cell）及卵巢表面上皮细胞（Liu et al., 2010）。前颗粒细胞可能来源于上述的一种或三种，且还因物种不同而异（Sawyer et al., 2002）。

卵巢索的分子水平调控和生殖细胞包囊的形成目前尚不清楚。当原始生殖细胞到达性腺时，其数量会受到 Kit 信号（Kit signaling）、成纤维细胞生长因子（fibroblast growth factor, FGF）信号和白介素通路（interleukin pathway）等信号通路的调控（表 1.2）（Farini et al., 2005; Merkwitz et al., 2011; Takeuchi et al., 2005）。另外，八聚体结合转录因子 4（octamer binding transcription factor 4, Oct4）和生殖细胞增殖相关蛋白 3（Nanos3）能使生殖细胞免于凋亡（apoptosis）（Kehler et al., 2004; Suzuki et al., 2008），然而转化生长因子 β1（transforming growth factor β1, TGFβ1）和激活素（activin）会阻碍原始生殖细胞增殖（Richards et al., 1999）。到达卵巢后有几个基因与生殖细胞的后期调控有关（表 1.2）。现已表明，有两个 B-细胞白血病/淋巴瘤-2 家族（B-cell leukemia/lymphoma 2 family, Bcl2）成员——Bcl-x 和 Bax，对生殖细胞的存活有调控作用（Rucker et al., 2000）。在小鼠交配 15.5 天后，*bcl-x* 亚等位基因会使生殖细胞受损，但当缺乏 *bcl-x* 和 *bax* 时，小鼠生殖细胞数恢复。其他的细胞凋亡（cell death）调节因子如 Bcl2 和 Caspase 2，也与成年动物卵巢中卵母细胞的存活有关（Bergeron et al., 1998; Ratts et al., 1995）。另外还有几个基因会轻微影响到卵巢中生殖细胞的存活，比如在 β-连环蛋白（*β-catenin*）基因、卵泡抑素（*follistatin, fst*）基因、R-脊椎蛋白同源体 1（R-spondin homolog 1, rspo1）及细胞外因子 4（wnt4）等。在突变体小鼠交配后的 16.5 天卵母细胞开始减少（Chassot et al., 2008; Liu et al., 2009; Tomizuka et al., 2008; Yao et al., 2004）。此外，当突变体缺乏这些基因时，在睾丸中也能观察到类似的特征。

表 1.2 与生殖细胞存活有关的基因

基因	蛋白/功能	雌性突变体表型	文献
bcl-x	抗细胞凋亡 B-细胞白血病/淋巴瘤-2 家族（Bcl2）成员	交配后 15.5 天生殖细胞丢失	（Rucker et al., 2000）
β-catenin	Wnt 信号通路	性反转中，生殖细胞在交配后 16.5 天开始丢失	（Liu et al., 2009）
fgf2r-IIIb	FGF 信号通路	交配后 11.5 天生殖细胞的数量减少	（Takeuchi et al., 2005）
follistatin	激活素拮抗物，TGFβ 家族成员	性反转中，生殖细胞在交配后 16.5 天开始丢失	（Yao et al., 2004）
kit	Kit 致癌基因，酪氨酸激酶受体	生殖细胞数量减少	（Merkwitz et al., 2011）
kitl	Kit 配体，干细胞因子	生殖细胞数量减少	（Merkwitz et al., 2011）
nanos3	RNA 结合蛋白 Nanos 家族	生殖细胞的数量从交配后的 10.5 天减少	（Suzuki et al., 2008）
oct4	Pou 域转录因子	生殖细胞的数量从交配后的 10.5 天减少	（Kehler et al., 2004）
rspo1	R-脊椎蛋白同源体 1	性反转中，生殖细胞没有进入减数分裂	（Chassot et al., 2008）
wnt4	Wnt，分泌糖蛋白家族，wnt 信号通路	性反转中，生殖细胞在交配后 16.5 天开始丢失	（Tomizuka et al., 2008）

牛生殖细胞在妊娠的第 35 天左右开始到达性腺（Erickson, 1996）。从到达性腺到卵泡形成，生殖细胞的数量从 16 000 增加到 2 700 000。在小鼠和牛的生殖细胞上表现出了一些生殖细胞包囊的关键特征，如同期分裂和细胞间桥连接（Russe, 1983）。在妊娠期第 57～60 天开始形成生殖细胞簇（Garverick et al., 2010; Russe, 1983），处于发育中的卵原细胞被上皮细胞环绕，并在第 60 天开始形成卵巢索（Garverick et al., 2010）。

同样地，绵羊原始生殖细胞在发育约 23 天时到达性腺（Juengel et al., 2002）。此外，绵羊生殖细胞在卵巢上的发育与小鼠生殖细胞包囊的形态呈现出一定的相似性。生殖细胞持续分裂并在第 75 天时达到分裂的最大数即 805 000 个（Smith et al., 1993），在第 38～75 天形成卵巢索（Sawyer et al., 2002）。体细胞通过细胞桥粒（desmasome）接触生殖细胞，生殖细胞与体细胞的复合物逐步融合形成卵巢索，体细胞围绕着生殖细胞并分泌形成一种与其他物种类似的基底膜（basal lamina）。关于绵羊形成卵巢索的体细胞来源还不是很清楚。当来源于中肾的细胞快速到达发育中的卵巢时，这些细胞就被视为环绕生殖细胞的细胞（Sawyer et al., 2002）。然而，绵羊卵巢表面的上皮细胞也被认为是成体索细胞（somatic cord cell）的来源，也可能是细胞群落的一部分。

目前关于猪、山羊和马的卵原细胞的研究还不如其他物种的研究深入，但也有一些报道描述了其发育状况。早在猪胚胎期的第18天就在生殖嵴区域观察到了生殖细胞（Black & Erickson, 1968），并且在第20天左右时有丝分裂开始，在第50天左右生殖细胞从5000个增殖到1 100 000个。与其他物种一样，卵原细胞呈群落式发育，且在第47天用电镜能观察到卵原细胞通过细胞间桥与其他细胞的连接状况（Bielanska-Osuchowska, 2006）。在发育的第35～90天，山羊的卵巢索中能观察到卵原细胞簇（oogonia cluster）（Pailhoux et al., 2002），在马中也观察到了生殖细胞呈簇状发育（Deanesly, 1997）。

1.3 减数分裂起始及分裂过程

小鼠交配后第13.5天，卵原细胞停止分裂并开始进入减数分裂（entry into meiosis），之后就被认为是卵母细胞。当它们开始减数分裂时卵母细胞仍然在生殖细胞包囊中。卵母细胞经过减数分裂前期I（prophase I）[包括细线期（leptotene）、双线期（zygotene）、粗线期（pachytene）]后继续发育，并停滞在双线期。在交配后17.5天卵母细胞开始进入双线期，大多数卵母细胞在出生后第5天（PND5）到达双线期（Borum, 1961）。卵母细胞停滞在双线期，直到排卵前促黄体素（luteinizing hormone，LH）峰出现以后减数分裂才得以恢复。

目前的研究集中在减数分裂起始的调控机制方面（表1.3）。研究认为，减数分裂的起始是通过维甲酸（retinoic acid）的含量来调节，它可以诱导雌性细胞开始减数分裂（Bowles et al., 2006; Koubova et al., 2006）。当维甲酸受体在卵巢中培养时受到一种拮抗物的作用时，雌性生殖细胞减数分裂停止。雄性表达细胞色素P450家族26亚族b成员1（cytochrome P450, family 26, subfamily B, Cyp26b1）使维甲酸含量降低，从而阻止雄性生殖细胞进入减数分裂。在卵巢中从前至后会出现一种发育波，标志着减数分裂的起始（Bullejos & Koopman, 2004; Menke et al., 2003）。在雌性动物中，维甲酸能够上调一种被称为视黄酸应答基因8（stimulated by retinoic acid gene 8, Stra8）的胞质蛋白（Baltus et al., 2006）。Stra8最早表达于减数分裂进入发育波的一系列过程（Menke et al., 2003）。Stra8在减数分裂前的DNA复制期及染色体内聚（cohesion）和联会（synapsis）中均具有重要作用（Baltus et al., 2006）。

表 1.3　与减数分裂的开始和继续有关的基因

基因	蛋白质/功能	雌性突变体表型	文献
atm	毛细血管扩张性共济失调突变基因，包括错配和重组修复	不育，生殖细胞停滞在粗线期，最终凋亡	（Barlow et al., 1998）
cyp26b1	细胞色素 P450 家族 26 亚族 b 成员 1，降低维甲酸	围产期致死，雌性生殖细胞过早表达 Stra8	（Bowles et al., 2006; MacLean et al., 2001）
dmc1	DNA 减数分裂重组酶 1，关系到重组与错配修复	不育，生殖细胞停滞在粗线期，最终凋亡	（Pittman et al., 1998; Yoshida et al., 1998）
msh4	错配修复同源蛋白 4，关系到重组与错配修复	不育，生殖细胞停滞在粗线期，最终凋亡	（Kneitz et al., 2000）
msh5	错配修复同源蛋白 5，关系到重组与错配修复	不育，生殖细胞停滞在粗线期，最终凋亡	（de Vries et al., 1999）
stra8	视黄酸应答基因 8 抗体	不育，生殖细胞没有进入减数分裂	（Baltus et al., 2006; Menke et al., 2003）
sycp1	联会复合体蛋白 1	不育，缺乏卵母细胞	（de Vries et al., 2005）
sycp3	联会复合体蛋白 3	降低生育能力，有缺陷的染色体分离	（Yuan et al., 2002）

在几种基因突变体中发现了雌性生殖细胞发育的缺陷，这些突变体与 DNA 的错配修复和重组有关，包括毛细血管扩张性共济失调突变基因（ataxia-telangiectasia mutated homolog, *atm*）、DNA 减数分裂重组酶 1（disrupted meiotic cDNA 1, *dmc1*）基因、错配修复同源蛋白 4（mutS homolog 4, *msh4*）基因和错配修复同源蛋白 5（*msh5*）基因（表 1.3）（Barlow et al., 1998; de Vries et al., 1999; Kneitz et al., 2000; Pittman et al., 1998; Yoshida et al., 1998）。这些突变体的雄性与雌性都不育，而且雌性生殖细胞从交配后 16.5 天停滞在减数分裂前期 I 的粗线期，最终生殖细胞在突变体中消失。在减数分裂前期 I，同源染色体通过联会复合体被聚集起来。联会复合体的两种结构成分即联会复合体蛋白 1（synaptonemal complex protein 1, Scyp1）和联会复合体蛋白 3（Scyp3），它们对于正常的生殖能力是必需的。Scyp1 突变体会造成不育，并使雌性缺乏卵母细胞（de Vries et al., 2005）。在小鼠中，Scyp1 的抑制造成双线期的过早到来及原始卵泡的过早形成，说明细胞周期阶段与原始卵泡发育期有连锁关系（Paredes et al., 2005）。Scyp3 突变体会降低生育能力，尽管卵母细胞发育正常，但染色体分离不正常（Yuan et al., 2002）。

牛卵巢中的生殖细胞从妊娠期的第 75～82 天开始进入减数分裂（Erickson, 1996; Russe, 1983），甚至发现在出生时仍然有一些细胞处在减数分裂期，说明进入减数分裂似乎是一个逐渐持久的过程。在绵羊中，尽管在长达 90 天的时间内能够观察到有丝分裂的生殖细胞，但首次观察到是在第 55 天（Juengel et al., 2002; Sawyer et al., 2002）。距离表层上皮最远的生殖细胞是最先开始减数分裂的。在猪的卵巢中，生殖细胞减数分裂是从妊娠期的第 47 天开始的（Bielanska-Osuchowska, 2006），在山羊中是从妊娠期第 55 天开始的（Pailhoux et al., 2002; Pannetier et al.,

2006），马是从妊娠期第 60 天开始的（Deanesly, 1997）。

1.4 卵泡的形成

生殖细胞包囊中的卵母细胞最终分离的过程被称为包囊破裂（cyst breakdown），卵母细胞被包裹在原始卵泡中，由一个卵母细胞和多个颗粒细胞组成了原始卵泡（图 1.1c 和 1.3b）（Pepling & Spradling, 2001）。在此期间，每个包囊中凋亡的细胞都会经历程序性死亡，而这其中只有 1/3 的细胞可以存活下来。有模型显示，包囊细胞凋亡与破裂都是大包囊形成小包囊的过程。这种形式不断重复直到只剩少部分的单个卵母细胞。因此，程序性细胞死亡是卵母细胞分裂所必需的。一些包囊细胞可能支持了卵母细胞的发育并使自身最终凋亡，类似于果蝇的营养细胞。程序性细胞死亡普遍存在于包括家畜在内的大多数物种的雌性生殖细胞发育过程中（Buszczak & Cooley, 2000）。在小鼠中，包囊破裂与卵母细胞丢失同时发生，说明它们是调节过程的一部分。目前，控制卵母细胞凋亡的机制仍不明确。有研究者对缺乏程序性细胞死亡调节剂的突变体 Bax（一种凋亡前蛋白质）进行了研究，结果显示卵母细胞凋亡是包囊破裂所必需的（Greenfeld et al., 2007）。*bax* 突变的卵巢比仍在包囊中的野生型（wild type, WT）卵巢有更多的卵母细胞，该结果与程序性细胞死亡是包囊破裂所必需的这一结果相符。

在小鼠中，早在交配后的第 17.5 天时，在卵巢的髓腔区域就出现了卵母细胞的丢失和包囊破裂（De Felici et al., 1999; Ghafari et al., 2007; McClellan et al., 2003; Pepling et al., 2010）。另外，交配后第 17.5 天在卵巢最深处开始形成卵泡。生殖细胞周围的前颗粒细胞形成卵巢索，开始环绕在单个卵母细胞的周围并变为颗粒细胞。在卵泡形成前，前颗粒细胞伸展为卵母细胞间的胞质突起，还有可能参与卵母细胞分裂（Pepling & Spradling, 2001）。卵母细胞的发育存在区域性差异，进入减数分裂时卵母细胞位于皮质内部及髓质区域，并逐渐开始生长（Nandedkar et al., 2007; Peters, 1969）。小鼠交配后的第 13.5～16.5 天，这种区域性模式与减数分裂同时出现（Byskov et al., 1997）。在雌性动物具备生殖能力时，只有处在生成后的原始卵泡中的卵母细胞才被认为能够代表整个生殖细胞库（Kezele et al., 2002）。

在培育成功的几只突变体小鼠卵巢中，观察到包含多个卵母细胞的异常卵泡所形成的多卵母细胞卵泡（multiple oocyte follicle, MOF）（表 1.4）。这些卵泡的卵母细胞被认为是没有完全分离的生殖细胞包囊的残余物，导致多个卵母细胞被包裹在一个卵泡内（Jefferson et al., 2006）。研究表明在这些突变体中被分裂的基因起到促使包囊破裂和原始卵泡形成的作用。在转化生长因子 β 家族（TGFβ）的两个成员即骨形态发生蛋白 15（bone morphogenetic protein 15, bmp15）及生长和分化因子 9（growth and differentiation factor 9, gdf9）的突变体中，观察到了多卵母细胞卵泡（Yan et al., 2001）。通过另外一个转化生长因子 β 家族成员——激活素拮抗物（activin antagonist *or* activin A）处理卵巢，可促进卵泡形成（Bristol-Gould et al., 2006）。相反，激活素拮抗物——抑制素 B（inhibin B）的过度表达，造成多卵母细胞卵泡的增殖（McMullen et al., 2001）。另外，卵泡抑素突变体的生育能力较低，在包囊破裂和卵泡形成上有一定的延迟（Kimura et al., 2011）。Notch 信号调节器的突变，极端情况下也会导致多卵母细胞卵泡的出现，暗示了 Notch 信号通路在包囊破裂和原始卵泡形成上可能有重要的作用（Hahn et al., 2005）。有研究与该结果一致，认为在细胞培养期间 Notch 信号的抑制造成了原始卵泡形成的减少（Trombly et al., 2008）。因此，转化生长因子 β 与 Notch 信号通路在包囊破裂和原始卵泡形成方面起重要作用。

表 1.4　与原始卵泡形成有关的基因

基因	蛋白质/功能	雌性突变体表型	文献
ahr	芳烃受体，碱性螺旋-环-螺旋转录因子	降低生育能力，加速卵泡形成	（Benedict et al., 2000; Robles et al., 2000）
akt	丝氨酸或苏氨酸激酶，也被称为蛋白激酶 B	多卵母细胞卵泡	（Brown et al., 2010）
bax	促凋亡 Bcl2 家族成员	增加生殖细胞数量，减少卵泡的形成	（Greenfeld et al., 2007）
bmp15	骨形态发生蛋白 15，转化生长因子 β 家族成员	多卵母细胞卵泡	（Yan et al., 2001）
dax	剂量敏感的性别反转先天性肾上腺发育不良基因，孤儿类固醇激素受体	多卵母细胞卵泡	（Yu et al., 1998）
figlα	生殖细胞系因子 α，卵泡发生特异性碱性螺旋-环-螺旋转录因子	不育，缺乏卵泡形成，围产期卵母细胞丢失	（Soyal et al., 2000）
follistatin	激活素拮抗物，转化生长因子 β 家族成员	降低生育能力，加速卵泡形成	（Kimura et al., 2011）
foxl2	叉头盒 L2，翼状螺旋转录因子	不育，缺乏卵泡形成，卵母细胞丢失	（Schmidt et al., 2004; Uda et al., 2004）
gdf9	生长和分化因子 9，转化生长因子 β 家族成员	多卵母细胞卵泡	（Yan et al., 2001）
lunatic fringe	Notch 信号调节器	多卵母细胞卵泡	（Hahn et al., 2005）
ngf	神经生长因子，神经营养蛋白信号	减少卵泡形成	（Dissen et al., 2001）
nobox	新生儿卵巢同源框-编码基因	不育，卵泡形成延迟，卵母细胞丢失	（Rajkovic et al., 2004）
ntrk1	神经生长因子受体，神经营养蛋白信号	减少卵泡形成	（Kerr et al., 2009）
ntrk2	神经营养性酪氨酸激酶 2 型受体，神经营养蛋白信号	减少卵泡形成，减少生殖细胞数量	（Kerr et al., 2009; Spears et al., 2003）
p27	细胞周期依赖性激酶抑制剂 1，PI3K 信号下游序列	逐步丧失生育能力，加速原始卵泡形成	（Rajareddy et al., 2007）

有研究结果表明，神经营养蛋白（neurotrophin, NT）信号可调节包囊破裂与

原始卵泡形成（表 1.4），神经营养蛋白的突变及神经生长因子（nerve growth factor, NGF）导致原始卵泡内包含的卵母细胞减少，而有更多的卵母细胞在 1 周内仍在生殖细胞包囊中（Dissen et al., 2001）。对新生儿卵巢器官进行培养时，发现有两个其他的神经营养蛋白即神经营养蛋白 4（neurotrophin 4, NT4）和脑源性神经营养因子（brain-derived neurotrophic factor, BDNF），它们与抗体的阻断引起了卵母细胞存活率的下降（Spears et al., 2003）。神经营养蛋白 4 和脑源性神经营养因子受体的突变、神经营养性酪氨酸激酶 2 型受体（neurotrophic tyrosine kinase receptor type 2, ntrk2）也会导致卵母细胞的减少。对 ntrk2 与正在编码的神经营养蛋白生长因子及 ntrk1 受体的卵巢研究表明，1 周内可使包裹在卵泡中的卵母细胞数量减少，并使神经营养蛋白在生殖细胞包囊破裂和原始卵泡形成中发挥一定作用（Kerr et al., 2009）。

目前发现至少有三个编码转录因子的基因突变会造成雌性不育，该不育源于原始卵泡的组装改变及之后的卵母细胞丢失（表 1.4）。叉头盒 L2（forkhead box l2, *foxl2*）编码一个翼状螺旋转录因子（winged helix transcription factor, WHFF），突变母体中颗粒细胞不能正确围绕卵母细胞而形成原始卵泡（Schmidt et al., 2004; Uda et al., 2004）。许多仍处在生殖细胞包囊中的生殖细胞尽管在 1 周内可以形成卵泡，但是在第 8 周观察到了许多凋亡的卵母细胞。新生儿卵巢同源框-编码基因（newborn ovary homeobox-encoding gene, *nobox*）突变体与出生后仍处在包囊中的许多生殖细胞的表型相似（Rajkovic et al., 2004）。然而，与 *foxl2* 突变体在出生 2 周后大量卵母细胞的丢失相比，*nobox* 突变体中卵母细胞的丢失更为严重。具有一定相似性突变体表型的第三种转录因子是生殖细胞系因子 α（factor in the germ line alpha, Figlα），也被称为卵泡发生（folliculogenesis）特异性碱性螺旋-环-螺旋转录因子（basic helix-loop-helix, BHLH）（Soyal et al., 2000）。在出生 1 周时生殖细胞系 α 的表型即无原始卵泡形成及大部分卵母细胞丢失现象最严重。

目前认为突变体一般以更快的速度形成了卵泡。芳烃受体（aryl hydrocarbon receptor, Ahr）是一种碱性螺旋-环-螺旋蛋白，尽管出生 8 天后卵泡数量与野生型相同，但是芳烃受体突变体可促进卵泡形成（Benedict et al., 2000; Robles et al., 2000）。*p27* 突变体也可加速卵泡形成，因此被称为细胞周期依赖性激酶抑制剂 1[cyclin-dependent kinase（cdk）inhibitor 1]（Rajareddy et al., 2007）。正如下面的章节所描述的，p27 蛋白在卵泡激活（follicle activation）中起到一定作用。

有几组研究结果显示，约在妊娠期的第 90 天牛卵泡开始形成（Dominguez et al., 1998; Russe, 1983; Yang & Fortune, 2008），尽管关于卵泡形成的确切时间存在争议，但早在第 74 天时研究人员就观察到了原始卵泡（Nilsson & Skinner, 2009; Tanaka et al., 2001），且直到第 130 天才观察到初级卵泡（primary follicle）（Erickson, 1966）。啮齿动物首先是从内部区域开始形成卵泡（Russe, 1983）。也有大量的以卵泡形式存在的凋亡细胞正在形成（Erickson, 1966; Garverick et al., 2010），在被研究的大多数哺乳动物中都可以观察到这种细胞（Baker, 1972）。没有颗粒细胞包围的卵母细胞被认为是退化的细胞（Adams et al., 2008; Smitz & Cortvrindt, 2002）。

关于绵羊卵泡形成的时间也有不同的看法。有一项研究表明，第一个卵泡在妊娠期的第 66 天形成，另一个卵泡在妊娠期的第 75 天形成（Juengel et al., 2002; Russe, 1983）。与牛的原始卵泡形成很相似，第一个卵泡形成于卵巢皮质（ovarian cortex）与髓质的界面，而且卵泡逐渐向外形成皮质（McNatty et al., 2000; Sawyer et al., 2002）。超过 75%的生殖细胞形成卵泡时经历了细胞凋亡（Sawyer et al., 2002; Smith et al., 1993）。卵母细胞凋亡的原因之一在于生殖细胞的减少会使更多前颗粒细胞与独立存活的卵母细胞发生联系。前颗粒细胞也延伸到了卵母细胞间的胞质突起，能够协助包囊中的卵母细胞分离（Sawyer et al., 2002）。

在其他家畜中关于卵泡形成的研究很少。约在妊娠期第 56 天猪的卵泡开始形成（Bielanska-Osuchowska, 2006）。对于奶牛和绵羊而言，第一个卵泡形成于卵巢的最深部位。在山羊妊娠期的第 90 天可观察到原始卵泡（Pailhoux et al., 2002; Pannetier et al., 2006），马属动物被观察到是在第 102 天（Deanesly, 1977）。

1.5 卵泡的发育

每个原始卵泡由一个卵母细胞和多个扁平颗粒细胞构成，它在不同的时间段会保持休眠状态直至被激活（activation）而生长（图 1.2）。从扁平到立方体形的颗粒细胞的形态学变化是卵泡激活的象征，并且在这个阶段的卵母细胞和相关颗粒细胞均被视为初级卵泡（图 1.2b 和图 1.3c），初级卵泡被基底层包围（Aerts & Bols, 2010）。当卵泡生长（follicle growth）时卵母细胞仍然停滞在减数分裂前期 I 的双线期。另外，在卵泡生长期卵母细胞也自行生长，且 2 周或 3 周内在小鼠体内增长了 300 倍（Lintern-Moore & Moore, 1979），并且 RNA 含量（RNA content）也会增加 300 倍，蛋白质合成（protein synthesis）也增加 38 倍（Wassarman & Albertini, 1994）。当初级卵泡中的颗粒细胞分裂产生增殖细胞层时，次级卵泡或腔前卵泡（preantral follicle）形成（图 1.2c 和图 1.3d）。膜细胞（theca cell）形成于卵巢基质中的成纤维样细胞，在此期便与卵泡相联系（Hirshfield, 1991）。由膜细胞和颗粒细胞构成的卵母细胞产生特定激素（Erickson et al., 1985），最后在腔前卵泡中形成了一个充满液体的空腔后便被划分为有腔卵泡（图 1.2d）。许多卵泡未能存活到该阶段，而存活的卵泡则被称为排卵前卵泡（preovulatory follicle）。减数分裂停滞（meiotic arrest）的出现早于 LH 分泌高峰（LH 峰，LH surge）引发的排卵（Jamnongjit & Hammes, 2005）。卵母细胞完成减数分裂后，在中期 II（metaphase II, MII）会发生第二次停滞，直到完成受精。

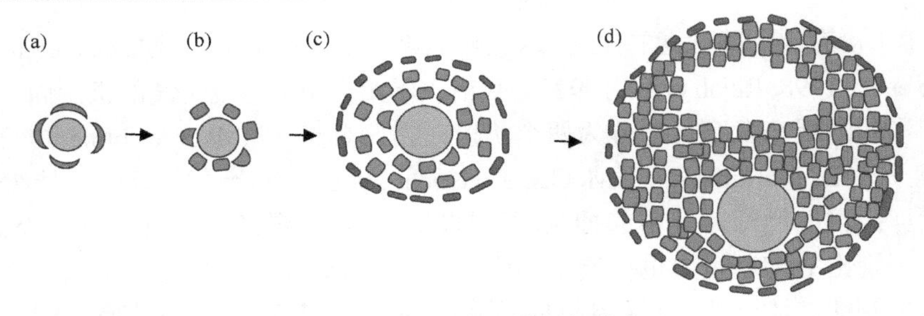

图 1.2　原始卵泡的激活与发育

（a）原始卵泡发育包括一个卵母细胞（淡灰色）和几个扁平的颗粒细胞（中灰色）构成的原始卵泡群被激活生长并发育到初级卵泡阶段。（b）颗粒细胞从扁平到立方体形的形态变化，卵母细胞直径也有一定的增加。（c）颗粒细胞围绕卵母细胞增殖为多层，卵泡发育进入第二阶段或腔前卵泡阶段，此时卵泡膜细胞（深灰色）包围着腔前卵泡。（d）当卵泡液充满整个卵泡腔时，卵泡就发育到有腔卵泡阶段。

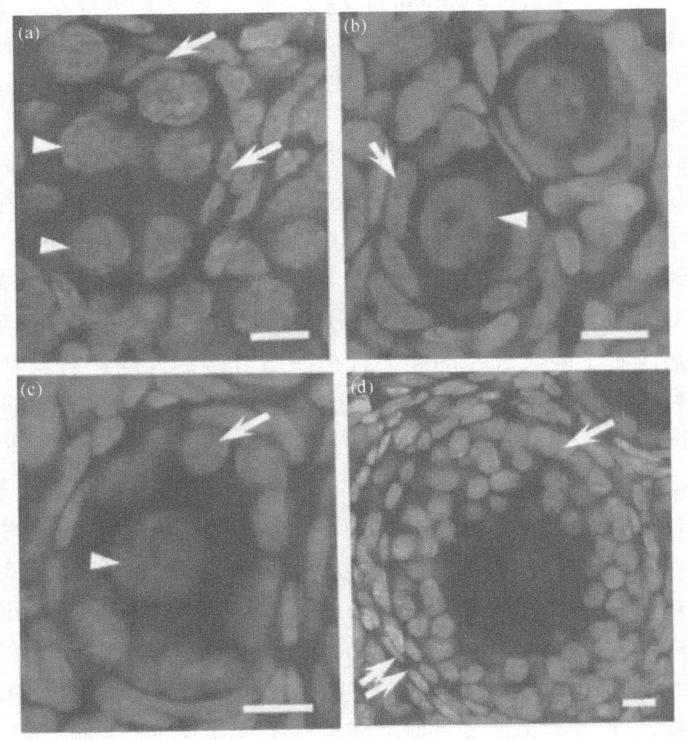

图 1.3　碘化丙啶染色卵泡的单一共聚焦切片显示了不同阶段的卵母细胞和卵泡发育

（a）在卵巢索内的生殖细胞包囊，箭头所指的是包囊中的两个卵母细胞和一个体细胞。（b）每个原始卵泡都是由几个扁平状颗粒细胞（箭头所示）包围的单个卵母细胞（箭头）构成。（c）箭头所指的是被单层立方体形颗粒细胞（箭头所示）所包围的原始卵泡中的卵母细胞。（d）有多层颗粒细胞的次级卵泡（单箭头）和卵泡膜细胞层（双箭头）。比例尺= 10 μm。

在小鼠中，一些卵泡形成后立即开始发育，形成第一个卵泡发生波（Hirshfield & DeSanti, 1995）。初次形成的这些卵泡位于卵巢的中央，出生 3 周后达到有腔卵泡阶段。但由于没有促性腺激素的作用，这些卵泡逐渐闭锁直至凋亡（Mazaud et al., 2002; McGee et al., 1998; Rajah et al., 1992）。目前关于第一个卵泡发生波的机制尚不明确。

卵泡的激活与发育可以分为两个阶段：初始募集（initial recruitment）和周期性募集（cyclic recruitment）（McGee & Hsueh, 2000）。初始募集是一个持续过程，是原始卵泡群的激活。其中的抑制因子抑制了卵泡的激活，并且还有一少部分至今未被识别出的抑制蛋白也抑制了卵泡的激活（Adhikari & Liu, 2009）。目前我们对如何控制卵泡激活的选择机制的相关知识还知之甚少。有一种观点认为，卵母细胞募集是根据其进入减数分裂的顺序进行的（Edwards et al., 1977）。且下列研究支持该观点，即首先进入减数分裂的卵母细胞位于卵巢皮质或髓质内区域，且其最初是在发育为卵泡的区域内被观察到。在腔前卵泡生长期间，颗粒细胞增殖、卵母细胞生长、透明带（zona pellucida, ZP）形成、膜层形成以及供给血管开始发育（McGee & Hsueh, 2000）。在卵泡生长阶段，卵母细胞和周围颗粒细胞之间的交流是非常重要的（Tsafriri, 1997），这种交流部分是借助间隙连接（gap junction）将卵母细胞与颗粒细胞联系起来。

卵母细胞在卵泡开始形成卵泡腔时便获得恢复减数分裂的能力，且被特指为减数分裂能力（meiotic competence）（Mehlmann, 2005）。此时卵母细胞中恢复减数分裂所必需的成熟期促进因子或 M 期促进因子（maturation or M-phase promoting factor, MPF）的水平达到要求。成熟期促进因子是一种细胞周期依赖性激酶（cyclin-dependent kinase, CDK）和细胞周期蛋白 B（cyclin B）构成的复合物。即使卵母细胞恢复了减数分裂的能力，但减数分裂的停滞一直维持到促黄体素（LH）分泌高峰期（LH 峰）。如果将卵母细胞从有腔卵泡中取出，卵母细胞将自发恢复减数分裂。因此，来自于颗粒细胞的信号很重要，这种信号导致卵母细胞中 cAMP 高表达，对维持减数分裂停滞十分重要。

周期性募集指的是仅选择几个卵泡到达排卵前阶段。初情期前，生长卵泡最终会经历闭锁。初情期后，闭锁阶段也只有几个卵泡继续生长，其余全部凋亡。闭锁卵泡中的卵母细胞和颗粒细胞都要经历细胞凋亡过程（Pesce & De Felici, 1994）。通过对促卵泡素（follicle-stimulating hormone, FSH）的应答，一个卵母细胞（对于多排卵动物则是几个卵母细胞）生长加快并变为优势卵泡（Zeleznik & Benyo, 1994）。这种优势卵泡可以产生雌激素和抑制素来抑制促卵泡素，而且抑制素可以维持卵泡生长。关于优势卵泡的研究在奶牛和马上比较多，下面将进行讨论。

原始卵泡激活受几个基因的调节（表 1.5）。一种共同的突变体表型就是所有原始卵泡被过早激活，并最终导致所有卵母细胞的丢失。小鼠最初是有生育能力的，但随着卵母细胞的丢失最后变得不育，这表明有基因组阻碍了原始卵泡激活。几种有这种表型的小鼠突变体与磷脂酰肌醇 3-激酶（phosphatidylinositol 3-kinase, PI3K）信号通路有关。磷脂酰肌醇 3-激酶信号介质依赖 3-磷酸肌醇依赖性蛋白激酶 1（3-phosphoisnositide dependent protein kinase 1, PDPK1），并磷酸化为 AKT 丝氨酸或苏氨酸激酶（Reddy et al., 2009）。依赖于蛋白激酶 1 的磷酸肌醇 3 的母体逐渐丧失生育能力，是由卵泡的激活引起的。然而，*akt1* 突变体对降低生育能力和对仅有的一个卵泡丛的过早激活几乎没有作用（Brown et al., 2010）。存在于原始卵泡库中过早被激活的另外一个突变体是第 10 号染色体缺失的磷酸酶及张力蛋白同源基因（phosphatase and tensin homolog deleted on chromosome 10, *pten*），它是一种 PI3K 信号的负调节物（Reddy et al., 2008）。最终由属于 PI3K 信号下游序列的 3 个基因突变子叉头盒 O3（Forkhead box O3, *foxo3a*）、细胞周期依赖性激酶抑制剂 1[cyclin-dependent kinase (cdk) inhibitor 1, *p27*]及核糖体蛋白 s6（ribosomal protein s6, *rps6*）过早激活了所有卵泡，从而使动物变得不育（Castrillon et al., 2003; Rajareddy et al., 2007; Reddy et al., 2009）。

表 1.5 与卵泡激活和早期卵泡发育有关的基因

基因	蛋白质/功能	雌性突变体表型	文献
akt	丝氨酸或苏氨酸激酶，又名蛋白激素 B，磷脂酰肌醇 3 激素信号通路	降低生育能力，原始卵泡库减少过早	（Brown et al., 2010）
amh	抗缪勒氏管激素，转化生长因子 β 家族成员	具有生育能力，原始卵泡库减少过早	（Durlinger et al., 1999）
foxl2	叉头盒 L2，翼状螺旋转录因子	逐步丧失生育能力，所有卵泡过早被激活	（Schmidt et al., 2004; Uda et al., 2004）
foxo3a	叉头盒 O3，翼状螺旋转录因子，磷脂酰肌醇 3 激素信号下游	逐步丧失生育能力，所有卵泡过早被激活	（Castrillon et al., 2003）
gdf9	生长和分化因子 9，转化生长因子 β 家族成员	不育，停滞在原始卵泡阶段，卵母细胞丢失	（Dong et al., 1996）
kit	kit 致癌基因，酪氨酸激酶受体	停滞在初级卵泡阶段的一些突变体	（Yoshida et al., 1997）
kitl	kit 配体，干细胞因子	停滞在初级卵泡阶段的一些突变体	（Bedell et al., 1995）
lhx8	LIM 同族体蛋白 8	不育，停滞在原始卵泡阶段，卵母细胞丢失	（Choi et al., 2008a; Pangas et al., 2006）
nobox	新生儿卵巢同源框-编码基因	不育，停滞在原始卵泡阶段，卵母细胞丢失	（Rajkovic et al., 2004）
p27	细胞周期依赖性激酶抑制剂 1，PI3K 信号下游	逐步丧失生育能力，所有卵泡过早激活	（Rajareddy et al., 2007）
pdpk1	3-磷酸肌醇依赖性蛋白激酶 1，丝氨酸或苏氨酸激酶，PI3K 信号通路	逐步丧失生育能力，所有卵泡过早激活	（Reddy et al., 2009）
pten	第 10 号染色体上缺失的磷酸酶和张力蛋白同源基因，是 PI3K 信号通路负调控子	逐步丧失生育能力，所有卵泡过早激活	（Reddy et al., 2008）
rps6	核糖体蛋白 S6，PI3K 信号下游	逐步丧失生育能力，所有卵泡过早激活	（Reddy et al., 2009）
sohlh1	精子、卵子发生特异性碱性螺旋-环-螺旋转录因子 1	不育，停滞在原始卵泡阶段，卵母细胞丢失	（Pangas et al., 2006）
sohlh2	精子、卵子发生特异性碱性螺旋-环-螺旋转录因子 2	不育，停滞在原始卵泡阶段，卵母细胞丢失	（Choi et al., 2008b）

在与 PI3K 信号通路不相关的两个以上的基因突变体中，观察到了卵泡的早期丢失现象（表 1.5）。首先，转录因子 FoxL2（在原始卵泡的形成中起到一定的作用）在调控卵泡激活过程中也起重要作用（Schmidt et al., 2004; Uda et al., 2004）。出生两周后 *foxl2* 突变体中的所有卵泡都被激活。其次，尽管母体中的抗缪勒氏管激素（anti-mullerian hormone, *amh*）突变体是有生育能力的，但是早熟使原始卵泡库中的卵泡数目减少（Durlinger et al., 1999）。

有几种转录因子突变体导致停滞在原始卵泡阶段的不育症的发生，最终造成卵母细胞消耗殆尽（表 1.5）。该表型说明这些分子是卵泡激活所必需的，并对原始卵泡阶段的发育起作用。编码 LIM 同源框蛋白 8（LIM homeobox protein 8, Lhm8）的基因导致了突变体在原始卵泡阶段引起的卵泡停滞（Choi et al., 2008a; Pangas et al., 2006）。*nobox* 基因突变也会使卵泡停滞在原始阶段（Rajkovic et al., 2004）。有两种碱性螺旋-环-螺旋的编码基因，包括精子、卵子发生特异性碱性螺旋-环-螺旋转录因子 *sohlh1* 和 *sohlh2*，也属于被停滞在原始卵泡阶段的突变体类型（Choi et al., 2008b; Pangas et al., 2006）。

突变体的另一种类型是被激活但在原始卵泡阶段停滞的卵泡（表 1.5）。例如，*gdf9* 突变体可能不会比原始卵泡阶段发育得更好，因此它是不育的（Dong et al., 1996）。类似地，一些酪氨酸激素受体、KIT 和 KIT 配体及干细胞因子（stem cell factor, SCF）的突变体也被停滞在原始卵泡阶段（Bedell et al., 1995; Dong et al., 1996; Yoshida et al., 1997）。有研究认为，KIT 信号也能激活 PI3K 信号通路，这可能是其调节卵泡发育的方式。

在大多数家畜中，原始卵泡在形成后并没有立即发育进入到初级卵泡，而是有一个重要的延迟阶段，直到首次出现初级卵泡。在奶牛中，尽管原始卵泡是从妊娠期的第 90 天开始形成的，但直到第 140 天才首次观察到了原始卵泡（Yang & Fortune, 2008）。研究表明这些原始卵泡形成后不能直接被激活。直到第 141 天左右才观察到停滞在双线期的卵母细胞，表明原始卵泡可能被激活发育到初级卵泡前，而卵母细胞必须停滞在双线期。

绵羊卵泡在妊娠期的第 66～75 天开始形成。有文献介绍，当它们开始发育时似乎有一些变化（Juengel et al., 2002; Russe, 1983），在第 100 天时观察到初级卵泡形成（Sawyer et al., 2002）。与此类似，据报道猪在妊娠期的第 56 天或第 68 天形成卵泡，而在第 75 天或第 90 天可观察到初级卵泡的形成（Bielanska-Osuchowska, 2006; Ding et al., 2010; Oxender et al., 1979）。

在牛和马属动物中有学者对优势卵泡选择（dominant follicle selection）已有深入的研究（Beg & Ginther, 2006; Fortune et al., 2004; Ginther et al., 2001）。有腔卵泡发生波是通过增加 FSH 水平而刺激一个小卵泡后被引发。几天后卵泡中就会有一个卵泡变得比其他的卵泡大，当其他卵泡变为次级卵泡并最终消失时，这个较大的卵泡就可能成为优势卵泡。优势卵泡之后会合成雌激素，并促使促卵泡素水平降低。研究认为，类胰岛素生长因子（insulin-like growth factor, IGF）信号可能对优势卵泡的选择有重要作用。在优势卵泡液（follicular fluid）中有高水平游离的类胰岛素生长因子，但类胰岛素生长因子结合蛋白的水平较低。另外，在小鼠中，*igf1* 突变体停滞在早期有腔卵泡阶段，说明类胰岛素生长因子对卵泡的进一步发育是必需的（Baker et al., 1996）。

LH 分泌高峰引起减数分裂恢复（meiotic resumption）和其他变化，包括线粒体定位的变化。在 LH 分泌高峰前，线粒体位于卵母细胞边缘，但是在核成熟的最后阶段它们变得更为集中（Ferreira et al., 2009）。排卵后，线粒体分散于整个细胞质。这些被认为反映了卵母细胞变化的一种能量需求。

1.6 类固醇激素在卵母细胞发育期的信号

有研究认为类固醇激素信号对于控制牛卵泡激活的能力是很重要的。对胎牛卵巢组织进行培养，并通过外源雌激素处理后可以使卵泡激活受阻（Yang & Fortune, 2008）。另外，胎儿激素水平在妊娠期第 141 天左右时下降，这与卵泡激活相吻合。在奶牛中类固醇激素信号不仅与原始卵泡活化有关，而且还与原始卵泡形成有关。Nilsson 和 Skinner（2009）发现，当原始卵泡开始形成时，胎儿卵巢雌激素和黄体酮水平下降。这也表明，在器官培养阶段，使用孕激素对牛卵巢进行处理明显地阻滞了卵泡形成。

胎羊卵巢会产生黄体酮和雌激素（Lun et al., 1998）。生成的类固醇激素细胞被绵羊卵巢所识别，这说明高浓度的雌激素对于卵巢索形成（ovigerous cord formation）是重要的。因此雌激素水平下降与减数分裂有关（Juengel et al., 2002）。

研究认为，啮齿动物卵泡的早期发育不受激素影响。但最近一些实验和研究均表明，类固醇激素对于调节生殖细胞包囊破裂与原始卵泡形成很重要（Chen et al., 2009; Chen et al., 2007; Kezele & Skinner, 2003; Lei et al., 2010）。把成年雌鼠与新生幼崽用雌激素或类雌激素复合物进行同样的处理会产生更多的 MOF（Iguchi et al., 1990; Iguchi et al., 1986; Jefferson et al., 2002; Suzuki et al., 2002），表明雌激素在控制包囊破裂和原始卵泡集中（follicle assembly）中发挥了一定的作用（Gougeon, 1981; Iguchi & Takasugi, 1986; Iguchi et al., 1986）。Jefferson 等建立的模型认为，正常情况下，将胎儿卵母细胞置于母体雌激素处理之下，会使卵母细胞维持在包囊阶段，且出生时雌激素的降低会造成包囊破裂。当用雌激素处理卵母细胞时，包囊破裂被抑制。研究结果与该模型一致，即在胎儿卵巢发育期，使用黄体酮和三羟异黄酮对幼鼠进行处理，与对照组相比，发现在其包囊中有更多的卵母细胞（Jefferson et al., 2006）。研究也表明，雌激素会造成卵母细胞个体化的延迟，该结果也与MOF是没有破裂的包囊这一观点相符（Chen et al., 2007）。一些具有雌激素活性的化合物，包括双酚A（bisphenol A, BPA）、己烯雌酚和乙烯雌醇也可以阻止包囊破裂（Karavan & Pepling, 2012）。用黄体酮对新生幼崽的处理也会导致更多的MOF（Iguchi et al., 1988），而且在小鼠中黄体酮和雌激素会影响到新生幼崽卵母细胞的发育（Kezele & Skinner, 2003）。对新生幼崽进行黄体酮处理会减少原始卵泡的形成，而使用黄体酮和雌激素均能使原始卵泡的激活减少。研究表明，对于罕见的一些类固醇激素受体突变病，如剂量敏感的性别反转先天性肾上腺发育不良基因1（dosage sensitive sex reversal, adrenal hypoplasia critical region on chromosome X, gene 1, *dax1*）中也含有MOF，表明dax蛋白在卵泡形成过程中起作用（Yu et al., 1998）。

在某些物种中，雌激素似乎对卵泡形成有积极作用。在仓鼠中，雌激素促进了卵泡的形成（Wang et al., 2008; Wang & Roy, 2007）。在狒狒中，如果雌激素产生受阻，会使包囊破裂及卵泡形成（cyst breakdown and follicle formation）被破坏（Zachos et al., 2002）。在某些物种中，雌激素会促使卵泡形成，而在另一些物种中则抑制卵泡形成，其原因尚不明确。有可能是低浓度的雌激素会促进卵泡形成，而高浓度雌激素则会抑制卵泡形成（Nilsson & Skinner, 2009），也可能在雌激素信号中存在物种差异。

1.7 小　　结

尽管在哺乳动物生殖细胞的每个时期有不同的表现是很普遍的，但大多都经历了相似的发育阶段。虽然在家畜这方面有深入的研究，但其他动物的研究并不多。更深入地了解家畜卵子的发生过程将会促进相关研究的发展，并逐步改善动物生育力和种群质量。另外，通过比较研究，也会促使人们更好地理解人类卵子的发生过程，并能够针对一些不育病症采取有效的治疗措施。

（张　帆、王欣荣　译；郭天芬、刘成泽　校）

参考文献

Adams, G. P., Jaiswal, R., Singh, J., & Malhi, P. (2008). Progress in understanding ovarian follicular dynamics in cattle. *Theriogenology, 69*(1), 72–80.

Adhikari, D., & Liu, K. (2009). Molecular mechanisms underlying the activation of mammalian primordial follicles. *Endocrine Review, 30*(5), 438–464.

Aerts, J. M., & Bols, P. E. (2010). Ovarian follicular dynamics: A review with emphasis on the bovine species. Part I: Folliculogenesis and pre-antral follicle development. *Reproduction in Domestic Animals, 45*(1), 171–179.

Baker, J., Hardy, M. P., Zhou, J., Bondy, C., Lupu, F., Bellve, A. R., & Efstratiadis, A. (1996). Effects of an Igf1 gene null mutation on mouse reproduction. *Molecular Endocrinology, 10*(7), 903–918.

Baker, T. G. (1972). *Reproductive Biology*. Amsterdam: Excerpta Medica.

Baltus, A. E., Menke, D. B., Hu, Y. C., Goodheart, M. L., Carpenter, A. E. et al. (2006). In germ cells of mouse embryonic ovaries,the decision to enter meiosis precedes premeiotic DNA replication. *Nature Genetics, 38*(12), 1430–1434.

Barlow, C., Liyanage, M., Moens, P. B., Tarsounas, M., Nagashima, K. et al. (1998). Atm deficiency results in severe meiotic disruption as early as leptonema of prophase I. *Development, 125*(20), 4007–4017.

Bedell, M. A., Brannan, C. I., Evans, E. P., Copeland, N. G., Jenkins, N. A., & Donovan, P. J. (1995). DNA rearrangements located over 100 kb 5′ of the Steel (Sl)-coding region in Steel-panda and Steel-contrasted mice deregulate Sl expression and cause female sterility by disrupting ovarian follicle development. *Genes & Development, 9*(4), 455–470.

Beg, M. A., & Ginther, O. J. (2006). Follicle selection in cattle and horses: Role of intrafollicular factors. *Reproduction, 132*(3), 365–377.

Benedict, J. C., Lin, T. M., Loeffler, I. K., Peterson, R. E., & Flaws, J. A. (2000). Physiological role of the aryl hydrocarbon receptor in mouse ovary development. *Toxicological Sciences, 56*(2), 382–388.

Bergeron, L., Perez, G. I., Macdonald, G., Shi, L., Sun, Y. et al. (1998). Defects in regulation of apoptosis in caspase-2-deficient mice. *Genes & Development, 12*(9), 1304–1314.

Bielanska-Osuchowska, Z. (2006). Oogenesis in pig ovaries during the prenatal period: Ultrastructure and morphometry. *Reproductive Biology, 6*(2), 161–193.

Black, J. L., & Erickson, B. H. (1968). Oogenesis and ovarian development in the prenatal pig. *Anatomical Record, 161*(1), 45–55.

Borum, K. (1961). Oogenesis in the mouse. A study of the origin of the mature ova. *Experimental Cell Research, 45*, 39–47.

Bowles, J., Knight, D., Smith, C., Wilhelm, D., Richman, J. et al. (2006). Retinoid signaling determines germ cell fate in mice. *Science, 312*, 596–600.

Bristol-Gould, S. K., Kreeger, P. K., Selkirk, C. G., Kilen, S. M., Cook, R. W. et al. (2006). Postnatal regulation of germ cells by activin: The establishment of the initial follicle pool. *Developmental Biology, 298*(1), 132–148.

Brown, C., LaRocca, J., Pietruska, J., Ota, M., Anderson, L. et al. (2010). Subfertility caused by altered follicular development and oocyte growth in female mice lacking PKB alpha/Akt1. *Biology of Reproduction, 82*(2), 246–256.

Bullejos, M., & Koopman, P. (2004). Germ cells enter meiosis in a rostro-caudal wave during development of the mouse ovary. *Molecular Reproduction & Development, 68*(4), 422–428.

Buszczak, M., & Cooley, L. (2000). Eggs to die for: Cell death during Drosophila oogenesis. *Cell Death & Differentiation, 7*(11), 1071–1074.

Byskov, A. G., Guoliang, X., & Andersen, C. Y. (1997). The cortex-medulla oocyte growth pattern is organized during fetal life:An in-vitro study of the mouse ovary. *Molecular Human Reproduction, 3*(9), 795–800.

Castrillon, D. H., Miao, L., Kollipara, R., Horner, J. W., & DePinho, R. A. (2003). Suppression of ovarian follicle activation in mice by the transcription factor Foxo3a. *Science, 301*(5630), 215–218.

Chassot, A. A., Ranc, F., Gregoire, E. P., Roepers-Gajadien, H. L., Taketo, M. M. et al. (2008). Activation of beta-catenin signaling by Rspo1 controls differentiation of the mammalian ovary. *Human Molecular Genetics, 17*, 1264–1277.

Chen, Y., Breen, K., & Pepling, M. E. (2009). Estrogen can signal through multiple pathways to regulate oocyte cyst breakdown and primordial follicle assembly in the neonatal mouse ovary. *Journal of Endocrinology, 202*, 407–417.

Chen, Y., Jefferson, W. N., Newbold, R. R., Padilla-Banks, E., & Pepling, M. E. (2007). Estradiol, progesterone, and genistein inhibit oocyte nest breakdown and primordial follicle assembly in the neonatal mouse ovary in vitro and in vivo. *Endocrinology,148*, 3580–3590.

Choi, Y., Ballow, D. J., Xin, Y., & Rajkovic, A. (2008a). Lim homeobox gene, lhx8, is essential for mouse oocyte differentiation and survival. *Biology of Reproduction, 79*, 442–449.

Choi, Y., Yuan, D., & Rajkovic, A. (2008b). Germ cell-specific transcriptional regulator sohlh2 is essential for early mouse folliculogenesis and oocyte-specific gene expression. *Biology of Reproduction, 79*, 1176–1182.

Curran, S., Urven, L., & Ginther, O. J. (1997). Distribution of putative primordial germ cells in equine embryos. *Equine Veterinary Journal Supplement,* 72–76.

de Cuevas, M., Lilly, M. A., & Spradling, A. C. (1997). Germline cyst formation in Drosophila. *Annual Review of Genetics, 31*, 405–428.

De Felici, M., Di Carlo, A., Pesce, M., Iona, S., Farrace, M. G., & Piacentini, M. (1999). Bcl-2 and Bax regulation of apoptosis in germ cells during prenatal oogenesis in the mouse embryo. *Cell Death Differential, 6*, 908–915.

de Vries, F. A., de Boer, E., van den Bosch, M., Baarends, W. M., Ooms, M. et al. (2005). Mouse Sycp1 functions in synaptonemal complex assembly, meiotic recombination, and XY body formation. *Genes Development, 19*, 1376–1389.

de Vries, S. S., Baart, E. B., Dekker, M., Siezen, A., de Rooij, D. G. et al. (1999). Mouse MutS-like protein Msh5 is required for proper chromosome synapsis in male and female meiosis. *Genes Development, 13*, 523–531.

Deanesly, R. (1977). Germ cell proliferations in the fetal horse ovary. *Cell Tissue Research, 185*, 361–371.

Ding, W., Wang, W., Zhou, B., Zhang, W., Huang, P., Shi, F., & Taya, K. (2010). Formation of primordial follicles and immunolocalization of PTEN, PKB and FOXO3A proteins in the ovaries of fetal and neonatal pigs. *Journal of Reproductive Development,56*, 162–168.

Dissen, G. A., Romero, C., Hirshfield, A. N., & Ojeda, S. R. (2001). Nerve growth factor is required for early follicular development in the mammalian ovary. *Endocrinology, 142*, 2078–2086.

Dominguez, M. M., Liptrap, R. M., & Basrur, P. K. (1988). Steroidogenesis in fetal bovine gonads. *Canadian Journal of Veterinary Research, 52*, 401–406.

Dong, J., Albertini, D. F., Nishimori, K., Kumar, T. R., Lu, N., & Matzuk, M. M. (1996). Growth differentiation factor-9 is required during early ovarian folliculogenesis. *Nature, 383*, 531–535.

Durlinger, A. L., Kramer, P., Karels, B., de Jong, F. H., Uilenbroek, J. T. et al. (1999). Control of primordial follicle recruitment by anti-Mullerian hormone in the mouse ovary. *Endocrinology, 140*, 5789–5796.

Edwards, R. G., Fowler, R. E., Gore-Langton, R. E., Gosden, R. G., Jones, E. C. et al. (1977). Normal and abnormal follicular growth in mouse, rat and human ovaries. *Journal of Reproduction and Fertility, 51*, 237–263.

Erickson, B. H. (1966). Development and senescence of the postnatal bovine ovary. *Journal of Animal Science, 25*, 800–805.

Erickson, G. F., Magoffin, D. A., Dyer, C. A., & Hofeditz, C. (1985). The ovarian androgen producing cells: A review of structure/function relationships. *Endocrinology Review, 6*, 371–399.

Farini, D., Scaldaferri, M. L., Iona, S., La Sala, G., & De Felici, M. (2005). Growth factors sustain primordial germ cell survival, proliferation and entering into meiosis in the absence of somatic cells. *Developmental Biology, 285*, 49–56.

Ferreira, E. M., Vireque, A. A., Adona, P. R., Meirelles, F. V., Ferriani, R. A., & Navarro, P. A. (2009). Cytoplasmic maturation of bovine oocytes: Structural and biochemical modifications and acquisition of developmental competence. *Theriogenology,71*, 836–848.

Fortune, J. E., Rivera, G. M., & Yang, M. Y. (2004). Follicular development: The role of the follicular microenvironment in selection of the dominant follicle. *Animal Reproductive Science, 82–83*, 109–126.

Garverick, H. A., Juengel, J. L., Smith, P., Heath, D. A., Burkhart, M. N. et al. (2010). Development of the ovary and ontongeny of mRNA and protein for P450 aromatase (arom) and estrogen receptors (ER) alpha and beta during early fetal life in cattle. *Animal Reproductive Science, 117*, 24–33.

Ghafari, F., Gutierrez, C. G., & Hartshorne, G. M. (2007). Apoptosis in mouse fetal and neonatal oocytes during meiotic prophase one. *BMC Developmental Biology, 7*, 87.

Gillman, J. (1948). The development of the gonads in man, with consideration of the role of fetal endocrines and the histogenesis of ovarian tumors. *Contributions to Embryology Carnegie Institution, 32*, 81–131.

Ginther, O. J., Beg, M. A., Bergfelt, D. R., Donadeu, F. X., & Kot, K. (2001). Follicle selection in monovular species. *Biology of Reproduction, 65*, 638–647.

Gondos, B., Bhiraleus, P., & Hobel, C. J. (1971). Ultrastructural observations on germ cells in human fetal ovaries. *American Journal of Obstetrics and Gynecology, 110*, 644–652.

Gougeon, A. (1981). Frequent occurrence of multiovular follicles and multinuclear oocytes in the adult human ovary. *Fertility and Sterility, 35*, 417–422.

Greenfeld, C. R., Pepling, M. E., Babus, J. K., Furth, P. A., & Flaws, J. A. (2007). BAX regulates follicular endowment in mice. *Reproduction, 133*, 865–876.

Hahn, K. L., Johnson, J., Beres, B. J., Howard, S., & Wilson-Rawls, J. (2005). Lunatic fringe null female mice are infertile due to defects in meiotic maturation. *Development, 132*, 817–828.

Hartshorne, G. M., Lyrakou, S., Hamoda, H., Oloto, E., & Ghafari, F. (2009). Oogenesis and cell death in human prenatal ovaries: what are the criteria for oocyte selection? *Molecular Human Reproduction, 15*, 805–819.

Hirshfield, A. N. (1991). Theca cells may be present at the outset of follicular growth. *Biology of Reproduction, 44*, 1157–1162.

Hirshfield, A. N., & DeSanti, A. M. (1995). Patterns of ovarian cell proliferation in rats during the embryonic period and the first three weeks postpartum. *Biology of Reproduction, 53*, 1208–1221.

Iguchi, T., Fukazawa, Y., Uesugi, Y., & Taksugi, N. (1990). Polyovular follicles in mouse ovaries exposed neonatally to diethylstilbestrol in vivo and in vitro. *Biology of Reproduction, 43*, 478–484.

Iguchi, T., & Takasugi, N. (1986). Polyovular follicles in the ovary of immature mice exposed prenatally to diethylstilbestrol. *Anatomical Embryology (Berlin), 175*, 53–55.

Iguchi, T., Takasugi, N., Bern, H. A., & Mills, K. T. (1986). Frequent occurrence of polyovular follicles in ovaries of mice exposed neonatally to diethylstilbestrol. *Teratology, 34*, 29–35.

Iguchi, T., Todoroki, R., Takasugi, N., & Petrow, V. (1988). The effects of an Aromatase Inhibitor and a 5α-Reductase Inhibitor upon the Occurrence of Polyovular Follicles, Persistent Anovulation, and Permanent Vaginal Stratification in Mice Treated Neonatally with Testosterone. *Biology of Reproduction, 39*, 689–697.

Jamnongjit, M., & Hammes, S. R. (2005). Oocyte maturation: The coming of age of a germ cell. *Seminars in Reproductive Medicine, 23*, 234–241.

Jefferson, W., Newbold, R., Padilla-Banks, E., & Pepling, M. (2006). Neonatal genistein treatment alters ovarian differentiation in the mouse: inhibition of oocyte nest breakdown and increased oocyte survival. *Biology of Reproduction, 74*, 161–168.

Jefferson, W. N., Couse, J. F., Padilla-Banks, E., Korach, K. S., & Newbold, R. R. (2002). Neonatal exposure to genestein induces estrogen receptor (ER) α-expression and multioocyte follicles in the maturing mouse ovary: Evidence for ERβ-Mediated and nonestrogenic actions. *Biology of Reproduction, 67*, 1285–1296.

Juengel, J. L., Sawyer, H. R., Smith, P. R., Quirke, L. D., Heath, D. A. et al. (2002). Origins of follicular cells and ontogeny of steroidogenesis in ovine fetal ovaries. *Molecular and Cell Endocrinology, 191*, 1–10.

Karavan, J. R., & Pepling, M. E. (2012). Effects of estrogenic compounds on neonatal oocyte development. *Reproductive Toxicology*.

Kehler, J., Tolkunova, E., Koschorz, B., Pesce, M., Gentile, L. et al. (2004). Oct4 is required for primordial germ cell survival. *EMBO Report, 5*, 1078–1083.

Kerr, B., Garcia-Rudaz, C., Dorfman, M., Paredes, A., & Ojeda, S. R. (2009). NTRK1 and NTRK2 receptors facilitate follicle assembly and early follicular development in the mouse ovary. *Reproduction, 138*, 131–140.

Kezele, P., Nilsson, E., & Skinner, M. K. (2002). Cell-cell interactions in primordial follicle assembly and development. *Frontiers of Bioscience, 7*, d1990–d1996.

Kezele, P., & Skinner, M. K. (2003). Regulation of ovarian primordial follicle assembly and development by estrogen and progesterone: Endocrine model of follicle assembly. *Endocrinology, 144*, 3329–3337.

Kimura, F., Bonomi, L. M., & Schneyer, A. L. (2011). Follistatin regulates germ cell nest breakdown and primordial follicle formation. *Endocrinology, 152*, 697–706.

Kneitz, B., Cohen, P. E., Avdievich, E., Zhu, L., Kane, M. F. et al. (2000). MutS homolog 4 localization to meiotic chromosomes is required for chromosome pairing during meiosis in male and female mice. *Genes Development, 14*, 1085–1097.

Koubova, J., Menke, D. B., Zhou, Q., Capel, B., Griswold, M. D., & Page, D. C. (2006). Retinoic acid regulates sex-specific timing of meiotic initiation in mice. *Proceedings of the National Academy of Sciences USA, 103*, 2474–2479.

Lee, C. K., Scales, N., Newton, G., & Piedrahita, J. A. (1998). Isolation and initial characterization of primordial cell (PGC)-derived cells from goats, rabbits and rats. *Theriogenology, 49*, 388, abstract.

Lei, L., Jin, S., Mayo, K. E., & Woodruff, T. K. (2010). The interactions between the stimulatory effect of follicle-stimulating hormone and the inhibitory effect of estrogen on mouse primordial folliculogenesis. *Biology of Reproduction, 82*, 13–22.

Lintern-Moore, S., & Moore, G. P. (1979). The initiation of follicle and oocyte growth in the mouse ovary. *Biology of Reproduction, 20*, 773–778.

Liu, C. F., Bingham, N., Parker, K., & Yao, H. H. (2009). Sex-specific roles of beta-catenin in mouse gonadal development. *Human Molecular Genetics, 18*, 405–417.

Liu, C. F., Liu, C., & Yao, H. H. (2010). Building pathways for ovary organogenesis in the mouse embryo. *Current Topics in Developmental Biology, 90*, 263–290.

Lun, S., Smith, P., Lundy, T., O'Connell, A., Hudson, N., & McNatty, K. P. (1998). Steroid contents of and steroidogenesis in vitro by the developing gonad and mesonephros around sexual differentiation in fetal sheep. *Journal of Reproduction and Fertility,114*, 131–119.

MacLean, G., Abu-Abed, S., Dolle, P., Tahayato, A., Chambon, P., & Petkovich, M. (2001). Cloning of a novel retinoic-acid metabolizing cytochrome P450, Cyp26B1, and comparative expression analysis with Cyp26A1 during early murine development. *Mechanics of Development, 107*, 195–201.

Mazaud, S., Guigon, C. J., Lozach, A., Coudouel, N., Forest, M. G. et al. (2002). Establishment of the reproductive function and transient fertility of female rats lacking primordial follicle stock after fetal gamma-irradiation. *Endocrinology, 143*, 4775–4787.

Mazaud, S., Guyot, R., Guigon, C. J., Coudouel, N., Le Magueresse-Battistoni, B., & Magre, S. (2005). Basal membrane remodeling during follicle histogenesis in the rat ovary: Contribution of proteinases of the MMP and PA families. *Developmental Biology, 277*, 403–416.

McClellan, K. A., Gosden, R., & Taketo, T. (2003). Continuous loss of oocytes throughout meiotic prophase in the normal mouse ovary. *Developmental Biology, 258*, 334–348.

McGee, E. A., Hsu, S. Y., Kaipia, A., &Hsueh, A. J. (1998). Cell death and survival during ovarian follicle development. *Molecular and Cellular Endocrinology, 140*, 15–18.

McGee, E. A., & Hsueh, A. J. (2000). Initial and cyclic recruitment of ovarian follicles. *Endocrinology Review, 21*, 200–214.

McLaren, A. (2000). Germ and somatic cell lineages in the developing gonad. *Molecular and Cellular Endocrinology, 163*, 3–9.

McMullen, M. L., Cho, B. N., Yates, C. J., & Mayo, K. E. (2001). Gonadal pathologies in transgenic mice expressing the rat inhibin alpha-subunit. *Endocrinology, 142*, 5005–5014.

McNatty, K. P., Fidler, A. E., Juengel, J. L., Quirke, L. D., Smith, P. R. et al. (2000). Growth and paracrine factors regulating follicular formation and cellular function. *Molecular and Cellular Endocrinology, 163*, 11–20.

Mehlmann, L. M. (2005). Stops and starts in mammalian oocytes: Recent advances in understanding the regulation of meiotic arrest and oocyte maturation. *Reproduction, 130*, 791–799.

Menke, D. B., Koubova, J., & Page, D. C. (2003). Sexual differentiation of germ cells in XX mouse gonads occurs in an anterior-to-posterior wave. *Developmental Biology, 262*, 303–312.

Merkwitz, C., Lochhead, P., Tsikolia, N., Koch, D., Sygnecka, K. et al. (2011). Expression of KIT in the ovary, and the role of somatic precursor cells. *Progress in Histochemistry and Cytochemistry, 46*, 131–184.

Monk, M., & McLaren, A. (1981). X-chromosome activity in foetal germ cells of the mouse. *Journal of Embryology and Experimental Morphology, 63*, 75–84.

Nandedkar, T., Dharma, S., Modi, D., & Dsouza, S. (2007). Differential gene expression in transition of primordial to preantral follicles in mouse ovary. *Society of Reproduction Fertility Supplement, 63*, 57–67.

Nilsson, E. E., & Skinner, M. K. (2009). Progesterone regulation of primordial follicle assembly in bovine fetal ovaries. *Molecular and Cellular Endocrinology, 313*, 9–16.

Oxender, W. D., Colenbrander, B., van deWiel, D. F., & Wensing, C. J. (1979). Ovarian development in fetal and prepubertal pigs. *Biology of Reproduction, 21*, 715–721.

Pailhoux, E., Vigier, B., Vaiman, D., Servel, N., Chaffaux, S., Cribiu, E. P., & Cotinot, C. (2002). Ontogenesis of female-to-male sex-reversal in XX polled goats. *Developmental Dynamics, 224*, 39–50.

Pangas, S. A., Choi, Y., Ballow, D. J., Zhao, Y., Westphal, H. et al. (2006). Oogenesis requires germ cell-specific transcriptional regulators Sohlh1 and Lhx8. *Proceedings of the National Academy of Sciences USA, 103*, 8090–8095.

Pannetier, M., Fabre, S., Batista, F., Kocer, A., Renault, L. et al. (2006). FOXL2 activates P450 aromatase gene transcription: Towards a better characterization of the early steps of mammalian ovarian development. *Journal of Molecular Endocrinology, 36*, 399–413.

Paredes, A., Garcia-Rudaz, C., Kerr, B., Tapia, V., Dissen, G. A. et al. (2005). Loss of synaptonemal complex protein-1, a synaptonemal complex protein, contributes to the initiation of follicular assembly in the developing rat ovary. *Endocrinology, 146*, 5267–5277.

Pepling, M. E., & Spradling, A. C. (1998). Female mouse germ cells form synchronously dividing cysts. *Development, 125*, 3323–3328.

Pepling, M. E., & Spradling, A. C. (2001). The mouse ovary contains germ cell cysts that undergo programmed breakdown to form follicles. *Developmental Biology, 234*, 339–351.

Pepling, M. E., Sundman, E. A., Patterson, N. L., Gephardt, G. W., Medico, L., Jr., & Wilson, K. I. (2010). Differences in oocyte development and estradiol sensitivity among mouse strains. *Reproduction, 139*, 349–357.

Pesce, M., & De Felici, M. (1994). Apoptosis in mouse primordial germ cells: a study by transmission and scanning electron microscope. *Anatomy of Embryology (Berlin), 189*, 435–440.

Peters, H. (1969). The effect of radiation in early life of the morphology and reproductive function of the mouse ovary. In A. McLaren (ed.), *Advances in Reproductive Physiology* (pp. 149–185). Edinburgh: Logos Press Limited.

Pittman, D. L., Cobb, J., Schimenti, K. J., Wilson, L. A., Cooper, D. M. et al. (1998). Meiotic prophase arrest with failure of chromosome synapsis in mice deficient for Dmc1, a germline-specific RecA homolog. *Molecules and Cells, 1*, 697–705.

Rajah, R., Glaser, E. M., & Hirshfield, A. N. (1992). The changing architecture of the neonatal rat ovary during histogenesis. *Developmental Dynamics, 194*, 177–192.

Rajareddy, S., Reddy, P., Du, C., Liu, L., Jagarlamudi, K. et al. (2007). p27kip1 (cyclin-dependent kinase inhibitor 1B) controls ovarian development by suppressing follicle endowment and activation and promoting follicle atresia in mice. *MolecularEndocrinology, 21*, 2189–2202.

Rajkovic, A., Pangas, S. A., Ballow, D., Suzumori, N., & Matzuk, M. M. (2004). NOBOX deficiency disrupts early folliculogenesis and oocyte-specific gene expression. *Science, 305*, 1157–1159.

Ratts, V. S., Flaws, J. A., Klop, R., Sorenson, C. M., & Tilly, J. L. (1995). Ablation of *bcl-2* gene expression decreases the number of oocytes and primordial follicles established in the postnatal female mouse gonad. *Endocrinology, 136*, 3665–3668.

Reddy, P., Adhikari, D., Zheng, W., Liang, S., Hamalainen, T. et al. (2009). PDK1 signaling in oocytes controls reproductive aging and lifespan by manipulating the survival of primordial follicles. *Human Molecular Genetics, 18*, 2813–2824.

Reddy, P., Liu, L., Adhikari, D., Jagarlamudi, K., Rajareddy, S. et al. (2008). Oocyte-specific deletion of Pten causes premature activation of the primordial follicle pool. *Science, 319*, 611–613.

Richards, A. J., Enders, G. C., & Resnick, J. L. (1999). Activin and TGFbeta limit murine primordial germ cell proliferation. *Developmental Biology, 207*, 470–475.

Robles, R., Morita, Y., Mann, K. K., Perez, G. I., Yang, S. et al. (2000). The aryl hydrocarbon receptor, a basic helix-loop-helix transcription factor of the PAS gene family, is required for normal ovarian germ cell dynamics in the mouse. *Endocrinology,141*, 450–453.

Rucker, III, E. B., Dierisseau, P., Wagner, K. U., Garrett, L., Wynshaw-Boris, A. et al. (2000). Bcl-x and Bax regulate mouse primordial germ cell survival and apoptosis during embryogenesis. *Molecular Endocrinology, 14*, 1038–1052.

Russe, I. (1983). Oogenesis in cattle and sheep. *Bibliography of Anatomy, 24*, 77–92.

Sawyer, H. R., Smith, P., Heath, D. A., Juengel, J. L., Wakefield, S. J., & McNatty, K. P. (2002). Formation of ovarian follicles during fetal development in sheep. *Biology of Reproduction, 66*, 1134–1150.

Schmidt, D., Ovitt, C. E., Anlag, K., Fehsenfeld, S., Gredsted, L. et al. (2004). The murine winged-helix transcription factor Foxl2 is required for granulosa cell differentiation and ovary maintenance. *Development, 131*, 933–942.

Smith, P., O, W. S., Hudson, N. L., Shaw, L., Heath, D. A. et al. (1993). Effects of the Booroola gene (FecB) on body weight, ovarian development and hormone concentrations during fetal life. *Journal of Reproduction and Fertility, 98*, 41–54.

Smitz, J. E., & Cortvrindt, R. G. (2002). The earliest stages of folliculogenesis in vitro. *Reproduction, 123*, 185–202.

Soyal, S. M., Amleh, A., & Dean, J. (2000). FIGalpha, a germ cell-specific transcription factor required for ovarian follicle formation. *Development, 127*, 4645–4654.

Spears, N., Molinek, M. D., Robinson, L. L., Fulton, N., Cameron, H. et al. (2003). The role of neurotrophin receptors in female germ-cell survival in mouse and human. *Development, 130*, 5481–5491.

Suzuki, A., Sugihara, A., Uchida, K., Sato, T., Ohta, Y. et al. (2002). Developmental effects of perinatal exposure to bisphenol-A and diiethylstilbestrol on reproductive organs in female mice. *Reproductive Toxicology, 16*, 107–116.

Suzuki, H., Tsuda, M., Kiso, M., & Saga, Y. (2008). Nanos3 maintains the germ cell lineage in the mouse by suppressing both Bax-dependent and -independent apoptotic pathways. *Developmental Biology, 318*, 133–142.

Takeuchi, Y., Molyneaux, K., Runyan, C., Schaible, K., & Wylie, C. (2005). The roles of FGF signaling in germ cell migration in the mouse. *Development, 132*, 5399–5409.

Tanaka, Y., Nakada, K., Moriyoshi, M., & Sawamukai, Y. (2001). Appearance and number of follicles and change in the concentration of serum FSH in female bovine fetuses. *Reproduction, 121*, 777–782.

Tomizuka, K., Horikoshi, K., Kitada, R., Sugawara, Y., Iba, Y. et al. (2008). R-spondin1 plays an essential role in ovarian development through positively regulating Wnt-4 signaling. *Human Molecular Genetics, 17*, 1278–1291.

Trombly, D. J., Woodruff, T. K., & Mayo, K. E. (2008). Suppression of notch signaling in the neonatal mouse ovary decreases primordial follicle formation. *Endocrinology*.

Tsafriri, A. (1997). Follicular development: impact on oocyte quality. In B. Fauser (ed.), *FSH action and intraovarian regulation* (pp. 83–105). New York: Parthenon Press.

Uda, M., Ottolenghi, C., Crisponi, L., Garcia, J. E., Deiana, M. et al. (2004). Foxl2 disruption causes mouse ovarian failure by pervasive blockage of follicle development. *Human Molecular Genetics, 13*, 1171–1181.

Wang, C., Prossnitz, E. R., & Roy, S. K. (2008). G protein-coupled receptor 30 expression is required for estrogen stimulation of primordial follicle formation in the hamster ovary. *Endocrinology, 149*, 4452–4461.

Wang, C., & Roy, S. K. (2007). Development of primordial follicles in the hamster: Role of estradiol-17beta. *Endocrinology, 148*, 1707–1716.

Wassarman, P. M., & Albertini, D. F. (1994). The mammalian ovum. In E. Knobil & J. D. Neill (eds.), *The physiology of reproduction, Vol. 1* (pp. 79–122). New York: Raven Press.

Witschi, E. (1948). Migration of the germ cells of human embryos from the yolk sac to the primitive gonadal folds. *Contributions to Embryology Carnegie Institution, 32*, 67–80.

Witschi, E. (1963). Embryology of the ovary. In H. a. S. Grady (ed.), *The ovary* (pp. 1–10). Baltimore, MD:Williams and Wilkens.

Yan, C., Wang, P., DeMayo, J., DeMayo, F. J., Elvin, J. A. et al. (2001). Synergistic roles of bone morphogenetic protein 15 and growth differentiation factor 9 in ovarian function. *Molecular Endocrinology, 15*, 854–866.

Yang, M. Y., & Fortune, J. E. (2008). The capaacity of primordial follicles in fetal bovine ovaries to initiate growth in vitro develops during mid-gestation and is associated with meiotic arrest of oocytes. *Biology of Reproduction, 78*, 1153–1161.

Yao, H. H., Matzuk, M. M., Jorgez, C. J., Menke, D. B., Page, D. C. et al. (2004). Follistatin operates downstream of Wnt4 in mammalian ovary organogenesis. *Developmental Dynamics, 230*, 210-215.

Yoshida, H., Takakura, N., Kataoka, H., Kunisada, T., Okamura, H., & Nishikawa, S. I. (1997). Stepwise requirement of c-kit tyrosine kinase in mouse ovarian follicle development. *Developmental Biology, 184*, 122–137.

Yoshida, K., Kondoh, G., Matsuda, Y., Habu, T., Nishimune, Y., & Morita, T. (1998). The mouse RecA-like gene Dmc1 is required for homologous chromosome synapsis during meiosis. *Molecules and Cells, 1*, 707–718.

Yu, R. N., Ito, M., Saunders, T. L., Camper, S. A., & Jameson, J. L. (1998). Role of Ahch in gonadal development and gametogenesis. *Nature Genetics, 20*, 353–357.

Yuan, L., Liu, J. G., Hoja, M. R., Wilbertz, J., Nordqvist, K., & Hoog, C. (2002). Female germ cell aneuploidy and embryo death in mice lacking the meiosis-specific protein SCP3. *Science, 296*, 1115–1118.

Zachos, N. C., Billiar, R. B., Albrecht, E. D., & Pepe, G. J. (2002). Developmental regulation of baboon fetal ovarian maturation by estrogen. *Biology of Reproduction, 67*, 1148–1156.

Zeleznik, A. J., & Benyo, D. F. (1994). Control of follicular development, corpus luteum function, and the recognition of pregnancy in higher primates. In E. Knobil & J. D. Neill (eds.), *The physiology of reproduction* (pp. 751–782). New York: Raven Press.

2 卵泡体外培养的简史及现状

Bahar Uslu 和 Joshua Johnson

2.1 简　　介

2.1.1 卵巢卵泡

卵泡是由周围包裹着几层颗粒细胞的单个卵母细胞和卵泡膜细胞组成的一个发育单位。出生后大多数的卵母细胞位于尚在休眠期的原始卵泡中，原始卵泡由一层扁平的鳞状细胞和未增殖颗粒细胞层组成。卵母细胞的生长一旦被激活则开始生长，此时颗粒细胞变成立方体形，并开始不断增殖。接下来卵泡的发育包括持续增殖和颗粒层分化，并在基底膜（basal lamina）外发出另一个细胞层（称为卵泡外膜），卵母细胞也持续生长。最后在颗粒细胞层中形成一个充满液体的腔体（称为卵泡腔），使卵泡形成不对称的特征，此时与卵母细胞紧密相连的颗粒细胞与卵母细胞分离。在这些位置上的颗粒细胞具有明显的种属特征：生成类固醇激素的壁层细胞群（在细胞壁上）和卵丘细胞群（环绕着卵母细胞）。如果卵泡能够存活下来并完成生长和成熟过程，则排卵期卵丘细胞层中的卵母细胞就会从卵巢的表面排出。

像在体内的精细发育一样，在特定的培养条件下重现卵泡体外培养（*in vitro* culture, IVC）也是可能的。长期以来，人们一直认为通过机械刺破卵巢的方法，哺乳动物卵巢中的卵泡就可以被完整地分离。但当前存在的问题是，这些细胞及组成能否存活下来并在卵巢外环境中继续发育，以绕开卵子发生的生理性或周期性限制。

早期的研究人员尝试了卵泡体外培养后很快意识到，许多未成熟的卵泡不需要经过正常的排卵就可以从卵巢中被分离出来。例如，一只青年雌鼠体内大约有3500 个未成熟的卵泡存在，而年轻女性体内则多达 50 万个。因此，如果能建立一套理想的和标准化的卵泡体外成熟（*in vitro* maturation, IVM）培养方案，对于每一个未成熟卵泡而言，理论上则都能产生一个成熟的正常卵子。

2.1.2 卵泡培养及生育力保存

10 年前在生育力保存（fertility preservation）临床领域开始了一场变革，现在通过它能使人和动物卵巢组织及卵母细胞的低温储存（cryopreservation）变得司空见惯，且经低温储存后解冻的卵子仍具有高效的生存能力和良好的生育力

（Johnson & Patrizio, 2011; Paffoni et al., 2011; Trokoudes, Pavlides, & Zhang, 2011）。与新鲜卵子比较，成熟后被冷冻保存的卵子产生后代的能力仅有略微的降低（Cobo et al., 2011; Trokoudes et al., 2011）。对于年轻女性及那些没有男性伴侣却面临潜在的绝育风险治疗的女性来说，该技术的确有用。此外一些想要在年轻时保存生育能力的女性也越来越普遍地使用卵子冷冻保存技术。卵子冷冻后，即使这些女性已经老去，但她们生育健康后代的能力却不会因此而降低（Cobo et al., 2012; Stoop et al., 2012）。然而对于那些不能产生成熟可用的卵子或只能产生畸形卵子的女性而言，卵子冷冻技术显然无能为力。但卵巢皮质的低温储存技术可用于克服生殖障碍，因为每平方厘米的卵巢皮质上包含了几千个未成熟的卵泡。

卵巢皮质可以冷冻储存，目前已有多个实验室证明解冻后的卵泡存活概率很高（Amorim et al., 2012; McLaughlin et al., 2011; Nisolle et al., 2000; Oktem et al., 2011），这对于癌症患者和卵巢功能不全的女性来说无疑是个好消息。目前已经有患者移植了解冻后的卵巢皮质组织，移植后的皮质功能正常，能发育出卵泡，直至恢复月经周期并排卵。该技术能够帮助许多妇女成功怀孕，并顺利分娩（Camboni et al., 2008; Dolmans et al., 2009; Donnez, Silber et al., 2011）。但是从这项技术中受益并成功怀孕的妇女仍是少数，因为目前该领域的最大问题是卵泡的存活率低。虽然通过外科手术移植的方法，卵巢皮质块的功能表现正常，但由于出现了正常的卵泡闭锁现象，造成一定数量被移植的卵泡也出现退化（Dolmans et al., 2009; Donnez et al., 2006; Donnez, Squifflet et al., 2011）。但是，年轻女孩或妇女无法产生成熟卵子或女性反复产生质量不佳的卵子，其中的原因究竟是什么？冷冻储存并重新移植卵巢皮质，也许能够使患者在短时间内恢复月经，但是无法解决患者不能产生正常卵细胞或是排卵数过低的问题。如果将一定数量的卵泡置于隔离的卵巢皮质中，那么借助卵泡体外培养的技术改进，就能帮助其发育到成熟期即排卵前阶段（Johnson & Patrizio, 2011）。当然，如果我们提高体外条件下卵泡存活和发育的概率，就能够大大增加用于妊娠的正常的、成熟的卵子数量。

除了能够提供有关卵泡发育和凋亡的基本信息外，卵泡培养系统也是深入研究内分泌、旁分泌和女性卵泡内信号转导机制的有效工具。在此，我们查阅了历史文献，首先介绍最早期的卵泡处理和培养方式，并探讨这些方式以怎样的原理使人们加深了对卵巢的了解；接下来，我们介绍现代化卵泡培养方案，并将其临床相关性作为重点之一；最后，我们将针对实验技术开展一些讨论，希望这些技术能够在不久以后乃至遥远的未来，实现并能够（或可能）建立起一整套完善的卵泡培养方案。

2.2 卵泡体外培养简史

利用卵泡体外培养的方法来解决卵巢生理学和生殖学的基本问题，其历史比较悠久，开发的一些临床技术帮助人类及动物繁衍同样也由来已久。历史文献记载，最早的卵巢组织培养采用了不同的实验方法和实验对象，但不包括将哺乳动物的卵母细胞[及卵丘-卵母细胞复合体（cumulus-oocyte complex）]放置在体外培养的方式。因此，我们有必要深入地研究和回顾卵母细胞 IVM 培养的历史（Reinblatt et al., 2011; Sirard, 2011; Smitz, Thompson & Gilchrist, 2011）。在卵巢内单独培养和共培养卵巢的体细胞类型方面，早期的研究者曾做了大量工作，我们仅简单提及，不做深入讨论。科研人员还尝试培养了啮齿动物和家兔的卵巢（或卵巢的大块组织），因为该研究与后来的被称为“两步法”的培养策略有关，故本节会对此加以讨论。

通常来说，哺乳动物的子宫切除手术很简单，只需数道切口即可。20 世纪 50 年代中期，Birmingham 大学的 D. L. Ingram 分别培养了小鼠和大鼠的卵巢，从胎儿期到性成熟间选取了不同的时间点，在培养皿中观察卵巢上皮细胞的发育状况（Ingram, 1956）。此类啮齿动物的卵巢很小（8～10 mm），在简易的培养皿或滴管中就能够完成被动的养分交换和气体交换。Ingram 对培养出的卵巢和在固定时间收集到的卵巢状况都进行了组织学评估（assessment）。结果显示，培养后卵巢的组织结构保留得很明显，并且保留下大量完整的卵泡。不久，人们就将鼠、兔的卵巢培养用于解决更广泛的内分泌问题，包括鉴定类固醇激素在性腺中的主要来源（Planel et al., 1964; Forleo & Collins, 1964）及类固醇激素（和肽类激素）对性腺及其他组织的影响等方面（Schriefers, Kley & Brodesser, 1969; Neal & Baker, 1974a, 1974b; Baker & Neal, 1974）。这项实验具有里程碑的意义，不过很快，人们就开始使用机械法对卵泡进行分离和培养了。

只需要用针刺破卵巢，就能将大小不同的完整卵泡进行机械分离，若稍加小心的话，就能从单个卵巢中分离出大量的原始卵泡。也可以通过酶解法分离，但在随后的卵泡生长和成熟阶段，上述方法往往会对卵泡造成轻微的损伤（Carrell et al., 2005; Demeestere et al., 2002）。通常情况下会根据卵泡的大小，将大约处在相同发育阶段的卵泡集中起来，然后评估它们的发育状况和成熟度。实验的第一步要使用组织培养皿，包括培养板或液滴培养。在一个重要的系列文稿中，记录着 T. G. Baker 和他的同事们在 20 世纪 70 年代中期曾使用的这种实验手段。最先被评估的是与窦状卵泡的存活、生长、发育直到排卵过程直接关联的因素（Baker & Neal, 1974b; Baker, Hunter, & Neal, 1975; Baker et al., 1975; Neal & Baker, 1975）。利用该法人们还成功地培养了大的窦前卵泡（Vanderhyden, Telfer & Eppig, 1992）。

尽管各实验室都在不断改进窦状卵泡和窦前卵泡的培养技术，但是随着时间的推移，出现了许多未成熟卵泡的培养技术，并逐渐成为该领域的新潮流。目前，早期的窦前卵泡（Cortvrindt & Smitz, 1998; Cortvrindt, Smitz, & Van Steirteghem, 1997; Smitz, Cortvrindt, & Van Steirteghem, 1996）已被成功培养。有关低温储存后的卵泡（Smitz & Cortvrindt, 1998）存活和发育的报道也已经见诸报端。低温储存技术的出现，相当于为卵泡体外发育的研究提供了新的选择，也预示着在未来临床生育力保存的发展中蕴藏着巨大潜力。

对卵泡发育状况进行总结，并将其作为系统化工具对细胞内信号机制进行定性研究很有前景，但什么才是成熟的、可受精的卵母细胞的生产呢？Spears 等（1994）发现，将原始卵泡（小的窦状卵泡）培养成熟、进行体外受精（*in vitro* fertilization, IVF）并将受精卵（zygote）植入假孕母鼠体内后，能产下活的小鼠。近期也有越来越多的研究显示，即使母体的卵泡冷冻储存后再被解冻，后代的卵母细胞仍然具有正常的功能（dela Pena et al., 2002; Kagawa et al., 2007; Liu et al., 2002）。因此，直接培育未成熟的卵泡同样能够很好地支撑卵子的完全发育过程。但需要注意的是，成熟卵子的获得率非常低，人们每培养几百个卵泡最终只能产下几只幼崽。因此，将原始卵泡培养到成熟状态并使其最终排出成熟卵子，这方面的研究才更具挑战性。

在任何一种卵巢上，生长停滞的原始卵泡库（Adhikari & Liu, 2009）是生产成熟卵子最具潜力的来源。从原始卵泡到成熟卵子过程中引导一次完整的卵泡发育需要克服一些重大的障碍。在 Eppig 和他的同事们的第一篇出版报告中曾提到，因为新生小鼠的卵巢表面只有原始卵泡，所以研究从培养新生小鼠的卵巢做起，经过 8 天的培养后分离出卵母细胞，将其进一步培养后最终发育成熟。成熟的卵子经过受精，最后形成了 192 个 2-细胞期的胚胎。但这 192 个胚胎中，只有 1 只小鼠出生（Eppig & O'Brien, 1996）。不久，该团队又采用了一套改良后的培养方案（O'Brien, Pendola, & Eppig, 2003），这一次对数以千计的原始卵泡进行培养，成熟受精后获得了 1160 个 2-细胞期的胚胎，其中出生了 59 只小鼠。在对照组的实验中，使用的是体外发育成熟的卵子，尽管小鼠的成活率稍低一些，但小鼠并没有什么异常。不管我们怎样强调实验效率的不佳，但无法掩盖的事实是：在现代化的体外培养体系下，为什么如此少的原始卵泡就能够最终产下后代？答案的重点就在于，集中精力提高优质卵子的生产率，从而增加出生健康后代的数量。

2.3 先进的卵泡体外培养技术

卵泡培养手段能够对生物有机体、卵巢及其卵泡结构的发育环境进行愈加精确的定制（图 2.1; McLaughlin et al., 2011; Smitz et al., 2010）。从培养基的成分来看，则趋向于无血清培养（Oktem & Oktay, 2007; Ola et al., 2008; Senbon & Miyano, 2002; Xiet et al., 2004; Hartshorne, 1997）。有些研究团队沿用二维卵泡培养法，使用的是组织培养板或插入式培养皿。这种方法虽然效果理想，但由于卵泡膜细胞和颗粒细胞会黏附在培养皿上，可能导致卵泡畸变、卵母细胞过早排出，让人误以为是卵泡的发育。因此人们开发出了一种三维的培养体系，可以避免培养基黏着的问题。

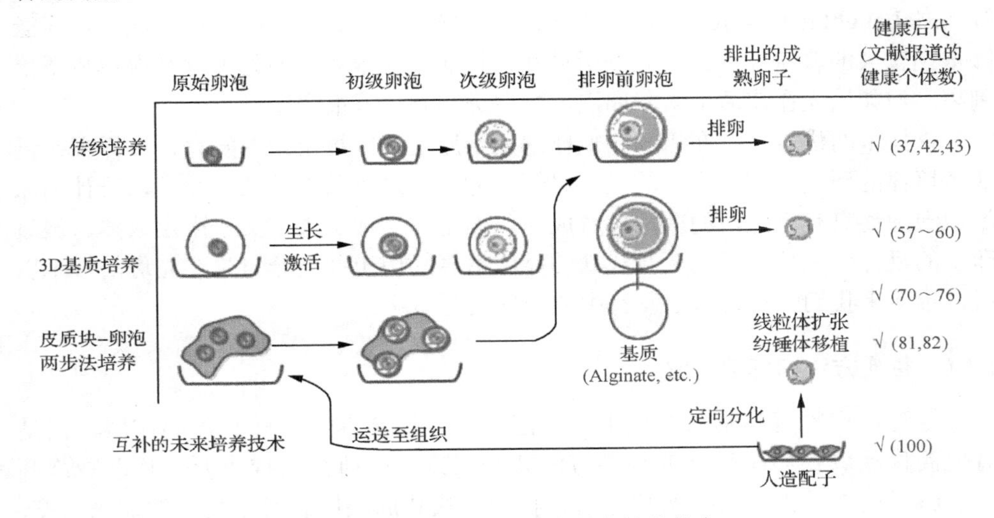

图 2.1　现在和未来的卵泡体外培养技术

传统的卵泡培养过程是将卵泡机械性分离后在培养皿中单独培养，并选择性地涂抹一些细胞外基质。现在已经开发出了三维基质培养方案（3D MATRIX），即可将卵泡嵌在生物相容性材料中进行培养。与传统的培养方式相比，三维培养方法普遍地增强了卵泡的生长和维度。皮质块-卵泡的两步法培养方案，可以利用完整的皮质块对卵泡进行培养，使其生长到能够从皮质上单独剥离。之后将单个的卵泡继续培养以产生成熟的卵子。图中的灰色框显示了未来的互补培养技术能够对现有策略的不足进行弥补。可以通过线粒体扩张或纺锤体移植的方法来改善体内或体外产生的成熟卵子的质量。此外，也可以通过将干细胞转移到卵巢组织，或通过成熟卵子的体外分化诱导来生产“人造”卵子（改自 Johnson and Patrizio, 2011）。

最初在胶原基质上或胶原基质内对卵泡进行培养（Combelles et al., 2005; Loret de Mola et al., 2004; Telfer, Torrance, Gosden, 1990; Torrance, Telfer & Gosden, 1989），使得卵泡生长的形态特征有所改进，而且最近该方法还被用于描述卵泡外膜层的建立（Itami et al., 2011）。海藻酸钠（Kreeger et al., 2005; Shikanov et al., 2011）也被用于培养体系中，比二维培养法有更高的效率能将较小的窦前卵泡培养成较大的窦状卵泡，并以更高的效率生产后代（Xu et al., 2006）。该技术也被用于培养猕猴的卵泡（Xu et al., 2010; Xu et al., 2011）。有报道称，卵泡还可以在透明质酸（hyaluronic acid, HA）（Desai et al., 2012）中进行培养。上述生物基质的潜力在于它们的浓度是可变的，能够提高或降低渗透性和硬度。此外，这些由细胞外基质组成的混合物也可能会加快卵泡的发育，将其中的细胞外基质组分混合后还可能有助于卵泡的发育。总体而言，这种三维培养体系能在体外培养过程中更好地重现卵巢的内部环境。

第二项技术即“两步法”，先对卵巢皮质进行培养，其次对单个卵泡进行培养，其培养效果同样良好。在使用该技术时，会选择性地冷冻部分的卵巢皮质，随后再进行体外培养。一旦卵泡发育到一定的大小，就可以将其从毗邻的皮质组织上剥离，以备后续培养，在培养过程中也会用到上述提到过的生物工程材料。Telfer等（McLaughlin & Telfer, 2010; Telfer et al., 2008）的实验表明，“两步法”培养能够得到较大的窦状卵泡。而且众所周知，机械方法很难将原始卵泡从卵巢皮质上剥离。但如果先在皮质上培养卵泡，之后进行剥离就很容易。

该技术的优点是：在培养初期卵泡处于原生的卵巢组织内发育，这样更接近活体培养的环境。需要强调的是，尽管上述培养过程效率很低，即数以千计的原始卵泡最终只有个位数的卵泡发育成熟，但是它实现了人们关于产生成熟、健康卵子的目标。在总结了悠久且成功的卵泡培养的历史并充分讨论了先进的技术以后，接下来我们来探讨卵泡发育中的一些实验策略。

2.3.1　替代方法和辅助方法

尽管在实验室和临床环境下，卵泡培养方法会继续发挥其核心作用，但是对提高优质成熟卵子数量的辅助方法和替代方法的研究同样重要。目前冷冻胚胎和卵子已经成为主流的治疗方法，我们仅从其局限性和对新技术的需求角度，对其作简要叙述。胚胎冷冻的服务对象仅限于有男性伴侣的女性或者符合捐精条件的女性患者，卵子（包括胚胎）冷冻的服务对象则仅限于接受激素或药物刺激治疗后能够排卵，可实施进一步检查的女性患者。当然，也有部分女性患者虽然能够排卵，但是其卵母细胞数量过低，无法对其采集后进行检查。正在接受癌症治疗的患者及恶性肿瘤患者也不能进行胚胎和卵泡冷冻保存（Bedoschi et al., 2010; Fatemi et al., 2011; Shalom-Paz et al., 2010; Sonmezer et al., 2011）。因此我们的重点在于实验性疗法的研究，即提高卵母细胞中线粒体的数量，移植卵母细胞减数分裂纺锤体（meiotic spindle）和染色体及生成“人造”配子（artificial gamete）。尽管该疗法的发展才刚刚开始，但是将来必定会发挥重要的作用（图 2.1）。

正如其名称所示，卵母细胞线粒体扩增的目的是恢复线粒体原有的功能，包括年龄增长导致的功能紊乱。通过测定减数分裂进程和正常后代的发育状况发现，随着年龄的增长卵子的质量下降、功能减弱，这一点与线粒体的功能下降，特别是三磷酸腺苷（adenosine tri phosphate, ATP）的数量减少有关（Barnett & Bavister, 1996a, 1996b; Van Blerkom, Sinclair, & Davis, 1998）。通过使用移植技术（如从供体卵母细胞中吸出含线粒体的细胞质并显微注射入受体的卵母细胞中）

使线粒体增加。对于卵巢储备功能下降或卵子质量不佳的女性来说，该技术十分奏效。

起初，卵母细胞线粒体移植会导致胚胎甚至小鼠的后代异质性。人们也利用这一点作为验证手段，解决了线粒体的世代遗传问题（Meirelles & Smith, 1997, 1998; Van Blerkom, Sinclair, & Davis, 1998）。这项实验还可以用来验证与线粒体性能和卵母细胞质量有关的假说（Harvey et al., 2007; Palermo, Takeuchi, & Rosenwaks, 2002; Van Blerkom, Sinclair, & Davis, 1998）。实际上，将含有完整线粒体的卵母细胞的细胞质移植到老化或损伤的卵母细胞中，能够改善发育进程，减少异倍体（aneuploidy）的发生（Palermo, Takeuchi, & Rosenwaks, 2002），也有利于人类的生殖研究。线粒体移植技术也可以应用到人类的卵母细胞中。此外，一本 2001 年的出版物曾提到，Jacques Cohen 研究小组证实线粒体是否具有异质性关系到后代的发育正常与否（Barritt, Willadsen et al., 2001）。通过该技术对第一批女性进行治疗后的评估报告显示，这些女性的妊娠率高于预期，且出生的孩子没有检查出任何缺陷（Barritt, Brenner et al., 2001）。本节援引了前人的研究，发现在健康家庭中也会发生线粒体的异质性问题（Bendall, & Sykes, 1995; Howell et al., 1992; Wilson et al., 1997）。所以在辅助生殖过程中采用线粒体移植方法，并不一定是导致后代发育异常的原因。尽管如此，还是有人提到了涉及不同血统的伦理问题（Bredenoord, Pennings, & de Wert, 2008）。因此，在线粒体能够自我产生之前，该技术本质上只是试验性质的。以下是一项关于纺锤体/线粒体移植技术，本质上就是将线粒体移植到卵母细胞中的逆向过程。

在纺锤体/染色体移植（spindle/chromosome transplantation）过程中，会将指导卵母细胞染色体的减数分裂纺锤体从质量不佳的卵母细胞中剥离，并移植到新的卵母细胞上（自身的纺锤体也已除去）（Tachibana, Sparman, & Mitalipov, 2010, 2012）。受体卵母细胞与线粒体供体必须是青年人或被证实具有生育能力者。只有将供体的遗传物质移植入受体细胞质中，将来才可能会进一步发育。此处提到的研究所使用的是猕猴的成熟卵子，与人类的卵子相差无几，因此这项技术可用于提高人类卵子品质。

未来的技术就是考虑生产“人造”配子，在这里也就是指卵母细胞，其核心的方法就是通过自体干细胞或祖细胞来生成卵母细胞。该技术一旦成功，人类女性（包括其他雌性哺乳动物）所产生的卵子数量就不再是有限的几个。至于什么样的干细胞可用于产生卵子，目前有几种干细胞正在接受评估，且都处在各自的试验阶段。

首先，科学家已经使源自囊胚（blastocyst）期内细胞团的胚胎干细胞（embryonic stem cell, ES cell）在体外环境直接发育成了类卵母细胞（Geijsen et al., 2004; Hubner et al., 2003; Kehler et al., 2005; Nicholas et al., 2009; Qing et al., 2007;

Tedesco, Farini, & De Felici, 2011; Toyooka et al., 2003）和雄性生殖细胞系的细胞（Easley et al., 2012; Li et al., 2012; Nayernia et al., 2006）。其次，已经开发出的遗传工程技术能够从体细胞系（通常是由皮肤提取到的成纤维细胞）生产多能干细胞。这些细胞被称为诱导多能性干细胞（induced pluripotent stem cell, iPS cell）（Meissner, Wernig, & Jaenisch, 2007; Takahashi & Yamanaka, 2006）。来自 iPS 细胞的雌性（Imamura et al., 2010; Medrano et al., 2012; Panula et al., 2011）和雄性（Easley et al., 2012）生殖系细胞的传代培养已被报道。虽然形态学和基因表达的数据显示，这些配子细胞的发育基本正常，但只有顺利产出后代后才能真正证明这一点。

最近已证实，有一种方法可以使 ES 细胞或 iPS 细胞直接发育为成熟的卵子（Hayashi et al., 2012）。首先，将经过荧光标记的 ES 细胞或 iPS 细胞进行体外培养，并对其分化为类原始生殖细胞的情况进行监测。其次，利用胚胎性腺体细胞重建生殖细胞，最终得到了“人造”卵巢。在受体小鼠的肾脏尾端或卵巢囊下方植入“人造”卵巢后，卵泡的完整发育包括成熟过程、具有受精潜能的卵子发生就可以在体内实现。干细胞来源的卵母细胞，会产生正常后代，这说明尽管来源很特殊，但卵母细胞的功能性是完整的。考虑到该技术被其他科研小组得以重复，并且在指导 iPS 细胞发育为成熟卵细胞过程中有更深入的研究进展。人们可以设想，在未来，这种策略会在一定程度上用作最低限度地（节约胚胎）规模化生产“人造”卵母细胞。

通过使用一种有争议的方案，多个实验室已从成年小鼠卵巢中分离出“卵原干细胞”（oogonial stem cell, OSC）（Johnson et al., 2004; Pacchiarotti et al., 2010; White et al., 2012; Zou et al., 2009; Zou et al., 2011）。其中的一个研究小组报道，他们对来源于人类的细胞进行了分离和定性研究（White et al., 2012），结果显示，这些细胞表现出的大部分基因特征与具体的生殖细胞特性是一致的（Uslu, Wallace, & Johnson, 未出版; White et al., 2012; Zou et al., 2009; Zou et al., 2011）。不仅如此，这些细胞与 ES 细胞及 iPS 细胞一样，在培养过程中都能够长期增殖。研究显示，当对小鼠和人的卵原干细胞进行单独的体外培养时，它们能够自行发育为大的球形细胞，这会让人联想到卵母细胞；而当与卵巢中的体细胞共培养时，则呈现出卵母细胞处在中央的类似的卵泡结构。值得注意的是，由 OSC 生成的小鼠类卵母细胞，很难将受精后结构的发育与孵化囊胚区分开来（White et al., 2012）。此外，将经过标记的转基因小鼠的 OSC（如稳定表达绿色荧光蛋白的小鼠 OSC）移植到野生型受体卵巢中，也会生下转基因后代（Zou et al., 2009）。迄今为止的研究显示，有两组卵子受精后发育成了胚胎（Zou et al., 2009; White et al., 2012），甚至有实验室已公开了证据，证明利用 iPS 细胞进行 OSC 移植后，卵巢内产生了具有生殖能力的成熟卵子（Zou et al., 2009）。尽管有研究小组已经确认了一个 OSC 细胞系的基因表达谱和长期的培养潜能，但也有报道指出，尚无法从人类卵巢中鉴定OSC，也无法将其从中分离出来（Zhang et al., 2012）。这就是说，如果要证明OSC能够生成“人造”卵子，还需要有更多的实验室得出相似数据，其中包括上文提到的iPS细胞的数据。

临床上存在的问题是，为增强或扩展卵巢的功能，或为了产生成熟的、能够繁衍后代的卵子，无论是使用体外还是体内的方法，是否能将任何类型的干细胞都移植入卵巢？采用这些干细胞或其他类型的干细胞（Virant-Klun, Stimpfel, & Skutella, 2011; Woods & Tilly, 2012）高效地生产“人造”卵子，而该卵子能够以一种与妇女的临床治疗相关的方式进行正常而有效的减数分裂，这仍然是当前所面临的巨大挑战（Tedesco et al., 2011）。即便如此，该领域持续快速的研究进展仍可能创造多种干细胞疗法，在临床上用来改善生殖能力或卵巢功能。

2.4 卵泡培养的前景

卵泡培养的最终目标是重现卵泡发生的生理过程，包括完整的卵子发生过程。在卵子发生方面，我们离这个目标已经很近，即能够实现可受精的MII期卵子的持续生产并能够产生后代。但是严峻的挑战仍然存在，特别是该过程的低效率问题。因此，我们将如何通过这些问题的解决并利用卵泡培养去揭开卵泡和组织生物学中存在的重大疑问？

如今，块状卵巢皮质培养存在的突出问题就是，哪怕是为了产生一个成熟的健康卵子，也会出现大多数卵泡的损耗即卵泡闭锁的现象。因此，尽管实现了我们期望中的结果，但培养系统的效率仍然很不理想，就像体内的卵巢环境一样，绝大部分卵泡注定要走向灭亡。体外培养系统的目标就是，通过对大多数卵泡死亡原因的鉴别，去揭开卵巢皮质内储备卵泡无法释放的神秘面纱。同时，我们也将讨论如何通过机械手段实现卵泡募集的问题。

实际上，通过克服卵泡募集过程中的局限性，可能会解除一些女性在临床上面临的卵子可用性的限制。即使一块包含有100个原始卵泡的卵巢皮质能够以一种理想的方式被培养，并能够产生100个成熟的、可受精的卵子，那又怎么样呢？怀孕的概率是随着可用卵子数量的增加而提高的。这也与患者的具体情况尤为相关，她们也许难以忍受以下的治疗方法，即通过促性腺激素刺激卵巢来增加可回收成熟卵子的数量（如对于那些受雌激素反应折磨的癌症患者）。

此外，通过对大量未成熟卵泡培养至存活，我们会去评估其中包含的卵母细胞的相应“品质”。也就是说，去鉴定每一个原始卵泡是否都会产生成熟的卵子，而这些成熟卵子反过来也会产生健康的后代。相反我们也发现，有一部分未成熟的卵母细胞也不会在任何环境都正常发育，这也许就是在大规模原始卵泡培养之后出现的无法克服的低效率问题（O'Brien et al., 2003）。此外，我们要能够判定，是否原始卵泡固有的发育潜力随着生长时间增加而恶化，或者是卵母细胞外在的“环境”因素造成了卵母细胞“品质”的降低（Thomson, Fitzpatrick, & Johnson, 2010）。接下来我们也许能够判定，能不能通过改进培养系统或添加药物来“挽救”卵母细胞的发育，即由于年龄或其他因素导致的对其正常“品质”的限制。科研人员通过上述一些尝试，这些问题得到部分的解决，并通过对染色体数目和功能的操作来提高卵母细胞的质量，但它只能通过提高卵母细胞的存活来进行确切性检验，我们解决这些关键问题的能力似乎将要实现。

卵泡培养是一项必不可少的技术，无论在临床领域还是在基本的生理学范畴，它会不断地揭开卵巢中的秘密。利用模式生物和人体组织的卵泡培养就是最高水平平行研究的案例。在此非常感谢许多无私奉献的科研人员奠定的坚实基础，我们终将能够解决上述提到的一系列重要而基础的问题，并最终克服在生殖内分泌、生育及生育力保存方面的一些关键障碍。

致谢

在书稿准备阶段，我们要感谢 E. Telfer 医生和 M. McLaughlin 医生提出的许多科学建议及编辑方面的指导。同时感谢耶鲁大学产科部、妇科部、生殖科学研究基金及 Donaghue 耶鲁女性健康研究项目对我们的支持。

（王欣荣、李明娜　译；铁雅楠、毛彩琴　校）

参 考 文 献

Adhikari, D., & Liu, K. (2009). Molecular mechanisms underlying the activation of mammalian primordial follicles. *Endocrinology Review, 30*, 438–464.

Amorim, C. A., Dolmans, M. M., David, A., Jaeger, J., Vanacker, J., Camboni, A. et al. (2012). Vitrification and xenografting of human ovarian tissue. *Fertility and Sterility*.

Baker, T. G., Hunter, R. H., & Neal, P. (1975). Studies on the maintenance of porcine graafian follicles in organ culture. *Experientia, 31*, 133–135.

Baker, T. G., & Neal, P. (1974a). Oogenesis in human fetal ovaries maintained in organ culture. *Journal of Anatomy, 117*, 591–604.

Baker, T. G., & Neal, P. (1974b). Organ culture of cortical fragments and Graafian follicles from human ovaries. *Journal of Anatomy, 117*, 361–371.

Barnett, D. K., & Bavister, B. D. (1996a). What is the relationship between the metabolism of preimplantation embryos and their developmental competence? *Molecular Reproduction and Development, 43*, 105–133.

Barnett, D. K., & Bavister, B. D. (1996b). Inhibitory effect of glucose and phosphate on the second cleavage division of hamster embryos: Is it linked to metabolism? *Human Reproduction, 11*, 177–183.

Barritt, J. A., Brenner, C. A., Malter, H. E., & Cohen, J. (2001). Mitochondria in human offspring derived from ooplasmic transplantation. *Human Reproduction, 16*, 513–516.

Barritt, J., Willadsen, S., Brenner, C., & Cohen, J. (2001). Cytoplasmic transfer in assisted reproduction. *Human Reproduction Update, 7*, 428–435.

Bedoschi, G. M., de Albuquerque, F. O., Ferriani, R. A., & Navarro, P. A. (2010). Ovarian stimulation during the luteal phase for fertility preservation of cancer patients: case reports and review of the literature. *Journal of Assistive Reproduction and Genetics, 27*, 491–494.

Bendall, K. E., & Sykes, B. C. (1995). Length heteroplasmy in the first hypervariable segment of the human mtDNA control region. *American Journal of Human Genetics, 57*, 248–256.

Bredenoord, A. L., Pennings, G., & de Wert, G. (2008). Ooplasmic and nuclear transfer to prevent mitochondrial DNA disorders: Conceptual and normative issues. *Human Reproduction Update, 14*, 669–678.

Camboni, A., Martinez-Madrid, B., Dolmans, M. M., Nottola, S., Van Langendonckt, A., & Donnez, J. (2008). Autotransplantation of frozen-thawed ovarian tissue in a young woman: Ultrastructure and viability of grafted tissue. *Fertility and Sterility, 90*, 1215–1218.

Carrell, D. T., Liu, L., Huang, I., & Peterson, C. M. (2005). Comparison of maturation, meiotic competence, and chromosome aneuploidy of oocytes derived from two protocols for in vitro culture of mouse secondary follicles. *Journal of Assistive Reproduction and Genetics, 22*, 347–354.

Cobo, A., de Los Santos, M. J., Castello, D., Gamiz, P., Campos, P., & Remohi, J. (2012). Outcomes of vitrified early cleavage-stage and blastocyst-stage embryos in a cryopreservation program: Evaluation of 3,150 warming cycles. *Fertility and Sterility*.

Cobo, A., Remohi, J., Chang, C. C., & Nagy, Z. P. (2011). Oocyte cryopreservation for donor egg banking. *Reproductive Biomedicine Online, 23*, 341–346.

Combelles, C. M., Fissore, R. A., Albertini, D. F., & Racowsky, C. (2005). In vitro maturation of human oocytes and cumulus cells using a co-culture three-dimensional collagen gel system. *Human Reproduction, 20*, 1349–1358.

Cortvrindt, R., & Smitz, J. (1998). Early preantral mouse follicle in vitro maturation: Oocyte growth, meiotic maturation and granulosa-cell proliferation. *Theriogenology, 49*, 845–859.

Cortvrindt, R., Smitz, J., & Van Steirteghem, A. C. (1997). Assessment of the need for follicle stimulating hormone in early preantral mouse follicle culture in vitro. *Human Reproduction, 12*, 759–768.

dela Pena, E. C., Takahashi, Y., Katagiri, S., Atabay, E. C., & Nagano, M. (2002). Birth of pups after transfer of mouse embryos derived from vitrified preantral follicles. *Reproduction, 123*, 593–600.

Demeestere, I., Delbaere, A., Gervy, C., Van Den Bergh, M., Devreker, F., & Englert, Y. (2002). Effect of preantral follicle isolation technique on in-vitro follicular growth, oocyte maturation and embryo development in mice. *Human Reproduction,17*, 2152–2159.

Desai, N., Abdelhafez, F., Calabro, A., & Falcone, T. (2012). Three dimensional culture of fresh and vitrified mouse pre-antral follicles in a hyaluronan-based hydrogel: A preliminary investigation of a novel biomaterial for in vitro follicle maturation. *Reproductive Biology and Endocrinology, 10*, 29.

Dolmans, M. M., Donnez, J., Camboni, A., Demylle, D., Amorim, C., Van Langendonckt, A. et al. (2009). IVF outcome in patients with orthotopically transplanted ovarian tissue. *Human Reproduction, 24*, 2778–2787.

Donnez, J., Dolmans, M. M., Demylle, D., Jadoul, P., Pirard, C., Squifflet, J. et al. (2006). Restoration of ovarian function after orthotopic (intraovarian and periovarian) transplantation of cryopreserved ovarian tissue in a woman treated by bone marrow transplantation for sickle cell anaemia: Case report. *Human Reproduction, 21*, 183–188.

Donnez, J., Silber, S., Andersen, C. Y., Demeestere, I., Piver, P., Meirow, D. et al. (2011). Children born after autotransplantation of cryopreserved ovarian tissue. A review of 13 live births. *Annals of Medicine, 43*, 437–450.

Donnez, J., Squifflet, J., Pirard, C., Demylle, D., Delbaere, A., Armenio, L. et al. (2011). Live birth after allografting of ovarian cortex between genetically non-identical sisters. *Human Reproduction, 26*, 1384–1388.

Easley, C. A., Phillips, B. T., McGuire, M. M., Barringer, J. M., Valli, H., Hermann, B. P. et al. (2012). Direct differentiation of human pluripotent stem cells into haploid spermatogenic cells. *Cell Reproduction, 2*, 440–446.

Eppig, J. J., & O'Brien, M. J. (1996). Development in vitro of mouse oocytes from primordial follicles. *Biology of Reproduction, 54*, 197–207.

Fatemi, H. M., Kyrou, D., Al-Azemi, M., Stoop, D., De Sutter, P., Bourgain, C. et al. (2011). Ex-vivo oocyte retrieval for fertility preservation. *Fertility and Sterility, 95*, 15–17.

Forleo, R., & Collins, W. P. (1964). Some aspects of steroid biosynthesis in human ovarian tissue. *Acta Endocrinologica, 46*, 265–278.

Geijsen, N., Horoschak, M., Kim, K., Gribnau, J., Eggan, K., & Daley, G. Q. (2004). Derivation of embryonic germ cells and male gametes from embryonic stem cells. *Nature, 427*, 148–154.

Hartshorne, G. M. (1997). In vitro culture of ovarian follicles. *Review of Reproduction, 2*, 94–104.

Harvey, A. J., Gibson, T. C., Quebedeaux, T. M., & Brenner, C. A. (2007). Impact of assisted reproductive technologies: A mitochondrial perspective of cytoplasmic transplantation. *Current Topics in Developmental Biology, 77*, 229–249.

Hayashi, K., Ogushi, S., Kurimoto, K., Shimamoto, S., Ohta, H., & Saitou, M. (2012). Offspring from oocytes derived from in vitro primordial germ cell-like cells in mice. *Science*.

Howell, N., Halvorson, S., Kubacka, I., McCullough, D. A., Bindoff, L. A., & Turnbull, D. M. (1992). Mitochondrial gene segregation in mammals: Is the bottleneck always narrow? *Human Genetics, 90*, 117–120.

Hubner, K., Fuhrmann, G., Christenson, L. K., Kehler, J., Reinbold, R., De La Fuente, R. et al. (2003). Derivation of oocytes from mouse embryonic stem cells. *Science, 300*, 1251–1256.

Imamura, M., Aoi, T., Tokumasu, A., Mise, N., Abe, K., Yamanaka, S. et al. (2010). Induction of primordial germ cells from mouse induced pluripotent stem cells derived from adult hepatocytes. *Molecular Reproduction and Development, 77*, 802–811.

Ingram, D. L. (1956). Observations on the ovary cultured in vitro. *Journal of Endocrinology, 14*, 155–159.

Itami, S., Yasuda, K., Yoshida, Y., Matsui, C., Hashiura, S., Sakai, A. et al. (2011). Co-culturing of follicles with interstitial cells in collagen gel reproduce follicular development accompanied with theca cell layer formation. *Reproductive Biology and Endocrinology, 9*, 159.

Johnson, J., Canning, J., Kaneko, T., Pru, J. K., & Tilly, J. L. (2004). Germline stem cells and follicular renewal in the postnatal mammalian ovary. *Nature, 428*, 145–150.

Johnson, J., & Patrizio, P. (2011). Ovarian cryopreservation strategies and the fine control of ovarian follicle development in vitro. *Annals of the New York Academy of Sciences, 1221*, 40–46.

Kagawa, N., Kuwayama, M., Nakata, K., Vajta, G., Silber, S., Manabe, N. et al. (2007). Production of the first offspring from oocytes derived from fresh and cryopreserved pre-antral follicles of adult mice. *Reproductive Biomedicine Online, 14*, 693–699.

Kehler, J., Hubner, K., Garrett, S., & Scholer, H. R. (2005). Generating oocytes and sperm from embryonic stem cells. *Seminars in Reproductive Medicine, 23*, 222–233.

Kreeger, P. K., Fernandes, N. N., Woodruff, T. K., & Shea, L. D. (2005). Regulation of mouse follicle development by folliclestimulating hormone in a three-dimensional in vitro culture system is dependent on follicle stage and dose. *Biology of Reproduction, 73*, 942–950.

Li, W., Shuai, L., Wan, H., Dong, M., Wang, M., Sang, L. et al. (2012). Androgenetic haploid embryonic stem cells produce live transgenic mice. *Nature*.

Liu, J., Rybouchkin, A., Van der Elst, J., Dhont, M. (2002). Fertilization of mouse oocytes from in vitro-matured preantral follicles using classical in vitro fertilization or intracytoplasmic sperm injection. *Biology of Reproduction, 67*, 575–579.

Loret de Mola, J. R., Barnhart, K., Kopf, G. S., Heyner, S., Garside, W., & Coutifaris, C. B. (2004). Comparison of two culture systems for the in-vitro growth and maturation of mouse preantral follicles. *Clinical Experiments in Obstetrics and Gynecology, 31*, 15–19.

McLaughlin, M., Patrizio, P., Kayisli, U., Luk, J., Thomson, T. C., Anderson, R. A. et al. (2011). mTOR kinase inhibition results in oocyte loss characterized by empty follicles in human ovarian cortical strips cultured in vitro. *Fertility and Sterility, 96*, 1154–1159.

McLaughlin, M., & Telfer, E. E. (2010). Oocyte development in bovine primordial follicles is promoted by activin and FSH within a two-step serum-free culture system. *Reproduction, 139*, 971–978.

Medrano, J. V., Ramathal, C., Nguyen, H. N., Simon, C., & Reijo Pera, R. A. (2012). Divergent RNA-binding proteins, DAZL and VASA, induce meiotic progression in human germ cells derived in vitro. *Stem Cells, 30*, 441–451.

Meirelles, F. V., & Smith, L. C. (1997). Mitochondrial genotype segregation in a mouse heteroplasmic lineage produced by embryonic karyoplast transplantation. *Genetics, 145*, 445–451.

Meirelles, F. V., & Smith, L. C. (1998). Mitochondrial genotype segregation during preimplantation development in mouse heteroplasmic embryos. *Genetics, 148*, 877–883.

Meissner, A., Wernig, M., & Jaenisch, R. (2007). Direct reprogramming of genetically unmodified fibroblasts into pluripotent stem cells. *Nature Biotechnology, 25*, 1177–1181.

Nayernia, K., Nolte, J., Michelmann, H. W., Lee, J. H., Rathsack, K., Drusenheimer, N. et al. (2006). In vitro-differentiated embryonic stem cells give rise to male gametes that can generate offspring mice. *Developing Cell, 11*, 125–132.

Neal, P., & Baker, T. G. (1974a). Response of mouse ovaries in vivo and in organ culture to pregnant mare's serum gonadotrophin and human chorionic gonadotrophin. 3. Effect of age. *Journal of Reproduction and Fertility, 39*, 411–414.

Neal, P., & Baker, T. G. (1974b). Response of mouse ovaries in vivo and in organ culture to pregnant mare's serum gonadotrophin and human chorionic gonadotrophin. *Journal of Reproduction and Fertility, 37*, 399–404.

Neal, P., & Baker, T. G. (1975). Response of mouse graafian follicles in organ culture to varying doses of follicle-stimulating hormone and luteinizing hormone. *Journal of Endocrinology, 65*, 27–32.

Neal, P., Baker, T. G., McNatty, K. P., & Scaramuzzi, R. J. (1975). Influence of prostaglandins and human chorionic gonadotrophin on progesterone concentration and oocyte maturation in mouse ovarian follicles maintained in organ culture. *Journal of Endocrinology, 65*, 19–25.

Nicholas, C. R., Haston, K. M., Grewall, A. K., Longacre, T. A., & Reijo Pera, R. A. (2009). Transplantation directs oocyte maturation from embryonic stem cells and provides a therapeutic strategy for female infertility. *Human Molecular Genetics,18*, 4376–4389.

Nisolle M., Casanas-Roux, F., Qu, J., Motta, P., & Donnez, J. (2000). Histologic and ultrastructural evaluation of fresh and frozen-thawed human ovarian xenografts in nude mice. *Fertility and Sterility, 74*, 122–129.

O'Brien, M. J., Pendola, J. K., & Eppig, J. J. (2003). A revised protocol for in vitro development of mouse oocytes from primordial follicles dramatically improves their developmental competence. *Biology of Reproduction, 68*, 1682–1686.

Oktem, O., Alper, E., Balaban, B., Palaoglu, E., Peker, K., Karakaya, C. et al. (2011). Vitrified human ovaries have fewer primordial follicles and produce less antimÃ 1/4 llerian hormone than slow-frozen ovaries. *Fertility and Sterility, 95*, 2661–2664.

Oktem, O., & Oktay, K. (2007). The role of extracellular matrix and activin-A in in vitro growth and survival of murine preantral follicles. *Reproductive Science, 14*, 358–366.

Ola, S. I., Ai, J. S., Liu, J. H., Wang, Q., Wang, Z. B., Chen, D. Y. et al. (2008). Effects of gonadotrophins, growth hormone, and activin A on enzymatically isolated follicle growth, oocyte chromatin organization, and steroid secretion. *Molecular and Reproductive Development, 75*, 89–96.

Pacchiarotti, J., Maki, C., Ramos, T., Marh, J., Howerton, K., Wong, J. et al. (2010). Differentiation potential of germ line stem cells derived from the postnatal mouse ovary. *Differentiation, 79*, 159–170.

Paffoni, A., Guarneri, C., Ferrari, S., Restelli, L., Nicolosi, A. E., Scarduelli, C. et al. (2011). Effects of two vitrification protocols on the developmental potential of human mature oocytes. *Reproductive Biomedicine Online, 22*, 292–298.

Palermo, G. D., Takeuchi, T., & Rosenwaks, Z. (2002). Technical approaches to correction of oocyte aneuploidy. *Human Reproduction, 17*, 2165–2173.

Panula, S., Medrano, J. V., Kee, K., Bergstrom, R., Nguyen, H. N., Byers, B. et al. (2011). Human germ cell differentiation from fetal- and adult-derived induced pluripotent stem cells. *Human Molecular Genetics, 20*, 752–762.

Planel, H., David, J. F., Demasles, N., & Soleilhavoup, J. P. (1964). Action of the ovary, kidney and adrenal gland on vaginal epithelium cultivated in vitro. *C R Seances of Society of Biology Files, 158*, 1598–1602.

Qing, T., Shi, Y., Qin, H., Ye, X., Wei, W., Liu, H. et al. (2007). Induction of oocyte-like cells from mouse embryonic stem cells by co-culture with ovarian granulosa cells. *Differentiation, 75*, 902–911.

Reinblatt, S. L., Son, W. Y., Shalom-Paz, E., & Holzer, H. (2011). Controversies in IVM. *Journal of Assistive Reproductive Genetics, 28*, 525–530.

Schriefers, H., Kley, H. K., & Brodesser, M. (1969). Androgen metabolism and estrogen production in explant cultures of rat ovaries following incubation with androstenedione and testosterone. *Hoppe-Seyler's Z Physiology and Chemistry, 350*, 999–1007.

Senbon, S., & Miyano, T. (2002). Bovine oocytes in early antral follicles grow in serum-free media: effect of hypoxanthine on follicular morphology and oocyte growth. *Zygote, 10*, 301–309.

Shalom-Paz, E., Almog, B., Shehata, F., Huang, J., Holzer, H., Chian, R. C. et al. (2010). Fertility preservation for breast-cancer patients using IVM followed by oocyte or embryo vitrification. *Reproductive Biomedicine Online, 21*, 566–571.

Shikanov, A., Xu, M., Woodruff, T. K., & Shea, L. D. (2011). A method for ovarian follicle encapsulation and culture in a proteolytically degradable 3 dimensional system. *Journal of Visual Experiences.*

Sirard, M. A. (2011). Follicle environment and quality of in vitro matured oocytes. *Journal of Assistive Reproductive Genetics, 28*, 483–488.

Smitz, J., & Cortvrindt, R. (1998). Follicle culture after ovarian cryostorage. *Maturitas, 30*, 171–179.

Smitz, J., Cortvrindt, R., & Van Steirteghem, A. C. (1996). Normal oxygen atmosphere is essential for the solitary long-term culture of early preantral mouse follicles. *Molecular Reproduction and Development, 45*, 466–475.

Smitz, J., Dolmans, M. M., Donnez, J., Fortune, J. E., Hovatta, O., Jewgenow, K. et al. (2010). Current achievements and future research directions in ovarian tissue culture, in vitro follicle development and transplantation: implications for fertility preservation. *Human Reproduction Update, 16*, 395–414.

Smitz, J. E., Thompson, J. G., & Gilchrist, R. B. (2011). The promise of in vitro maturation in assisted reproduction and fertility preservation. *Seminars in Reproductive Medicine, 29*, 24–37.

Sonmezer, M., Turkcuoglu, I., Cozkun, U., & Oktay, K. (2011). Random-start controlled ovarian hyperstimulation for emergency fertility preservation in letrozole cycles. *Fertility and Sterility, 95*, 9–11.

Spears, N., Boland, N. I., Murray, A. A., & Gosden, R. G. (1994). Mouse oocytes derived from in vitro grown primary ovarian follicles are fertile. *Human Reproduction, 9*, 527–532.

Stoop, D., De Munck, N., Jansen, E., Platteau, P., Van den Abbeel, E., Verheyen, G. et al. (2012). Clinical validation of a closed vitrification system in an oocyte-donation programme. *Reproductive Biomedicine Online, 24*, 180–185.

Tachibana, M., Sparman, M., & Mitalipov, S. (2010). Chromosome transfer in mature oocytes. *Nature Protocols, 5*, 1138–1147.

Tachibana, M., Sparman, M., & Mitalipov, S. (2012). Chromosome transfer in mature oocytes. *Fertility and Sterility, 97*, e16.

Takahashi, K., & Yamanaka, S. (2006). Induction of pluripotent stem cells from mouse embryonic and adult fibroblast cultures by defined factors. *Cell, 126*, 663–676.

Tedesco, M., Farini, D., & De Felici, M. (2011). Impaired meiotic competence in putative primordial germ cells produced from mouse embryonic stem cells. *International Journal of Developmental Biology, 55*, 215–222.

Telfer, E. E., McLaughlin, M., Ding, C., & Thong, K. J. (2008). A two-step serum-free culture system supports development of human oocytes from primordial follicles in the presence of activin. *Human Reproduction, 23*, 1151–1158.

Telfer, E., Torrance, C., & Gosden, R. G. (1990). Morphological study of cultured preantral ovarian follicles of mice after transplantation under the kidney capsule. *Journal of Reproduction and Fertility, 89*, 565–571.

Thomson, T. C., Fitzpatrick, K. E., & Johnson, J. (2010). Intrinsic and extrinsic mechanisms of oocyte loss. *Molecular Human Reproduction, 16*, 916–927.

Torrance, C., Telfer, E., & Gosden, R. G. (1989). Quantitative study of the development of isolated mouse pre-antral follicles in collagen gel culture. *Journal of Reproduction and Fertility, 87*, 367–374.

Toyooka, Y., Tsunekawa, N., Akasu, R., & Noce, T. (2003). Embryonic stem cells can form germ cells in vitro. *Proceedings of the National Academy of Sciences USA, 100*, 11457–11462.

Trokoudes, K. M., Pavlides, C., & Zhang, X. (2011). Comparison outcome of fresh and vitrified donor oocytes in an egg-sharing donation program. *Fertility and Sterility, 95*, 1996–2000.

Van Blerkom, J., Sinclair, J., & Davis, P. (1998). Mitochondrial transfer between oocytes: potential applications of mitochondrial donation and the issue of heteroplasmy. *Human Reproduction, 13*, 2857–2868.

Vanderhyden, B. C., Telfer, E. E., & Eppig, J. J. (1992). Mouse oocytes promote proliferation of granulosa cells from preantral and antral follicles in vitro. *Biology of Reproduction, 46*, 1196–1204.

Virant-Klun, I., Stimpfel, M., & Skutella, T. (2011). Ovarian pluripotent/multipotent stem cells and in vitro oogenesis in mammals. *Histology and Histopathology, 26*, 1071–1082.

White, Y. A., Woods, D. C., Takai, Y., Ishihara, O., Seki, H., & Tilly, J. L. (2012). Oocyte formation by mitotically active germ cells purified from ovaries of reproductive-age women. *Nature Medicine, 18*, 413–421.

Wilson, M. R., Polanskey, D., Replogle, J., DiZinno, J. A., & Budowle, B. (1997). A family exhibiting heteroplasmy in the human mitochondrial DNA control region reveals both somatic mosaicism and pronounced segregation of mitotypes. *Human Genetics, 100*, 167–171.

Woods, D. C., & Tilly, J. L. (2012). The next (re)generation of ovarian biology and fertility in women: is current science tomorrow's practice? *Fertility and Sterility, 98*, 3–10.

Xie, H., Xia, G., Bykov, A. G., Andersen, C. Y., Bo, S., & Tao, Y. (2004). Roles of gonadotropins and meiosis-activating sterols in meiotic resumption of cultured follicle-enclosed mouse oocytes. *Molecular and Cell Endocrinology, 218*, 155–163.

Xu, J., Bernuci, M. P., Lawson, M. S., Yeoman, R. R., Fisher, T. E., Zelinski, M. B. et al. (2010). Survival, growth, and maturation of secondary follicles from prepubertal, young, and older adult rhesus monkeys during encapsulated three-dimensional culture: Effects of gonadotropins and insulin. *Reproduction, 140*, 685–697.

Xu, M., Kreeger, P. K., Shea, L. D., & Woodruff, T. K. (2006). Tissue-engineered follicles produce live, fertile offspring. *Tissue Engineering, 12*, 2739–2746.

Xu, J., Lawson, M. S., Yeoman, R. R., Pau, K. Y., Barrett, S. L., Zelinski, M. B. et al. (2011). Secondary follicle growth and oocyte maturation during encapsulated three-dimensional culture in rhesus monkeys: Effects of gonadotrophins, oxygen and fetuin. *Human Reproduction, 26*, 1061–1072.

Zhang, H., Zheng, W., Shen, Y., Adhikari, D., Ueno, H., & Liu, K. (2012). Experimental evidence showing that no mitotically active female germline progenitors exist in postnatal mouse ovaries. *Proceedings of the National Academy of Sciences USA,109*, 12580–12585.

Zou, K., Hou, L., Sun, K., Xie, W., & Wu, J. (2011). Improved efficiency of female germline stem cell purification using fragilis-based magnetic bead sorting. *Stem Cells Development, 20*, 2197–2204.

Zou, K., Yuan, Z., Yang, Z., Luo, H., Sun, K., Zhou, L. et al. (2009). Production of offspring from a germline stem cell line derived from neonatal ovaries. *Nature Cell Biology, 11*, 631–636.

3 体细胞对卵母细胞减数分裂恢复的调节

Masayuki Shimada

哺乳动物卵母细胞在减数分裂前期 I 的双线期发生停滞，并被体细胞（特指生长卵泡中的卵丘细胞和原始卵泡中的前颗粒细胞）紧密包围。在卵泡生长发育的前期，颗粒细胞（granule cell, GC）和卵丘细胞（cumulus cell, CC）通过多个细胞间隙连接并将能量和其他生长因子运输到卵母细胞，促进卵母细胞充分地生长发育，一直发育到全能性阶段（Downs & Eppig, 1984; Downs et al., 1986; Simon et al., 1997）。在排卵前的 LH 峰过后，卵母细胞恢复减数分裂，生发泡破裂（germinal vesicle breakdown, GVBD），卵母细胞此时发育到了中期 II（MII）阶段。由于卵母细胞表面不存在 LH 受体（LH receptor, LHCGR），且与颗粒细胞相比，其在卵丘细胞中的表达量最低（Peng et al., 1991）。LH 急剧增加并直接改变颗粒细胞中基因表达和蛋白质合成（protein synthesis）（Richards, 1994）。从颗粒细胞中迅速诱导和分泌的因子作用于卵丘细胞，使其根据功能的需求快速分化。与此同时，卵丘细胞分化、减数分裂恢复和成熟也诱导卵母细胞继续发育（Cross & Brinster, 1970）。因此，卵丘细胞在卵母细胞成熟（oocyte maturation）中起关键作用。然而，关于卵丘细胞的分化机制及卵丘细胞中这些变化如何在分子水平影响卵母细胞成熟的相关研究并不多。本章将重点阐述卵丘细胞调节卵母细胞减数分裂恢复的相关机制。

3.1 cAMP 依赖方式对减数分裂恢复的负调节

在卵泡发育过程中，卵丘细胞和颗粒细胞在 FSH 刺激下合成环磷酸腺苷（cyclic AMP, cAMP）（Schultz et al., 1983a, 1983b; Racowsky, 1985a; Mattioli et al., 1994），FSH 受体是 GTP 结合蛋白偶联受体的成员之一，能激活环磷酸腺苷以增加 FSH 刺激下细胞中的 cAMP 水平（Grisworld et al., 1995）。研究发现，收集到的完整的猪有腔卵泡中卵丘-卵母细胞复合体（cumulus-oocyte complex, COC）具有低水平的 cAMP，而用 FSH 培养后 cAMP 的含量则会增加（Shimada & Terada, 2002a）。在本研究中，刚收集的完整的 COC 具有低水平的 cAMP 含量（0.15+/–0.02pmol/COC; 图 3.1a），但培养 4h 后 cAMP 的含量明显增加（图 3.1a）。如图 3.1 所示，在添加 FSH 的培养基中，完整 COC 中的 cAMP 水平显著增加，并在培养 20h 后达到峰值。尽管在此期间 cAMP 水平呈现下降趋势，但高水平的 cAMP

维持了 28h（图 3.1a）。

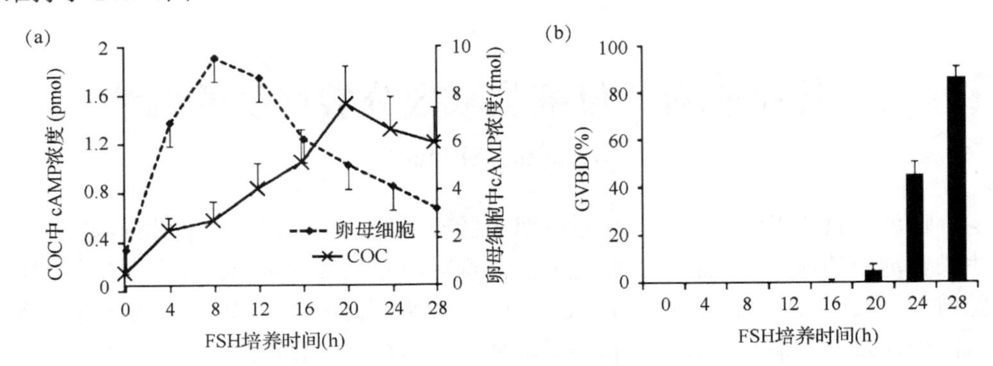

图 3.1　从 COC 中或完整 COC 中分离的卵母细胞在减数分裂恢复期间出现 GVBD 现象，其中 cAMP 含量水平随培养时间变化而变化

（a）采集猪 COC，添加 FSH 培养 28h。培养后，COC 分化成卵母细胞和卵丘细胞，根据 Shimada 和 Terada（2002a）提供的 HPLC-UV 检测卵母细胞和其他 COC 的 cAMP 含量。值为 3 次重复的平均值±SEM。（b）观察到减数分裂恢复的动力学改变（显示生发泡破裂），添加 FSH 将 COC 培养至 28h。

从猪 COC 分离培养的卵母细胞中，我们还同时检测了 cAMP 水平及其浓度随培养时间变化的变化。刚从卵泡中发育成熟的卵母细胞 cAMP 的浓度为 1.5+/–0.5pmol，而经过 4h 培养，COC 的卵母细胞中 cAMP 的浓度显著增加（图 3.1a）。cAMP 的浓度在培养 8h 后达到峰值，但在培养 12h 后显著降低（图 3.1a）。培养 16h 后，COC 卵母细胞中 cAMP 的水平显著低于培养 8h 的峰值水平。在该培养条件下，培养 16h 后在 COC 中检测不到 GVBD。20h 后在 5%的 COC 中检测到了 GVBD（图 3.1b）。随着培养时间的延长，GVBD 的比例逐渐增加，大多数卵母细胞需要长达 28h 的培养时间（86%）才能完成 GVBD（图 3.1b）。

卵母细胞因其不具有任何 FSH 受体（Grisworld et al., 1995），且小分子是通过细胞间隙连接从卵丘细胞转移到卵母细胞上（Grazul-Bilska et al., 1997），因此存在一种可能性，即 cAMP 在 FSH 刺激的卵丘细胞中合成，然后转移到卵母细胞。然而，如图 3.1 所示，cAMP 的浓度在 GVBD 开始时是在卵母细胞而不是在卵丘细胞中恢复到基础值。牛卵母细胞中磷酸二酯酶（phosphodiesterase）抑制剂 3-异丁基-1-甲基黄嘌呤（3-isobutyl-1-methylxanthine, IBMX）可阻止 cAMP 水平的下降，大部分卵母细胞在 GV 阶段发育停滞（Rose-Hellekant & Bavister, 1996; Luciano et al., 1999）。此外，在卵母细胞中，添加环磷酸腺苷激活剂——毛喉素（forskolin）可导致 cAMP 水平升高，并抑制减数分裂恢复（Racowsky, 1985b; Rose-Hellekant & Bavister, 1996）。在猪 COC 的培养研究中，将 IBMX 加入成熟培养基中，卵母细胞 cAMP 的含量显著增加，而卵母细胞 GVBD 比例显著下降，两个结果存在剂量相关性。故卵母细胞中 cAMP 的水平升高可抑制生发泡（胚泡）

（germinal vesicle, GV）时期的减数分裂，并且 cAMP 从最高水平下降是诱导卵母细胞减数分裂恢复的必需环节（Shimada & Terada, 2002a）。

3.2　小鼠卵母细胞中 cAMP 水平的调节

突变体小鼠模型研究显示，卵母细胞中 cAMP 水平的调节依赖于其自身表达的 G 蛋白偶联受体（G protein coupled receptor, GPR）家族成员 GPR3/GPR12（Mehlmann et al., 2004; Hinckley et al., 2005）。在 *Gpr3* 突变小鼠中，在小的有腔卵泡受到排卵刺激前卵母细胞自发恢复减数分裂（Mehlmann et al., 2004）。目前 GPR3 的内源性配体仍然不清楚，但相关报道称鞘氨醇-1-磷酸（sphingosine-1-phosphate, S1P）可潜在地作为 GPR3 的配体（Hinckley et al., 2005）。当 S1P 被添加到培养基中时，卵母细胞中 cAMP 水平升高，小鼠自发减数分裂的恢复被抑制，表明小鼠卵母细胞会产生 cAMP 以防止排卵作用刺激前减数分裂的恢复（Hinckley et al., 2005）。但在该理论中，排卵刺激作用后，卵母细胞中高水平的 cAMP 如何降低的调节机制仍不清楚。

虽然卵母细胞产生 cAMP，但卵母细胞中 cAMP 水平的调节依赖于卵丘细胞，因为当从卵丘细胞层移除卵母细胞并培养裸露的卵母细胞时，cAMP 水平会迅速降低（Mattioli et al., 1994）。最近，Eppig 及其合作者的研究表明，卵巢颗粒细胞表达和分泌利尿钠肽前体蛋白 C（natriuretic peptide precursor type C, NPPC），作用于卵丘细胞产生环磷酸鸟苷（cyclic GMP, cGMP）（Zhang et al., 2010），cGMP 通过间隙连接通讯转移到卵母细胞。cGMP 的功能之一是降低磷酸二酯酶Ⅲ（phosphodiesterase type Ⅲ, PDE3）活性，增加细胞中的 cAMP 水平。在卵母细胞中，PDE3 表达并作为调节卵母细胞减数分裂恢复的关键因子（Richard et al., 2001）。因此在小鼠模型中，卵丘细胞产生的 cGMP 通过间隙连接转移到卵母细胞，以维持在 GV 阶段的 cAMP 水平，进而抑制卵母细胞减数分裂（图 3.2）。

3.3　家畜卵丘细胞和卵母细胞中 PDE 的作用及表达

在家养哺乳动物中，磷酸二酯酶（phosphodiesterase, PDE）在哺乳动物卵丘细胞和卵母细胞中的表达及作用的分子机制细节尚不清楚，据有关报道称相关的机制与其他物种类似，如 cAMP 从卵丘细胞转运到卵母细胞。与小鼠相比，猪的模型存在显著差异，PDE3 在猪 COC 的卵丘细胞和卵母细胞中均表达且发挥了相应的功能（Sasseville et al., 2007）。如前所述，PDE 在卵母细胞中的作用是在 GV 期抑制减数分裂。在猪的 COC 卵丘细胞中，PDE 在卵母细胞成熟（oocyte

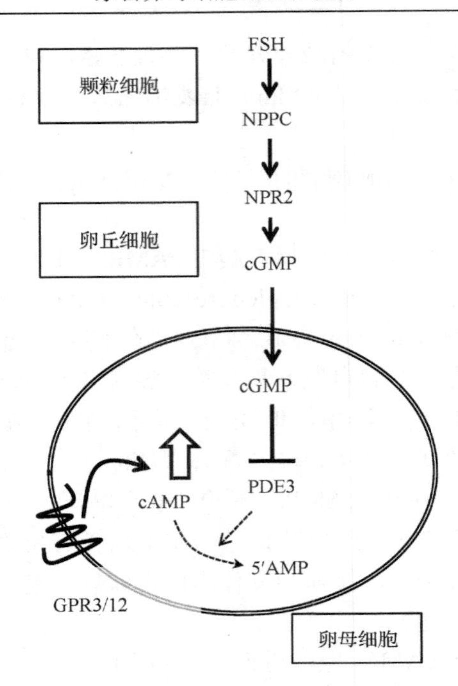

图 3.2　NPPC（利尿钠肽前体蛋白 C）及其受体 NPR2 在小鼠 GV 期维持卵母细胞减数分裂停滞的表达和作用模型

NPPC 由 FSH 刺激的颗粒细胞分泌，然后作用于卵丘细胞刺激 cGMP 的产生。cGMP 通过间隙连接通信转移到卵母细胞，这将抑制 PDE3 活性致使 cAMP 转化为 5′AMP。卵母细胞通过 GPR3/12 依赖性方式产生 cAMP。在卵泡发育过程中通过该通路增加卵母细胞的 cAMP 水平。

maturation）期对细胞分化起重要作用。实际上，卵丘细胞 PDE3 的作用是依赖于 cAMP 诱导的 mRNA 从头转录（Sasseville et al., 2007）。有学者研究了猪 COC 的卵丘细胞在体外分化成熟期间环磷酸腺苷活化剂——毛喉素的剂量对 cAMP 含量的影响（Shimada et al., 2002）。在添加 0～100 μmol/L 毛喉素的培养基中将 COC 培养 24h，发现卵丘细胞中 cAMP 的水平与毛喉素的浓度呈正相关。伴随着 cAMP 的升高，培养基中孕酮（progesterone, P4）含量也随着添加的毛喉素的增加而增加（图 3.3a）。毛喉素含量在 5.0 μmol/L 时达到刺激效果的最大值，在添加了 30 μmol/L 的毛喉素培养基对 COC 进行培养时，培养基中的孕酮水平显著低于最高水平（添加 5.0 μmol/L 的毛喉素培养）（图 3.3a）。结果显示，卵丘细胞中孕酮合成需要 cAMP 的产生，而高水平的 cAMP 抑制孕酮合成。更重要的是，猪卵丘细胞还表达 PDE6 型，它能使 cGMP 变性，但对 cAMP 没有作用，并且抑制剂可以使得 COC 的卵丘细胞中孕酮的合成减少（Sasseville et al., 2008）。因此，卵丘细胞表达（cumulus cell expression）合成 cAMP 和 cGMP，并且维持其在最佳水平，其中包括卵丘细胞的功能性改变，合成孕酮以诱导卵母细胞减数分裂的恢复（图 3.3b）。

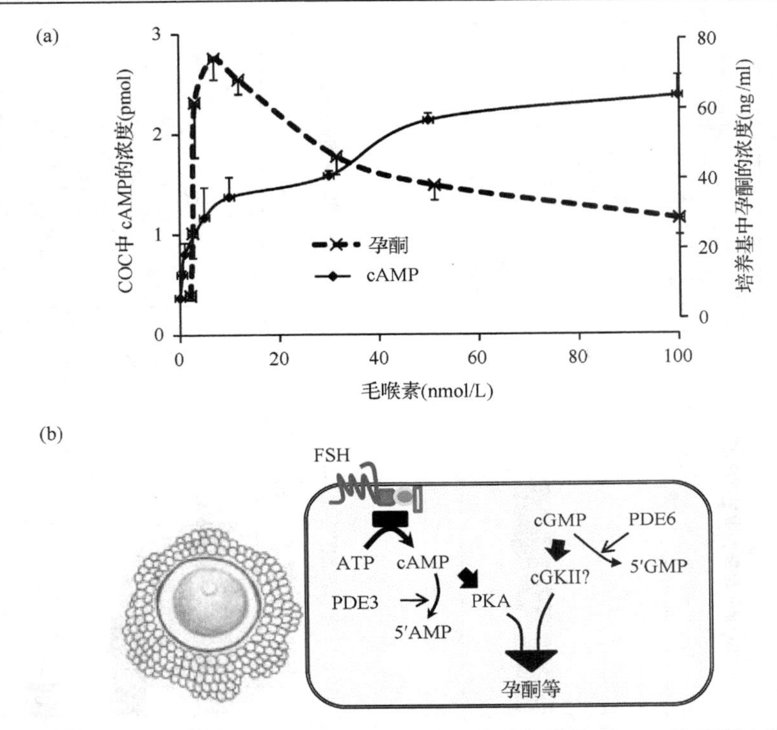

图 3.3 添加不同剂量的毛喉素培养 20h 后 COC 中卵丘细胞的 cAMP 和孕酮水平的关系（彩图请扫封底二维码）

（a）猪的 COC 在 0～100 μmol/L 的毛喉素添加量的培养基中培养 20h，然后收集其培养基，通过 EIA 测定孕酮含量，并且利用图 3.1 所示方法对 COC 的 cAMP 含量进行分析。（b）卵丘细胞诱导分化中 cAMP 和 cGMP 水平调节的示意图。FSH 产生 cAMP 并激活 PKA 途径。cGMP 产生并在卵丘细胞中积累，其可能激活 cGKII 途径。通过这两种途径激活并分泌孕激素。在卵丘细胞中，cAMP 或 cGMP 水平的负调节是由特异性酶 PDE3 或 PDE6 调节的。

卵丘细胞自身表达特异性受体——孕酮受体（progesterone receptor, PGR）可促使孕酮分泌（Shimada & Terada, 2002b）。在含有 300 μl 成熟培养基的培养板中每孔培养 1 个、5 个、10 个或 20 个猪的 COC 20h，每孔中的 GVBD 比率与 COC 培养数之间存在显著正相关（Yamashita et al., 2003, 图 3.4a）。同样，培养基中的孕酮水平也随着每孔培养 COC 数量的增加而显著增加。当每孔培养 1 个 COC 20h，卵母细胞中 GVBD 的比例显著降低，当加入孕酮时 GVBD 的比例升高（图 3.4b），且 GVBD 比例与不含孕酮培养基培养的 COC 完全相当（图 3.4b）。因此，猪 COC 中孕酮的分泌对卵母细胞中 GVBD 的诱导也起到积极作用。用 PGR 拮抗剂或孕酮合成抑制剂不仅抑制卵丘细胞的功能，而且使卵母细胞中 cAMP 水平显著增加，这导致减数分裂恢复被抑制（Shimada & Terada, 2002b; Yamashita et al., 2005, 图 3.4c）。

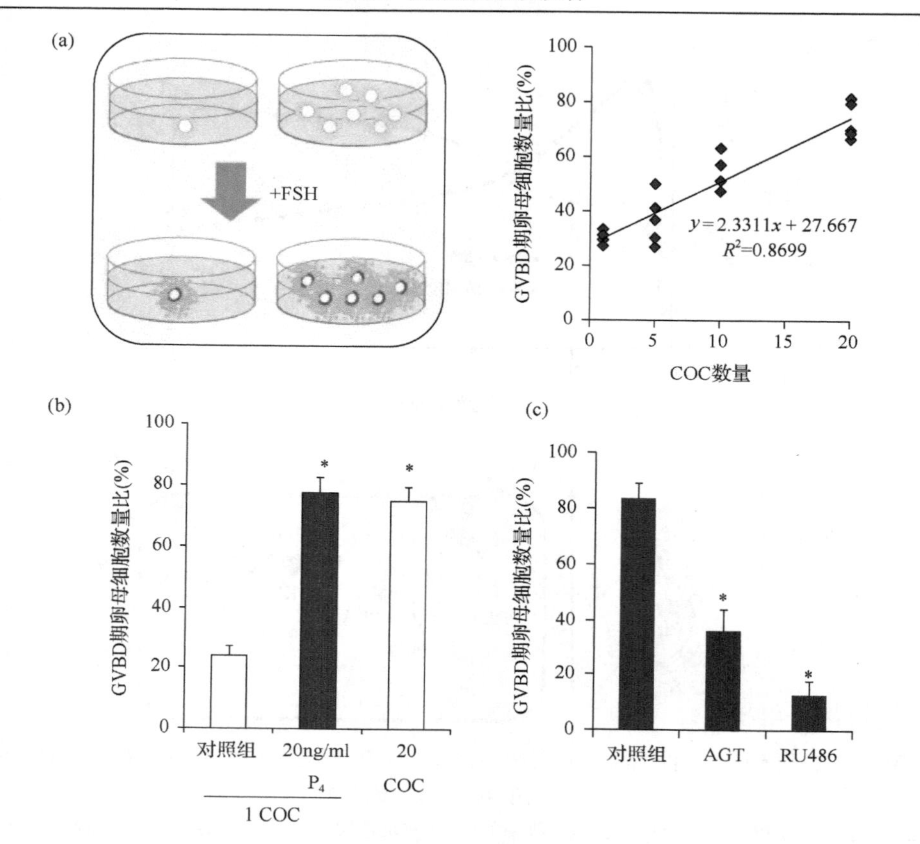

图 3.4　猪卵巢细胞分泌的孕酮对卵母细胞减数分裂恢复的作用

（a）当培养 COC 20h，每个培养皿中的 COC 数量与发生 GVBD 的卵母细胞数量的比值间呈显著正相关（$r = 0.869$，$p<0.05$）。（b）添加 20 ng/ml 孕酮的培养基培养 COC 20h 对 COC 数量与发生 GVBD 的卵母细胞数量比值关系的影响。1COC，是指在每个孔中转移一个 COC，单独用 20 ng/ml 孕酮独立培养 20h；20COC，是指在每个孔中转移 20 个 COC 并培养 20h。一个“*”表示与对照组（1COC）相比有显著差异（$p<0.05$），数值为 3 次重复的平均值± SEM。（c）当每个孔中培养 20 个 COC 20h，AGT、P450scc 抑制剂或 RU486、PGR 拮抗剂对经历了 GVBD 的卵母细胞比值有负面效应。一个“*”表示与对照组相比有显著性差异（$p<0.05$），数值为 3 次重复平均值± SEM。

Sasseville 等（2009a）对牛卵母细胞或卵丘细胞中表达何种类型的 PDE 进行了研究，结果表明，在牛 COC 中，PDE3 仅存在于卵母细胞中，而在卵丘细胞中不存在，但卵丘细胞表达 PDE8。PDE3 抑制剂（米力农或西洛司特胺）抑制牛卵母细胞减数分裂恢复，而用 PDE8 抑制剂可降低卵母细胞 GVBD 的水平，与卵丘细胞中增加 cAMP 水平的功能一致。因此，与小鼠或猪模型相比，在牛 COC 中，可以成功地通过不同水平的 PDE 控制卵丘细胞和卵母细胞中的 cAMP 水平来抑制其减数分裂。

3.4 细胞间隙通讯功能的关闭

在减数分裂成熟过程中，卵母细胞的 cAMP 水平是如何下降的？综上所述，在卵母细胞减数分裂恢复之前，PDE3 被激活，cAMP 被分解为 5′AMP。在两栖动物卵母细胞中，孕酮或类胰岛素生长因子 1（IGF1）激活 PI3-激酶-PKB 途径以磷酸化 PDE3 增加其酶活性（Chuang et al., 1993; Muslin et al., 1993; Conti et al., 2002）。也有报道指出，在减数分裂恢复之前，小鼠卵母细胞中 PI3-激酶-PKB 途径也被激活（Han et al., 2006）。该信号通路可能上调卵母细胞中的 PDE3 酶活性，然而 PI3 激酶抑制剂不能阻止小鼠卵母细胞的减数分裂恢复（Hoshino et al., 2004）。这些研究结果表明，虽然 PI3-激酶- PKB 途径参与 cAMP 降解（degradation），但是这种调控并不是卵母细胞成熟最主要的改变，也可能在哺乳动物卵母细胞减数分裂恢复过程中，作为逐级放大作用来降低 cAMP。cAMP 减少和卵母细胞减数分裂恢复的诱导也需要其他因子的参与。

另外一种可能性是 cAMP 和（或）cGMP 从卵丘细胞转移到卵母细胞的过程中减少。据报道，卵丘细胞间隙连接的破坏导致小鼠、大鼠和猪卵母细胞减数分裂恢复，这是减数分裂抑制信号从卵丘细胞外层向卵母细胞的传导中断所致（Larsen et al., 1986, 1987; Isobe et al., 1998; Sasseville et al., 2009b）。间隙连接是相邻细胞之间膜对膜的专门区域，是允许小分子物质和离子通过的通道，以增强细胞相互作用（Grazul-Bilska et al., 1997）。这些通道是由许多组织的连接蛋白（connexin）分子（连接子）组成了多边形结构域（Grazul-Bilska et al., 1997，图 3.5）。据报道，卵泡表达 5 种连接蛋白基因：连接蛋白-26、连接蛋白-30.3、连接蛋白-32、连接蛋白-43 和连接蛋白-60（Itahana et al., 1996, 1998）。连接蛋白-43（Cx-43）主要在猪 COC 的卵丘细胞中表达（Shimada et al., 2001a, 2004; Shimada & Terada, 2001）。Cx-43 也在牛卵丘细胞中表达，而 *Cx-37* 基因在卵丘细胞和卵母细胞中间隙连接通讯作用的发挥具有选择性（Nuttinck et al., 2000）。

Cx-43 具有多个磷酸化位点，在质膜间隙连接通讯中连接小体组装的调控及细胞通路启闭机制中起到关键作用（Musil et al., 1990; Hill et al., 1994; Lau et al., 1996）。特别是，丝裂原-活化蛋白激酶（mitogen-activated protein kinase, MAPK）磷酸化 Cx-43 上丝氨酸会关闭大鼠肝细胞的间隙连接通讯（Hill et al., 1994; Warn-Cramer et al., 1996）。然而在小鼠和大鼠 COC 的培养物中，Cx-43 的磷酸化以分裂素激活蛋白激酶 1/2（MAP kinase 1/2, ERK1/2）依赖诱导方式进行（Sela-Abramovich et al., 2005），其导致 Cx-43 的减少，进而关闭了卵丘细胞的间隙连接通讯（Granot & Dekel, 1994）。在猪 COC 中，通过免疫印迹法检测到至少 3 个 Cx-43 阳性条带，经磷酸酶处理后上部条带消失，表明猪 COC 的卵丘细胞中 Cx-43 被磷酸化（图 3.6a）。为检测磷酸

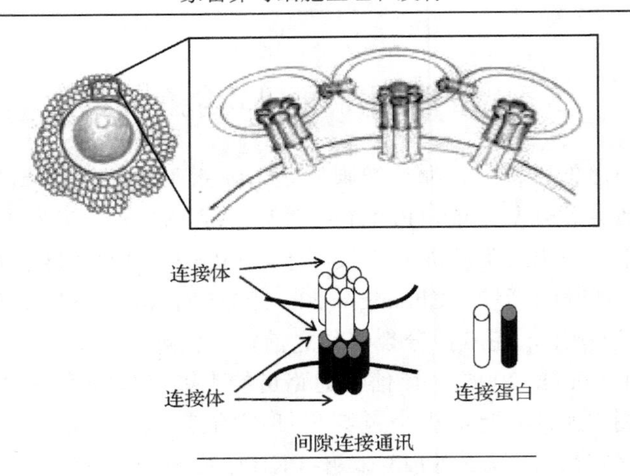

图 3.5　细胞间隙连接通讯示意图

间隙连接由位于两个相邻细胞质膜中的两个连接体形成，连接体是 6 个连接蛋白分子组成的六边形结构。

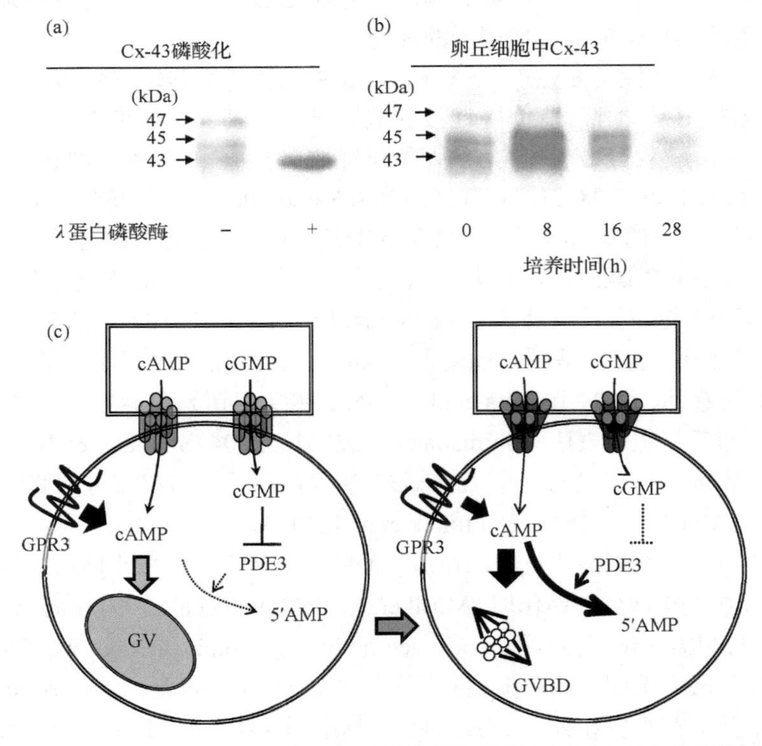

图 3.6　连接蛋白-43（Cx-43）的磷酸化对间隙连接通讯的关闭诱导卵母细胞减数分裂的恢复

（a）通过免疫印迹在卵丘细胞中检测到 3 个不同的 Cx-43 的条带。为确定磷酸化 Cx-43 的条带，用 λ 蛋白磷酸酶和 $MnCl_2$ 处理卵母细胞裂解物，然后用于蛋白质印迹分析。（b）用添加 FSH 和 LH 的培养基培养的猪 COC 的卵丘细胞，其 Cx-43 的磷酸化状态谱。（c）猪 COC 的减数分裂恢复诱导的示意图。间隙连接通讯的关闭减少了从卵丘细胞转移到卵母细胞的 cAMP 和 cGMP 的量，进而引起卵母细胞的减数分裂恢复。

化与时间之间的关系，将猪 COC 在添加 FSH 的培养基中培养 28h，结果显示，培养 8h 与立即从 COC 分离的卵丘细胞相比，其染色强度明显（43kDa）且染色中度（45kDa）的迁移带显著增加。然而在培养 16～28h 后，观察到 Cx-43 的 43kDa 条带的亮度显著降低（图 3.6b）。相反，在 16～28h 时仍检测到 Cx-43 的 45kDa 和 47kDa 被磷酸化（图 3.6b）。因此，在起初 4h 培养中，卵丘细胞各层中合成了大量的 Cx-43，而培养 16h 后，随着磷酸化 Cx-43 水平的增加，Cx-43 在卵丘细胞中消失。

在 Cx-43 的还原和磷酸化时，大多数卵母细胞从减数分裂 GVII 阶段进行到 GVIII 阶段，并能在生发泡（GV）中观察到丝状体的网络结构（Shimada et al., 2001a）。从相关报道得知，卵母细胞 GVII 向更高阶段发育时的卵母细胞减数分裂恢复与 cAMP 水平降低有相关性（Funahashi et al., 1997; Shimada et al., 2003a）。Funahashi 等（1997）研究报道，当猪 COC 与 dbcAMP 一起培养时（双倍浓度），减数分裂在 GVII 期被抑制。此外，我们还发现，当使用含有 FSH 和 IBMX（Shimada et al., 2003a）的培养基培养猪 COC 时，GVII 阶段的卵母细胞发育停滞率增加。本章已经提到，在添加 FSH 培养基培养猪 COC 的卵母细胞时，cAMP 水平在 12h 后下降（图 3.1）。与此同时，卵丘细胞外层之间的间隙通讯关闭（Isobe et al., 1998, Isobe & Terada, 2001）。此外，磷酸化的 Cx-43 对蛋白酶的敏感性增加。该信息表明，在卵母细胞开始减数分裂恢复之前，卵丘细胞中 Cx-43 的磷酸化导致 Cx-43 蛋白减少，并关闭其间隙连接通讯。

总之，通过排卵刺激诱导的 Cx-43 磷酸化关闭 ERK1/2 通路，使得间隙连接通讯被磷酸化而关闭，导致卵丘细胞向卵母细胞的转移停止。cGMP 的减少激活了 PDE3，使依赖 GPR3 而产生的 cAMP 减少或从卵丘细胞中转移，这种途径对于减数分裂恢复是必需的（图 3.6c）。

3.5 如何在 COC 卵丘细胞中激活 ERK1/2 通路

在猪 COC 的卵丘细胞中，当分别用添加了 FSH、毛喉素、PGE2 或表皮生长因子（epidermal growth factor, EGF）的培养基培养 COC 时，ERK1/2 通路被激活（Shimada et al., 2001a; Yamashita et al., 2007, 2009, 2010）。其诱导作用被广谱的酪氨酸激酶抑制剂或特异性的表皮生长因子受体（EGF receptor, EGFR）的酪氨酸激酶抑制剂所抑制（Yamashita et al., 2007）。此外，蛋白激酶 A（protein kinase A, PKA）或蛋白激酶 C（protein kinase C, PKC）抑制剂也降低猪 COC 卵丘细胞中 ERK1/2 的磷酸化水平（Yamashita et al., 2009），该结果显示猪 COC 的卵丘细胞 ERK1/2 通路的上游调节是一个十分复杂的过程。

在小鼠中，EGFR-RAS 通路是诱导卵丘细胞中 ERK1/2 磷酸化的关键信号通路（Fan et al., 2008; Fan & Richards, 2010）。EGF 受体（EGFR, ErbB1）是 EGF 受

体超家族中的一员，其基于特异性酪氨酸激酶抑制剂受体，仅在卵丘细胞中表达。众所周知，在体外培养的排卵前期卵泡中，LH 刺激影响卵母细胞成熟（Park et al., 2004; Hsieh et al., 2007）。具体来说，在颗粒细胞受到 LH 刺激后，类 EGF 样因子（EGF-like factor）包括双调蛋白（amphiregulin, Areg）、β 细胞调节素（betacellulin, Btc）和上皮调节蛋白（epiregulin, Ereg）持续表达，并与在卵丘细胞表达的表皮生长因子受体家族（EGF receptor family, ErbB）结合（Espey & Richards, 2002; Park et al., 2004; Shimada et al., 2006）。此外，在 *Egfrwa2*（*Areg–/– Egfrwa2/wa2*）纯合的突变体小鼠中，卵丘细胞 ErbB1 的磷酸化水平显著降低，COC 发育受阻，在生发泡阶段卵母细胞减数分裂停滞（oocyte meiotic arrest），而 *Areg* 突变小鼠则无影响（Hsieh et al., 2007）。同时发现排卵过程中，在卵丘细胞中也检测到类 EGF 样因子的表达，因为卵丘细胞含有较低或无法检测到的 LH 受体（Peng et al., 1991），故需要其他刺激因子来诱导卵丘细胞中类 EGF 样因子的表达。在小鼠 *Areg* 基因启动子区域，观察到环腺苷酸反应元件（cAMP response element, CRE）位点（Shao et al., 2004; Fan et al., 2010）。对该区域突变小鼠的卵巢颗粒细胞进行原代培养，利用萤光素酶测定 *Areg* 基因启动子活性，发现其活性降低。在 LH 刺激 2h 后，CRE 序列结合在其启动子上并磷酸化环腺苷酸反应元件结合蛋白（CRE binding protein, CREB）（Fan et al., 2010）。在排卵过程中，颗粒细胞和卵丘细胞中的 *Areg* 的表达由 cAMP-PKA-CREB 级联途径直接调节（图 3.7）。众所周知，卵丘细胞表达 G 蛋白偶联受体亚型 EP2 或 EP4（G protein–coupled receptor subtype EP2 *or* EP4, PTGER2 *or* PTGER4），当其激活时刺激环磷酸腺苷产生 cAMP（Fujino et al., 2005）。前列腺素 E2（prostaglandin E2, PGE2）的受体 EP2 和 EP4 是通过前列腺素合成酶 2（prostaglandin synthase 2, PTGS2）转化花生四烯酸得到的（Sirois & Richards, 1992; Sirois et al., 1992, 1993）。活体模式动物的体内实验表明，*Ptgs2* 无效小鼠的 COC 和颗粒细胞中 *Areg* 和 *Ereg* 表达水平显著降低（Shimada et al., 2006）。因此，最初的类 EGF 样因子表达通过 cAMP-PKA-CREB 途径由 LH 直接诱导，并且以 PGE2 含量水平依赖的方式维持其表达（图 3.7）。

当用添加 FSH 的培养基培养猪 COC 时观察到类 EGF 样因子表达（Yamashita et al., 2007; Kawashima et al., 2008）。诱导被 PKA 抑制剂抑制，但不被 PKC 抑制剂抑制，然而，EGFR-ERK1/2 通路的激活被两种药物抑制（Yamashita et al., 2009）。在猪 COC 的卵丘细胞中，为了解 PKC 抑制剂能够抑制 EGFR 途径的原因，研究集中在类 EGF 样因子的修饰机制。类 EGF 样因子刚合成时是无活性的前体，由跨膜信号肽、跨膜结构域和 EGF 结构域组成（Peschon et al., 1998; Lee et al., 2003）。类 EGF 样因子的成熟需要蛋白水解酶水解以释放其 EGF 结构域，进而激活靶细胞上的 EGF 受体（图 3.8a, Dong et al., 1999; Sahin et al., 2004）。对于 Areg 和 Ereg 而言，当丝氨酸和酪氨酸残基被 PKC 和 Src 酪氨酸激酶磷酸化时，作为一种裂解

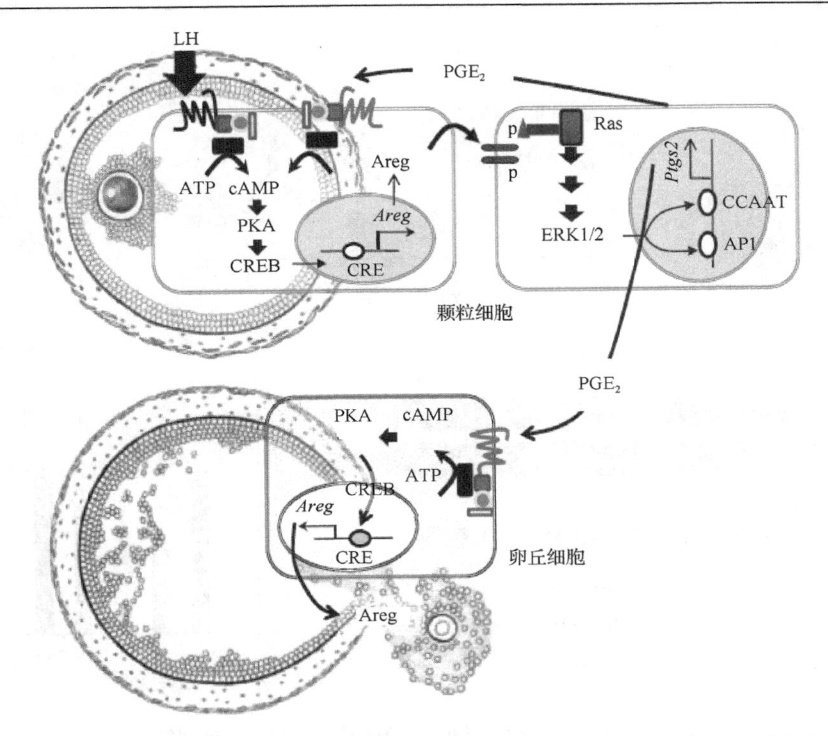

图 3.7 排卵卵泡的颗粒细胞和卵丘细胞中调控双调蛋白 Areg 和 Ptgs2 可能的旁分泌和自分泌途径（彩图请扫封底二维码）

1）LH 与位于颗粒细胞表面同源受体结合刺激 cAMP 产生以激活 PKA-CREB 途径。磷酸化 CREB 与 *Areg* 基因启动子区域中的环腺苷酸反应元件（CRE）结合。2）结果是快速诱导 *Areg* 基因 mRNA 表达，提供相应配基。3）颗粒细胞（自分泌）结合 EGF 受体的配体，进一步激活 ERK1/2 通路并诱导 *Ptgs2* 的表达。在 *Ptgs2* 基因的启动子区域，AP1 和 CCAAT 位点是上调基因表达转录因子的必需结合位点。4）前列腺素（PGs, PGE）产生并积累提供了在颗粒细胞和卵丘细胞（旁分泌和自分泌）上结合 EP2 的配体，其（如 FSH 和 LH 受体）激活 cAMP-PKA-CREB 途径以增加 *Areg* mRNA 的表达水平。因此，通过 PGE/EP2 途径，可以在两种细胞类型中诱导产生 *Areg* mRNA 表达。

酶，解聚素金属蛋白酶 17（adisintegrin and metallo-proteinase 17, ADAM17）的酶活性增加（Jackson et al., 2003; Sahin et al., 2004）。值得注意的是，在使用添加 FSH 和 LH 培养基培养的猪 COC 的卵丘细胞时（5h 内），对 ADAM17 mRNA 和蛋白质有显著的诱导水平（图 3.8b）。更重要的是，在 40h 培养期间其 ADAM17 酶活性随着 FSH 和 LH 的增加而增加（图 3.8c）。当通过 ADAM17 抑制剂 TAPI-2 处理时其内源性蛋白酶活性降低，EGFR 的多个下游靶基因活性被抑制，包括卵丘细胞中 ERK1/2、*Ptgs2*、*Has2* 磷酸化作用（phosphorylation）和 *Tnfaip6* mRNA 的水平及卵母细胞的减数分裂的完成（Yamashita et al., 2007）。此外，当同时添加 EGF 时，TAPI-2 对 EGFR 下游靶目标通过特定的时间间隔来进行负调控。因此，在猪 COC 中，ADAM17 潜在地被 PKC 激活并介导类 EGF 样因子激活，释放的 EGF 结构域同时通过 ERK1/2 依赖性方式调控卵丘细胞分化，诱导其卵母细胞减数分裂恢复。

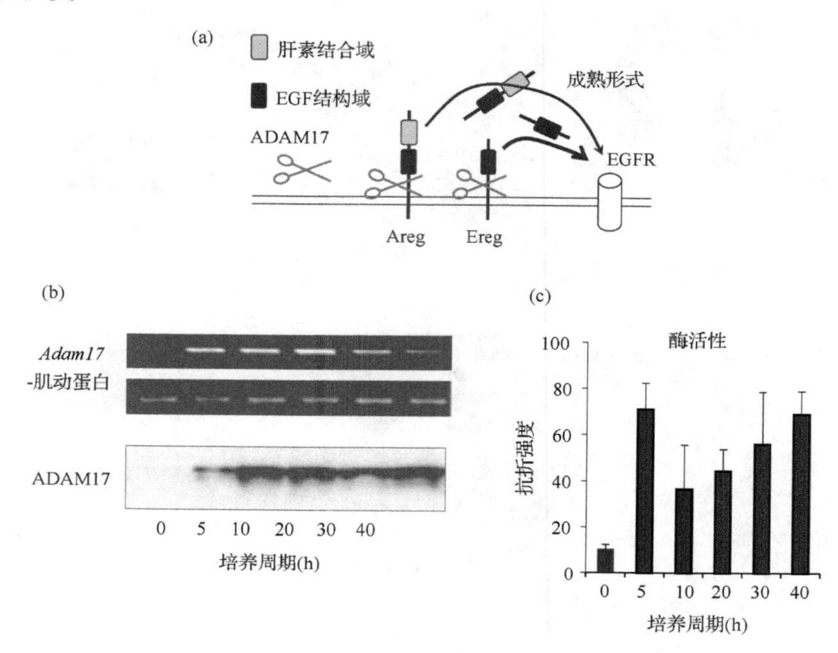

图 3.8 体外培养猪 COC 时 ADAM17 的表达及活化

（a）ADAM17 活化 EGF 受体（EGFR）使类 EGF 样因子成熟机制的示意图。（b）FSH 和 LH 培养猪 COC 时卵丘细胞中 ADAM17 mRNA 和蛋白质水平的表达。（c）FSH 和 LH 培养猪 COC 时卵丘细胞中 ADAM17 酶活性与时间的相关性。

3.6 减数分裂恢复需要卵丘细胞的 ERK1/2 通路

体外培养 COC 或完整卵泡时，MEK 抑制剂对抑制卵母细胞减数分裂恢复具有显著作用，推测是通过阻断卵丘和颗粒细胞中 ERK1/2 的活性来实现的（Shimada et al., 2001b; Su et al., 2002）。据报道，卵母细胞中的 ERK1/2 途径对减数分裂恢复是非必需的（Su et al., 2002），这可能表明卵丘细胞中 ERK1/2 途径对卵母细胞减数分裂的恢复是不可或缺的。此外，类 EGF 样因子可以诱导卵母细胞恢复减数分裂并达到中期 II 阶段，这暗示卵丘细胞中激活 EGF 受体途径需要卵母细胞恢复减数分裂（Park et al., 2004; Ashkenazi et al., 2005）。总之这些研究表明，卵丘细胞中类 EGF 样因子/EGFR/ERK1/2 途径对于卵母细胞成熟是至关重要的（图 3.9）。在缺乏 ERK1/2 因子的突变小鼠体细胞/卵母细胞成熟实验中，该假说得到了解释（Fan et al., 2009）。另外，在卵母细胞和 COC 的卵丘细胞成熟过程中，PI3-激酶-KPB/AKT 途径被激活，其可能介导猪和小鼠卵母细胞中减数分裂恢复的延迟（Shimada et al., 2003b; Noma et al., 2010）。大鼠 COC 神经调节蛋白（neuregulin, NRG1）和类 EGF

样因子表达的微阵列（microarray）分析发现，其在卵丘细胞中作用于 ErbB2/3 异二聚体的表达。在卵母细胞成熟（排卵）期间，可在卵丘细胞和颗粒细胞中观察到 ErbB2/3 异二聚体的活化。将 NRG1 加入到成熟培养基中时，PI3-激酶-PKB 通路以剂量依赖的方式被激活。此外，外源性 NRG1 延迟卵母细胞自发性减数分裂恢复。当在 4mmol/L 次黄嘌呤存在下培养 COC 时，其自发性减数分裂恢复被抑制，由 Areg 诱导的减数分裂也被 NRG1 抑制。同时在 NRG1 和 Areg 的培养基中培养成熟卵母细胞时，具有显著高的发育能力，与仅添加 Areg 的卵母细胞相比，NRG1 改善卵母细胞发育能力的机制仍不清楚，但据推测存在的一种可能是，NRG1 减数分裂恢复的延迟降低了受精前卵母细胞老化（oocyte-aging）的风险。

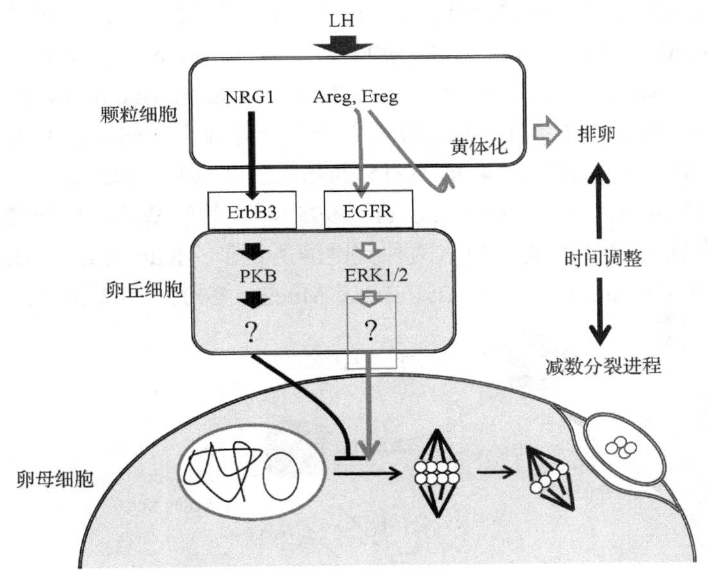

图 3.9 在调节小鼠排卵卵泡减数分裂的进程中，Areg 作用于 EGFR，NRG1 与 ErbB3 结合，分别激活（增强）ERK1/2 或 PKB 途径的作用示意图

在卵丘细胞中，活化的 ERK1/2 或 PKB 途径间接调节卵母细胞减数分裂恢复。然而，这两种途径的靶基因仍不清楚。

小鼠 *Nrg1* 基因具有三个启动子和转录起始位点（Meyer et al., 1997），在排卵期间，I 型和 III 型在颗粒细胞中表达（Noma et al., 2010）。注射 hCG 后，*Nrg1* 基因 III 型在颗粒细胞中表达显著增加，而 I 型的表达没有改变。III 型 *Nrg1* 基因的启动子区域具有三个拟定的 C/EBP 结合位点和一个 CRE 位点。通过在颗粒细胞中转染特异的启动子报告基因，在激素刺激后，最远端的 C/EBP 结合位点很可能在增加启动子活性中起关键作用。有研究表明，ERK1/2-C/EBPb 途径在排卵前卵泡的颗粒细胞和卵丘细胞中是决定细胞命运的关键（Fan et al., 2009），显然 *Nrg1* 表达也依赖于该途径，说明 Areg-Ereg-ERK1/2 通路对减数分裂恢复的负调节因子起上调作用。因此，Areg-EGFR-ERK1/2 途径促进了减数分裂恢复，而 NRG1-ErbB2/3-PKB 通路的激活作为控制减数分裂恢复时间的开关，在减数分裂进程的时间调整过程中均需要这两个通路，而减数分裂进程的时间恰恰影响着卵母细胞的发育能力（图 3.9）。

3.7 卵母细胞内激酶活性的动态变化

卵母细胞成熟取决于 M 期促进因子（MPF）的激活，其由裂殖酵母 *cdc2* 基因编码蛋白激酶（p34[cdc2] kinase, CDK1）和细胞周期蛋白 B 组成（Masui & Markert, 1971; Lohka et al., 1988; Dunphy et al., 1988）。活化的 MPF 可诱导两栖动物（Swenson et al., 1986; Gautier et al., 1990）、小鼠（Choi et al., 1991）、猪（Naito& Toyoda, 1991; Naito et al., 1995）和牛（Tatemoto & Horiuchi, 1995; Tatemoto & Terada, 1996）等动物卵母细胞减数分裂的恢复。与细胞周期蛋白 B 相关的所必需的是 CDK1 的激活及其 Thr14 和 Tyr15 残基的去磷酸化（De-Bondt et al., 1993; Kumagai & Dunphy, 1992; Nebreda et al., 1995），且其残基的磷酸化激活状态是由 Wee1 激酶家族和 Cdc25 磷酸酶这两种关键酶所调节（Kumagai & Dunphy, 1992; Morgan, 1995; Okamoto et al., 2002; Leise & Mueller, 2002, 图 3.10a）。

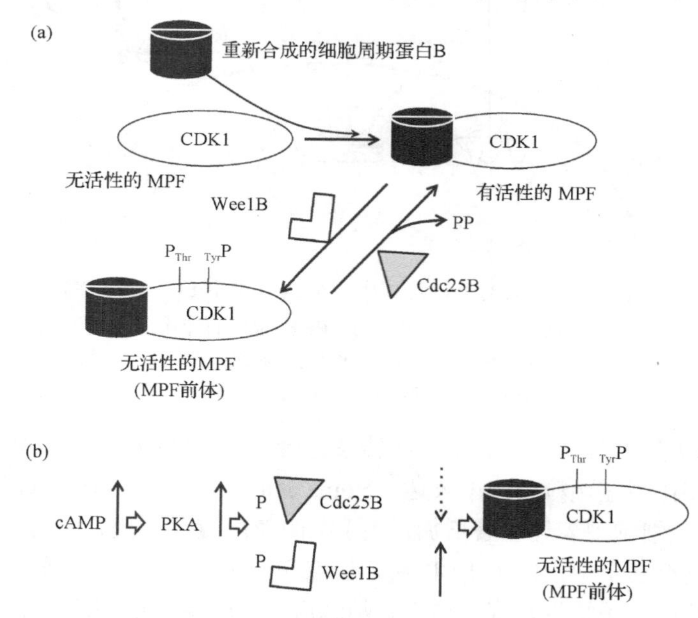

图 3.10 非洲爪蟾蜍和小鼠卵母细胞中 M 期促进因子（MPF）激活的机制

（a）细胞周期相关蛋白 B 的激活需要 CDK1 激酶及 Cdc25 磷酸酶对其 Thr14 和 Tyr15 残基的去磷酸化，Wee1 激酶家族磷酸化 CDK1 以降低 CDK1 活性。（b）cAMP-PKA 途径磷酸化 Wee1 激酶家族以增加其酶活性和 Cdc25 磷酸酶下调，从而导致 CDK1 活性降低。

Wee1 激酶家族由三个成员组成：Wee1A、Wee1B 和 Myt1。Wee1B 在卵母细胞中选择性表达（Han et al., 2005）。在 N 端的丝氨酸 15 位点，至少在体外培养条件下，PKA 可直接磷酸化 Wee1B。卵母细胞中 Wee1B 的磷酸化使其激酶活性增强并磷酸化 CDK1（Han et al., 2005）。因此，cAMP-PKA 途径磷酸化 Wee1B 抑制 CDK1 活性，这导致小鼠卵母细胞在减数分裂的 GV 阶段发生停滞。

Cdc25 家族（Cdc25A、Cdc25B 和 Cdc25C）在小鼠卵母细胞中均表达，但仅有 Cdc25B 是诱导小鼠卵母细胞减数分裂所必需的（Wu & Wolgemuth, 1995）。有趣的是，Cdc25B 也被 PKA 磷酸化，但其磷酸化形式是无活性的，这表明 cAMP 的升高可激活 Wee1B，但降低 Cdc25B 活性，从而显著增加了停滞在 GV 阶段的卵母细胞中无活性 CDK1 磷酸化含量（Han & Conti, 2006，图 3.10b）。

Wee1B 在生发泡中发生磷酸化，Cdc25B 在胞质中发生磷酸化。cAMP 含量的降低是改变这两种关键酶的磷酸化场所的转折点：Wee1B 去磷酸化并进入细胞质内，Cdc25B 去磷酸化并从细胞质进入细胞核。Wee1B 的核定位对于抑制减数分裂进程至关重要，因为当注射 Wee1B 移除核定位信号的突变型 Wee1B 时，其在减数分裂 GV 阶段没有被抑制（Oh et al., 2010）。类似地，小鼠卵母细胞中去磷酸化的 Cdc25B 向核的转运也是激活 CDK1 和 GVBD 启动的关键步骤。

在除了啮齿类之外的大多数哺乳动物中，蛋白质合成是诱导减数分裂恢复所必需的（Fulka et al., 1986; Hunter & Moor, 1987; Tatemoto & Terada, 1995）。在小鼠卵母细胞中，卵母细胞中累积的细胞周期蛋白 B 的浓度比 CDK1 的浓度约高 7 倍（Han & Conti, 2006）。然而，这个比例在包括两栖动物在内的其他物种内是相反的，与 CDK1 相比，非洲爪蟾蜍卵母细胞中细胞周期蛋白 B 的表达水平低于 5%（Han & Conti, 2006），表明在卵母细胞中周期蛋白 B 的从头合成是减数分裂恢复的初始步骤。在非洲爪蟾蜍卵母细胞中，PKA 在 GVBD 之前抑制细胞周期蛋白 B 的翻译（Matten et al., 1994; Frank-Vaillant et al., 1999）。由于 CDK1 活性依赖于细胞周期蛋白 B1 的结合及 Thr 14 和 Tyr 15 的去磷酸化（Morgan, 1995），故由于这些位点的磷酸化和细胞周期蛋白 B1 合成的抑制，cAMP-PKA 途径可以显著地抑制 CDK1 的活性（图 3.10b）。

在猪卵母细胞中，伴随着 cAMP 水平的降低诱导了 CDK1 的激活（图 3.11）。为了检测在 GVBD 之前卵母细胞中 cAMP 减少的影响，在添加不同浓度的磷酸二酯酶抑制剂 IBMX 的培养基中将猪卵母细胞培养 28h 后，分析其 cAMP 水平和 CDK1 活性，发现其卵母细胞 cAMP 含量显著增加，GVBD 时期细胞比例和 CDK1 活性显著降低，两种结果均伴随浓度剂量的变化而变化。因此，猪卵母细胞 cAMP 水平的下降诱导 CDK1 激活，其诱导类似于小鼠卵母细胞的减数分裂恢复。在 GV 期卵母细胞中细胞周期蛋白 B 处于非常低的水平，而随着培养时间的延长其水平逐渐升高（Shimaoka et al., 2009）。然而将 dbcAMP 注入卵母细胞，可显著抑制细胞周期蛋白 B 的合成，表明在猪卵母细胞中 cAMP-PKA 途径也阻止细胞周期蛋白 B 的翻译。此外，Wee1B 和 Cdc25C 均在猪卵母细胞中表达，并在减数分裂恢复的调控中起重要作用（Shimaoka et al., 2009）。当从 COC 中快速除去卵丘细胞后培养裸露的卵母细胞时，与 COC 的卵母细胞相比，CDK1 被提前激活（Shimada et al., 2001b）。因此，卵丘细胞通过 cAMP 依赖性机制调节卵母细胞减数分裂的恢复，Wee1B 通过三种 PKA 依赖性激活的方式维持钝化的 CDK1、失活的 Cdc25C 和抑制细胞周期蛋白 B 合成。

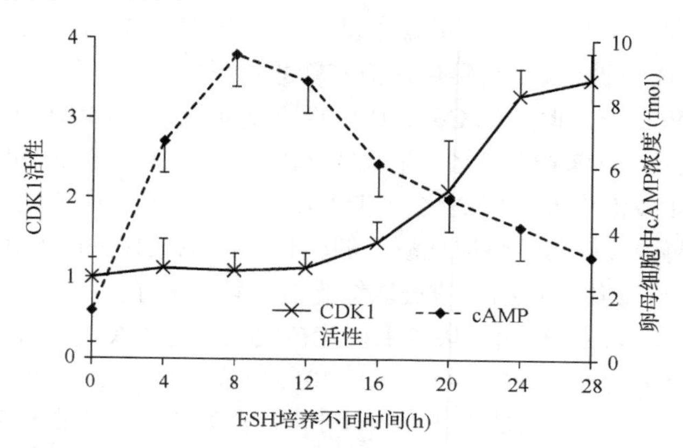

图 3.11　添加 FSH 和 LH 培养猪的 COC 时卵母细胞中 cAMP 水平与 CDK1 活性之间的关系
用 FSH 和 LH 培养猪胚胎干细胞 28h，每 4h 收集卵母细胞分析其 cAMP 水平及 CDK1 酶活性。

3.8　小　　结

在排卵前的早期卵泡中，卵母细胞被多层卵丘细胞包围，成为卵丘-卵母细胞复合体。在卵泡发育阶段，颗粒细胞受到 FSH 刺激而分泌 NPPC。NPPC 作用于其受体 NPR2，并在卵丘细胞上表达产生 cGMP，其通过间隙连接通讯转移到卵母细胞，进而抑制 PDE3 活性和减数分裂恢复。卵母细胞受到 LH 激素的排卵刺激后，恢复减数分裂并发育到中期 II。但与颗粒细胞相比，在卵母细胞中没有检测到 LH 受体的表达，并且在卵丘细胞中的含量最低。在排卵过程中，卵丘细胞表达多种 EGF（ErbB 家族）受体以响应颗粒细胞分泌的特异性配体（类 EGF 样因子家族成员）。通过这些中间步骤，卵丘细胞调节来自颗粒细胞的 LH 信号并诱导卵母细胞恢复减数分裂。卵丘细胞的关键信号通路之一是 EGFR-ERK1/2 通路，其作用是调节卵丘细胞间、卵丘细胞与卵母细胞间的间隙连接通讯。ERK1/2 间隙连接通讯的关闭减少了转移到卵母细胞中 cGMP 和（或）cAMP 的水平，其激活卵母细胞中的磷酸二酯酶 III（PDE3），进而 PDE3 分解 cAMP 以降低卵母细胞中的 PKA 活性。因为 PKA 途径激活了 Wee1B，并且下调 Cdc25C 活性和抑制了细胞周期蛋白 B 合成以降低 CDK1 活性，所以通过降低 PDE3 来诱导 CDK1 与 MPF 的激活，从而降低 PKA 活性，使得卵母细胞在 GV 阶段恢复减数分裂。因此，通过卵丘细胞来控制卵母细胞中的 cAMP 水平，对于卵母细胞减数分裂恢复来说是必不可少的。

（杨雅楠、王欣荣 译；王 彪、梁 禽 校）

参考文献

Ashkenazi, Cao, Motola, Popliker, Conti, & Tsafriri. (2005). Epidermal growth factor family members: Endogenous mediators of the ovulatory response. *Endocrinology, 146*(1), 77–84.

Choi, Aoki, Mori, Yamashita, Nagahama, & Kohmoto. (1991). Activation of p34cdc2 protein kinase activity in meiotic and mitotic cell cycles in mouse oocytes and embryos. *Development, 113*(3), 789–795.

Chuang, Myers Jr., Backer, Shoelson, White, Birnbaum, & Kahn. (1993). Insulin-stimulated oocyte maturation requires insulin receptor substrate 1 and interaction with the SH2 domains of phosphatidylinositol 3-kinase. *Molecular and Cellular Biology, 13*(11), 6653–6660

Conti, Andersen, Richard, Mehats, Chun, Horner, Jin, & Tsafriri. (2002). Role of cyclic nucleotide signaling in oocyte maturation. *Molecular and Cellular Endocrinology, 187*(1–2), 153–159.

Cross & Brinster. (1970). In vitro development of mouse oocytes. *Biology of Reproduction, 3*(3), 298–307.

De Bondt, Rosenblatt, Jancarik, Jones, Morgan, & Kim. (1993). Crystal structure of cyclin-dependent kinase 2. *Nature, 363*(6430), 595–602.

Dong, Opresko, Dempsey, Lauffenburger, Coffey, & Wiley. (1999). Metalloprotease-mediated ligand release regulates autocrine signaling through the epidermal growth factor receptor. *Proceeding of the National Academy of Science USA, 96*(11), 6235–6240.

Downs, Coleman, & Eppig. (1986). Maintenance of murine oocyte meiotic arrest: uptake and metabolism of hypoxanthine and adenosine by cumulus cell-enclosed and denuded oocytes. *Developmental Biology, 117*(1), 174–183.

Downs & Eppig. (1984). Cyclic adenosine monophosphate and ovarian follicular fluid act synergistically to inhibit mouse oocyte maturation. *Endocrinology, 114*(2), 418–427.

Dunphy, Brizuela, Beach, & Newport. (1988). The Xenopus *cdc*2 protein is a component of MPF, a cytoplasmic regulator of mitosis. *Cell, 54*(3), 423–431.

Espey & Richards. (2002). Temporal and spatial patterns of ovarian gene transcription following an ovulatory dose of gonadotropin in the rat. *Biology of Reproduction, 67*(16), 1662–1670.

Fan, Liu, Shimada, Sterneck, Johnson, Hedrick, & Richards. (2009). MAPK3/1 (ERK1/2) in ovarian granulosa cells are essential for female fertility. *Science, 324*(5929), 938–941.

Fan, O'Connor, Shitanaka, Shimada, Liu, & Richards. (2010). Beta-catenin (CTNNB1) promotes preovulatory follicular development but represses LH-mediated ovulation and luteinization. *Molecular Endocrinology, 24*(8), 1529–1542.

Fan & Richards. (2010). Minirevew: Physiological and pathological actions of RAS in the ovary. *Molecular Endocrinology, 24*(2), 286–298.

Fan, Shimada, Liu, Cahill, Noma, Wu, Gossen, & Richards. (2008). Selective expression of KrasG12D in granulosa cells of the mouse ovary causes defects in follicle development and ovulation. *Development, 135*(12), 2127–2137.

Frank-Vaillant, Jessus, Ozon, Maller, & Haccard. (1999). Two distinct mechanisms control the accumulation of cyclin B1 and Mos in Xenopus oocytes in response to progesterone. *Molecular Biology of the Cell, 10*(10), 3279–3288.

Fujino, Salvi, & Regan. (2005). Differential regulation of phosphorylation of the cAMP response element-binding protein after activation of EP2 and EP4 prostanoid receptors by prostaglandin E2. *Molecular Pharmacology, 68*(1), 251–259.

Fulka Jr, Motlík, Fulka, & Jílek. (1986). Effect of cycloheximide on nuclear maturation of pig and mouse oocytes. *Journal of Reproduction and Fertility, 77*(1), 281–285.

Funahashi, Cantley, & Day. (1997). Synchronization of meiosis in porcine oocytes by exposure to dibutyryl cyclic adenosine monophosphate improves developmental competence following in vitro fertilization. *Biology of Reproduction, 57*(1), 49–53.

Gautier, Minshull, Lohka, Grotzer, Hunt, & Maller. (1990). Cyclin is a component of maturation-promoting factor from Xenopus. *Cell,60*(3), 487–494.

Granot & Dekel. (1994). Phosphorylation and expression of connexin-43 ovarian gap junction protein are regulated by luteinizing hormone. *Journal of Biological Chemistry, 269*(48), 30502–30509.

Grazul-Bilska, Reynolds, & Redmer. (1997). Gap junctions in the ovaries. *Biology of Reproduction, 57*(5), 947–957.

Griswold, Heckert, & Linder. (1995). The molecular biology of the FSH receptor. *Journal of Steroid Biochemistry and Molecular Biology, 53*(1–6), 215–218.

Han, Chen, Paronetto, & Conti. (2005). Wee1B is an oocyte-specific kinase involved in the control of meiotic arrest in the mouse. *Current Biology, 15*(18), 1670–1676.

Han & Conti. (2006) New pathways from PKA to the Cdc2/cyclin B complex in oocytes: Wee1B as a potential PKA substrate. *Cell Cycle, 5*(3), 227–231.

Han, Vaccari, Nedachi, Andersen, Kovacina, Roth, & Conti. (2006). Protein kinase B/Akt phosphorylation of PDE3A and its role in mammalian oocyte maturation. *EMBO Journal, 25*(24), 5716–5725

Hill, Oh, Schmidt, Clark, & Murray. (1994). Lysophosphatidic acid inhibits gap-junctional communication and stimulates phosphorylation of connexin-43 in WB cells: Possible involvement of the mitogen-activated protein kinase cascade. *Biochemical Journal, 303*(2), 475–479.

Hinckley, Vaccari, Horner, Chen, & Conti. (2005). The G-protein-coupled receptors GPR3 and GPR12 are involved in cAMP signaling and maintenance of meiotic arrest in rodent oocytes. *Developmental Biology, 287*(2), 249–261.

Hoshino, Yokoo, Yoshida, Sasada, Matsumoto, & Sato. (2004). Phosphatidylinositol 3-kinase and Akt participate in the FSH-induced meiotic maturation of mouse oocytes. *Molecular Reproduction and Development, 69*(1), 77–86.

Hsieh, Lee, Panigone, Horne, Chen et al. (2007). Luteinizing hormone-dependent activation of the epidermal growth factor network is essential for ovulation. *Molecular and Cellular Biology, 27*(5), 1914–1924.

Hunter & Moor. (1987) Stage-dependent effects of inhibiting ribonucleic acids and protein synthesis on meiotic maturation of bovine oocytes in vitro. *Journal of Dairy Science, 70*(8), 1646–1651.

Isobe, Maeda, & Terada. (1998). Involvement of meiotic resumption in the disruption of gap junctions between cumulus cells attached to pig oocytes. *Journal of Reproduction and Fertility, 113*(2), 167–172.

Isobe & Terada. (2001). Effect of the factor inhibiting germinal vesicle breakdown on the disruption of gap junctions and cumulus expansion of pig cumulus-oocyte complexes cultured in vitro. *Reproduction, 121*(2), 249–257.

Itahana, Morikazu, & Takeya. (1996). Differential expression of four connexin genes, Cx-26, Cx-30.3, Cx-32, and Cx-43, in the porcine ovarian follicle. *Endocrinology, 137*(11), 5036–5044.

Itahana, Tanaka, Morikazu, Komatu, Ishida, & Takeya. (1998). Isolation and characterization of a novel connexin gene, Cx-60, in porcine ovarian follicles. *Endocrinology, 139*(1), 320–329.

Jackson, Qiu, Sunnarborg, Chang, Zhang, Patterson, & Lee. (2003). Defective valvulogenesis in HB-EGF and TACE-null mice is associated with aberrant BMP signaling. *EMBO Journal, 22*(11), 2704–2716

Kawashima, Okazaki, Noma, Nishibori, Yamashita, & Shimada. (2008). Sequential exposure of porcine cumulus cells to FSH and/or LH is critical for appropriate expression of steroidogenic and ovulation-related genes that impact oocyte maturation in vivo and in vitro. *Reproduction, 136*(1), 9–21.

Kumagai & Dunphy. (1992). Regulation of the cdc25 protein during the cell cycle in Xenopus extracts. *Cell, 70*(1), 139–151.

Larsen, Wert, & Brunner. (1986). A dramatic loss of cumulus cell gap junctions is correlated with germinal vesicle breakdown in rat oocytes. *Developmental Biology, 113*(2), 517–521.

Larsen, Wert, & Brunner. (1987). Differential modulation of rat follicle cell gap junction populations at ovulation. *Developmental Biology, 122*(1), 61–71.

Lau, Kurata, Kanemitsu, Loo, Warn-Cramer, Eckhart, & Lampe. (1996). Regulation of connexin 43 function by activated tyrosine protein kinases. *Journal of Bioenergetics and Biomembranes, 28*(4), 359–367.

Lee, Sunnarborg, Hinkle, Myers, Stevenson et al. (2003). TACE/ADAM17 processing of EGFR ligands indicates a role as a physiological convertase. *Annals of New York Academy of Sciences, 995*, 22–38.

Leise III & Mueller. (2002). Multiple Cdk1 inhibitory kinases regulate the cell cycle during development. *Developmental Biology, 249*(1), 156–173.

Lohka, Hayes, & Maller. (1988). Purification of maturation-promoting factor, an intercellular regulator of early events. *Proceeding of the National Academy of Science USA, 85*(9), 3009–3013.

Luciano, Pocar, Milanesi, Modina, Rieger, Lauria, & Gandolfi. (1999). Effect of different levels of intracellular cAMP on the in vitro maturation of cattle oocytes and their subsequent development following in vitro fertilization. *Molecular Reproduction and Development, 54*(1), 86–91.

Masui & Markert. (1971). Cytoplasmic control of nuclear behavior during meiotic maturation of frog oocytes. *Journal of Experimental. Zoology, 177*(2), 129–146.

Matten, Daar, & Vande Woude. (1994). Protein kinase A acts at multiple points to inhibit Xenopus oocyte maturation. *Molecular and Cellular Biology, 14*(7), 4419–4426.

Mattioli, Galeati, Barboni, & Seren. (1994). Concentration of cyclic AMP during the maturation of pig oocytes in vivo and in vitro. *Journal of Reproduction* and Fertility, *100*(2), 403–409.

Mehlmann, Saeki, Tanaka, Brennan, Evsikov et al. (2004). The Gs-linked receptor GPR3 maintains meiotic arrest in mammalian oocytes. *Science, 306*(5703), 1947–1950.

Meyer, Yamaai, Garratt, Riethmacher-Sonnenberg, Kane, Theill, & Birchmeier. (1997). Isoform-specific expression and function of neuregulin. *Development, 124*(18), 3575–3586.

Morgan. (1995). Principles of CDK regulation. *Nature, 374*(6518), 131–134.

Musil, Cunningham, Edelman, & Goodenough. (1990). Differential phosphorylation of the gap junction protein connexin 43 in junctional communication-competent and-deficient cell lines. *Journal of Cell Biology, 111*(5), 2077–2088.

Muslin, Klippel, & Williams. (1993). Phosphatidylinositol 3-kinase activity is important for progesterone-induced Xenopus oocyte maturation. *Molecular and Cellular Biology, 13*(11), 6661–6666.

Naito & Toyoda. (1991). Fluctuation of histone H1 kinase activity during meiotic maturation in porcine oocytes. *Journal of Reproduction and Fertility, 93*(2), 467–473.

Naito, Hawkins, Yamashita, Nagahama, Aoki, Kohmoto, Toyoda, & Moor. (1995). Association of p34cdc2 and cyclin B1 during meiotic maturation in porcine oocytes. *Developmental Biology, 168*(2), 627–634.

Nebreda, Gannon, & Hunt. (1995). Newly synthesized protein(s) must associate with p34cdc2 to activate MAP kinase and MPF during progesterone-induced maturation of Xenopus oocytes. *EMBO Journal, 14*(22), 5597–5607.

Noma, Kawashima, Fan, Fujita, Kawai et al. (2010). LH-induced Neuregulin 1 (NRG1) type III transcripts control granulosa cell differentiation and oocyte maturation. *Molecular Endocrinology* [Epub].

Nuttinck, Peynot, Humblot, Massip, Dessy, & Fléchon. (2000). Comparative immunohistochemical distribution of connexin 37 and connexin 43 throughout folliculogenesis in the bovine ovary. *Molecular Reproductionand Development*, *57*(1), 60–66.

Oh, Han, & Conti. (2010). Wee1B, Myt1, and Cdc25 function in distinct compartments of the mouse oocyte to control meiotic resumption. *Journal of Cell Biology*, *188*(2), 199–207.

Okamoto, Nakajo, & Sagata. (2002). The existence of two distinct Wee1 isoforms in Xenopus: Implications for the developmental regulation of the cell cycle. *EMBO Journal*, *21*(10), 2472–2484.

Park, Su, Ariga, Law, Jin, & Conti. (2004). EGF-like growth factors as mediators of LH action in the ovulatory follicle. *Science*, *303*(5658), 682–684.

Peng, Hsueh, LaPolt, Bjersing, & Ny. (1991). Localization of luteinizing hormone receptor messenger ribonucleic acid expression in ovarian cell types during follicle development and ovulation. *Endocrinology*, *129(6)*, 3200–3207.

Peschon, Slack, Reddy, Stocking, Sunnarborg et al. (1998) An essential role for ectodomain shedding in mammalian development, *Science*, *282*(5392), 1281–1284.

Racowsky. (1985a). Antagonistic actions of estradiol and tamoxifen upon forskolin-dependent meiotic arrest, intercellular coupling, and the cyclic AMP content of hamster oocyte-cumulus complexes. *Journal of Experimental Zoology*, *234*(2), 251–260.

Racowsky. (1985b). Effect of forskolin on maintenance of meiotic arrest and stimulation of cumulus expansion, progesterone and cyclic AMP production by pig oocyte-cumulus complexes. *Journal of Reproductionand Fertility*, *74*(1), 9–21.

Richard, Tsafriri, & Conti. (2001). Role of phosphodiesterase type 3A in rat oocyte maturation. *Biology of Reproduction*, 65(5), 1444–1451.

Richards. (1994). Hormonal control of gene expression in the ovary. *Endocrine Review*, *15*(6), 725–751.

Rose-Hellekant & Bavister. (1996). Roles of protein kinase A and C in spontaneous maturation and in forskolin or 3-isobutyl-1-methylxanthine maintained meiotic arrest of bovine oocytes. *Molecular Reproduction and Development*, *44*(2), 241–249.

Sahin, Weskamp, Kelly, Zhou, Higashiyama et al. (2004). Distinct roles for ADAM10 and ADAM17 in ectodomain shedding of six EGFR ligands. *Journal of Cell Biology*, *164*(5), 769–779.

Sasseville, Côté, Vigneault, Guillemette, & Richard. (2007). 3′5′-cyclic adenosine monophosphate-dependent up-regulation of phosphodiesterase type 3A in porcine cumulus cells. *Endocrinology*, *148*(4), 1858–1867.

Sasseville, Côté, Gagnon & Richard. (2008). Up-regulation of 3′5′-cyclic guanosine monophosphate-specific phosphor-diesterase in the porcine cumulus-oocyte complex affects steroidogenesis during in vitro maturation. *Endocrinology*, *149*(11), 5568–5576.

Sasseville, Albuz, Côté, Guillemette, Gilchrist, & Richard. (2009a). Characterization of novel phosphodiesterases in the bovine ovarian follicle. *Biology of Reproduction*, *81*(2), 415–425.

Sasseville, Gagnon, Guillemette, Sullivan, Gilchrist, & Richard. (2009b). Regulation of gap junctions in porcine cumulus-oocyte complexes: Contributions of granulosa cell contact, gonadotropins, and lipid rafts. *Molecular Endocrinology*, *23*(5), 700–710.

Schultz, Montgomery, & Belanoff. (1983a). Regulation of mouse oocyte meiotic maturation: Implication of a decrease in oocyte cAMP and protein dephosphorylation in commitment to resume meiosis. *Developmental Biology*, *97*(2), 264–273.

Schultz, Montgomery, Ward-Bailey, & Eppig. (1983b). Regulation of oocyte maturation in the mouse: Possible roles of intercellular communication, cAMP, and testosterone. *Developmental Biology*, *95*(2), 294–304.

Sela-Abramovich, Chorev, Galiani, & Dekel. (2005). Mitogen-activated protein kinase mediates luteinizing hormone-induced breakdown of communication and oocyte maturation in rat ovarian follicles. *Endocrinology*, *146*(3), 1236–1244.

Shao, Evers, & Sheng. (2004). Prostaglandin E2 synergistically enhances receptor tyrosine kinase-dependent signaling system in colon cancer cells. *Journal of Biological Chemistry*, *279*(14), 14287–14293.

Shimada, Hernandez-Gonzalez, Gonzalez-Robayna, & Richards. (2006). Paracrine and autocrine regulation of epidermal growth factor-like factors in cumulus oocyte complexes and granulosa cells: key roles for prostaglandin synthase 2 and progesterone receptor. *Molecular Endocrinology*, *20*(6), 1352–1365.

Shimada, Ito, Yamashita, Okazaki, & Isobe. (2003b). Phosphatidylinositol 3-kinase in cumulus cells is responsible for both suppression of spontaneous maturation and induction of gonadotropin-stimulated maturation of porcine oocytes. *Journal of Endocrinology*, *179*(1), 25–34.

Shimada, Maeda, & Terada. (2001a). Dynamic changes of connexin-43, gap junctional protein, in outer layers of cumulus cells are regulated by PKC and PI 3-kinase during meiotic resumption in porcine oocytes. *Biology of Reproduction*, *64*(4), 1255–1263.

Shimada, Nishibori, Isobe, Kawano, & Terada. (2003a). Luteinizing hormone receptor formation in cumulus cells surrounding porcine oocytes and its role during meiotic maturation of porcine oocytes. *Biology of Reproduction*, *68*(4), 1142–1149.

Shimada, Nishibori, Yamashita, Ito, Mori, & Richards. (2004). Down-regulated expression of A disinter grin and metalloproteinase with thrombospondin-like repeats-1 by progesterone receptor antagonist is associated with impaired expansion of porcine cumulus-oocyte complexes. *Endocrinology*, *145*(10), 4603–4614.

Shimada, Samizo, Yamashita, Matsuo, & Terada. (2002). Both Ca^{2+} -PKC pathway and cAMP-PKA pathway require for progesterone production in FSH- and LH-stimulated cumulus cells during in vitro maturation of porcine oocytes. *Journal of Mammalian Ova Research*, *19*(3), 81–88.

Shimada & Terada. (2001). Phosphatidylinositol 3-kinase in cumulus cells and oocytes is responsible for activation of oocytemitogen-activated protein kinase during meiotic progression beyond the meiosis I stage in pigs. *Biology of Reproduction*, *64*(4), 1106–1114.

Shimada & Terada. (2002a). Roles of cAMP in regulation of both MAP kinase and p34(cdc2) kinase activity during meioticprogression, especially beyond the MI stage. *Molecular Reproduction and Development*, *62*(1), 124–131.

Shimada & Terada. (2002b). FSH and LH induce progesterone production and progesterone receptor synthesis in cumulus cells: A requirement for meiotic resumption in porcine oocytes. *Molecular Human Reproduction*, *8*(7), 612–618.

Shimada, Zeng, & Terada. (2001b). Inhibition of phosphatidylinositol 3-kinase or mitogen-activated protein kinase kinase leads tossup pression of p34(cdc2) kinase activity and meiotic progression beyond the meiosis I stage in porcine oocytes surrounded with cumulus cells. *Biology of Reproduction*, *65*(2), 442–448.

Shimaoka, Nishimura, Kano, & Naito. (2009). Critical effect of pigWee1B on the regulation of meiotic resumption in porcine immature oocytes. *Cell Cycle*, *8*(15), 2375–2384.

Simon, Goodenough, Li, & Paul. (1997). Female infertility in mice lacking connexin37. *Nature*, *385*(6616), 525–529.

Sirois, Levy, Simmons, & Richard. (1993). Characterization and hormonal regulation of the promoter of the rat prostaglandin endo peroxide synthase 2 gene in granulosa cells. Identification of functional and protein-binding regions. *Journal of Biological Chemistry*, *268*(16), 12199–12206.

Sirois & Richards. (1992). Purification and characterization of a novel, distinct isoform of prostaglandin endo peroxide synthase induced by human chorionic gonadotropin in granulosa cells of rat preovulatory follicles. *Journal of Biological Chemistry*, *267*(9), 6382–6388.

Sirois, Simmons, & Richards. (1992). Hormonal regulation of messenger ribonucleic acid encoding a novel isoform of prostaglandin endoperoxide Hsynthase in rat preovulatory follicles. Induction in vivo and in vitro. *Journal of Biological Chemistry*, *267*(16), 11586–11592.

Su, Wigglesworth, Pendola, O'Brien, & Eppig. (2002). Mitogen-activated protein kinase activity in cumulus cells is essential for gonadotropin-induced oocyte meiotic resumption and cumulus expansion in the mouse. *Endocrinology*, *143*(6), 2221–2232.

Swenson, Farrell, & Ruderman. (1986). The clam embryo protein cyclin A induces entry into M phase and the resumption of meiosis in Xenopus oocytes. *Cell*, *47*(6), 861–870.

Tatemoto & Horiuchi. (1995). Requirement for protein synthesis during the onset of meiosis in bovine oocytes and its involvement in maturation-promoting factor. Molecular *Reproduction and Development*, *41*(1), 47–53.

Tatemoto & Terada. (1995). Time-dependent effects of cycloheximide and alpha-amanitin on meiotic resumption and progression in bovine follicular oocytes. *Theriogenology*, *43*(6), 1107–1113.

Tatemoto & Terada. (1996). Involvement of cyclic-dependent protein kinase in chromatin condensation before germinal vesicle breakdown in bovine oocytes. *Animal Reproduction Science*, *44*(2), 99–110.

Warn-Cramer, Lampe, Kurata, Kanemitsu, Loo et al. (1996). Characterization of the mitogen-activated protein kinase phosphorylation sites on the connexin-43 gap junction protein. *Journal of Biological Chemistry*, *271*(7), 3779–3786.

Wu & Wolgemuth. (1995). The distinct and developmentally regulated patterns of expression of members of the mouse Cdc25 gene family suggest differential functions during gametogenesis. *Developmental Biology*, *170*(1), 195–206.

Yamashita, Hishinuma, & Shimada. (2009). Activation of PKA, p38 MAPK and ERK1/2 by gonadotropins in cumulus cells is critical for induction of EGF-like factor and TACE/ADAM17 gene expression during in vitro maturation of porcine COCs. *Journal of Ovarian Research*, *24*(2), 20.

Yamashita, Kawashima, Gunji, Hishinuma, & Shimada. (2010). Progesterone is essential for maintenance of Tace/Adam17 mRNA expression, but not EGF-like factor, in cumulus cells, which enhances the EGF receptor signaling pathway during in vitro maturation of porcine COCs. *Journal of Reproduction and Development*, *56*(3), 315–323.

Yamashita, Kawashima, Yanai, Nishibori, Richards, & Shimada. (2007). Hormone-induced expression of tumor necrosis factor alpha-converting enzyme/A disintegrin and metalloprotease-17 impacts porcine cumulus cell oocyte complex expansion and meiotic maturation via ligand activation of the epidermal growth factor receptor. *Endocrinology*, *148*(12), 6164–6175.

Yamashita, Nishibori, Terada, Isobe, & Shimada. (2005). Gonadotropin-induced delta14-reductase and delta7-reductase gene expression in cumulus cells during meiotic resumption of porcine oocytes. *Endocrinology*, *146*(1), 186–194.

Yamashita, Shimada, Okazaki, Maeda, & Terada. (2003). Production of progesterone from de novo-synthesized cholesterol in cumulus cells and its physiological role during meiotic resumption of porcine oocytes. *Biology of Reproduction*, *68*(4), 1193–1198.

Zhang, Su, Sugiura, Xia, & Eppig. (2010). Granulosa cell ligand NPPC and its receptor NPR2 maintain meiotic arrest in mouse oocytes. *Science*, *330*(6002), 366–369.

4　家畜卵母细胞分泌因子

Jeremy G. Thompson、David G. Mottershead，
Robert B. Gilchrist

4.1　简　　介

20 世纪 90 年代出现的一个相对较新的观点认为，卵母细胞调节卵泡的细胞功能，并在调节卵泡发育、排卵和繁殖力方面发挥重要作用。在该研究的新案例中，家畜特别是绵羊成为一个重要组成部分。有关家畜的研究领域，尚没有任何关于卵母细胞分泌因子（oocyte-secreted factor, OSF）的综述文献，也没人承认新西兰学者特别是 Ken McNatty 对该领域做出的贡献。就这方面，Ken McNatty 和他的同事 Jenny Juengel、Grant Montgomery 及 George Davis 已经撰写并发表了许多文章，这是因为他们拥有共同的研究兴趣。最初，人们对绵羊卵泡生长和排卵率基本机制的了解意愿与绵羊对羊肉商业化生产的现实利益是相匹配的，这也与人们对它的认识相契合，即在一些以繁殖力作为选择目标的绵羊品种中，单基因突变体的出现似乎显著改变了绵羊的繁殖力。这些因素的结合使得新西兰农业和渔业部门的研究人员开始寻找调控绵羊繁殖力的基因。也正是因为他们的研究工作，我们现在也认识到，这些独一无二的基因型就是特异性卵母细胞和颗粒细胞基因突变的结果，此类基因就是转化生长因子 β 超家族的成员，特别是卵母细胞特异性生长和分化因子 9（*gdf9*）及骨形态发生蛋白 15（*bmp15*）（有时候也称为 *gdf9b*）及其信号级联。

首先，本章简述有关影响绵羊遗传模型的历史背景，以及这些历史背景在奠定 OSF 在卵泡发育过程中的重要性时所发挥的作用，再就是对两种最典型的 OSF 即 *gdf9* 和 *bmp15* 的遗传多样性的梳理。其次，我们将讨论卵泡内 OSF 的生物学作用，并了解它们在高级动物育种中的应用潜力。正如本书其他章节均涉及卵泡发生一样，本章大部分内容也将聚焦于 OSF 的作用。在反刍动物和猪的有腔卵泡中，同样存在 OSF 的作用，并且科研人员利用小鼠作为动物模型，在该领域取得了优秀的研究成果，我们对他们所做的贡献将致以最崇高的敬意。

4.2 历史背景

19 世纪 70 年代早期，在关于小鼠和兔子的研究中，Nalbandov 和他的同事们首次提出了“细胞分泌因子”的概念（el-Fouly et al., 1970; Nekola & Nalbandov, 1971），但也有学者认为，有关家养动物特别是反刍动物 OSF 的报道应追溯到 1980 年，因当时由 Bernie Bindon 和 Laurie Piper 发现了布鲁拉美利奴羊（Booroola merino）的 *FecB* 基因（Booroola fecundity gene）（Piper & Bindon, 1982）。*FecB* 是第一个与高繁殖力特别是与排卵率有关的基因（Davis et al., 1982），尽管它引发了许多人的研究兴趣，但是鉴定它的分子机制整整耗费了 20 年的时间才取得较大进展。由于当时的绵羊遗传学家拥有相对低效的分子工具和基因信息，使基因的制图过程遭遇了很大的困难。从 *FecB* 基因的发现开始算起，人们花费了 10 年的时间才将其定位于绵羊 6 号染色体的特定区域（Montgomery et al., 1994）。最后一直到 2001 年，才由三个独立的研究机构同时将 *FecB* 基因鉴别为骨形态发生蛋白 1 型受体的一个突变点（Mulsant et al., 2001; Souza et al., 2001; Wilson et al., 2001），也被称为激活素受体样激酶（activin receptor-like kinase, ALK）6 型（骨形态发生蛋白 15 I 型受体）。

在 1991 年，George Davis 和他的团队在罗姆尼（Romney）羊群中还发现了一种基因突变，遂将其选育为高繁殖力品种，因为该品种是 1979 年在新西兰的 Invermay 研究中心培育出来的，故称其为“*Inverdale*”（Davis et al., 1991）。有趣的是，人们发现这种突变是伴随 X 染色体遗传的，所以对于含有 *Inverdale* 基因的母羊而言，其纯合子 $FecX^I$ 羊是不育的，但杂合子羊比野生型的更高产，其平均排卵率为 2.9（Davis et al., 2001）。由于 X 染色体连锁的原因，$FecX^I$ 作为突变体在 *bmp15* 基因中能被更快识别出来（Galloway et al., 2000），这就是该领域取得的突破性进展。后来，科研人员在高产的爱尔兰（Irish）羊群中鉴定出了第一个具有功能性的生长和分化因子 9 突变体（Hanrahan et al., 2004）。加上新发现的两种 *bmp15* 突变体，总共三种突变体的研究表明，它们均能引起纯合子不育及杂合子排卵率的增加。一个典型的研究结果是，绵羊 *gdf9* 和 *bmp15* 基因杂合突变均对排卵率有加性效应（Hanrahan et al., 2004），这表明 *gdf9* 和 *bmp15* 存在某种形式的互作。截至目前，在该领域的研究文献中曾报道，*gdf9*、*bmp15* 及 *alk6* 基因中至少有 15 种不同的点突变能影响绵羊排卵率（Scaramuzzi et al., 2011）（图 4.1）。

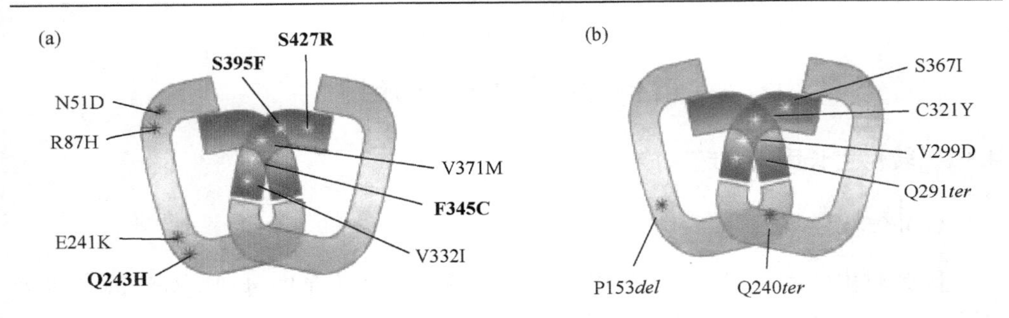

图 4.1 绵羊 *gdf9* 和 *bmp15* 突变

一个早熟的二聚复合体示意图显示，在一半的二聚体上显示了突变的氨基酸（Walton et al., 2010）。（a）*gdf9*，加黑的突变点表现为生育表现型。（b）*bmp15*，所有突变体表现为生育表现型。*gdf9* 的文献：N51D（Li et al., 2003）；R87H, E241K, V332I, V371M, S395F（Hanrahan et al., 2004）；Q243H（Chu et al., 2010）；F345C（Silva et al., 2011）；S427R（Nicol et al., 2009）。*bmp15* 的文献：P153*del*（Martinez-Royo et al., 2008）&（Monteagudo et al., 2009）；Q240 *ter*& S367I（Hanrahan et al., 2004）；Q291*ter* & V299D（Galloway et al., 2000）；C321Y（Bodin et al., 2007）。

影响繁殖力的单基因突变检测的重要性毋庸置疑，但这并不能直接认定 OSF 就是卵泡发生的调节者。该研究工作的大部分是在小鼠上进行的，但 Nalbandov 和他的同事花费了 20 年的时间仍未能揭开其谜团。直到 1990 年，John Eppig 博士对 OSF 的研究兴趣才被再次激发。他的研究表明，小鼠卵丘细胞的扩散由卵母细胞的调节引起（Buccione et al., 1990），这引发了人们对卵母细胞分泌的“卵丘扩散促进因子”（cumulus expansion enabling factor, CEEF）的探索。在另一项研究中，McPherron 和 Lee（1993）、McGrath 等（1995）鉴定出 *gdf9* 就是卵巢（卵母细胞）的特异蛋白。但该结果对 Matzuk 和他的同事们来说却是一个里程碑，因为他们曾经研究了 *gdf9* 基因敲除鼠并证明它们是不育的，其卵巢与纯合的 *Inverdale* 突变携带者中所鉴定出的条纹状卵巢很相似（Dong et al., 1996）。因此认为，在突变体绵羊与转化生长因子 β 超家族特异性卵母细胞生长因子之间会有一种连锁关系。啮齿动物的 *bmp15*（也可简称为 *gdf9b*）是分别由两个独立的实验室鉴定出的（Dube et al., 1998; Laitinen et al., 1998），它在卵巢内也具有卵母细胞特异性。然而，*bmp15* 基因敲除鼠并未完全丧失生育能力（Yan et al., 2001），其与绵羊 *bmp15* 的基因缺陷造成的不育恰恰相反（Galloway et al., 2000）。这也证明了小鼠与其他物种之间存在的差异。对于绵羊来说，BMP15 在卵泡发生和繁殖力方面发挥着重要的作用。这会造成一种假设，即卵母细胞分泌的 GDF9 和 BMP15 在某种程度上是决定哺乳动物排卵率和繁殖力的主要因素（McNatty et al., 2003）。最近也有实验证据为该观点提供了强有力的支持。研究显示，*gdf9* 与 *bmp15* mRNA 表达的概率有物种特异性，并且在多排卵物种中，*gdf9* 居主导地位，而在单排卵物种中，*bmp15* 则是居主导地位的 OSF，其中也包括牛和鹿（Crawford & McNatty, 2012）。

4.3 区域性与特异性

4.3.1 转化生长因子 β 超家族

GDF9 和 BMP15

因为对生殖的显著影响，GDF9 和 BMP15 被公认为是卵母细胞分泌因子并被深入研究。二者在配子中高特异性表达，但在卵巢（或睾丸）外部的特异性表达还不明确。在反刍动物卵巢中，其特异性表达限定在卵母细胞中（McNatty et al., 2003）。然而对于 GDF9 来说，猪的卵丘细胞和颗粒细胞都能表达 *gdf9* mRNA（Prochazka et al., 2004）。与啮齿动物相反，在绵羊和牛上，GDF9 在原始卵泡的卵母细胞中表达，之后还会在整个卵泡发生期间表达，与此同时，BMP15 也是从初级卵泡开始表达（Juengel & McNatty, 2005）。

其他转化生长因子 β 超家族成员

虽然许多转化生长因子 β 超家族的成员在卵泡形成的精细调控中发挥着关键作用，但除了 GDF 和 BMP15 外，迄今为止还没有其他超家族成员被认为是重要的 OSF。在包括绵羊在内的几个物种中，BMP6 是一种卵母细胞分泌因子（Juengel & McNatty, 2005）。尽管卵母细胞被认为是一种重要的卵泡物质，但与 BMP15 和 GDF9 不同，BMP6 在卵巢内有广泛的表达（和其他的组织一样），BMP6 也会潜在结合到多个转化生长因子 β 超家族受体上，并激活与 BMP15 相同的细胞内信号级联反应（见下文）。Juengel 和 McNatty（2005）详细描述了 BMP6 在卵泡发生期的作用，即 BMP6 表现出促有丝分裂和抗细胞凋亡的功能（Glister et al., 2004; Hussein et al., 2005），而且它也可以通过颗粒细胞来调节类固醇激素的合成（Juengel & McNatty, 2005）。

转化生长因子 β1、β2 及 β3 都可以在哺乳动物卵巢中表达，但 TGF1β-3 mRNA 在家畜卵母细胞中表达和产生的证据还不足（Juengel & McNatty, 2005）。更重要的是，即使外源性转化生长因子 β1 和 β2 可以达到 OSF 对卵泡壁层颗粒细胞（mural granulosa cell）的增殖效果（Gilchrist et al., 2003a），但与 TGFβ 相关的生物活性在牛卵母细胞中并没有表现出来（Glilchrist et al., 2003a）。

4.3.2 成纤维细胞生长因子

成纤维细胞生长因子（FGF）组成了一个复杂的蛋白质家族，包括 7 个超家族 22 个成员。在啮齿动物中，FGF8 可能是卵巢内的一个卵母细胞特异性生长因子（Valve et al., 1997）。重要的是，研究发现在啮齿动物卵丘细胞中糖酵解

（glycolysis）酶表达的调节过程中，FGF8 能够与 BMP15 协同起作用（Sugiura et al., 2007）。与转化生长因子 β 超家族相比，在家养动物中还没有对 FGF 进行广泛的研究。FGF2 在牛原始卵泡和初级卵泡的卵母细胞中表达，并可能在早期卵泡发生过程中起作用（van Wezel et al., 1995）。之后，Buratini 和他的同事们还对牛卵母细胞和卵巢组织中的 FGF 进行了一次高水平的定性研究。截至目前，他们已经研究了牛卵母细胞中的 FGF8、FGF10 和 FGF17，并断定 FGF18 不存在于卵母细胞（Buratini et al., 2005; Buratini et al., 2007; Machado et al., 2009; Portela et al., 2010）。有趣的是，FGF8 并不仅仅表达于牛的卵母细胞中，在颗粒细胞中也有一定的表达。

4.4　GDF9 和 BMP15 的结构和遗传多样性

与 TGFβ 超家族的所有成员一样，GDF9 和 BMP15 存在类似的结构。所有的 TGFβ 超家族成员作为前原蛋白被合成，拥有一个氨基酸（amino acid, AA）末端的信号序列（在内质网中被分开），紧接着是蛋白结构域，最后是羧基端的成熟结构域。为获得完整的生物活性蛋白，其成熟蛋白前体需要蛋白水解处理，这可能是调节 GDF9 和 BMP15 生物学效价的一个重要过程。有关这方面的研究正在进行中，但值得注意的是，人们在绵羊卵泡液中检测到的主要物质是未经处理的 GDF9 和 BMP15 的成熟蛋白前体（McNatty et al., 2006）。不像 TGFβ 超家族中的多数成员，其成熟结构域中共有 7 个保守的半胱氨酸，GDF9 和 BMP15 的结构中均缺少第四个半胱氨酸残基（McPherron & Lee, 1993; Dube et al., 1998; Laitinen et al., 1998）。一般来讲，该残基可以形成一个共价二硫键，能将两个成熟结构域连在一起，形成一个有活性的同质或异质二聚体。因此，GDF9 和 BMP15 的二聚体被认为是依赖于早熟结构域的非共价结构，实际上这种排列可能会有利于 GDF9 和 BMP15 的异质二聚体作为一个热门的研究领域。

很多物种的 GDF9 和 BMP15 的氨基酸序列都是已知的，图 4.2 中展示了 4 种家畜（绵羊、牛、山羊、猪）和人及啮齿动物（小鼠和大鼠）在早熟结构域的羧基端序列（GDF9 和 BMP15 的蛋白结构域序列的分析超出了本节讨论的范围）之间的不同。这些序列的比对表明，很显然所有家畜物种的序列都非常相似。在家畜、人及啮齿动物序列（图 4.2 绿色部分所示）中观察到的氨基酸变异的重点区域在早熟结构域的氨基末端，位于第一个半胱氨酸残基之前。对于 GDF9 和 BMP15 来说这与实际相符，然而对于 BMP15 而言，在蛋白质的半胱氨酸扭转区也有一些不同的氨基酸（如通过能够对成熟结构域的三级折叠起到稳定作用的保守的半胱氨酸残基将 GDF9 和 BMP15 区域分开）。在通过重组产生的 GDF9 和 BMP15 上（以 HEK-293 细胞作为表达宿主），有学者报道了一个新的结构特征，即在蛋白成熟结构域的氨基酸末端有特异性磷酸化作用的丝氨酸残基（Tibaldi et al., 2010）。据报道，GDF9 和 BMP15 的翻译后修饰对于生物活性是至关重要的（McMahon et al., 2008）。有趣的是，尽管在 GDF9 的所有物种中这种氨基酸残基都是保守的（图 4.2），但就 BMP15 而言，除了小鼠之外，人类是唯一的在第 6 位上有丝氨酸的物种。而其他物种的 BMP15 是在成熟结构域的第 7 位上有丝氨酸，但这些残基是否被翻译后修饰尚不得而知，实际上目前还不清楚这些翻译后修饰是否有一部分发生在体内。

(a)

```
sh  DQESASSELK KPLVPASVNL SEYFKQFLFP QNECELHDFR LSFSQLKWDN WIVAPHKYNP RYCKGDCPRA
ca  DQESVSSELK KPLVPASFNL SEYFKQFLFP QNECELHDFR LSFSQLKWDN WIVAPHKYNP RYCKGDCPRA
go  DQESVSSELK KPLVPASVNL SEYFKQFLFP QNECELHDFR LSFSQLKWDN WIVAPHKYNP RYCKGDCPRA
pi  AQDTVSSELK KPLVPASFNL SEYFKQFLFP QNECELHDFR LSFSQLKWDN WIVAPHKYNP RYCKGDCPRA

hu  GQETVSSELK KPLGPASFNL SEYFRQFLLP QNECELHDFR LSFSQLKWDN WIVAPHRYNP RYCKGDCPRA
mo  GQKAIRSEAK GPLLTASFNL SEYFKQFLFP QNECELHDFR LSFSQLKWDN WIVAPHRYNP RYCKGDCPRA
ra  GQKTLSSETK KPL-TASFNL SEYFRQFLFP QNECELHDFR LSFSQLKWDN WIVAPHRYNP RYCKGDCPRA

sh  VGHRYGSPVH TMVQNIIHEK LDSSVPRPSC VPAKYSPLSV LAIEPDGSIA YKEYEDMIAT KCTCR
ca  VGHRYGSPVH TMVMNIIHEK LDSSVPRPSC VPAKYSPLSV LAIEPDGSIA YKEYEDMIAT KCTCR
go  VGHRYGSPVH TMVQNIIHEK LDSSVPRPSC VPAKYSPLSV LAIEPDGSIA YKEYEDMIAT KCTCR
pi  VGHRYGSPVH TMVQNIIHEK LDSSVPRPSC VPAKYSPLSV LAIEPDGSIA YKEYEDMIAT KCTCR

hu  VGHRYGSPVH TMVQNIIYEK LDSSVPRPSC VPAKYSPLSV LTIEPDGSIA YKEYEDMIAT KCTCR
mo  VRHRYGSPVH TMVQNIIYEK LDPSVPRPSC VPGKYSPLSV LTIEPDGSIA YKEYEDMIAT RCTCR
ra  VRHRYGSPVH TMVQNIIYEK LDPSVPRPSC VPGKYSPLSV LTIEPDGSIA YKEYEDMIAT RCTCR
```

(b)

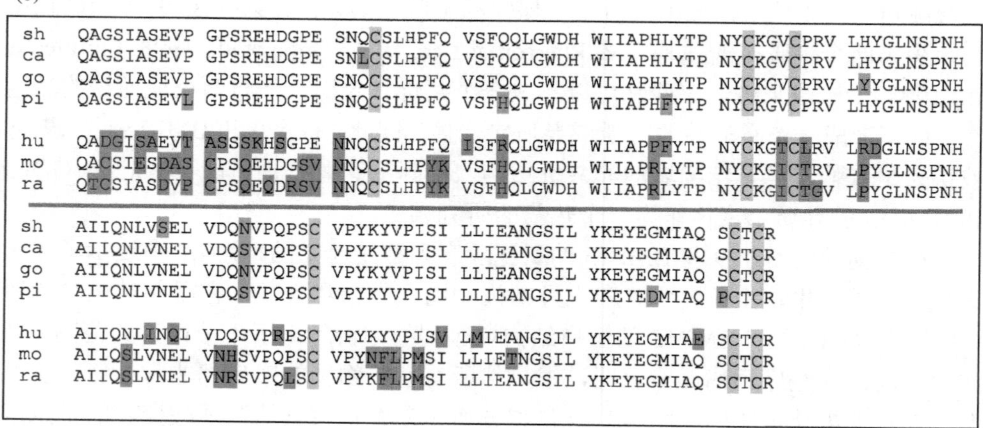

```
sh  QAGSIASEVP GPSREHDGPE SNQCSLHPFQ VSFQQLGWDH WIIAPHLYTP NYCKGVCPRV LHYGLNSPNH
ca  QAGSIASEVP GPSREHDGPE SNLCSLHPFQ VSFQQLGWDH WIIAPHLYTP NYCKGVCPRV LHYGLNSPNH
go  QAGSIASEVP GPSREHDGPE SNQCSLHPFQ VSFQQLGWDH WIIAPHLYTP NYCKGVCPRV LYYGLNSPNH
pi  QAGSIASEVL GPSREHDGPE SNQCSLHPFQ VSFHQLGWDH WIIAPHFYTP NYCKGVCPRV LHYGLNSPNH

hu  QADGISAEVT ASSSKHSGPE NNQCSLHPFQ ISFRQLGWDH WIIAPPFYTP NYCKGTCLRV LRDGLNSPNH
mo  QACSIESDAS CPSQEHDGSV NNQCSLHPYK VSFHQLGWDH WIIAPRLYTP NYCKGICTRV LPYGLNSPNH
ra  QTCSIASDVP CPSQEQDRSV NNQCSLHPYK VSFHQLGWDH WIIAPRLYTP NYCKGICTGV LPYGLNSPNH

sh  AIIQNLVSEL VDQNVPQPSC VPYKYVPISI LLIEANGSIL YKEYEGMIAQ SCTCR
ca  AIIQNLVNEL VDQSVPQPSC VPYKYVPISI LLIEANGSIL YKEYEGMIAQ SCTCR
go  AIIQNLVNEL VDQNVPQPSC VPYKYVPISI LLIEANGSIL YKEYEGMIAQ SCTCR
pi  AIIQNLVNEL VDQSVPQPSC VPYKYVPISI LLIEANGSIL YKEYEDMIAQ PCTCR

hu  AIIQNLINQL VDQSVPRPSC VPYKYVPISV LMIEANGSIL YKEYEGMIAE SCTCR
mo  AIIQSLVNEL VNHSVPQPSC VPYNFLPMSI LLIETNGSIL YKEYEGMIAQ SCTCR
ra  AIIQSLVNEL VNRSVPQLSC VPYKFLPMSI LLIEANGSIL YKEYEGMIAQ SCTCR
```

图 4.2　GDF9 和 BMP15 成熟区域氨基酸序列的组成（彩图请扫封底二维码）

使用 T-Coffee 软件（www.tcoffee.org）进行多序列比对。（a）GDF9 序列；（b）BMP15 序列。sh：绵羊，ca：牛，go：山羊，pi：猪，hu：人，mo：小鼠，ra：大鼠。用黄色表示由 6 个保守半胱氨酸组成的半胱氨酸结，用蓝色突出显示 4 种家畜间的序列差异，用绿色突出显示家畜与人或啮齿动物之间的序列差异。

据报道，绵羊的大量突变体位于GDF9和BMP15蛋白的编码序列内（图4.1），且这些通常与繁殖力的表型相关。在BMP15中，有报道称所有的突变体都与繁殖力表型相关。也就是说，这种突变的纯合子动物个体有条纹卵巢而不排卵，而杂合子母羊个体的排卵率要高于野生型（图4.1）。在这些BMP15突变体的组成中，既可能是点突变，也可能是一种导致蛋白质合成提前终止的更显著的改变，并且这些显著的改变绝大多数位于蛋白质的成熟结构域。就GDF9而言，大量与繁殖力表型相关的突变体被定位于具有生物活性的蛋白质的成熟结构域内。有趣的是，一种与GDF9或BMP15突变体相似的表型可能会通过具有GDF9或BMP15多肽的母羊免疫作用而被遗传给后代（Juengel et al., 2004; McNatty et al., 2007）。

4.5　GDF9和BMP15的信号机制

在过去10年左右的时间，人们已经阐明了GDF9和BMP15的信号转导途径，它们中的大多数是用来指导细胞培养或啮齿动物模型的（Gilchrist, 2011）。GDF9和BMP15信号会用到TGFβ超家族受体和细胞内的分子传感器。在颗粒细胞和卵丘细胞上的蛋白质信号通过骨形态发生蛋白II型受体（BMP receptor type 2, BMPR2）发挥作用，但是它也会结合不同的协同受体——激活素受体样激酶（ALK）。体内的研究证据表明，GDF9信号是通过BMPR2和ALK5结合而形成的（Vitt et al., 2002; Mazerbourg et al., 2004; Kaivo-Oja et al., 2005）（也被称为TGFβ 1型受体），是超家族中的一种独特情形。然而最近有研究表明，对于体内的GDF9信号来说，ALK5并不是必需的（Li et al., 2011），因此体内GDF9受体功能的鉴定仍然是一个值得探讨的课题。对BMP15受体胞外域的研究表明，ALK6可能是被配体结合的1型受体（Moore et al., 2003）。在最新的一项研究中，通过形成共价二聚体的BMP15新突变体，已确认能够鉴别结合到人颗粒细胞系BMP15细胞表面的受体复合物（Pulkki et al., 2012）。该研究也证实了ALK6和BMPR2的确是BMP15细胞表面的受体。ALK受体激酶的活性造成Sma-和Mad-相关蛋白（Sma- and Mad-related, SMAD）细胞内信号的直接和短暂的磷酸化。在GDF9信号经过SMAD2/3通路时（Kaivo-Oja et al., 2003; Mazerbourg et al., 2004; Kaivo-Oja et al., 2005），BMP15激活了SMAD 1/5/8通路（Moore et al., 2003; Pulkki et al., 2011）。因此在各种OSF作用及各自信号转导通路的鉴定过程中，使用多种试剂作为信号通路抑制剂是很有意义的（表4.1）。

表 4.1　降低 GDF9 或 BMP15 信号的生理或药理学试剂选择

药剂或名称	类型	相关功能	文献
MAb53	单克隆抗体	GDF9 中和抗体	（Gilchrist et al., 2004）；（Dragovic et al., 2005）
a/b#1	多克隆抗体	GDF9 中和抗体	（Wang et al., 2009）
Follistatin	卵巢肽	弱 BMP15 拮抗剂	（Otsuka et al., 2001）；（Hussein et al., 2005）；（Hussein et al., 2006）
SB-431542	ALK4/5/7 抑制剂	GDF9 拮抗剂	（Gilchrist et al., 2006）；（Hussein et al., 2006）；（Dragovic et al., 2007）；（Diaz et al., 2007）
SIS3	SMAD3 抑制剂	GDF9 拮抗剂	（Diaz et al., 2006）；（Diaz et al., 2007）
BMPR2-ECD	可溶性受体片段	GDF9/BMP15 拮抗剂	（Dragovic et al., 2005）；（Gilchrist et al., 2006）；（Myllymaa et al., 2010）

4.6　卵母细胞分泌因子的作用

人们在过去 20 年秉持的一个基本观点是，卵母细胞旁分泌信号对正常的腔前颗粒细胞和卵丘细胞的用途及建立、维持有腔卵泡中卵丘细胞的表型至关重要（Gilchrist et al., 2008; 图 4.3）。因此，OSF 信号是卵母细胞与颗粒细胞或卵丘细胞之间有双向沟通渠道的整体部件，它也包含了卵母细胞和周围的颗粒细胞及卵丘细胞之间的间隙连接通道。这种循环通道并不影响卵母细胞在卵泡腔发育过程中获取完全的发育能力并引发排卵。天然 OSF 用于描述由卵母细胞分泌的生长因子非特异化合物（Hussein et al., 2006），它在有腔卵泡发生期发挥着十分显著的功效，且它们都与来自壁层颗粒细胞的卵丘细胞表型的分化有关（Gilchrist et al., 2008; Gilchrist et al., 2011; 表 4.2, 修改自 Gilchrist et al., 2008）。然而，此类信息广泛使用在啮齿动物模型的研究中，正如 Juengel 和 McNatty（2005）所提到的，在该领域存在的一个问题是，当用同源或异源的天然 OSF 或重组蛋白进行处理时，来自不同物种的卵巢细胞会出现不同的结果，这取决于天然的或重组的 OSF 种类。为支持该结果，有研究表明人类 GDF9 作为一种蛋白及成熟结构域的复合物，是以隐分泌的形式被分泌出来的，而小鼠 GDF9 则不是(Mottershead et al., 2008; Simpson et al., 2012)，这再次验证了 GDF9 的特性（及 BMP15 的潜在特性）。在转化生长因子 β 超家族中，通常大多数其他蛋白不会表现出对靶细胞反应的高度特异性变化。

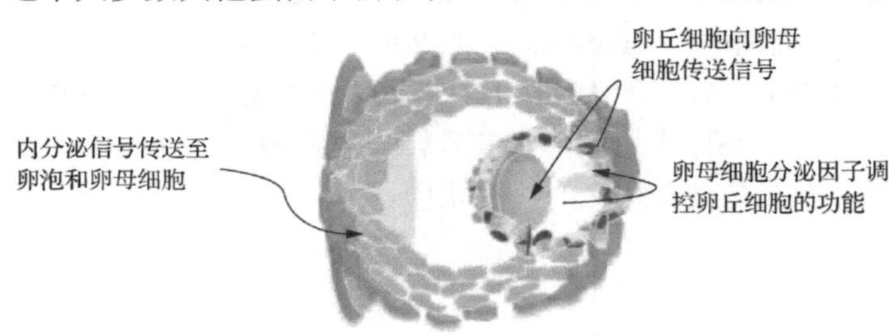

图 4.3　有腔卵泡不同类型细胞间通讯路径示意图

表 4.2 已知卵母细胞分泌因子对卵丘细胞的影响

天然卵母细胞分泌因子对 GC、CC 或卵母细胞的影响		文献*
信号级联	GC/CC 的 SMAD 信号的活化作用	（Gilchrist et al., 2006）;
	MAPK 信号的活化作用	（Su et al., 2003）
卵母细胞生长	*KitL* 的刺激或抑制	（Joyce et al., 1999）
CC/MGC 增殖	Ccnd2 的刺激	（Gilchrist et al., 2006）
	GC/CC DNA 合成、细胞数及卵泡生长的刺激	（Vanderhyden et al., 1992; Lanuza et al., 1998; Li et al., 2000; Gilchrist et al., 2001; Eppig et al., 2002; Brankin et al., 2003; Gilchrist et al., 2003b; Glister et al., 2003; Gilchrist et al., 2004; Hickey et al., 2005; Gilchrist et al., 2006）
	OSF 与 IGF-1 的交互作用	（Lanuza et al., 1998; Li et al., 2000; Brankin et al., 2003; Gilchrist et al., 2003; Hickey et al., 2005）
	CC *Ar* 的刺激	（Diaz et al., 2007）
CC 细胞凋亡	CC 细胞凋亡的阻碍作用	（Hussein et al., 2005）
CC/MGC 黄体化	MGC/CC 孕酮或雌二醇产生的调控	（Nekola & Nalbandov, 1971; Vanderhyden et al., 1993; Coskun et al., 1995; Vanderhyden & Tonary, 1995; Vanderhyden & Macdonald, 1998; Lanuza et al., 1999; Li et al., 2000; Glister et al., 2003）
	CC *Cyp11a1* 的抑制	（Diaz et al., 2007）
	FSH 诱导 *Lhcgr* 的抑制	（Eppig et al., 1997）
	MGC 抑制素-卵泡抑素-激活素生产的调控	（Lanuza et al., 1999; Glister et al., 2003）
	CC *Amh* 的刺激	（Salmon et al., 2004; Diaz et al., 2007）
	CC *Cd44* 的抑制	（Diaz et al., 2007）
CC 代谢	CC 的糖酵解刺激	（Su et al., 2004; Sugiura et al., 2005）
	CC 氨基酸的运输刺激	（Eppig et al., 2005）
CC 扩展	促进 FSH/EGF 刺激 CC 扩展（CEEF-啮齿类）	（Buccione et al., 1990; Salustri et al., 1990b; Vanderhyden et al., 1990; Dragovic et al., 2005; Dragovic et al., 2007）
	CEEF 的产生（非啮齿类）	（Prochazka et al., 1991; Singh et al., 1993; Vanderhyden, 1993; Ralph et al., 1995; Prochazka et al., 1998）
	促进 FSH/EGF 诱导 *Has2*、*Ptgs2*、*Ptx3*、*Tnfaip6* 及透明质酸的分泌	（Salustri et al., 1990a; Salustri et al., 1990b; Joyce et al., 2001; Dragovic et al., 2005; Diaz et al., 2006; Dragovic et al., 2007）
	纤溶酶源激活物的调控	（Canipari et al., 1995; D 'Alessandris et al., 2001）
卵母细胞品质	IVM 添加物促进囊胚发育	（Hussein et al., 2006; Yeo et al., 2008; Romaguera et al., 2010; Gomez et al., 2011; Hussein et al., 2011）
	IVM 添加物促进胚胎存活	（Yeo et al., 2008）

* 使用天然的 OSF 进行的研究。

GC = 颗粒细胞，CC = 卵丘细胞，SMAD = Sma-和 Mad-相关蛋白，MAPK = 丝裂原-活化蛋白激酶，*KitL=kit*（致癌基因）配体，干细胞因子，Ccnd2 = 重组人细胞周期蛋白 D2，*Cyp11a1*= 细胞色素 P450 家族成员 11A1，*Lhcgr* = 促黄体素受体，OSF = 卵母细胞分泌因子，IGF-1= 类胰岛素生长因子 1，MGC = 壁层颗粒细胞，CEEF = 卵丘扩散促进因子，EGF = 上皮生长因子，IVM = 体外成熟。

高纯度的重组 GDF9/BMP15 与针对 GDF9 和 BMP15 的有效抗体的研究仍然存在技术瓶颈。诸多原因中也包含近期的研究发现：GDF9/BMP15 的表达与其具备商业潜力的事实很大程度上受到再生型组织及上文提到的物种特异性的限制。在家畜中这些问题表现得尤为明显，因此在该领域特定物种试剂的生产很少见。随着近年来对蛋白质特异性效价研究的进展（Simpson et al., 2012）和对BMPIS/GDF9分别在单排卵/多排卵物种中重要性的了解（Crawford & McNatty, 2012），我们可以期望在高质量重组蛋白的可行性研究方面，未来几年会取得进展。特别是在许多非啮齿类物种中，BMP15的重要作用仍然存在重大差别，这将在本章余下的部分中介绍。

4.6.1 卵泡生长、细胞增殖和细胞凋亡

很显然，GDF9与BMP15在绵羊卵泡发生的早期阶段必不可少。在绵羊遗传性缺失GDF9或BMP15的研究中发现，在卵泡发生的初级阶段卵泡的生长受阻（Galloway et al., 2000; Hanrahan et al., 2004），说明初级卵泡中卵母细胞分泌GDF9和BMP15或只分泌其中一种就可以直接增加颗粒细胞的增殖，GDF9或BMP15也许具有拮抗卵泡生长抑制因子的作用。

用生物测定法将来源于大的有腔卵泡的裸卵母细胞与壁层颗粒细胞共培养，或与卵丘-卵母细胞复合体（COC）共培养后发现，在迄今为止研究的所有物种中，OSF对颗粒细胞和卵丘细胞的增殖均存在显著的影响（Lanuza et al., 1998; Li et al., 2000; Gilchrist et al., 2003b）。而且这些分析结果已经延伸到特异性重组因子的研究过程中（McNatty et al., 2005; Spicer et al., 2006）。然而与小鼠GDF9能独立地促进有丝分裂不同，绵羊的重组GDF9和BMP15需要共同作用才能刺激大鼠的颗粒细胞增殖（McNatty et al., 2005）。此外，当使用在其他物种上所开发的试剂时，用啮齿动物的重组GDF9去单独刺激绵羊颗粒细胞增殖时，却发现研究结果很难解释。而且，天然的OSF在物种间的作用存在显著差异。例如，在啮齿动物中，天然的卵母细胞分泌因子或重组的GDF9不需要更多的激素刺激，就能显著地增加颗粒细胞增殖（Gilchrist et al., 2001; Gilchrist et al., 2006）。反过来，除非存在IGF-1，否则OSF的增殖对牛和猪卵丘细胞、颗粒细胞的影响相对很小（Li et al., 2000; Hickeyet al., 2005）。此外，当OSF与IGF-1存在时，随着雄激素受体的刺激，至少在猪上观察到了进一步的增殖，说明内分泌信号与OSF的功能之间存在重要的互作效应（Hickey et al., 2005）。

在卵母细胞分泌因子对反刍动物卵泡细胞凋亡影响的研究中，Hussein等（2005）的观察尚有一定的局限性。该研究揭示，在牛COC上的细胞凋亡被天然的OSF阻止，用重组BMP15处理的结果也是同样的。更令人惊讶的是，重组GDF9对细胞凋亡水平几乎没有影响，然而在许多物种中它的增殖影响是有据可依的。

4.6.2 类固醇合成和黄体生成的调节

卵母细胞分泌因子在卵丘细胞和颗粒细胞的类固醇代谢中发挥了重要作用。事实上，这是 Nalbandov 和他的同事在 20 世纪 70 年代早期的工作中就发现的被认为是 OSF 的首要属性（el-Fouly et al., 1970; Nekola & Nalbandov, 1971）。在许多物种中，人们已经报道了卵母细胞分泌因子可以抑制由卵丘细胞和卵母细胞分泌的孕酮（猪: Coskun et al., 1995; Brankin et al., 2003; 牛: Li et al., 2000）。在重组 GDF9 中也发现了这些功效。然而，正如在细胞增殖时所观察到的一样（McNatty et al., 2005），在用 GDF9 和 BMP 同时处理绵羊的颗粒细胞时，它们对孕酮生成的抑制作用十分显著。Eppig 和他的同事（1997）在小鼠中首次证明，卵丘细胞中的 LH 受体被 OSF 的活动所抑制，之后便形成与颗粒细胞黄体化（luteinization）有关的一组基因群，受天然的 OSF 和重组的 GDF9 及 BMP15 抑制。

4.6.3 卵丘细胞扩散

小鼠的确需要卵母细胞分泌的卵丘扩散促进因子（Buccione et al., 1990; Eppig et al., 1993a; Eppig et al., 1993b），特别是使卵母细胞活化的 SMAD2/3 信号，它对于卵丘的扩散很有必要（Dragovic et al., 2007），但只有在细胞外信号调节激酶 1/2（extracellular signal regulated kinases 1/2, EPK1/2）的共同参与下卵丘的扩散才会发生（Sasseville et al., 2010）。然而与猪、牛卵丘-卵母细胞复合体的研究结果一样，迄今为止在大多数家畜的研究中，SMAD 和 ERK 间的这种交互信号很显然没被重视。但在 FSH 和（或）EGF 的临床应用过程中，它仍将被拓展到体外环境中进行研究（Prochazka et al., 1991; Singh et al., 1993; Ralph et al., 1995）。

4.6.4 卵丘细胞的代谢

有关 OSF 对卵丘细胞代谢的影响，许多研究结果不尽相同。Eppig 在小鼠的研究中，提出了大量的充分证据，证明在有腔卵泡的 COC 中，卵丘细胞糖酵解和氨基酸的吸收通过天然的 OSF 调控（Sugiura & Eppig, 2005; Sugiura et al., 2005; Sugiura et al., 2007; Su et al., 2008），对于糖酵解的调控至少是通过 BMP15 和 FGF8 的协同方式进行的（Sugiura et al., 2007）。相比之下，Sutton 等（2003）在牛卵丘-卵母细胞复合体中，没有发现在葡萄糖摄取或乳酸生产上有任何差异。然而，后者的工作需在 FSH 的存在下并在体外进行，因此在卵丘扩散期间，这种情形则掩盖了 OSF 对卵丘细胞代谢是否有影响这一突出的问题。

4.7 繁殖技术的操作与使用

4.7.1 改变排卵率的抗体

对于家畜的繁殖障碍，如果使用抗体疗法，通过改变内源性 GDF9 和 BMP15 的水平，研究发现要么会使繁殖力丧失，要么会使繁殖力改善，两种情形都会被用于家畜育种实践过程，也包括伴侣动物和保护生物学中。通过短期的被动抗体治疗，采取对 GDF9、BMP15 二者或其一的局部免疫，能增加绵羊的排卵率和产羔率（Juengel et al., 2004; McNatty et al., 2006）。相反，如果使用通过 N 端结构域的高效价多肽序列生产的抗血清（McNatty et al., 2007）去延长免疫，则会使处于初级或原始卵泡阶段的卵泡发生停滞（Juengel et al., 2002; McNatty et al., 2006）。对 GDF9 和 BMP15 蛋白的免疫会降低牛的排卵率，但如果将 BMP15 N 端多肽作为靶向（单独地或与 GDF9 多肽合用）时会引起不同的反应，如一些牛会有 4 个卵泡而其他牛则没有（Juengel et al., 2009）。

4.7.2 胚胎的体外生产

Gilchrist 关于胚胎 OSF 生产技术应用的创新思路，已被其他两个实验室所证实。基于这样的假说，即 IVM 对卵泡培养环境的模拟是低效率的，并且在卵丘细胞和卵母细胞之间有些中断信号，从而降低了卵母细胞的品质（Gilchrist, 2011）。通过开展外源 OSF 处理体外成熟（IVM）卵母细胞的研究已证明，将天然的 OSF（牛）、重组的 GDF9（牛和小鼠）或重组的 BMP15（牛）用于补充牛或小鼠的体外成熟培养液，能够提高后续囊胚的产出效率，以及改善移植后胚胎的发育（Hussein et al., 2006; Yeo et al., 2008; Hussein et al., 2011）。将裸卵母细胞作为天然的 OSF 来源，通过共孵育的方法已经在初情期前山羊和猪的卵母细胞 IVM 期间观察到了类似的结果（Romaguera et al., 2010; Gomez et al., 2011）。到目前为止，在其他物种包括人上关于 IVM 的 OSF 应用还未见报道。关于 GDF9 或 BMP15 作为 IVM 添加剂的相对效果可能在不同物种之间有差异，这也是相关实验室正在持续开展的一个研究领域。

到底哪种外源性的 OSF 被添加进 IVM 期能改进卵母细胞的质量和发育效率？其机制目前还不清楚。也许，IVM 的试验本质不仅扰乱了卵母细胞分泌适当水平的内源性 GDF9/BMP15 的能力或形式，也扰乱了卵丘细胞接收这些旁分泌信号的能力。在最新的出版物中 Hussein 等已经表明，当与裸卵母细胞共同培养以提高牛完整的 COC 发育能力时，其生产效率被临时调节（Hussein et al., 2011）。研究发现，将天然的 OSF 作为完整的 COC，在成为裸卵母细胞前将卵母细胞培养 9h，然后将后续的裸卵母细胞与 COC 进行共培养，会显著地改善 COC 的发育能力。这表明在成熟期，OSF 的数量或化合物发生了临时改变。相反在 IVM 期，研究发现重组的 GDF9 和 BMP15 补体两者均对成熟 9h 后的卵母细胞质量存在有益影响（Hussein et al., 2011）。

最近的研究测定了 FGF10 对 IVM 培养基的益处，观察到卵丘细胞的扩散增加、减数分裂加速及更多囊胚的产生，但通过使用一个特异性的 FGF10 抗体可能会将这种影响逆转（Zhang et al., 2010）。

4.8 小 结

在过去的 10 年中，我们对卵母细胞分泌因子的重要性和作用及对卵丘细胞的调节功能的认识，是卵巢和卵母细胞生物学领域的重大进展。家畜尤其是绵羊上的研究在该领域发挥了重要作用，特别是通过遗传学研究，首次发现卵巢功能受到单基因的高度调控。

然而，了解家畜卵母细胞分泌因子所起的特殊作用，尤其是在有腔卵泡的选择和排卵方面，我们最多也仅得到了初步的研究成果。因为缺乏必要的研究工具而使我们的研究能力受限，并且我们的专业认知也远远落后于小鼠研究中所取得的进展。此外，我们的研究对象与小鼠模型也不完全相符，特别是 BMP15 在单排卵动物中发挥的重要作用也与小鼠迥异。最重要的是，在卵母细胞的体内或体外成熟培养期间，OSF 水平的操作对于调控动物繁殖性能的潜力还有很大的开发空间，应该继续深入探索。

（王欣荣、杨雅楠 译；郭天芬、张 帆 校）

参 考 文 献

Bodin, L., Di Pasquale, E., Fabre, S., Bontoux, M., Monget, P. et al. (2007). A novel mutation in the bone morphogenetic protein 15 gene causing defective protein secretion is associated with both increased ovulation rate and sterility in Lacaune sheep. *Endocrinology, 148*, 393–400.

Brankin, V., Mitchell, M. R., Webb, B., & Hunter, M. G. (2003). Paracrine effects of oocyte secreted factors and stem cell factor on porcine granulosa and theca cells *in vitro*. *Reproductive Biology and Endocrinology, 1*, 55.

Buccione, R., Vanderhyden, B. C., Caron, P. J., Eppig, J. J. (1990). FSH-induced expansion of the mouse cumulus oophorus *in vitro* is dependent upon a specific factor(s) secreted by the oocyte. *Developmental Biology, 138*, 16–25.

Buratini, Jr., J., Pinto, M. G., Castilho, A. C., Amorim, R. L., Giometti, I. C. et al. (2007). Expression and function of fibroblast growth factor 10 and its receptor, fibroblast growth factor receptor 2B, in bovine follicles. *Biology of Reproduction, 77*, 743–750.

Buratini, Jr., J., Teixeira, A. B., Costa, I. B., Glapinski, V. F., Pinto, M. G. et al. (2005). Expression of fibroblast growth factor-8 and regulation of cognate receptors, fibroblast growth factor receptor-3c and -4, in bovine antral follicles. *Reproduction,130*, 343–350.

Canipari, R., Epifano, O., Siracusa, G., & Salustri, A. (1995). Mouse oocytes inhibit plasminogen activator production by ovarian cumulus and granulosa cells. *Developmental Biology, 167*, 371–378.

Chu, M. X., Yang, J., Feng, T., Cao, G. L., Fang, L. et al. (2010). GDF9 as a candidate gene for prolificacy of Small Tail Han sheep. *Molecular Biology and Reproduction.*

Coskun, S., Uzumcu, M., Lin, Y. C., Friedman, C. I., & Alak, B. M. (1995). Regulation of cumulus cell steroidogenesis by the porcine oocyte and preliminary characterization of oocyte-produced factor(s). *Biol Reprod, 53*, 670–675.

Crawford, J. L. & McNatty, K. P. (2012). The ratio of growth differentiation factor 9: bone morphogenetic protein 15 mRNA expression is tightly co-regulated and differs between species over a wide range of ovulation rates. *Mollecular and Cellular Endocrinology, 348*, 339–343.

D'Alessandris, C., Canipari, R., Di Giacomo, M., Epifano, O., Camaioni, A. et al., (2001). Control of mouse cumulus cell-oocyte complex integrity before and after ovulation: plasminogen activator synthesis and matrix degradation. *Endocrinology, 142*, 3033–3040.

Davis, G. H., Bruce, G. D., & Dodds, K. G. (2001). Ovulation rate and litter size of prolific Inverdale (FecX I) and Hanna (FecX H) sheep. *Proceedings of the Association for the Advancement of Animal Breeding and Genetics, 14*, 175–178.

Davis, G. H., McEwan, J. C., Fennessy, P. F., Dodds, K. G., & Farquhar, P. A. (1991). Evidence for the presence of a major gene influencing ovulation rate on the X chromosome of sheep. *Biology of Reproduction, 44*, 620–624.

Davis, G. H., Montgomery, G. W., Allison, A. J., Kelly, R. W., & Bray, A. R. (1982). Segregation of a major gene influencing fecundity in progeny of Booroola sheep. *New Zealand Journal of Agricultural Research, 25*, 525–529.

Diaz, F. J., O'Brien, M. J., Wigglesworth, K., & Eppig, J. J. (2006). The preantral granulosa cell to cumulus cell transition in the mouse ovary: Development of competence to undergo expansion. *Developmental Biology, 299*, 91–104.

Diaz, F. J., Wigglesworth, K., & Eppig, J. J. (2007). Oocytes determine cumulus cell lineage in mouse ovarian follicles. *Journal of Cell Science, 120*, 1330–1340.

Dong, J., Albertini, D. F., Nishimori, K., Kumar, T. R., Lu, N., & Matzuk, M. M. (1996). Growth differentiation factor-9 is required during early ovarian folliculogenesis. *Nature, 383*, 531–535.

Dragovic, R. A., Ritter, L. J., Schulz, S. J., Amato, F., Armstrong, D. T., & Gilchrist, R. B. (2005). Role of oocyte-secreted growth differentiation factor 9 in the regulation of mouse cumulus expansion. *Endocrinology, 146*, 2798–2806.

Dragovic, R. A., Ritter, L. J., Schulz, S. J., Amato, F., Thompson, J. G. et al. (2007). Oocyte-secreted factor activation of SMAD 2/3 signaling enables initiation of mouse cumulus cell expansion. *Biology of Reproduction,76*, 848–857.

Dube, J. L., Wang, P., Elvin, J., Lyons, K. M., Celeste, A. J., & Matzuk, M. M. (1998). The bone morphogenetic protein 15 gene is X-linked and expressed in oocytes. *Molecular Endocrinology, 12*, 1809–1817.

el-Fouly, M. A., Cook, B., Nekola, M., & Nalbandov, A. V. (1970). Role of the ovum in follicular luteinization. *Endocrinology, 87*, 286–293.

Eppig, J. J., Pendola, F. L., Wigglesworth, K., & Pendola, J. K. (2005). Mouse oocytes regulate metabolic cooperativity between granulosa cells and oocytes: Amino acid transport. *Biology of Reproduction, 73*, 351–357.

Eppig, J. J., Peters, A. H., Telfer, E. E., & Wigglesworth, K. (1993a). Production of cumulus expansion enabling factor by mouse oocytes grown *in vitro*: Preliminary characterization of the factor. *Molecular Reproduction and Development, 34*, 450–456.

Eppig, J. J., Wigglesworth, K., & Chesnel, F. (1993b). Secretion of cumulus expansion enabling factor by mouse oocytes: relationship to oocyte growth and competence to resume meiosis. *Developmental Biology, 158*, 400–409.

Eppig, J. J., Wigglesworth, K., Pendola, F., & Hirao, Y. (1997). Murine oocytes suppress expression of luteinizing hormone receptor messenger ribonucleic acid by granulosa cells. *Biology of Reproduction, 56*, 976–984.

Eppig, J. J., Wigglesworth, K., & Pendola, F. L. (2002). The mammalian oocyte orchestrates the rate of ovarian follicular development. *Proceedings of the National Academy of Sciences USA, 99*, 2890–2894.

Galloway, S. M., McNatty, K. P., Cambridge, L. M., Laitinen, M. P., Juengel, J. L. et al. (2000). Mutations in an oocyte-derived growth factor gene (BMP15) cause increased ovulation rate and infertility in a dosage-sensitive manner. *Nature Genetics*, 25, 279–283.

Gilchrist, R. B. (2011). Recent insights into oocyte-follicle cell interactions provide opportunities for the development of new approaches to *in vitro* maturation. *Reproduction Fertility and Development, 23*, 23–31.

Gilchrist, R. B., Lane, M., & Thompson, J. G. (2008). Oocyte-secreted factors: regulators of cumulus cell function and oocyte quality. *Human Reproduction Update, 14*, 159–177.

Gilchrist, R. B., Morrissey, M. P., Ritter, L. J., & Armstrong, D. T. (2003). Comparison of oocyte factors and transforming growth factor-beta in the regulation of DNA synthesis in bovine granulosa cells. *Molecular and Cellular Endocrinology, 201*, 87–95.

Gilchrist, R. B., Ritter, L. J., & Armstrong, D. T. (2001). Mouse oocyte mitogenic activity is developmentally coordinated throughout folliculogenesis and meiotic maturation. *Developmental Biology, 240*, 289–298.

Gilchrist, R. B., Ritter, L. J., Cranfield, M., Jeffery, L. A., Amato, F. et al. (2004). Immunoneutralization of growth differentiation factor 9 reveals it partially accounts for mouse oocyte mitogenic activity. *Biology of Reproduction, 71*, 732–739.

Gilchrist, R. B., Ritter, L. J., Myllymaa, S., Kaivo-Oja, N., Dragovic, R. A. et al. (2006). Molecular basis of oocyte-paracrine signalling that promotes granulosa cell proliferation. *Journal of Cell Science, 119*, 3811–3821.

Glister, C., Groome, N. P., & Knight, P. G. (2003). Oocyte-mediated suppression of follicle-stimulating hormone- and insulin-like growth factor-induced secretion of steroids and inhibin- related proteins by bovine granulosa cells *in vitro*: Possible role of transforming growth factor alpha. *Biology of Reproduction, 68*, 758–765.

Glister, C., Kemp, C. F., & Knight, P. G. (2004). Bone morphogenetic protein (BMP) ligands and receptors in bovine ovarian follicle cells: actions of BMP-4, -6 and -7 on granulosa cells and differential modulation of Smad-1 phosphorylation by follistatin. *Reproduction, 127*, 239–254.

Gomez, M. N., Kang, J. T., Koo, O. J., Kim, S. J., Kwon, D. K. et al. (2011). Effect of oocyte-secreted factors on porcine *in vitro* maturation, cumulus expansion and developmental competence of parthenotes. *Zygote,* 1–11.

Hanrahan, J. P., Gregan, S. M., Mulsant, P., Mullen, M., Davis, G. H. et al. (2004). Mutations in the genes for oocyte-derived growth factors GDF9 and BMP15 are associated with both increased ovulation rate and sterility in Cambridge and Belclare sheep (Ovis aries). *Biology of Reproduction, 70*, 900–909.

Hickey, T. E., Marrocco, D. L., Amato, F., Ritter, L. J., Norman, R. J. et al. (2005). Androgens augment the mitogenic effects of oocyte-secreted factors and growth differentiation factor 9 on porcine granulosa cells. *Biology of Reproduction, 73*, 825–832.

Hussein, T. S., Froiland, D. A., Amato, F., Thompson, J. G., & Gilchrist, R. B. (2005). Oocytes prevent cumulus cell apoptosis by maintaining a morphogenic paracrine gradient of bone morphogenetic proteins. *Journal of Cell Science, 118*, 5257–5268.

Hussein, T. S., Sutton-McDowall, M. L., Gilchrist, R. B., & Thompson, J. G. (2011). Temporal effects of exogenous oocyte-secreted factors on bovine oocyte developmental competence during IVM. *Reproduction Fertility and Development, RD10323* (in press).

Hussein, T. S., Thompson, J. G., & Gilchrist, R. B. (2006). Oocyte-secreted factors enhance oocyte developmental competence. *Developmental Biology, 296*, 514–521.

Joyce, I. M., Pendola, F. L., O'Brien, M., & Eppig, J. J. (2001). Regulation of prostaglandin-endo peroxide synthase 2 messenger ribonucleic acid expression in mouse granulosa cells during ovulation. *Endocrinology, 142*, 3187–3197.

Joyce, I. M., Pendola, F. L., Wigglesworth, K., & Eppig, J. J. (1999). Oocyte regulation of kit ligand expression in mouse ovarian follicles. *Developmental Biology,214*, 342–353.

Juengel, J. L., Hudson, N. L., Berg, M., Hamel, K., Smith, P. et al. (2009). Effects of active immunization against growth differentiating factor 9 and/or bone morphogenetic protein 15 on ovarian function in cattle. *Reproduction, 138*, 107–114.

Juengel, J. L., Hudson, N. L., Heath, D. A., Smith, P., Reader, K. L. et al. (2002). Growth differentiation factor 9 and bone morphogenetic protein 15 are essential for ovarian follicular development in sheep. *Biology of Reproduction, 67*, 1777–1789.

Juengel, J. L., Hudson, N. L., Whiting, L., & McNatty, K. P. (2004). Effects of immunization against bone morphogenetic protein 15 and growth differentiation factor 9 on ovulation rate, fertilization, and pregnancy in ewes. *Biology of Reproduction, 70*, 557–561.

Juengel, J. L. & McNatty, K. P. (2005). The role of proteins of the transforming growth factor-beta superfamily in the intraovarian regulation of follicular development. *Human Reproduction Update, 11*, 143–160.

Kaivo-Oja, N., Bondestam, J., Kamarainen, M., Koskimies, J., Vitt, U. et al. (2003). Growth differentiation factor-9 induces Smad2 activation and inhibin B production in cultured human granulosa-luteal cells. *The Journal of Clinical Endocrinology & Metabolism, 88*, 755–762.

Kaivo-Oja, N., Mottershead, D. G., Mazerbourg, S., Myllymaa, S., Duprat, S. et al. (2005). Adenoviral gene transfer allows Smad-responsive gene promoter analyses and delineation of type I receptor usage of transforming growth factor-beta family ligands in cultured human granulosa luteal cells. *The Journal of Clinical Endocrinology & Metabolism, 90*, 271–278.

Laitinen, M., Vuojolainen, K., Jaatinen, R., Ketola, I., Aaltonen, J. et al. (1998). A novel growth differentiation factor-9 (GDF-9) related factor is co-expressed with GDF-9 in mouse oocytes during folliculogenesis. *Mechanics of Development, 78*, 135–140.

Lanuza, G. M., Fischman, M. L., & Baranao, J. L. (1998). Growth promoting activity of oocytes on granulosa cells is decreased upon meiotic maturation. *Developmental Biology, 197*, 129–139.

Lanuza, G. M., Groome, N. P., Baranao, J. L., & Campo, S. (1999). Dimeric inhibin A and B production are differentially regulated by hormones and local factors in rat granulosa cells. *Endocrinology, 140*, 2549–2554.

Li, B. X., Chu, M. X., & Wang, J. Y. (2003). [PCR-SSCP analysis on growth differentiation factor 9 gene in sheep]. *Yi Chuan Xue Bao, 30*, 307–310.

Li, Q., Agno, J. E., Edson, M. A., Nagaraja, A. K., Nagashima, T., & Matzuk, M. M. (2011). Transforming growth factor beta receptor type 1 is essential for female reproductive tract integrity and function. *PLOS Genetics, 7*, e1002320.

Li, R., Norman, R. J., Armstrong, D. T., & Gilchrist, R. B. (2000). Oocyte-secreted factor(s) determine functional differences between bovine mural granulosa cells and cumulus cells. *Biology of Reproduction, 63*, 839–845.

Machado, M. F., Portela, V. M., Price, C. A., Costa, I. B., Ripamonte, P. et al. (2009). Regulation and action of fibroblast growth factor 17 in bovine follicles. *Journal of Endocrinology, 202*, 347–353.

Martinez-Royo, A., Jurado, J. J., Smulders, J. P., Marti, J. I., Alabart, J. L. et al. (2008). A deletion in the bone morphogenetic protein 15 gene causes sterility and increased prolificacy in Rasa Aragonesa sheep. *Animal Genetics, 39*, 294–297.

Mazerbourg, S., Klein, C., Roh, J., Kaivo-Oja, N., Mottershead, D. G. et al. (2004). Growth differentiation factor-9 (GDF-9) signaling is mediated by the type I receptor, activin re3ceptor-like kinase 5. *Molecular Endocrinology, 18*, 653–665.

McGrath, S. A., Esquela, A. F., & Lee, S. J. (1995). Oocyte-specific expression of growth/differentiation factor-9. *Molecular Endocrinology, 9*, 131–136.

McMahon, H. E., Hashimoto, O., Mellon, P. L., & Shimasaki, S. (2008). Oocyte-specific overexpression of mouse bone morphogenetic protein-15 leads to accelerated folliculogenesis and an early onset of acyclicity in transgenic mice. *Endocrinology, 149*, 2807–2815.

McNatty, K. P., Hudson, N. L., Whiting, L., Reader, K. L., Lun, S. et al. (2007). The effects of immunizing sheep with different BMP15 or GDF9 peptide sequences on ovarian follicular activity and ovulation rate. *Biology of Reproduction, 76*, 552–560.

McNatty, K. P., Juengel, J. L., Reader, K. L., Lun, S., Myllymaa, S. et al. (2005). Bone morphogenetic protein 15 and growth differentiation factor 9 co-operate to regulate granulosa cell function. *Reproduction, 129*, 473–480.

McNatty, K. P., Juengel, J. L.,Wilson, T., Galloway, S. M., Davis, G. H. et al. (2003). Oocyte-derived growth factors and ovulation rate in sheep. *Reproduction Supplement, 61*, 339–351.

McNatty, K. P., Lawrence, S., Groome, N. P., Meerasahib, M. F., Hudson, N. L. et al. (2006). Oocyte signalling molecules and their effects on reproduction in ruminants. *Reproduction, Fertility and Development, 18*, 403–412.

McPherron, A. C. & Lee, S. J. (1993). GDF-3 and GDF-9: two new members of the transforming growth factor-beta superfamily containing a novel pattern of cysteines. *The Journal of Biological Chemistry, 268*, 3444–3449.

Monteagudo, L. V., Ponz, R., Tejedor, M. T., Lavina, A., & Sierra, I. (2009). A 17bp deletion in the Bone Morphogenetic Protein 15 (BMP15) gene is associated to increased prolificacy in the Rasa Aragonesa sheep breed. *Animal Reproduction Science,110*, 139–146.

Montgomery, G.W., Lord, E. A., Penty, J. M., Dodds, K. G., Broad, T. E. et al. (1994). The Booroola fecundity (FecB) gene maps to sheep chromosome 6. *Genomics, 22*, 148–153.

Moore, R. K., Otsuka, F., & Shimasaki, S. (2003). Molecular basis of bone morphogenetic protein-15 signaling in granulosa cells. *The Journal of Biological Chemistry, 278*, 304–310.

Mottershead, D. G., Pulkki, M. M., Muggalla, P., Pasternack, A., Tolonen, M. et al. (2008). Characterization of recombinant human growth differentiation factor-9 signaling in ovarian granulosa cells. *Molecular and Cellular Endocrinology, 283*, 58–67.

Mulsant, P., Lecerf, F., Fabre, S., Schibler, L., Monget, P. et al. (2001). Mutation in bone morphogenetic protein receptor-IB is associated with increased ovulation rate in Booroola Merino ewes. *Proceedings of the National Academy of Sciences USA, 98*, 5104–5109.

Myllymaa, S., Pasternack, A., Mottershead, D. G., Poutanen, M., Pulkki, M. M. et al. (2010). Inhibition of oocyte growth factors *in vivo* modulates ovarian folliculogenesis in neonatal and immature mice. *Reproduction, 139*, 587–598.

Nekola, M. V. & Nalbandov, A. V. (1971). Morphological changes of rat follicular cells as influenced by oocytes. *Biology of Reproduction, 4*, 154–160.

Nicol, L., Bishop, S. C., Pong-Wong, R., Bendixen, C., Holm, L. E. et al. (2009). Homozygosity for a single base-pair mutation in the oocyte-specific GDF9 gene results in sterility in Thoka sheep. *Reproduction, 138*, 921–933.

Otsuka, F., Moore, R. K., Iemura, S., Ueno, N., & Shimasaki, S. (2001). Follistatin inhibits the function of the oocyte-derived factor BMP-15. *Biochemical and Biophysical Research Communications, 289*, 961–966.

Piper, L. R. & Bindon, B. M. (1982). The Booroola Merino and the performance of medium non-peppin crosses at Armidale. In L. R. Piper (ed.), *The Booroola Merino: Proceedings of a workshop held in Armidale, New SouthWales, 24–25 August 1980* (pp. 9–19). Armidale: CSIRO.

Portela, V. M., Machado, M., Buratini, J., Jr., Zamberlam, G., Amorim, R. L. et al. (2010). Expression and function of fibroblast growth factor 18 in the ovarian follicle in cattle. *Biology of Reproduction, 83*, 339–346.

Prochazka, R., Nagyova, E., Brem, G., Schellander, K., & Motlik, J. (1998). Secretion of cumulus expansion-enabling factor (CEEF) in porcine follicles. *Molecular Reproduction and Development, 49*, 141–159.

Prochazka, R., Nagyova, E., Rimkevicova, Z., Nagai, T., Kikuchi, K., & Motlik, J. (1991). Lack of effect of oocytectomy on expansion of the porcine cumulus. *Journal of Reproduction and Fertility, 93*, 569–576.

Prochazka, R., Nemcova, L., Nagyova, E., & Kanka, J. (2004). Expression of growth differentiation factor 9 messenger RNA in porcine growing and preovulatory ovarian follicles. *Biology of Reproduction, 71*, 1290–1295.

Pulkki, M. M.,Mottershead, D. G., Pasternack, A. H., Muggalla, P., Ludlow, H. et al. (2012). A covalently dimerized recombinant human bone morphogenetic protein-15 variant identifies Bone Morphogenetic Protein Receptor Type 1B as a key cell surface receptor on ovarian granulosa cells. *Endocrinology* (in press).

Pulkki, M. M., Myllymaa, S., Pasternack, A., Lun, S., Ludlow, H. et al. (2011). The bioactivity of human bone morphogenetic protein-15 is sensitive to C-terminal modification: characterization of the purified untagged processed mature region. *Molecularand Cellular Endocrinology, 332*, 106–115.

Ralph, J. H., Telfer, E. E., & Wilmut, I. (1995). Bovine cumulus cell expansion does not depend on the presence of an oocyte secreted factor. *Molecular Reproduction and Development, 42*, 248–253.

Romaguera, R., Morato, R., Jimenez-Macedo, A. R., Catala, M., Roura, M. et al. (2010). Oocyte secreted factors improve embryo developmental competence of COCs from small follicles in prepubertal goats. *Theriogenology*.

Salmon, N. A., Handyside, A. H., & Joyce, I. M. (2004). Oocyte regulation of anti-Mullerian hormone expression in granulosa cells during ovarian follicle development in mice. *Developmental Biology, 266*, 201–208.

Salustri, A., Ulisse, S., Yanagishita, M., Hascall, V. C. (1990a). Hyaluronic acid synthesis by mural granulosa cells and cumulus cells *in vitro* is selectively stimulated by a factor produced by oocytes and by transforming growth factor-beta. *The Journal of Biological Chemistry, 265*, 19517–19523.

Salustri, A., Yanagishita, M., & Hascall, V. C. (1990b). Mouse oocytes regulate hyaluronic acid synthesis and mucification by FSH-stimulated cumulus cells. *Developmental Biology, 138*, 26–32.

Sasseville, M., Ritter, L. J., Nguyen, T. M., Liu, F., Mottershead, D. G. et al. (2010). Growth differentiation factor 9 signaling requires ERK1/2 activity in mouse granulosa and cumulus cells. *Journal of Cell Science, 123*, 3166–3176.

Scaramuzzi, R. J., Baird, D. T., Campbell, B. K., Draincourt, M. A., Dupont, J. et al. (2011). Regulation of folliculogenesis and the determination of ovulation rate in ruminants. *Reproduction, Fertility and Development, 23*, 444–467.

Silva, B. D., Castro, E. A., Souza, C. J., Paiva, S. R., Sartori, R. et al. (2011). A new polymorphism in the Growth and Differentiation Factor 9 (GDF9) gene is associated with increased ovulation rate and prolificacy in homozygous sheep. *Animal Genetics, 42*, 89–92.

Simpson, C. M., Stanton, P. G., Walton, K. L., Chan, K. L., Ritter, L. J. et al. (2012). Activation of Latent Human GDF9 by a Single Residue Change (Gly391Arg) in the Mature Domain. *Endocrinology* (Epub).

Singh, B., Zhang, X., & Armstrong, D. T. (1993). Porcine oocytes release cumulus expansion-enabling activity even though porcine cumulus expansion *in vitro* is independent of the oocyte. *Endocrinology, 132*, 1860–1862.

Souza, C. J., MacDougall, C., Campbell, B. K., McNeilly, A. S., & Baird, D. T. (2001). The Booroola (FecB) phenotype is associated with a mutation in the bone morphogenetic receptor type 1 B (BMPR1B) gene. *Journal of Endocrinology, 169*, R1–R6.

Spicer, L. J., Aad, P. Y., Allen, D., Mazerbourg, S., & Hsueh, A. J. (2006). Growth differentiation factor-9 has divergent effects on proliferation and steroidogenesis of bovine granulosa cells. *Journal of Endocrinology, 189*, 329–339.

Su, Y. Q., Denegre, J. M., Wigglesworth, K., Pendola, F. L., O'Brien, M. J., & Eppig, J. J. (2003). Oocyte-dependent activation of mitogen-activated protein kinase (ERK1/2) in cumulus cells is required for the maturation of the mouse oocyte-cumulus cell complex. *Developmental Biology, 263*, 126–138.

Su, Y. Q., Sugiura, K., Wigglesworth, K., O'Brien, M. J., Affourtit, J. P. et al. (2008). Oocyte regulation of metabolic cooperativity between mouse cumulus cells and oocytes: BMP15 and GDF9 control cholesterol biosynthesis in cumulus cells. *Development, 135*, 111–121.

Su, Y. Q., Wu, X., O'Brien, M. J., Pendola, F. L., Denegre, J. N. et al. (2004). Synergistic roles of BMP15 and GDF9 in the development and function of the oocyte-cumulus cell complex in mice: Genetic evidence for an oocyte-granulosa cell regulatory loop. *Developmental Biology, 276*, 64–73.

Sugiura, K. & Eppig, J. J. (2005). Society for Reproductive Biology Founders' Lecture 2005. Control of metabolic cooperativity between oocytes and their companion granulosa cells by mouse oocytes. *Reproduction, Fertility and Development, 17*, 667–674.

Sugiura, K., Pendola, F. L., & Eppig, J. J. (2005). Oocyte control of metabolic cooperativity between oocytes and companion granulosa cells: energy metabolism. *Developmental Biology, 279*, 20–30.

Sugiura, K., Su, Y. Q., Diaz, F. J., Pangas, S. A., Sharma, S. et al. (2007). Oocyte-derived BMP15 and FGFs cooperate to promote glycolysis in cumulus cells. *Development, 134*, 2593–2603.

Sutton, M. L., Cetica, P. D., Beconi, M. T., Kind, K. L., Gilchrist, R. B., & Thompson, J. G. (2003). Influence of oocyte-secreted factors and culture duration on the metabolic activity of bovine cumulus cell complexes. *Reproduction, 126*, 27–34.

Tibaldi, E., Arrigoni, G., Martinez, H. M., Inagaki, K., Shimasaki, S., & Pinna, L. A. (2010). Golgi apparatus casein kinase phosphorylates bioactive Ser-6 of bone morphogenetic protein 15 and growth and differentiation factor 9. *FEBS Letters, 584*, 801–805.

Valve, E., Penttila, T. L., Paranko, J., & Harkonen, P. (1997). FGF-8 is expressed during specific phases of rodent oocyte and spermatogonium development. *Biochemical and Biophysical Research Communications, 232*, 173–177.

vanWezel, I. L., Umapathysivam, K., Tilley,W. D., & Rodgers, R. J. (1995). Immunohistochemical localization of basic fibroblast growth factor in bovine ovarian follicles. *Molecular and Cellular Endocrinology, 115*, 133–140.

Vanderhyden, B. C. (1993). Species differences in the regulation of cumulus expansion by an oocyte-secreted factor(s). *Journal of Reproduction and Fertility, 98*, 219–227.

Vanderhyden, B. C., Caron, P. J., Buccione, R., & Eppig, J. J. (1990). Developmental pattern of the secretion of cumulus expansion enabling factor by mouse oocytes and the role of oocytes in promoting granulosa cell differentiation. *Developmental Biology, 140*, 307–317.

Vanderhyden, B. C., Cohen, J. N., & Morley, P. (1993). Mouse oocytes regulate granulosa cell steroidogenesis. *Endocrinology, 133*, 423–426.

Vanderhyden, B. C. & Macdonald, E. A. (1998). Mouse oocytes regulate granulosa cell steroidogenesis throughout follicular development. *Biology of Reproduction, 59*, 1296–1301.

Vanderhyden, B. C., Telfer, E. E., & Eppig, J. J. (1992). Mouse oocytes promote proliferation of granulosa cells from preantral and antral follicles *in vitro*. *Biology of Reproduction, 46*, 1196–1204.

Vanderhyden, B. C. & Tonary, A. M. (1995). Differential regulation of progesterone and estradiol production by mouse cumulus and mural granulosa cells by A factor(s) secreted by the oocyte. *Biology of Reproduction, 53*, 1243–1250.

Vitt, U. A., Mazerbourg, S., Klein, C., & Hsueh, A. J. (2002). Bone morphogenetic protein receptor type II is a receptor for growth differentiation factor-9. *Biology of Reproduction, 67*, 473–480.

Walton, K. L., Makanji, Y., Chen, J., Wilce, M. C., Chan, K. L. et al. (2010). Two distinct regions of latency-associated peptide coordinate stability of the latent transforming growth factor-beta1 complex. *The Journal of Biological Chemistry, 285*, 17029–17037.

Wang, Y., Nicholls, P. K., Stanton, P. G., Harrison, C. A., & Sarraj, M. et al. (2009). Extra-ovarian expression and activity of growth differentiation factor 9. *Journal of Endocrinology, 202*, 419–430.

Wilson, T., Wu, X. Y., Juengel, J. L., Ross, I. K., & Lumsden, J. M. et al. (2001). Highly prolific Booroola sheep have a mutation in the intracellular kinase domain of bone morphogenetic protein IB receptor (ALK-6) that is expressed in both oocytes and granulosa cells. *Biology of Reproduction, 64*, 1225–1235.

Yan, C., Wang, P., DeMayo, J., DeMayo, F. J., Elvin, J. A. et al. (2001). Synergistic roles of bone morphogenetic protein 15 and growth differentiation factor 9 in ovarian function. *Molecular Endocrinology, 15*, 854–866.

Yeo, C. X., Gilchrist, R. B., Thompson, J. G., & Lane, M. (2008). Exogenous growth differentiation factor 9 in oocyte maturation media enhances subsequent embryo development and fetal viability in mice. *Human Reproduction, 23*, 67–73.

Zhang, K., Hansen, P. J., & Ealy, A. D. (2010). Fibroblast growth factor 10 enhances bovine oocyte maturation and developmental competence *in vitro*. *Reproduction, 140*, 815–826.

5 卵母细胞生理和发育过程的 MicroRNA

Dawit Tesfaye、Md M. Hossain 和 Karl Schellander

5.1 简　　介

目前已通过先进的基因组分析技术揭示了功能性非编码 RNA 分子（non-coding RNA molecule, ncRNA）的巨大作用。非编码 RNA 的出现改变了我们对真核生物基因表达的理解，microRNA 分子（micro RNA molecule, miRNA）目前广泛被认为在疾病、生殖及生长发育等领域具有潜在的重要作用，如参与生殖器官和胚胎发育及其他生理过程的调控等方面。卵母细胞的逐步生长发育是分子和细胞活动相协调的过程。从卵泡发育到排卵，卵母细胞的这一生长过程需要依赖多个调节基因产物的短期表达及互作。在卵子发生、卵母细胞生长和成熟过程中，翻译水平的重编程包括大量休眠的 mRNA 分子的合成和存储、特异性表达蛋白质的合成、局部 mRNA 的抑制及最终胚轴形成时的及时激活。mRNA 的这种精确的翻译同时被非编码区的重要元件和其他转录后调控因子所调控。miRNA 结合至非编码区 3′端，导致 mRNA 在转录后沉默，这也是被证实了的 miRNA 参与翻译水平重编程的方式。然而，这仅仅是阐明 miRNA 影响后续卵母细胞生长发育相关细胞机制的开始。本章将综述有关 miRNA 的最新研究现状，以此来阐明其在卵母细胞生理机能和发育过程中发挥的不同作用。

5.2 miRNA 的产生

miRNA 是一类小的非编码 RNA，由 18～24 个核苷酸（nucleotide, nt）组成。大多数 miRNA 基因通过 RNA 聚合酶 II（RNA polymerase II, Pol II）转录形成初级 miRNA（primary miRNA, pri-miRNA），长度为几百个核苷酸至几十个千碱基对（kilobase, kb）不等（Cai et al., 2004）。与 mRNA 相同的是，Pol II 转录的 pri-miRNA 包含 5′帽子结构和多腺苷酸尾，也有可能发生可变剪切（Bracht et al., 2004; Cai et al., 2004）。pri-miRNA 包含 60～120 nt 的 RNA 发夹结构，进一步形成小的单链 miRNA 分子（长 18～24 nt）（图 5.1）。多核蛋白复合物是细胞核中的一种“微处理器”（microprocessor），由 RNase III Drosha 酶和双链 RNA 结合域（double-stranded RNA binding domain, dsRBD）蛋白 DGCR8/Pasha 组成（Denli et al., 2004; Gregory et al., 2004; Han et al., 2004; Landthaler, Yalcin, & Tuschl, 2004;

Lee et al., 2003）。“微处理器”在细胞核中剪切 pri-miRNA 以形成茎环发夹双链结构，此时被称为前体 miRNA（precursor miRNA, pre-miRNA）（Lee et al., 2002）。通过 RNase Ⅲ介导的剪切识别 pre-miRNA 3′端 2 nt 的悬垂结构，exportin-5 结合至 pre-miRNA 上，后者被转运至细胞质中（Yi et al., 2003）。此时的 pre-miRNA 受到另一个 RNase Ⅲ Dicer 酶的剪切调控，Dicer 与 dsRBD 蛋白即转录激活反应 RNA-结合蛋白[transactivating response（TAR）RNA-binding protein, TRBP]相互作用产生成熟的 22nt 的 miRNA：miRNA*双链（Chendrimada et al., 2005; Forstemann et al., 2005; Hutvagner et al., 2001; Jiang et al., 2005; Ketting et al., 2001; Lee et al., 2006; Saito et al., 2005; Lee et al., 2003）。这个双链包含成熟的 miRNA 前导链和 miRNA*随从链。成熟的 miRNA 前导链加载至 RNA-诱导沉默复合体（RNA-induced silencing complex, RISC）上，随从链逐渐退化（图 5.1）。紧接着，TRBP 结合 Ago 蛋白（argonaute）和 Dicer 酶，共同组装形成 RISC 复合物，即一种核糖核蛋白（ribonucleoprotein, RNP）复合物（Gregory et al., 2005; Maniataki & Mourelatos, 2005）。

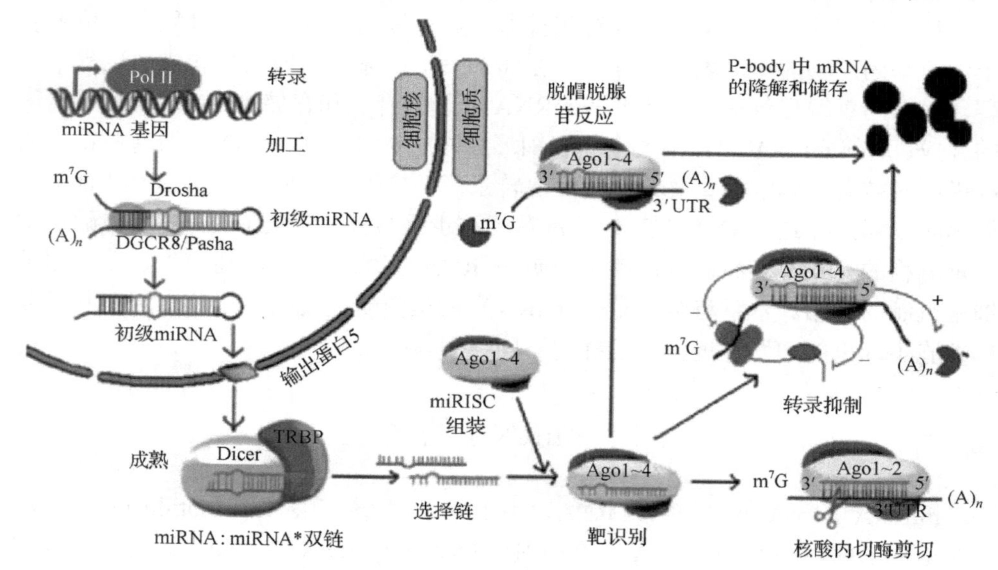

图 5.1　miRNA 的产生和基因调控机制（彩图请扫封底二维码）

miRNA 在染色体 DNA 的基因内或基因间区段转录，通过 Pol II 形成 pri-miRNA，后经过两个核酸内切酶（Drosha 和 DGCR8/Pasha）产生茎环发夹双链 pre-miRNA 结构。在被输出蛋白 5 转运至细胞质后，pre-miRNA 进一步被 Dicer 酶切割成长 20～22 nt 的 miRNA 双链。依赖于 miRNA 与靶 mRNA 序列的高度相似性，成熟的 miRNA 与 RISC 复合物相结合，导致靶 mRNA 翻译抑制或特异性切割。Argonaute 蛋白 1～4（Argonaute proteins 1～4, Ago1～4），抑制转录起始（–），促进脱腺苷酸化（+），7-甲基-鸟苷帽子（7-methyl-G cap, m^7G），随从链（miRNA*）。

最近有报道提出，另外一种通路涉及来自 pre-miRNA 发夹结构 microRNA 的生物起源（biogenesis）到成熟的功能性 miRNA 合成的过程（Diederichs & Haber,

2007)。Ago2 作为 argonaute 家族特殊的一员，在哺乳动物 miRNA 通路中具有基本的 Dicer 非依赖性功能（O'Carroll et al., 2007)。观察 Ago2 介导的 pre-miRNA 剪切过程，发现 miRNA 产生于 pre-miRNA 发夹结构的 5'arm 端，瞬间的切割位点没有发生错配（Diederichs & Haber, 2007; Han et al., 2006)。Ago2 介导的前体 miRNA 剪切产物（product of Ago2-mediated pre-miRNA cleavage, ac-pre-miRNA）是一种内在的 miRNA 起源通路中介物，可作为 Dicer 的底物，亦可作为副产物不能进一步用于 miRNA 成熟过程。以上数据表明中介物 ac-pre-miRNA 通过 Ago2 产生于 pre-miRNA，作为 Dicer 的底物参与 miRNA 的激活。也有一些 miRNA 不依赖 Dicer 酶完成成熟过程，即 pre-miRNA 依附于 Ago 酶，被 Ago 酶催化中心剪切生成 3'端中间体，进一步修整形成成熟 miRNA（Cheloufi et al., 2010)。因此，Ago2 介导的 pre-miRNA 剪切及随后的尿苷化和修整过程都没有依赖 Dicer 酶而独立产生功能性的 miRNA（Cifuentes et al., 2010)。基于双链双末端的相对稳定性，miRNA 链 5'端存在不稳定的碱基对，残基与 RISC 形成复合物；然而 miRNA* 链则逐步退化消失（Leuschner & Martinez, 2007; Matranga et al., 2005; Schwarz et al., 2003)。

5.3　miRNA 对靶 mRNA 的鉴定及转录后水平的调控

miRNA 被包含于 RISC 复合物中，指导 RISC 复合物下调靶 mRNA 的表达。靶 mRNA 3'非翻译区（untranslated region, UTR）能够与 miRNA 5'端 7～8 nt 区域序列互补配对，通常将这段序列称为种子序列（Pillai et al., 2005)（图 5.1)。依赖于 miRNA 与靶序列的互补程度，可引起 mRNA 的断裂或降解（完全或几近完全互补)，或者抑制 mRNA 的翻译（不精确的互补)（Hutvagner & Zamore, 2002; Martinez & Tuschl, 2004)。microRNA 核糖核蛋白（microRNA ribonucleoprotein, miRNP）复合物被运送至靶 mRNA，直接或间接地抑制翻译。直接影响或通过结合 Ago2 至 7-甲基-鸟苷帽子结构（7-methyl-G cap, m^7G)，阻止核糖体与靶 mRNA 结合，抑制翻译起始，或抑制起始后的翻译，包括未成熟的核糖体脱落、速度变缓或停止移动及共翻译蛋白（图 5.1)。

除了作用于翻译或蛋白质积聚的直接影响外，miRNP 还能在靶 mRNA 上产生其他作用，如通过促进脱腺苷反应产生降解作用（Nilsen, 2007)。目前有报道表明，无论序列配对完全与否，miRNA 均能通过内源性核苷酸裂解或脱腺苷化引起 mRNA 降解（degradation)（图 5.1；Jackson & Standart, 2007)；或改变与 RISC 相关蛋白也能引起转录抑制转变为转录促进（Vasudevan, Tong, & Steitz, 2007; Orom, Nielsen, & Lund, 2008)。如果碱基部分或完全互补配对，紧随转录抑制和（或）脱腺苷化之后发生的是脱帽和核酸外切酶介导的降解，如果 miRNP 包含特定的 Ago2，可能会导致 mRNA 在 miRNA 退火的位点发生内源性核苷酸裂解（Standart & Jackson, 2007）。这些 mRNA 被 miRNA 所抑制，进一步储藏在细胞质特定位置，被称为 P-body（Liu, Valencia-Sanchez et al., 2005; Rehwinkel et al., 2005; Liu, Rivas et al., 2005）。miRNA 作为基因调控子中最大的分类之一，在动物基因调控网络中起重要作用。动物所有基因中大约 30%被预测为 miRNA 的靶基因。有一种算法企图不依赖于跨物种保护或 miRNA 序列（Miranda et al., 2006）来鉴定 miRNA 靶位点，预测更多的 miRNA 调控基因。

5.4 miRNA 在生殖细胞分化及卵子发生过程中的作用

原始生殖细胞（PGC）分化为生殖干细胞（GSC），其分化产物参与配子形成的过程。在卵子发生过程中，GSC 不对称分裂和自我更新同时需要内源信号和来自相邻细胞的外源信号机制。PGC 包含的许多因子需要参与到成熟 miRNA 的加工及作用的过程中，包括 Dicer 和 Argonaute 蛋白家族（eIF2C）成员（Kaneda et al., 2009; Tang et al., 2007; Harris & Macdonald, 2001; Hayashi et al., 2008）。有新证据表明，miRNA 介导的翻译水平的调控可能控制哺乳动物生殖细胞的发育和卵子发生的不同阶段。在不断生长的小鼠卵母细胞中，通过 Dicer 的靶向扰乱调控小鼠卵子发生过程，这是 Dicer 的一个重要功能（Murchison et al., 2007; Tang et al., 2007）。卵母细胞中缺少 Dicer 不能完成减数分裂，且在纺锤体结构和染色体排列等多个方面产生缺陷。这些研究表明，miRNA 可能是涉及母本转录代谢的一个因子，而母本转录代谢的衰退对于成功的减数分裂是必需的。生殖细胞特异性地敲除 Dicer，卵母细胞的生长发育停滞在第一次减数分裂期，呈现出缺陷性的染色体隔离和杂乱无章的纺锤体，包括多纺锤体（40%）、杂乱的染色体排列（80%）、明显的单极纺锤体附着（影响单个或多个染色体，70%）、凝聚的染色质及分裂后期染色体桥现象（3%）（Murchison et al., 2007）。有研究预测这些缺陷要么是由于着丝粒重复引起的 miRNA 缺失，进而阻止建立恰当的染色质着丝粒结构以组装成动粒（kinetochore），要么是由于 miRNA 丢失导致基本的基因产物调控无效。此外，卵母细胞发育过程缺少 Dicer 酶，其转录本多富集于微管相关的基因，包括预测的 miRNA 靶基因，其活性被认为直接调控染色体的凝聚状态（Murchison et al., 2007）。

在其他研究中，通过去除 PGC 中的 Dicer，显示 microRNA 通路对于 PGC 的增殖至关重要。有趣的是，一些保守的 miRNA 簇（miR-17-92 簇和 miR-290-295 簇）富集在 PGC 中，对促进细胞周期有重要的作用；然而其他 miRNA 的表达（miR-141、miR-200a、miR-200c 及 miR-323）随着 PGC 发育逐渐降低。另外，在胚胎发育过程中，let-7a、let-7d、let-7e、let-7f、let-7g、miR-125a 及 miR-9 在

雄性 PGC 中表达量较雌性 PGC 中更有优势（Hayashi et al., 2008）。目前，条件性删除处于发育阶段的小鼠卵母细胞的 Ago2 蛋白，也可以观察到异常的纺锤体和错乱的染色体排列，这与 Dicer 缺失时卵母细胞的表型相似（Kaneda et al., 2009）。该研究表明 Ago2 通过全局调控 miRNA 的稳定性，影响卵母细胞发育过程中的基因表达，在小鼠卵母细胞发育过程中有重要的功能。直到最近才阐明，在卵母细胞中通过删除或敲除 *Dicer1*、*Dgcr8* 或 *Ago2*，会扰乱所有 miRNA 合成，最常见的结果就是出现有缺陷的纺锤体和杂乱的染色体排列。由 miRNA 介导的有关减数分裂纺锤体组装和恰当的减数分裂纺锤体-染色体关系的建立，涉及减数分裂过程的不同方面，包括胞质分裂过程中细胞分裂面的定位。很显然不是所有的 miRNA 或基因都有助于这一结果的出现，但由于选定的候选 miRNA 的功能分析仍然较少，所以无法阐明由 miRNA 介导的一系列细胞学事件中特殊的作用机制。

5.5 miRNA 在卵母细胞发育过程中的表达和调控

哺乳动物卵母细胞发育始于胎儿时期，原始生殖细胞通过有丝分裂进行增殖，DNA 继续合成，卵原细胞转变成初级卵母细胞。卵母细胞生长到减数分裂前期 I，这一过程由许多短暂的阶段组成。至减数分裂双线期时，卵母细胞被单层 4～8 个前体颗粒细胞所包裹，由完整的基膜形成了静止的原始卵泡（Fair, 2003）。一旦原始卵泡的卵母细胞被激发生长，便开始一段复杂的历程，涉及卵母细胞及其周围的卵泡细胞的许多分子和形态学变化。总之，卵母细胞生长和发育是卵巢卵泡发育各种细胞和分子改变的结果，也是卵母细胞及其周围体细胞严密的内分泌和旁分泌因子互作调控的结果。所有过程均受卵巢不同组织（卵母细胞、颗粒细胞和卵泡膜细胞）大量基因严格紧密的表达调控，才得以实现卵泡的发育（Bonnet, Dalbies-Tran, & Sirard, 2008），如 miRNA 的调控。

芯片实验结果表明，Dicer1 在卵泡形成过程的卵母细胞及成熟的卵母细胞中高表达，并具有重要的功能（Su et al., 2002; Choi et al., 2007; Murchison et al., 2007）。此外芯片转录谱分析表明，大部分转录本在 *Dicer1* 缺失的卵母细胞中被错误调控。有研究条件性敲除（conditional knockout, cKO）了小鼠卵巢组织中的 *Dicer1*，以探索 *Dicer1* 在小鼠卵巢卵泡发育中的作用，之后分别对野生型（WT）和 *Dicer1* 缺失小鼠的卵巢中有关卵泡发育的基因表达水平进行了比较（Lei et al., 2010）。通过调控卵泡细胞增殖、分化和凋亡等过程的研究，揭示了小鼠卵泡发育过程中受 *Dicer1* 调控的 miRNA 信号通路。目前已经检测了 Dicer1 和 Ago2 在牛胚胎卵巢卵泡的不同发育阶段的表达水平，用以了解卵母细胞发育过程中 miRNA 介导的阶段特异性调控（图 5.2）。该研究揭示了卵泡发育不同阶段 Dicer1

和 Ago2 恒定的表达模式（expression pattern）。

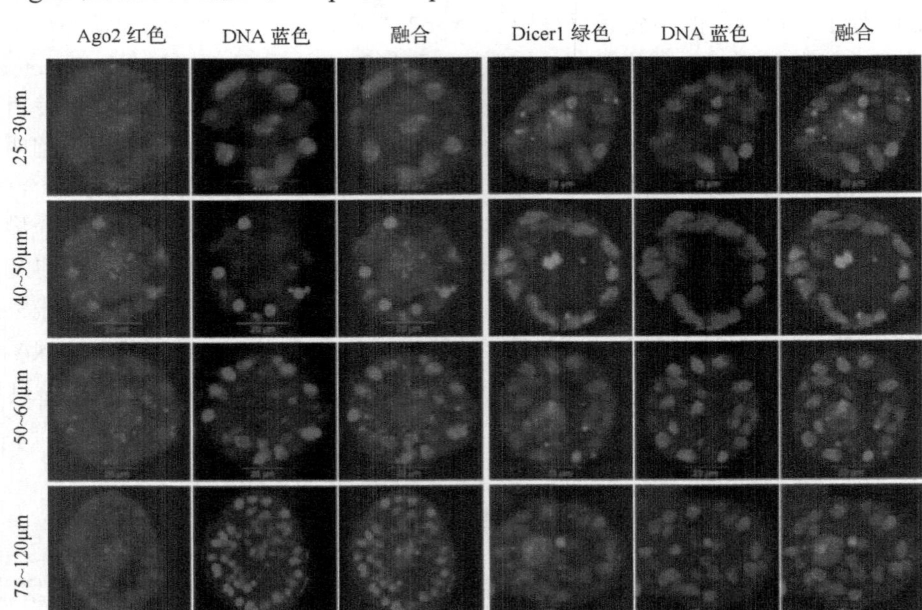

图 5.2　基于牛卵巢卵泡大小分类的不同发育阶段卵泡中 Dicer1（绿色）和 Ago2（红色）的表达（彩图请扫封底二维码）

不同发育阶段的卵泡中，Dicer 和 Ago2 同时表达于颗粒细胞和卵泡膜细胞中。

有些研究着重强调了卵母细胞中 miRNA 的表达和调控。有研究者在 2006 年首次克隆出个别 miRNA，并在小鼠卵母细胞中鉴定出许多 miRNA 及其他小的非编码 RNA（rasiRNA、gsRNA）（Watanabe et al., 2006）。然而，进一步通过直接克隆的方法未能成功鉴定卵母细胞中 miRNA；通过同源或异源方法，基于芯片技术或 RT-PCR 技术检测 miRNA 取得了较好的成果。与其他物种相比，在 miRbase 数据库中关于人的 miRNA 序列登记得更全面，但有关绵羊 miRNA 的登记条目几乎没有。由于 miRNA 序列在不同物种间高度保守，可以通过异源方法利用知之甚少的 miRNA 序列，来鉴定新的 miRNA，并检测已知序列的表达谱。例如，利用人 PCR 芯片平台检测其他物种中同源 miRNA 的表达。有研究者运用异源方法鉴定牛卵母细胞体外成熟过程相关 miRNA 的差异表达（Tesfaye et al., 2009）。

如图 5.3 所示，有报道称 miRNA 在卵母细胞及其他卵泡细胞中大量表达，对所有这些 miRNA 在不同发育时期的表达水平进行了分析。在卵泡特定的发育时期，有研究鉴定出一些 miRNA 在卵泡膜和颗粒细胞中优势表达（图 5.4）。let-7b 和 miR-143 在牛腔前卵泡生长的不同阶段表达量较高且持续稳定，表明 let-7b 和 miR-143 可能与腔前卵泡卵母细胞的发育相关。然而，miR-103 在原始卵泡中特异表达，miR-96、miR-382、miR-204 及 miR-211 在次级卵泡中特异表达，miR-210 在三级卵泡中特异表达，表明这些 miRNA 的表达具有阶段特异性，特别是在卵母细胞生长及颗粒细胞从上一个阶段转变至下一个阶段的增殖过程中。然而，有关候选 miRNA 的靶基因功能的作用机制及特点有待进一步研究。虽然以上研究为卵母细胞发育过程中 miRNA 功能的探究提供了初步证据，但更深层次的有关每个 miRNA 的功能分析仍然是有必要的。

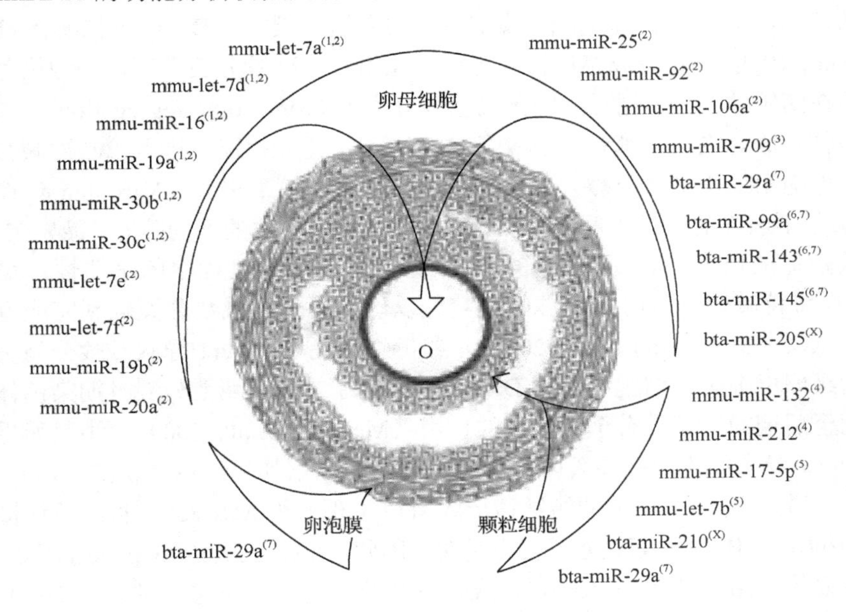

图 5.3 高表达于不同物种卵母细胞和其他卵泡细胞中的 miRNA

1-（Murchison et al., 2007）；2-（Tang et al., 2007）；3-（Choi et al., 2007）；4-（Fiedler et al., 2008）；5-（Otsuka et al., 2008）；6-（Tesfaye et al., 2009）；7-（Hossain et al., 2009）；X-（来自未发表数据）。

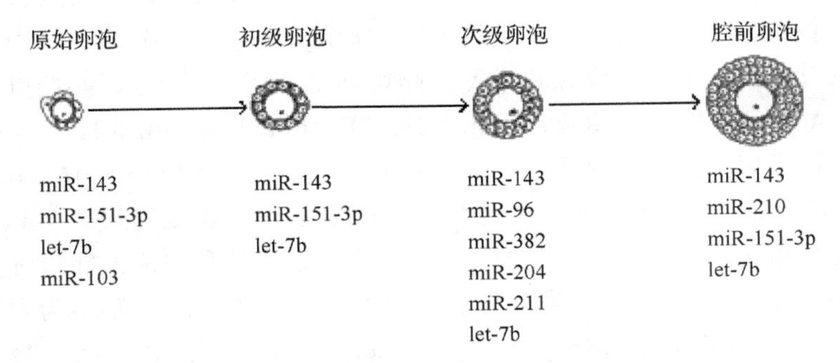

图 5.4 牛卵泡发育期表达的主要 miRNA（未发表数据）

对各发育阶段牛卵泡的研究显示出候选 miRNA 以阶段性特异性方式优势表达。

5.6 miRNA 在卵母细胞成熟和功能方面的研究

通常卵母细胞从减数分裂时期开始最终发育成具有受精能力（fertilization competence）的过程被称为卵母细胞成熟。在成熟之前，卵母细胞包含大量生发泡（GV），内含解聚的、分散的和转录活跃的染色体（Smith & Richter, 1985）。随着成熟启动，转录终止，染色体开始浓缩，生发泡破裂（GVBD），核仁解体（Masui & Clarke, 1979）。随着成熟过程的进行，在第一次减数分裂中期，同源染色体配对分布在纺锤体中间。配对的同源染色体分离（chromosome segregation），紧接着第一极体形成。之后，卵母细胞染色体再次与纺锤体相连，进入第二次减数分裂中期。伴随第二次减数分裂，染色单体分离，形成第二极体（Voronina & Wessel, 2003）。分子水平的分析表明 miRNA 参与卵母细胞成熟的不同阶段。最先在 Dicer 敲除或敲低的研究中证明了 miRNA 在卵母细胞成熟过程中的重要性，很显然 Dicer 在维持减数分裂时纺锤体的完整性以确保第一次减数分裂顺利完成方面具有重要意义（Murchison et al., 2007）。卵母细胞耗尽 Dicer1 导致减数分裂失败，表明初级卵母细胞的细胞质包含 Dicer1 依赖因子，对于减数分裂时期染色体分离和中期至后期的过渡具有至关重要的作用（Mattiske et al., 2009）。小鼠卵母细胞敲低 Dicer 导致细胞成熟显著降低，异常的纺锤体增加，染色体松散（Liu et al., 2010）。另外，与转录相关的纺锤体形成蛋白（plk1 和 AURKA）和纺锤体检验点蛋白（Bub1 和 Bublb）表达水平显著降低。因此，在卵子发生（oogenesis）期 Dicer 具有重要的作用，调控 miRNA 合成是减数分裂完成必不可少的。然而，Dicer1 敲除或敲低可能会影响一些伴随 miRNA 的生物因子，导致有缺陷的减数分裂发生成熟。

目前，有研究通过异源方法探索不成熟和体外成熟的牛卵母细胞 miRNA 表达水平，揭示出 59 个差异表达的 miRNA（Tesfaye et al., 2009）。其中，分别有 31 个和 28 个 miRNA 在不成熟和成熟的卵母细胞中优势表达。成熟卵母细胞中有 7 个 miRNA（miR-496、miR-297、miR-292-3P、miR-99a、miR-410、miR-145 及 miR-515-5p）呈现较高的表达丰度，不成熟卵母细胞中有 2 个 miRNA（miR-512-5p 和 miR-214）高表达，且差异倍数均大于 2（Tesfaye et al., 2009）。miR-496（差异倍数 5.2）和 miR-512-5p（差异倍数 2.3）分别是成熟和不成熟卵母细胞中上调差异倍数最高的。同样地，在卵母细胞成熟过程中 miR-145 被鉴定为表达水平最不稳定的，在成熟的牛卵母细胞中表达量最高。另外，采用 qRT-PCR 技术分别检测发育完全的和处于发育过程中的卵母细胞中的 miRNA 表达水平[亮甲基蓝（brilliant cresyl blue, BCB）染色选择]，结果表明 miRNA 在 BCB（–）（处于发育中的卵母细胞）中表达高于 BCB（+）（发育完全的卵母细胞）。下一步研究有必要对相关 miRNA 自身而并非 Dicer 酶进行分析，以阐明特异 miRNA 介导的调控卵母细胞成熟的机制。

5.7 miRNA 作为母源 mRNA 翻译的暂时调控网络

从受精卵到新生命的诞生，卵母细胞包含的所有 mRNA 是必不可少的，这一过程涉及许多改变，包括蛋白质合成、蛋白质和 RNA 降解及细胞器重排（Stitzel & Seydoux, 2007）。这些变化与构成单倍体母体基因组的减数分裂同时发生。众所周知，在减数分裂成熟过程中母系信息的调节需要对 mRNA 的稳定性和翻译进行精细的控制。在受精卵转录开始之前，母源沉积的 mRNA 在卵子发生期间进行翻译。果蝇和哺乳动物的 miRNA 也被发现存在母源沉积现象（Tang et al., 2007; Liu et al., 2007）。母源沉积的 miRNA 是小鼠受精卵维持正常功能所必需的（Tang et al., 2007）。当卵母细胞通过去除生殖细胞系中的 Dicer 进而减少 miRNA 时，随后产生的受精卵（zygote）不能完成第一次细胞分裂。然而，这一缺陷可能是缺少 miRNA 介导的翻译调控或卵子发生过程中缺少 Dicer 导致卵母细胞解体所引起的。许多 miRNA 出现在成熟的含有 Dicer 酶的卵母细胞中（Tang et al., 2007）。另外，Dicer 是调控卵母细胞基因表达的中心，也是大量母源转录本正常转录所必需的，以促进基因组完整性（Murchison et al., 2007）。miRNA 抑制卵母细胞翻译的作用机制还不是很清楚。有人研究了果蝇卵母细胞中成千上万的蛋白质，结果发现在 Dicer 突变体中表达量仅增加了 4%（Nakahara et al., 2005）。另有人研究揭示了果蝇中有一些 miRNA（miR-309）参与降解大量预测的母源靶 mRNA（Bushati et al., 2008）。缺少这些 miRNA 时，大约有 410 个母源 mRNA 表达量上调。同样有研究发现了这一现象，miRNA 促进靶 mRNA 脱腺苷酸化，因此建立了 miRNA 与 RNA 降解机制间的关系（Giraldez et al., 2006）。该研究课题引起了广泛关注，有关 miRNA 介导的调控母源 mRNA 翻译过程的更多研究将很快出现。

5.8 miRNA 在卵母细胞发育过程中参与激素调控

卵泡发育过程中卵母细胞的生长和发育受颗粒细胞活性的调控，其中颗粒细胞的功能依次受不同激素和其他分泌因子的调控。有研究报道了激素引起卵母细胞成熟的机制。在一些脊椎动物体中，类固醇激素诱导卵母细胞成熟。哺乳动物体中，激素作用于卵泡体细胞，并传递信号至卵母细胞来影响卵母细胞发育。垂体释放 FSH 和 LH 激素，FSH 引起卵泡细胞增殖和分化，LH 诱导卵母细胞减数分裂和排卵（Voronina & Wessel, 2003）。

有研究揭示了关于卵巢类固醇激素和 miRNA 之间的有意义的联系。LH/hCG 调控特定的 miRNA 表达，影响小鼠卵巢颗粒细胞转录后的基因调控（Fiedler et al., 2008）。雌激素通过雌激素受体 α（estrogen receptor α, ERα）与 Drosha 复合体结合，阻止 pri-miRNA 转变为 pre-miRNA，抑制小鼠和人类培养细胞中一组 miRNA 的表达（Yamagata et al., 2009）。一些 miRNA 在卵巢类固醇生成过程中有重要作用（Sirotkin et al., 2009）。在人类卵巢细胞中，全基因组筛选 miRNA 发现其涉及调控卵巢类固醇激素的释放，如孕酮、雄激素和雌激素（Sirotkin et al., 2009）。运用基因构建编码人类鉴定出的大部分 pre-miRNA，转染培养的原代卵巢颗粒细胞，评估 miRNA 参与释放孕激素、睾酮和雌激素的效果。结果发现尽管 36 个（总共 80 个）检测的 miRNA 构建被抑制，仍有 10 个 miRNA 在颗粒细胞中被检测到促进黄体酮释放。反义构建两个备选的 miRNA（mir-15a 和 mir-188）转染细胞，由于缺乏黄体酮释放阻碍物而诱导黄体酮释放。虽然 57 个检测的 miRNA 被发现抑制睾酮释放，但只有 1 个 miRNA（mir-107）促进睾酮释放。51 个 miRNA 抑制雌激素释放，没有 miRNA 被检测到有促进作用（Sirotkin et al., 2009）。然而，miRNA 与类固醇之间复杂的调控机制仍然不是很清楚。今后，miRNA 通过调节卵巢激素水平来对卵母细胞的生长和成熟进行调控，将会是十分有意义的研究课题。

5.9　miRNA 在卵母细胞表观调控中的作用

“表观遗传”（epigenetics）这一术语是指基因表达所发生的可遗传的改变，不伴随 DNA 序列的改变。可逆的 DNA 甲基化（DNA methylation）和组蛋白修饰（histone modification）在调控基因表达方面有着深远的影响。恰当的 DNA 甲基化模式对产生有功能的配子至关重要。哺乳动物卵母细胞减数分裂需要一个复杂的、动态的表观调控（epigenetic regulation）（De La Fuente et al., 2010）。有证据表明生殖细胞染色质重塑（chromatin remodeling）是调节染色体结构不可或缺的（Matsui & Hayashi, 2007; Surani et al., 2007）。出生后卵母细胞生长过程中染色质结构和功能差异对获得正常减数分裂和发育潜能至关重要（De La Fuente, 2006）。不同的非编码 RNA，包括 miRNA，目前被认为是染色质和其他表观遗传主要的调控因子之一（De La Fuente et al., 2010）。哺乳动物细胞中 Dicer 酶功能条件性缺失，通过诱导特异的组蛋白修饰，证实了异染色质（heterochromatin）在表观遗传调控中的关键作用（Fukagawa et al., 2004; Kanellopoulou et al., 2005）。在体细胞和胚胎干细胞中发现，Dicer 可诱导组蛋白甲基化（De La Fuente et al., 2010）。这一转录后的修饰可能通过影响 DNA 甲基转移酶（DNA methyltransferase, Dnmt）的结合而直接或间接影响 DNA 甲基化方式（Goldberg, Allis, & Bernstein, 2007）。miRNA 与表观遗传之间的关系目前正在被阐明。关于 miRNA 及其靶基因间明确的表观遗传调控机制报道很少，或者说有关特定的 miRNA 在正常生理条件和卵母细胞发育过程中的表观调控机制还有待研究，而这方面的研究目前也正处在快速的进展阶段。

5.10　卵母细胞 miRNA 功能研究的策略及挑战

首先，通过克隆和高级测序的方法，鉴定出卵母细胞中的一整套 miRNA，这对于进一步开展功能研究具有重要意义。针对卵母细胞生长、发育、成熟等特定的过程建立 miRNA 广泛的表达谱，这可能是进行 miRNA 功能筛选最简单的途径。之后，可将有关信息应用于体内或体外实验中。此时，特异的候选 miRNA 应该被深入研究。试验方法将解除“通过扰乱 Dicer 酶来敲除成百上千个 miRNA”这一观念的束缚，而转变为“敲除单个候选 miRNA 或某个 miRNA 家族”来研究特定的表型。然而，在所有物种体内进行这一试验并不是件容易的事，特别是在大动物中，涉及时间和一些技术问题。另外，关于通过小鼠敲除模型研究特定 miRNA 的功能方面的知识还不能被系统地应用于人类和反刍动物中。利用整个卵泡体外培养模型阐明 miRNA 介导的调控机制，将会成为一种好方法，能够克服大动物体内操作潜在的技术困难。此外，通过转染（或其他合适的方法）miRNA 抑制剂，靶向地敲低特定的 miRNA（致其失去功能），或运用 miRNA 模拟物/前体分子使特定的 miRNA 过表达（获能），这两种方法都是非常有用的。此后，详细研究特定的 miRNA 在卵母细胞生长、发育和成熟动态过程中的分子机制将成为可能。在体外模型中，考虑卵泡的复杂结构及组成是必不可少的，不同的卵泡细胞功能相关，并不断发生改变和分化。更重要的是，设计试验时应考虑到卵母细胞生长和成熟的时间，以及全转录谱的变化，包括生发泡破裂后卵母细胞生长和成熟过程中成百上千的新产物的合成或许多转录本和蛋白质的消失。此外，某个 miRNA 大量的靶基因及多个 miRNA 调控一个基因的表达将会成为评估特定 miRNA 功能、创建精确的 miRNA 靶基因网络的重要挑战之一。然而，我们有信心在不久的将来，通过大量互补的方法和工具，更清楚地去了解 miRNA 的功能，有助于阐明 miRNA 调控的有关卵母细胞生理和发育过程的细胞和分子基础。

5.11　小　　结

miRNA 作为重要的基因调控者，已被证明参与了卵母细胞生理和疾病的相关过程。虽然 miRNA 介导的卵母细胞生理调控机制尚不清楚，但基于越来越多有关 Dicer 及 Ago2 分析、miRNA 表达谱鉴定的研究，表明 miRNA 在卵母细胞生长、发育及成熟等不同阶段具有重要的作用。迄今为止，有关 miRNA 的研究大量集中于表达转录谱的分析，而不是调控机制和功能的研究。然而，这一研究领域将会很快转向下一个新的起点。在不久的将来，我们期望通过现代技术和手段快速揭示特定 miRNA 的功能，并使其作为一个有意义的研究方向，来帮助我们更好地理解卵母细胞的生理，同时解读其复杂生物过程的有关问题。

（李明娜、郭天芬　译；杨雅楠、刘成泽　校）

参 考 文 献

Bonnet, A., Dalbies-Tran, R., & Sirard, M. A. (2008). Opportunities and challenges in applying genomics to the study of oogenesis and folliculogenesis in farm animals. *Reproduction*, *135*(2), 119–128.

Bracht, J., Hunter, S., Eachus, R., Weeks, P., & Pasquinelli, A. E. (2004). Trans-splicing and polyadenylation of let-7 microRNA primary transcripts. *RNA*, *10*(10), 1586–1594.

Bushati, N., Stark, A., Brennecke, J., & Cohen, S. M. (2008). Temporal reciprocity of miRNAs and their targets during the maternal-to-zygotic transition in Drosophila. *Current Biology*, *18*(7), 501–506.

Cai, X., Hagedorn, C. H., & Cullen, B. R. (2004). Human microRNAs are processed from capped, polyadenylated transcripts that can also function as mRNAs. *RNA*, *10*(12), 1957–1566.

Cheloufi, S., Dos Santos, C. O., Chong, M. M., & Hannon, G. J. (2010). A dicer-independent miRNA biogenesis pathway that requires Ago catalysis. *Nature*, *465*(7298), 584–589.

Chendrimada, T. P., Gregory, R. I., Kumaraswamy, E., Norman, J., Cooch, N. et al. (2005). TRBP recruits the Dicer complex to Ago2 for microRNA processing and gene silencing. *Nature*, *436*(7051), 740–744.

Choi, Y., Qin, Y., Berger, M. F., Ballow, D. J., Bulyk, M. L., & Rajkovic, A. (2007). Microarray analyses of newborn mouse ovaries lacking Nobox. *Biology of Reproduction*, *77*(2), 312–319.

Cifuentes, D., Xue, H., Taylor, D. W., Patnode, H., Mishima, Y. et al. (2010). A novel miRNA processing pathway independent of Dicer requires Argonaute2 catalytic activity. *Science*, *328*(5986), 1694–1698.

De La Fuente, R. (2006). Chromatin modifications in the germinal vesicle (GV) of mammalian oocytes. *Developmental Biology*, *292*(1), 1–12.

De La Fuente, R., Baumann, C., Yang, F., & Viveiros, M. M. (2010). Chromatin remodelling in mammalian oocytes. In M. H. Verlhac & A. Villeneuve (eds.), *Oogenesis: The Universal Process*. West Sussex: John Wiley & Sons Ltd.

Denli, A. M., Tops, B. B., Plasterk, R. H., Ketting, R. F., & Hannon, G. J. (2004). Processing of primary microRNAs by the Microprocessor complex. *Nature*, *432*(7014), 231–235.

Diederichs, S., & Haber, D. A. (2007). Dual role for argonautes in microRNA processing and posttranscriptional regulation of microRNA expression. *Cell*, *131*(6), 1097–1108.

Fair, T. (2003). Follicular oocyte growth and acquisition of developmental competence. *Anim Reproductive Science*, *78*(3–4), 203–216.

Fiedler, S. D., Carletti, M. Z., Hong, X., & Christenson, L. K. (2008). Hormonal regulation of MicroRNA expression in periovulatory mouse mural granulosa cells. *Biology of Reproduction*, *79*(6), 1030–1037.

Forstemann, K., Tomari, Y., Du, T., Vagin, V. V., Denli, A. M. et al. (2005). Normal microRNA maturation and germ-line stem cell maintenance requires Loquacious, a double-stranded RNA-binding domain protein. *PLoS Biology*, *3*(7), e236.

Fukagawa, T., Nogami, M., Yoshikawa, M., Ikeno, M., Okazaki, T. et al. (2004). Dicer is essential for formation of the heterochromatin structure in vertebrate cells. *Nature Cell Biology*, *6*(8), 784–791.

Giraldez, A. J., Mishima, Y., Rihel, J., Grocock, R. J., Van Dongen, S. et al. (2006). Zebrafish MiR-430 promotes deadenylation and clearance of maternal mRNAs. *Science*, *312*(5770), 75–79.

Goldberg, A. D., Allis, C. D., & Bernstein, E. (2007). Epigenetics: A landscape takes shape. *Cell*, *128*(4), 635–638.

Gregory, R. I., Chendrimada, T. P., Cooch, N., & Shiekhattar, R. (2005). Human RISC couples microRNA biogenesis and posttranscriptional gene silencing. *Cell*, *123*(4), 631–640.

Gregory, R. I., Yan, K. P., Amuthan, G., Chendrimada, T., Doratotaj, B. et al. (2004). The Microprocessor complex mediates the genesis of microRNAs. *Nature*, *432*(7014), 235–240.

Han, J., Lee, Y., Yeom, K. H., Kim, Y. K., Jin, H., & Kim, V. N. (2004). The Drosha-DGCR8 complex in primary microRNA processing. *Genes Development*, *18*(24), 3016–3027.

Han, J., Lee, Y., Yeom, K. H., Nam, J. W., Heo, I. et al. (2006). Molecular basis for the recognition of primary microRNAs by the Drosha-DGCR8 complex. *Cell*, *125*(5), 887–901.

Harris, A. N., & Macdonald, P. M. (2001). Aubergine encodes a Drosophila polar granule component required for pole cell formation and related to eIF2C. *Development*, *128*(14), 2823–2832.

Hayashi, K., Chuva de Sousa Lopes, S. M., Kaneda, M., Tang, F. Hajkova, P. et al. (2008). MicroRNA biogenesis is required for mouse primordial germ cell development and spermatogenesis. *PLoS One*, *3*(3), e1738.

Hossain, M. M., Ghanem, N., Hoelker, M., Rings, F., Phatsara, C. et al. 2009. Identification and characterization of miRNAs expressed in the bovine ovary. *BMC Genomics*, *10*(1), 443.

Hutvagner, G., McLachlan, J., Pasquinelli, A. E., Balint, E., Tuschl, T., & Zamore, P. D. (2001). A cellular function for the RNA-interference enzyme Dicer in the maturation of the let-7 small temporal RNA. *Science*, *293*(5531), 834–838.

Hutvagner, G., & Zamore, P. D. (2002). A microRNA in a multiple-turnover RNAi enzyme complex. *Science*, *297*(5589), 2056–2060.

Jackson, R. J., & Standart, N. (2007). How Do MicroRNAs Regulate Gene Expression? *Science STKE 2007*, *367*(367), re1.

Jiang, F., Ye, X., Liu, X., Fincher, L., McKearin, D., & Liu, Q. (2005). Dicer-1 and R3D1-L catalyze microRNA maturation in Drosophila. *Genes Development*, *19*(14), 1674–1679.

Kaneda, M., Tang, F., O'Carroll, D., Lao, K., & Surani, M. A. (2009). Essential role for Argonaute2 protein in mouse oogenesis. *Epigenetics Chromatin*, *2*(1), 9.

Kanellopoulou, C., Muljo, S. A. Kung, A. L., Ganesan, S. Drapkin, R. et al. (2005). Dicer-deficient mouse embryonic stem cells are defective in differentiation and centromeric silencing. *Genes Development*, *19*(4), 489–501.

Ketting, R. F., Fischer, S. E., Bernstein, E., Sijen, T., Hannon, G. J., & Plasterk, R. H. (2001). Dicer functions in RNA interference and in synthesis of small RNA involved in developmental timing in C. elegans. *Genes Development*, *15*(20), 2654–2659.

Landthaler, M., Yalcin, A., & Tuschl, T. (2004). The human DiGeorge syndrome critical region gene 8 and Its D. melanogaster homolog are required for miRNA biogenesis. *Current Biology*, *14*(23), 2162–2167.

Lee, Y., Ahn, C., Han, J., Choi, H., Kim, J. et al. (2003). The nuclear RNase III Drosha initiates microRNA processing. *Nature*, *425*(6956), 415–419.

Lee, Y., Hur, I., Park, S. Y., Kim, Y. K., Suh, M. R., & Kim, V. N. (2006). The role of PACT in the RNA silencing pathway. *EMBO Journal*, *25*(3), 522–532.

Lee, Y., Jeon, K., Lee, J. T., Kim, S., & Kim, V. N. (2002). MicroRNA maturation: Stepwise processing and subcellular localization. *EMBO Journal*, 21(17), 4663–4670.

Lee, Y., Kim, M., Han, J., Yeom, K. H., Lee, S. et al. (2004). MicroRNA genes are transcribed by RNA polymerase II. *EMBO Journal*, *23*(20), 4051–4060.

Lei, L., Jin, S., Gonzalez, G., Behringer, R. R., & Woodruff, T. K. (2010). The regulatory role of Dicer in folliculogenesis in mice. *Molecular and Cellular Endocrinology*, *315*(1–2), 63–73.

Leuschner, P. J., & Martinez, J. (2007). In vitro analysis of microRNA processing using recombinant Dicer and cytoplasmic extracts of HeLa cells. *Methods*, *43*(2), 105–109.

Liu, H. C., Tang, Y., He, Z., & Rosenwaks, Z. (2010). Dicer is a key player in oocyte maturation. *Journal of Assistive Reproduction and Genetics*, *27*(9–10), 571–580.

Liu, J., Rivas, F. V., Wohlschlegel, J., Yates, J. R., Parker, R., & Hannon, G. J. (2005). A role for the P-body component GW182 in microRNA function. *Nature Cell Biology*, *7*(12), 1261–1266.

Liu, J., Valencia-Sanchez, M. A., Hannon, G. J., & Parker, R. (2005). MicroRNA-dependent localization of targeted mRNAs to mammalian P-bodies. *Nature Cell Biology*, *7*(7), 719–723.

Liu, X., Park, J. K., Jiang, F., Liu, Y., McKearin, D., & Liu, Q. (2007). Dicer-1, but not Loquacious, is critical for assembly of miRNA-induced silencing complexes. *RNA*, *13*(12), 2324–2329.

Maniataki, E., & Mourelatos, Z. (2005). A human, ATP-independent, RISC assembly machine fueled by pre-miRNA. *Genes Development*, *19*(24), 2979–2990.

Martinez, J., & Tuschl, T. (2004). RISC is a 5 phosphomonoester-producing RNA endonuclease. *Genes Development*, *18*(9),975–980.

Masui, Y., & Clarke, H. J. (1979). Oocyte maturation. *International Review of Cytology*, *57*, 185–282.

Matranga, C., Tomari, Y., Shin, C., Bartel, D. P., & Zamore, P. D. (2005). Passenger-strand cleavage facilitates assembly of siRNA into Ago2-containing RNAi enzyme complexes. *Cell*, *123*(4), 607–620.

Matsui, Y., & Hayashi, K. (2007). Epigenetic regulation for the induction of meiosis. *Cellular and Molecular Life Science*, *64*(3), 257–262.

Mattiske, D. M., Han, L., & Mann, J. R. (2009). Meiotic maturation failure induced by DICER1 deficiency is derived from primary oocyte ooplasm. *Reproduction*, *137*(4), 625–632.

Miranda, K. C., Huynh, T., Tay, Y., Ang, Y. S., Tam,W. L. et al. (2006). A pattern-based method for the identification of MicroRNA binding sites and their corresponding heteroduplexes. *Cell*, *126*(6), 1203–1217.

Murchison, E. P., Stein, P., Xuan, Z., Pan, H., Zhang, M. Q. et al. (2007). Critical roles for Dicer in the female germline. *Genes Development*, *21*(6), 682–693.

Nakahara, K., Kim, K., Sciulli, C., Dowd, S. R., Minden, J. S., & Carthew, R. W. 2005. Targets of microRNA regulation in the Drosophila oocyte proteome. *Proceedings of the National Academy of Science USA*, *102*(34), 12023–12028.

Nilsen, T. W. (2007). Mechanisms of microRNA-mediated gene regulation in animal cells. *Trends in Genetics*, *23*(5), 243–249.

O'Carroll, D., Mecklenbrauker, I., Das, P. P., Santana, A., Koenig, U. et al. (2007). A Slicer-independent role for Argonaute 2 in hematopoiesis and the microRNA pathway. *Genes Development*, *21*(16), 1999–2004.

Orom, U. A., Nielsen, F. C., & Lund, A. H. (2008). MicroRNA-10a binds the 5′UTR of ribosomal protein mRNAs and enhances their translation. *Molecules and Cells*, *30*(4), 460–471.

Otsuka, M., Zheng, M., Hayashi, M., Lee, J. D., Yoshino, O. et al. (2008). Impaired microRNA processing causes corpus luteum insufficiency and infertility in mice. *Journal of Clinical Investigations*, *118*(5), 1944–1954.

Pillai, R. S., Bhattacharyya, S. N., Artus, C. G., Zoller, T., Cougot, N. et al. (2005). Inhibition of translational initiation by Let-7 MicroRNA in human cells. *Science*, *309*(5740), 1573–1576.

Rehwinkel, J., Behm-Ansmant, I., Gatfield, D., & Izaurralde, E. (2005). A crucial role for GW182 and the DCP1:DCP2 decapping complex in miRNA-mediated gene silencing. *RNA*, *11*(11), 1640–1647.

Saito, K., Ishizuka, A., Siomi, H., & Siomi, M. C. (2005). Processing of pre-microRNAs by the Dicer-1-Loquacious complex in Drosophila cells. *PLoS Biology*, *3*(7), e235.

Schwarz, D. S., Hutvagner, G., Du, T., Xu, Z., Aronin, N., & and Zamore, P. D. (2003). Asymmetry in the assembly of the RNAi enzyme complex. *Cell,115*(2), 199–208.

Sirotkin, A. V., Ovcharenko, D., Grossmann, R., Laukova, M., & Mlyncek, M. (2009). Identification of microRNAs controlling human ovarian cell steroidogenesis via a genome-scale screen. *Journal of Cell Physiology*, *219*(2), 415–420.

Smith, L. D., & Richter, J. D. (1985). Synthesis, accumulation, and utilization of maternal macromolecules during oogenesis and oocyte maturation. In C. B. Metz & A. Monroy (eds.), *Biology of fertilization* (pp. 141–188). Orlando, FL: Academic Press.

Standart, N., & Jackson, R. J. (2007). MicroRNAs repress translation of m7Gppp-capped target mRNAs in vitro by inhibiting initiation and promoting deadenylation. *Genes Development*, *21*(16), 1975–1982.

Stitzel, M. L., & Seydoux, G. (2007). Regulation of the oocyte-to-zygote transition. *Science*, *316*(5823), 407–408.

Su, A. I., Cooke, M. P., Ching, K. A., Hakak, Y., Walker, J. R. et al. (2002). Large-scale analysis of the human and mouse transcriptomes. *Proceedings of the National Academy of Science USA*, 99(7), 4465–4470.

Surani, M. A., Hayashi, K., & Hajkova, P. (2007). Genetic and epigenetic regulators of pluripotency. *Cell*, *128*(4), 747–762.

Tang, F., Kaneda, M., O'Carroll, D., Hajkova, P., Barton, S. C. et al. (2007). Maternal microRNAs are essential for mouse zygotic development. *Genes Development*, *21*(6), 644–648.

Tesfaye, D., Worku, D., Rings, F., Phatsara, C., Tholen, E. et al. (2009). Identification and expression profiling of microRNAs during bovine oocyte maturation using heterologous approach. *Molecular Reproduction and Development*, *76*(7), 665–677.

Vasudevan, S., Tong, Y., & Steitz, J. A. (2007). Switching from repression to activation: MicroRNAs can up-regulate translation. *Science*, *318*(5858), 1931–1934.

Voronina, E., & Wessel, G. M. (2003). The regulation of oocyte maturation. *Current Topics in Developmental Biology*, *58*, 53–110.

Watanabe, T., Takeda, A., Tsukiyama, T., Mise, K., Okuno, T. et al. (2006). Identification and characterization of two novel classes of small RNAs in the mouse germline: Retrotransposon-derived siRNAs in oocytes and germline small RNAs in testes. *Genes Development*, *20*(13), 1732–1743.

Yamagata, K., Fujiyama, S., Ito, S., Ueda, T., Murata, T. et al. (2009). Maturation of microRNA is hormonally regulated by a nuclear receptor. *Molecules and Cells*, *36*(2), 340–347.

Yi, R., Qin, Y., Macara, I. G., & Cullen, B. R. (2003). Exportin-5 mediates the nuclear export of pre-microRNAs and short hairpin RNAs. *Genes Development*, *17*(24), 3011–3016.

6　牛卵母细胞基因表达：早期胚胎发育的功能性调节因子鉴定

Swamy K. Tripurani、Jianbo Yao 和 George W. Smith

6.1　简　　介

卵母细胞发育能力被定义为卵母细胞恢复减数分裂和受精后分裂的能力，有助于促进胚胎发育和移植，确保健康妊娠（Picton et al., 1998; Krisher, 2004; Sirard et al., 2006）。在卵泡发生期间，通过合成和积累转录本和蛋白质，卵母细胞不断地获得发育能力。这些转录本和蛋白质为卵泡发生、生殖细胞成熟、受精及早期胚胎形成所必需，也成为卵母细胞发育能力的功能调控者（Eppig, 2001; Eppig et al., 2002; Hussein et al., 2006）。卵母细胞的特定转录本为何是卵母细胞发育所必需的？其如何作用于低发育能力的卵母细胞？回答这些问题必须考虑转基因小鼠模型的发展、全基因组 DNA 序列信息的有效性、表达序列标签（expressed sequence tag, EST）库、抑制消减杂交（suppressive subtractive hybridization, SSH）及芯片数据等（Andreu-Vieyra et al., 2006）。目前，Tripurani 教授研究团队致力于研究牛卵母细胞中的基因产物在促进早期胚胎形成和决定卵母细胞发育能力过程中所发挥的作用。通过参考文献中关于小鼠候选基因的报道，同时结合牛基因组学筛选出卵母细胞发育和早期胚胎形成过程中有重要功能的基因，进行功能预测研究。考虑到其他哺乳动物中有关这方面的研究较少，结合有关小鼠卵母细胞特异性候选基因（oocyte-specific candidate gene）（转录和转录后调控子）功能与牛卵母细胞发育能力潜在相关的一些很好的研究新进展，我们在本章中对其做了概要总结。表 6.1 为筛选的牛模型系统中的有效信息及研究空白，着重强调许多已发表的研究数据。本章 6.2 节主要概述通过功能基因组学（functional genomic）方法筛选在卵母细胞中表达的与牛卵母细胞发育能力和早期胚胎发生有关的新基因。

6.2　卵母细胞特异转录谱及转录后调控对牛卵母细胞发育能力的影响：有效的证据和知识盲点

卵泡是卵巢的生殖单位，由卵母细胞及相关体细胞（颗粒细胞、卵泡膜细胞和卵丘细胞）组成。卵泡发生涉及一系列高度调控的连续步骤，一个正在生长的

表 6.1 本章叙述的牛早期胚胎发育所需的卵母细胞特异性基因

基因名称/缩写	发现日期	蛋白质	结构域/基序	第一次鉴定的物种	主要功能	已发表的文章
生殖细胞系因子 α（*Figla*）基因	1997 年	转录因子	螺旋-环-螺旋结构	小鼠	卵泡发生	Tripurani et al. （2010）
新生儿卵巢同源框-编码基因（*Nobox*）	2002 年	转录因子	同源框	小鼠	卵泡发生和早期胚胎形成	Tripurani et al. （2010）
精子、卵子发生特异性碱性螺旋-环-螺旋蛋白 1 和 2（*Sohlh1* 和 *Sohlh2*）基因	2006 年	转录因子	螺旋-环-螺旋结构	小鼠	早期卵泡发生	无
卵母细胞特异性同源框基因家族（*Obox*）	2002 年	转录因子	同源框	小鼠	未知	无
无精子症（*Dazl*）基因	1996 年	RNA 结合蛋白	RNA 结合域	小鼠	卵泡发生和卵母细胞成熟	Liu et al.（2007）; Zhang et al.（2008）
Y 盒结合蛋白 2（*Ybx2*）基因	1990 年	RNA 结合蛋白	S1 相似冷休克蛋白	非洲爪蟾蜍	卵泡发生和早期胚胎形成	Vigneault et al.（2004）;Lingenfelter et al.（2007）
胞质多聚腺苷酸结合蛋白 1（*Cpeb1*）基因	1994 年	RNA 结合蛋白	RNA 结合域	非洲爪蟾蜍	卵泡发生、卵母细胞成熟及早期胚胎形成	Uzbekova et al. （2008）
胚胎必需的母体抗原（*Mater*）基因	2000 年	抗原	NACHT NTPase 结构域；富亮氨酸重复序列	小鼠	早期胚胎发育	Pennetier et al. （2004, 2006）
母源效应因子复合体特异性胞质蛋白（*Floped*）基因	2008 年	RNA 结合蛋白	KH 基序	小鼠	早期胚胎发育	无
合子阻滞因子 1（*Zar1*）	2003 年	转录调节因子	PHD 结构域	小鼠	早期胚胎发育	Brevini et al.（2004）; Uzbekova et al.（2006）
核质蛋白 2（*Npm2*）基因	1980 年	分子伴侣	核质蛋白	非洲爪蟾蜍	早期胚胎发育	Lingenfelter et al.（2008）
发育多能性相关蛋白 3（*Dppa3*）基因	2002 年	碱性蛋白	SAP 样结构域	小鼠	早期胚胎发育	Thélie et al. （2007）
八聚体结合转录因子 4（*Oct4*）基因	1990 年	转录因子	POU 结构域和同源框	小鼠	早期胚胎发育和多能性	Gandolfi et al.（1997）; van Eijk（1999）; Kurosaka （2005）
JY1	2007 年	分泌蛋白	无	牛	早期胚胎发育	Bettegowda et al.（2007）
核输入蛋白 α 8（*Kpna7*）基因	2009 年	核转运受体	β 输入蛋白结合域；ARM（armadillo）基序	牛	早期胚胎发育	Tejomurthula et al.（2009）

卵泡要么发育排卵，要么闭锁。卵泡发育是卵母细胞获得发育能力的先决条件，超过 99%的牛卵泡发育停滞在卵泡生成的不同阶段，发生卵泡闭锁现象，没有机会排出卵母细胞而进入受精阶段。卵泡生成的主要过程包括原始/初级转变、初级/次级转变、选择和闭锁。发育中的卵母细胞和体细胞间这种精确的互作受控于一些内分泌因子[促卵泡素（FSH）和促黄体素（LH）]（Danforth, 1995; Moley & Schreiber, 1995），自分泌和旁分泌调控因子，如 TGFβ 家族成员（Elvin et al., 2000）、胰岛素样生长因子（Schams et al., 1999）、抑制素（inhibin）或激活素类（Knight & Glister, 2001）及缝隙连接（连接蛋白, connexin）（Kidder & Mhawi, 2002）。随着基因组学和基因敲除技术的出现，一些卵母细胞特异的转录因子、RNA 结合蛋白及生长因子被证明在哺乳动物卵泡生成过程中有重要作用（Epifano & Dean, 2002; Andreu-Vieyra et al., 2006; Choi & Rajkovic, 2006b; Pangas, 2007）。在卵泡不断生长、持续增大的过程中，卵母细胞特异的一系列基因是生殖细胞和周围体细胞正常发育所必需，目前包括生殖细胞系因子 α（*Figlα*）基因（Soyal et al., 2000），新生儿卵巢同源框-编码基因（newborn ovary homeobox-encoding gene, *Nobox*）（Rajkovic et al., 2004），精子、卵子发生特异性碱性螺旋-环-螺旋蛋白 1 和 2（spermatogenesis and oogenesis-specific basic helix–loop–helix 1 and 2, *Sohlh1* and *Sohlh2*）基因（Ballow et al., 2006; Pangas et al., 2006），卵母细胞特异性同源框基因家族（oocyte-specific homeobox gene family, *Obox*）（Rajkovic et al., 2002），无精子症（deleted in azoospermia-like, *Dazl*）基因（Ruggiu et al., 1997），Y 框蛋白 2（Y box protein 2, *Ybx2*）基因（Gu et al., 1998），胞质多腺苷酸结合蛋白 1（cytoplasmic polyadenylation element-binding protein1, *Cpeb1*）基因（Racki & Richter, 2006），生长和分化因子 9（growth and differentiation factor 9, *Gdf9*）（Dong et al., 1996）及骨形态发生蛋白 15（bone morphogenetic protein15, *Bmp15*）基因等（Dube et al., 1998）。这些基因编码的转录因子、mRNA 结合蛋白及分泌蛋白在卵母细胞中（有时在周围的体细胞中）表达，并在调控卵泡生成、生殖细胞发育、颗粒细胞增殖、类固醇生成过程中有重要作用，同时在某些情况下也影响早期胚胎的发育。有关卵母细胞特异生长因子的功能在第 4 章中已讨论。迄今为止，在早期胚胎发生的起始阶段，有关上述卵母细胞或生殖细胞特异转录因子及转录后调控因子（RNA 结合蛋白、转录调控因子）的重要作用被忽视，通常是由于缺少小鼠卵泡生成过程中的基因打靶模型。然而，这些潜在的功能对具有较长世代间隔的物种（如牛）有重要意义，这些物种能够将受精时的发育调控转移至胚胎基因组的产物（母源-胚胎过渡），下文概述了这种转录和转录后调控因子在小鼠中已知的功能作用及对牛早期胚胎发育的潜在意义。

6.2.1　生殖细胞系因子 α（*Figlα*）

生殖细胞系因子 α（*Figlα*）基因编码生殖细胞特异碱性螺旋-环-螺旋转录因子（basichelix-loop-helix, bHLH）（Liang et al., 1997）。*Figlα* 是主要的调控因子，最早随透明带蛋白基因 *Zp2*，*Zp3*（zona pellucida protein gene 2 or 3）转录调控的研究而被鉴定出来（Liang et al., 1997）。*Figlα* 基因早在雌性小鼠胚胎期（embryonic day）的性腺中表达（E13.5），并在整个胚胎形成过程中持续表达（Soyal et al., 2000）。雌性小鼠敲除 *Figlα* 基因不能生育（Soyal et al., 2000）。在 *Figlα* 敲除的雌性小鼠中会正常出现生殖细胞迁移、增殖及胚胎性腺的发育现象（Soyal et al., 2000），然而原始卵泡的形成受阻，在出生后 7 天卵母细胞完全丢失（Soyal et al., 2000）。*Figlα* 敲除小鼠卵巢中未检测到预期的 *Zp1*、*Zp2* 及 *Zp3* 基因（Soyal et al., 2000），而重要的基因如 *Gdf9*、*Bmp15*、*Kit*、*Kitl*、连接蛋白 43（connexin 43, Cx-43）及成纤维细胞生长因子 8（fibroblast growth factor 8, *Fgf8*）在敲除型和野生型的新生卵巢中均存在。这些研究表明 *Figlα* 至少在两个独立的卵母细胞特异通路中起重要的调控作用：启动卵泡生成，调控透明带蛋白基因的表达（Soyal et al., 2000）。运用芯片和基因表达系列分析（serial analysis of gene expression, SAGE）技术比对正常和 *Figlα* 敲除鼠的卵巢，鉴定出一些卵母细胞特异的基因，包括母源效应基因直接或间接受 *Figlα* 基因调控（Joshi et al., 2007）。目前，*Figlα* 基因的表达不仅可以激活出生后卵子发生过程中卵母细胞相关的基因，而且抑制精子相关基因的表达（Hu et al., 2010）。

研究发现，当牛原始卵泡开始形成，*Figlα* 基因在性腺组织中的表达受限，在怀孕早期第 90 天的胎儿卵巢中表达（Tripurani et al., 2010）。在生发泡、卵母细胞第二次减数分裂中期及从原核时期分裂至 8-细胞阶段的胚胎中，*Figlα* 基因 mRNA 和蛋白质的表达丰度较高，而在桑椹期和囊胚期收集的胚胎中几乎没有检测到。这些结果表明转录因子（*Figlα*）可能作为母源效应基因，在牛早期胚胎发育中起重要作用，在胚胎基因组活化过程中促进基因表达（Tripurani et al., 2010）。然而，有关这一假说需要进一步验证。

有证据表明在牛早期卵泡生成时期，*Figlα* 可能受 miRNA 转录后的调控。miR-212 结合位点在牛 *Figlα* 基因的 3′非翻译区（UTR）。比对牛、人及小鼠 *Figlα* 的 3′UTR 序列，发现种子序列完全保守，表明 miR-212 可能是 *Figlα* 基因转录后的调控因子，miRNA：mRNA 之间互作也十分保守。分析表明牛 miR-212 在卵母细胞中表达，并在胚胎发育的 4-细胞和 8-细胞期表达量有上升趋势，在桑椹胚和囊胚阶段有下降趋势，推测 miR-212 可能是母系起源，涉及母源-胚胎过渡（maternal-to-embryonic transition）中母源转录本的降解（Tripurani et al., 2010）。转染和萤光素酶报告基因实验发现 miR-212 特异地结合于 *Figlα* 基因 3′UTR 区预测的 miRNA 识别序列上，抑制 *Figlα* 基因的表达（Tripurani et al., 2010）。此外，在牛受精卵中加入 miR-212 模拟物，会引起早期胚胎中 *Figlα* 基因 mRNA 和蛋白质水平的下调（Tripurani et al., 未发表数据）。Tripurani 等（2010）的研究结果也同样表明，miR-212 是牛母源-胚胎过渡过程中潜在的 *Figlα* 基因转录后调控因子。协同的 *Figlα* 基因调控（regulation of *Figlα*）对牛早期胚胎的发育至关重要，该推测还需要进一步的研究验证。

6.2.2　新生儿卵巢同源框-编码基因（*Nobox*）

Nobox 在新生小鼠卵巢电子克隆的表达序列标签（EST）中被鉴定出来（Suzumori et al., 2002）。*Nobox* mRNA 优先表达于生殖细胞，早在胚胎期 15.5 天时在胚胎的卵巢中可检测到，并在卵泡生成的整个时期均存在（Suzumori et al., 2002; Rajkovic et al., 2004）。雌性小鼠缺少 *Nobox* 基因，在胚胎时期表现出正常的卵巢发育和生殖细胞迁移，在临产前形成原始卵泡（Rajkovic et al., 2004）。然而，原始卵泡发育至初级卵泡期间，卵泡的生长和发育受阻（Rajkovic et al., 2004）。同样地，*Nobox* 缺失会增加卵母细胞的丢失，产后 14 天仅有少数突变小鼠的卵巢中保留卵母细胞（Rajkovic et al., 2004）。通过对新生儿卵巢（在生殖细胞显著损耗之前）基因表达的研究揭示一些基因的 mRNA 优势表达于卵母细胞，如 *Mos*、*Oct4*、*Rfpl4*、*Fgf8*、*Zar1*、*Dnmt1o*、*Gdf9*、*Bmp15* 及 *H1oo* 基因在 *Nobox* 敲除小鼠的卵巢中表达降低；一些基因参与生殖细胞迁移（*Kitl* 和 *Kit* 基因）、细胞凋亡（*Bcl2*、*Bcl2l2*、*Casp2* 及 *Bax* 基因）及减数分裂（*Mlh1* 和 *Msh5* 基因），这些基因在野生型和 *Nobox* 敲除小鼠的卵巢中表达量相似（Rajkovic et al., 2004）。此外，*Nobox* 通过高亲和力结合于预测的 *Nobox* 结合元件，调控小鼠 *Gdf9* 和 *Oct4* 基因转录活性（Choi & Rajkovic, 2006a）。以上结果表明 *Nobox* 基因是卵泡生成过程中重要的转录调控因子，直接或间接调控卵母细胞中部分基因的表达，其中有部分基因参与调控卵子发生和早期胚胎形成。

牛卵巢和早期胚胎中，*Nobox* 基因以短暂的细胞特异性方式表达（Tripurani et al., 2011）。*Nobox* 基因 mRNA 特异性地表达于牛卵巢组织，早在妊娠 100 天的胎牛卵巢中表达（当初级卵泡开始形成时），高表达于妊娠后期胎牛卵巢。Nobox 蛋白被特异性定位于牛卵母细胞中，在卵泡生成整个过程中均存在。*Nobox* 基因及蛋白在生发泡、卵母细胞第二次减数分裂、原核期、2-细胞及 4-细胞分裂时期的胚胎中高表达，但其蛋白质的免疫染色强度在 8-细胞阶段减弱，在桑椹胚和囊胚阶段几乎检测不到（Tripurani et al., 2011）。在含有转录抑制剂 α-鹅膏毒肽的培养基中培养胚胎，揭示 *Nobox* 基因为母系起源，其 mRNA 存在于早期胚胎中。

除了牛卵泡生成调控的功能推测之外，研究（Tripurani et al., 2011）发现卵母

细胞起源的 *Nobox* 在早期胚胎中也起到重要作用（图 6.1）。

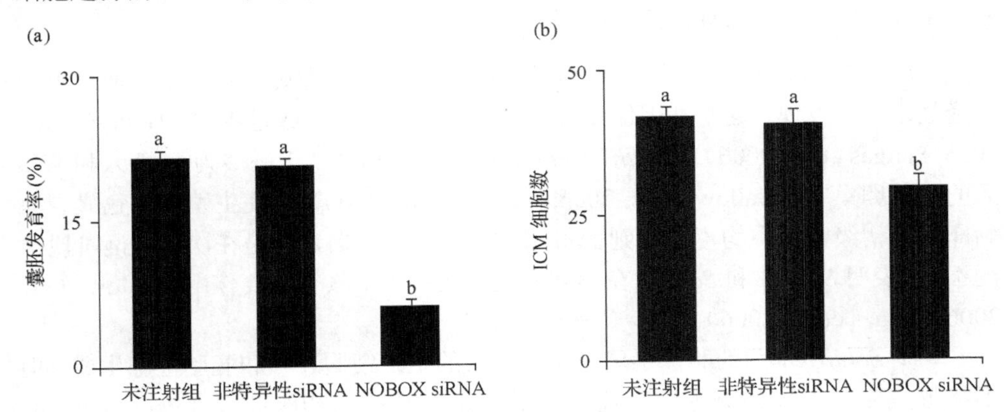

图 6.1 RNAi 介导的 *Nobox* 基因缺失对牛早期胚胎发育和囊胚细胞分配过程的影响

（a）胚胎发育至囊胚阶段（第 7 天）的比例。（b）受精 7 天后发育至囊胚阶段的 Nobox siRNA 胚胎和对照组胚胎内细胞团细胞（inner cell mass cell，ICM）数目。未注射胚胎和注射非特异性 siRNA 的胚胎用于对照。数据以 4 个重复的平均值±标准误表示，每个处理每个重复包含 25～30 个受精卵。处理间不同的字母代表差异显著（$P<0.05$）（Tripurani et al., 2011）。

毫无疑问，传统的基因打靶技术促使我们对卵母细胞发育过程中不同基因的功能有了更深入的理解。然而，由于卵巢中卵泡发育受阻、早期胚胎基因组激活（约 1-细胞阶段，而每次排一个卵的物种如牛和灵长类，约在 8-细胞阶段）等原因，早期胚胎形成过程中一些关键的卵母细胞特异基因的功能在小鼠模型中未检测到。细胞质显微注射双链 RNA 至 1-细胞胚胎中，可导致着床前胚胎发育后期的靶基因产物耗尽，采用传统的基因打靶技术无法获得揭示早期胚胎生成过程中基因功能的重要信息。

通过创建 siRNA 干扰早期胚胎中 *Nobox* 基因表达，发现 *Nobox* 基因是胚胎发育至囊胚期所必需的（图 6.1a）。早期胚胎中 *Nobox* 基因缺失引起胚胎基因组激活过程中与转录调控、信号转导及细胞周期调节相关基因表达量的显著下调，表明 *Nobox* 基因直接或间接影响与早期发育相关的胚胎基因组关键基因表达的上调。并且，早期胚胎 *Nobox* 基因缺失降低全能基因（*Pou5f1/Oct4* 和 *Nanog* 基因）的表达。胚胎中的一些内细胞团发育至囊胚期（图 6.1b），表明 *Nobox* 基因在调控牛囊胚多能性基因和细胞配置过程中有重要作用（Tripurani et al., 2011）。研究（Tripurani et al., 未发表数据）表明，早期胚胎中 *Nobox* 基因表达受一个特异的 miRNA 调控。同样在小鼠模型和牛模型中得出的结果也表明，*Nobox* 基因可能成为卵泡生成和早期胚胎发育过程中维持基因表达的一个重要的转录因子。研究也发现，卵母细胞起源的转录因子 *Nobox* 和 *Figla* 基因在早期胚胎中的表达量上调，对牛胚胎基因组激活和正常早期胚胎发育有显著的重要作用。

6.2.3 精子、卵子发生特异性碱性螺旋-环-螺旋 1 和 2 基因和 LIM 同源结构域转录因子 8（*Sohlh1*、*Sohlh2* 及 *Lhx8*）

Sohlh1 和 *Sohlh2* 编码生殖细胞特异的碱性螺旋-环-螺旋转录因子。通过电子克隆技术研究发现，这些基因优先表达于小鼠早期卵泡生成过程中（Ballow et al., 2006; Pangas et al., 2006）。*Sohlh1* 和 *Sohlh2* 基因分别表达于胚龄为 15.5 天和 13.5 天的胚胎卵巢中（Ballow et al., 2006; Pangas et al., 2006）。在生殖细胞包囊、原始卵泡及初级卵泡中均可检测到 Sohlh1 和 Sohlh2 蛋白，但是在次级卵泡阶段检测不到，表明 *Sohlh1* 和 *Sohlh2* 在早期卵泡生成过程中具有重要作用（Ballow et al., 2006; Pangas et al., 2006）。

缺少 *Sohlh1* 基因的雌性小鼠表现出正常的生殖细胞迁移和胚胎性腺生成，但不能形成完整的原始卵泡，因而不能进一步发育成为初级卵泡（Pangas et al., 2006）。小鼠卵巢中敲除 *Sohlh1* 基因后，*Figlα* 基因及其靶基因 *Zp1* 和 *Zp2* 的表达量均显著降低（Pangas et al., 2006），*Nobox* 基因表达量也降低至 1/4 左右。另外，*Nobox* 敲除小鼠卵巢中卵母细胞特异基因下调，这也同时出现在 *Sohlh1* 敲除的卵巢中，表明 Nobox 通路在 *Sohlh1* 突变小鼠中被破坏，*Sohlh1* 基因表达量下调也会影响 *Nobox* 基因的功能（Pangas et al., 2006）。

用芯片分析 *Sohlh1* 敲除的小鼠卵巢，发现 LIM 同源结构域转录因子 8（LIM homeodomain transcription factor 8, *Lhx8*）基因下调（Pangas et al., 2006）。*Lhx8* 基因优先表达于睾丸和卵巢，定位于生殖细胞包囊和原始卵泡、初级卵泡及有腔卵泡的卵母细胞中（Pangas et al., 2006）。早在胚龄 13.5 天可检测到 *Lhx8* 基因，在模拟胚胎卵巢中可检测到 *Sohlh1* 基因的表达（Pangas et al., 2006）。小鼠卵巢敲除 *Lhx8* 基因，原始卵泡不能发育成为生长卵泡（Choi et al., 2008a）。卵母细胞特异基因如 *Nobox*、*Gdf9*、*Oct4* 及 *Zp3*，均异常表达于 *Lhx8* 基因敲除的小鼠卵巢中（Choi et al., 2008a）。而且染色质免疫沉淀和萤光素酶报告研究揭示，*Sohlh1* 结合于 *Lhx8*、*Nobox*、*Zp1* 及 *Zp3* 基因临近启动子区的保守的 E 盒元件上（Pangas et al., 2006）。*Sohlh1* 和 *Lhx8* 是主要的卵母细胞转录因子，参与卵泡生成过程，*Sohlh1* 基因是 *Lhx8*、*Figlα* 及 *Nobox* 基因的上游调控基因。

雌性小鼠 *Sohlh2* 缺失会增加产后卵巢中卵母细胞丢失，引起不孕不育现象（Choi et al., 2008b）。*Sohlh2* 敲除鼠能够形成原始卵泡，但限制卵母细胞生长，周围的颗粒细胞不能分化形成柱状或多层结构（Choi et al., 2008b）。另外，*Sohlh2* 和 *Sohlh1*（Choi et al., 2008b）缺乏会影响卵母细胞中一些基因（*Nobox*、*Figlα*、*Gdf9*、*Pou5f1*、*Zp1*、*Zp3*、*Oosp1*、*Nlrp14*、*H1foo*、*Stra8* 及 Sohlh1）的表达，表明 *Sohlh1* 和 *Sohlh2* 基因参与相同的通路，直接或间接地调控彼此的表达。*Sohlh1* 和 *Sohlh2* 是否以异二聚体的形式来影响卵母细胞发育和存活尚不清楚。以上结果

表明 *Sohlh1* 和 *Sohlh2* 对早期卵泡形成发育及卵母细胞存活过程有重要作用，且发挥着不同的功能（Choi et al., 2008b）。

目前没有关于 *Sohlh1*、*Sohlh2* 及 *Lhx8* 基因在牛卵母细胞和早期胚胎中表达量研究的报道。这些转录因子是否也会作用于牛早期胚胎的正常发育，并协助调控与胚胎基因组激活一致的基因表达水平的变化，将可能成为令人感兴趣的研究领域。

6.2.4　卵母细胞特异性同源框基因家族（*Obox*）

卵母细胞特异性同源框基因家族（*Obox*）被称为第一个同源框基因家族，优先表达于小鼠成年生殖细胞（Rajkovic et al., 2002; Cheng et al., 2007）。利用电子克隆技术，在成年小鼠生殖细胞中发现了 *Obox1* 和 *Obox2* 基因（Rajkovic et al., 2002）。*Obox1* 和 *Obox2* 基因编码同源结构域蛋白，含 97%的序列相似性（Rajkovic et al., 2002）。BACs 文库核苷酸序列分析编码 *Obox1* 和 *Obox2* 基因，BLAST 搜索公开的小鼠基因组数据库，发现了同源基因 *Obox3*、*Obox4*、*Obox5* 及 *Obox6*。采用 Northern blot 结合 RT-PCR 方法揭示出其中 5 个 *Obox* 基因优先表达于卵巢中（Rajkovic et al., 2002）。电子克隆分析 *Obox1* 和 *Obox6* 基因，发现其特异表达于整个卵泡发育过程的卵母细胞中（Rajkovic et al., 2002）。小鼠敲除 *Obox6* 基因，胚胎发育正常且能孕育，表明该基因并不是生育不可或缺的（Cheng et al., 2007）。然而其他 *Obox* 基因家族成员在小鼠中的功能目前还不清楚，牛卵母细胞和早期胚胎中也没有 *Obox* 基因的相关研究。*Obox6* 基因敲除小鼠缺少表型，表明 *Obox* 基因家族成员存在潜在的功能冗余现象，但关于这些基因的表达分析及其在牛早期胚胎生成过程中的作用的进一步研究成为当前比较迫切的课题。

6.2.5　无精子症（*Dazl*）基因

无精子症（*Dazl*）基因是 Daz 家族成员之一，特异性地表达于生殖细胞。*Daz* 基因家族成员的蛋白质产物含有高度保守的 RNA 结合基序和一个特异的 Daz 重复（Yen, 2004）。在人类和小鼠中，*Dazl* 基因在睾丸和卵巢中均表达（Cooke et al., 1996; Ruggiu et al., 1997; Brekhman et al., 2000）。*Dazl* 敲除小鼠胎儿时期出现卵母细胞丢失（McNeilly et al., 2000）和卵泡结构不完整现象，但卵巢含有一些细胞能够产生雌二醇和抑制素。通过与 PABP 结合蛋白互作，小鼠 Dazl 蛋白调控生殖细胞蛋白翻译（Collier et al., 2005; Padmanabhan & Richter, 2006），在生殖细胞发育过程中维持细胞多能性，维持表观修饰（epigenetic modification）作用（Haston et al., 2009）。

在其他物种中也报道了有关卵母细胞 *Dazl* 基因表达和功能的研究。牛 *Dazl* 基因特异表达于睾丸和卵巢，在精子生成过程中有重要作用（Liu et al., 2007;

Zhang et al., 2008）。在猪卵泡生成和卵母细胞成熟的整个过程中，*Dazl* 基因和蛋白质均表达于卵母细胞中（Liu et al., 2009）。此外，一些已知能促进卵母细胞成熟和发育的因子，如胶质细胞源性神经营养因子（glial cell line derived neurotrophic factor, GDNF）、表皮生长因子（EGF）及促卵泡素（FSH），均能够引起不同大小的有腔卵泡起源的卵母细胞体外成熟过程中 *Dazl* 基因的表达量增加。这一结果表明，这些因子在促进 *Dazl* 基因表达过程中有重要作用，很可能影响卵母细胞成熟和胚胎发育过程关键蛋白转录水平的调控（Liu et al., 2009）。有趣的是，在人类囊胚中，*Dazl* 基因仅在品质好的囊胚中被检测到（Cauffman et al., 2005），表明 *Dazl* 基因可作为囊胚质量评价的生物标记，潜在影响胚胎存活和移植。其他物种中有关 *Dazl* 基因的研究结果表明，该基因在生殖细胞分化、卵泡生成及卵母细胞成熟过程中有重要作用。翻译调控机制在母源-胚胎过渡期间具有重要作用（Bettegowda & Smith, 2007），故进一步研究 *Dazl* 基因与牛卵母细胞发育能力之间的联系具有重要意义。

6.2.6 Y 框蛋白 2（Msy2）

Y 框蛋白（Y box protein, Msy）是多功能蛋白，涉及翻译调控；通过调控使翻译稳定，并阻止特异 mRNA 翻译。另外，通过与细胞支架蛋白互作，一些成员也涉及亚细胞定位或 mRNA 运输（Matsumoto et al., 1996; Sommerville & Ladomery, 1996; Ruzanov et al., 1999）。Y 框蛋白 2（Y box protein 2, Msy2 或 Ybx2）是一个生殖细胞特异性 DNA 或 RNA 结合蛋白，也是冷休克蛋白大家族中的成员之一，其蛋白质序列从细菌到人类相对保守（Wolffe et al., 1992）。Msy2 含有冷休克结构域，该结构在所有 Y 框蛋白中高度保守；还包含 4 个碱性/芳香族氨基酸岛，与其他已知的生殖系 Y 框蛋白紧密相关，如非洲爪蟾蜍的 Frgy2（Tafuri & Wolffe, 1990）和金鱼的 Gfyp2（Katsu et al., 1997）。*Msy2* 基因特异地表达于卵巢中双线期和成熟的卵母细胞中（Gu et al., 1998）。小鼠成熟的卵母细胞中，总蛋白中约 2%是由 Msy2 组成的；但在受精后，该蛋白约在 2-细胞期完全降解。缺少 *Msy2* 基因的雌鼠产生不孕现象，是卵母细胞丢失、停止排卵和多个卵泡缺陷等原因引起的（Yang et al., 2005）。而且，转基因的 RNAi 介导的 *Msy2* 基因下调导致卵母细胞成熟过程中细胞内 Ca^{2+} 振荡（Ca^{2+} oscillation）、染色质形态、减数分裂纺锤体形成（spindle formation）及蛋白质合成异常（Yu et al., 2004）。总之，小鼠中卵母细胞的存活、卵泡发育及生育能力离不开 Msy2，推测该基因通过 mRNA 稳定性和翻译后的调控作用于卵母细胞发育和存活。

牛卵母细胞中 *Msy2* 基因的表达量显著低于生长卵泡中的表达量，表明该基因对卵母细胞发育能力有重要作用（Lingenfelter et al., 2007）。牛胚胎中 *Msy2* 基因的表达模型（Vigneault et al., 2004）与小鼠相似，在牛胚胎基因组激活后（8-

细胞阶段）表达量降低，甚至检测不到。*Msy2* 基因短暂的表达模式表明，该基因在早期胚胎发育的初始阶段特别是在牛上有重要作用（Yu et al., 2001; Yu et al., 2002; Vigneault et al., 2004）。然而，*Msy2* 基因在早期胚胎发育过程中起关键作用尚缺乏直接证据。

6.2.7　胞质多腺苷酸结合蛋白 1（Cpeb1）

Cpeb 是一个具有 RNA 识别基序（RNA recognition motif, RRM）和锌指结构特异的 RNA 结合蛋白，广泛存在于脊椎动物和无脊椎动物中（Richter, 2007）。Cpeb 蛋白通常是指 Cpeb1。*Cpeb1* 基因调控 mRNA 翻译，通过其活性影响配子生成和早期发育（Mendez & Richter, 2001; Tay et al., 2003; Racki & Richter, 2006）。*Cpeb1* 敲除的成年雌性小鼠的卵巢缺少卵母细胞，而妊娠中期胚胎的卵巢含有卵母细胞，发育至粗线期由于缺少蛋白组件 SCP1 和 SCP2 而导致卵母细胞丢失，同时，*SCP1* 和 *SCP2* 是 *Cpeb1* 基因的靶基因，对联会复合体的形成至关重要（Tay & Richter, 2001）。此外，为了评估卵母细胞发育过程 *Cpeb1* 基因的功能，采用转基因小鼠进一步做研究，小鼠中含有针对 *Cpeb1* 基因的短发夹 RNA（short hairpin RNA, shRNA）受透明带糖蛋白 3（zona pellucida 3, *Zp3*）基因启动子的控制，该基因在粗线期之后转录（Racki & Richter, 2006）。*Zp3-Cpeb1* shRNA 转基因小鼠的卵母细胞不能正常生长，卵巢中出现孤雌生殖细胞减数分裂现象，产生异常的极体，从堆积的颗粒细胞层中分离，出现纺锤丝和核异常。卵泡发育也受到内容物的影响，出现了凋亡的颗粒细胞（Racki & Richter, 2006）。另外，*Cpeb1* 基因结合于 RNA 转录本，以调控卵母细胞中表达的重要基因（Racki & Richter, 2006），*Cpeb1* 敲低的卵母细胞中 *Gdf9* 基因表达量降低，其中 *Gdf9* 基因是决定卵泡发育的重要基因。

牛卵母细胞中有关 *Cpeb1* 基因表达的研究已有报道。*Cpeb1* 基因定位于卵母细胞细胞质，在第一次减数分裂前期至中期过渡时被高度磷酸化。大多数 *Cpeb1* 基因在牛卵母细胞第二次减数分裂期间降解，当存在减数分裂抑制剂如核抑制剂时，则会抑制 *Cpeb1* 基因降解（Uzbekova et al., 2008）。与 *Msy2* 和 *Daz1* 敲除动物一样，*Cpeb1* 基因敲除或敲低都会影响翻译调控机制和特异分子介质对卵母细胞发育及发育能力获得的调控。目前还没有关于 *Cpeb1* 基因在早期牛胚胎中表达的研究报道，但母系起源的 *Cpeb1* 基因在牛母源-胚胎过渡受精后翻译调控中似乎不太可能起作用，伴随着牛卵母细胞发育至第二次减数分裂中期，*Cpeb1* 基因降解。

6.3　早期胚胎发育需要特定的母系卵母细胞起源因子

在许多物种中，早期胚胎发育是在受精后发生的重要发育时段（Schultz et al., 1999），包括将母源 RNA 替代为合子 RNA、浓缩、第一次分化成内细胞团、滋养外胚层及胚胎着床的过程。

首先从时间顺序上，最重要的是母体至胚胎的发育转移（图 6.2），被定义为胚胎发育期间的时间周期；胚胎发育起始于受精，在早期胚胎形成过程中受卵母细胞起源的调控因子的调控及胚胎基因组产物的调控（Bettegowda et al., 2008a）。小鼠胚胎基因组激活发生在 2-细胞期，在人类、大鼠及猪中发生在 4-细胞期，在牛和绵羊中发生在 8～16-细胞期（Telford et al., 1990）。牛胚胎中，转录早在 1-细胞期起始，被称为"小基因组激活"（Memili & First, 1999），但"小基因组激活"的重要性目前还不清楚。发育至 8-细胞期并不依赖于新的转录谱，当胚胎培养于有转录抑制剂的培养液中，发育仍能继续。有研究运用芯片技术、基因敲除及RNAi技术，证实了在卵子生成过程中被转录和储存的许多母体效应基因（*Filia*）产物介导了几个重要的母源-胚胎过渡（maternal-to-embryonic transition, MET）的功能（Wianny & Zernicka-Goetz, 2000; Paradis et al., 2005; Cui et al., 2007; Sun et al., 2008; Schultz, 2002; Li et al., 2010）。首先是母源 mRNA 和蛋白质的移除。其次是促进母系和父系基因组的重编程，从一个被抑制的染色质状态转变为有用的转录本。最后，母源调控因子的第三个功能是胚胎基因组的激活。这些调控因子也介导受精后最初的细胞分裂过程。

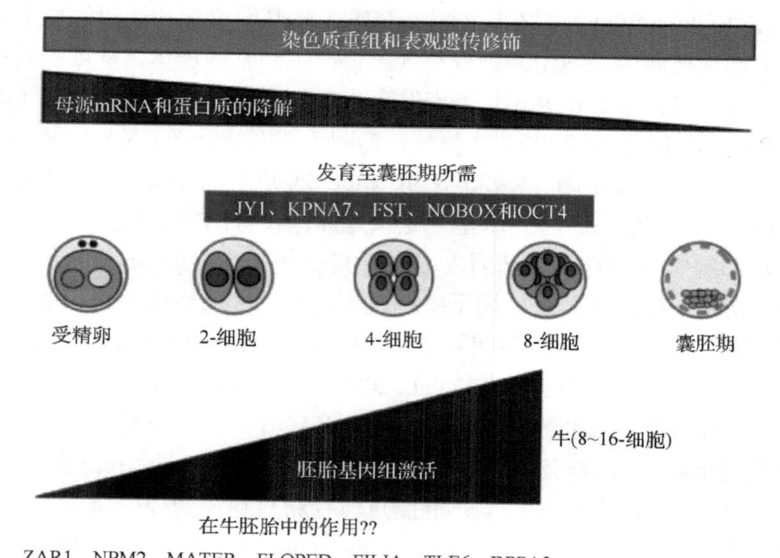

图 6.2　牛母源-胚胎过渡及随后早期胚胎发育过程中卵母细胞源性调控子和调控活动（彩图请扫封底二维码）

上述提及的小鼠中发育过渡期通过转录因子（*Hsf1*、*Bnc1*、*Ctcf*、*Oct4* 及 *Sox2*）、染色质重塑因子（*Ube2a*、*Npm2*、*Trim24*、*Smarca4* 及 *Brwd1*）、DNA 甲基化酶

（*Dntm1*、*Dppa3* 及 *Zfp57*）、母源因子降解相关基因（*Dicer1*、*Ago2* 及 *Atg5*）及着床前发育相关基因[*Zar1*、*Mater*（*Nlrp5*）、*Floped*、*Padi6* 及 *Filia*]间精确的表达调控实现。然而，以下仅讨论在卵母细胞中特异性表达且参与早期胚胎发育的基因（*Mater*、*Floped*、*Zar1*、*Npm2*、*Dppa3* 及 *Oct4*）。

6.3.1　胚胎必需的母体抗原（*Mater*）

胚胎必需的母体抗原（maternal antigen that embryos require, *Mater*）作为一种与小鼠自身免疫性卵巢炎相关的抗原，在早熟卵巢自身免疫功能丧失过程中有重要功能（Tong & Nelson, 1999）。随后有研究表明 *Mater* 在早期胚胎发育中有重要作用。*Mater* 基因是单拷贝基因，特异表达于卵子发生的生殖细胞中，在胚胎早期卵裂期存在，而在一些物种的囊胚期几乎检测不到（Tong et al., 2002; Pennetier et al., 2004; Tong et al., 2004; Pennetier et al., 2006; Ma et al., 2009）。*Mater* 敲除的小鼠卵泡发生过程正常，排卵的卵母细胞具有受精能力（Tong et al., 2000）。虽然产生的受精卵能够完成第一次卵裂，但随后的发育停滞在 2-细胞阶段，并产生纯合子雌性不育表型（Tong et al., 2000）。缺少 *Mater* 基因的胚胎在发育的 1 至 2-细胞期 RNA 转录本表达量降低。然而，缺少 *Mater* 基因的 2-细胞期胚胎能够合成转录谱所需的复合体，表明 *Mater* 基因并不是胚胎基因组激活起始过程的关键基因（Tong et al., 2000）。

Li 等（2008）发现母源效应因子复合体（subcortical maternal complex, SCMC）在卵母细胞生长期间聚集，是合子经过第一次卵裂继续生长发育的基础。在胚胎卵裂期间，SCMC 被排除在细胞与细胞接触的区域，至桑椹胚和囊胚阶段隔离至外层细胞。这一复合体至少由 4 个母源编码的蛋白质组成：Floped、Mater 及 Tle6 相互作用，Filia 独立地结合于 Mater 上（母体效应基因）（Li et al., 2008）。最初 Filia 被认为是 Mater 的结合伴侣并优势表达于生长期卵母细胞（Ohsugi et al., 2008）。Filia 和 Mater 共同定位至卵母细胞的亚皮质部，Filia 的稳定性依靠 Mater 的存在（Ohsugi et al., 2008）。另外，母源储存的 *Filia* 表达量减少会影响胚胎发育时的着床，由于纺锤体的异常组装、染色体排列混乱及纺锤体组装检查点（spindle assembly checkpoint, SAC）失活等原因导致非整倍体的高频出现（Zheng & Dean, 2009）。

有研究表明 *Mater* 也是牛卵母细胞特异的母源效应基因。*Mater* 基因及其蛋白质表达始于牛初级卵泡的卵母细胞中（Pennetier et al., 2006）。*Mater* 基因在减数分裂成熟期表达量降低，经过初次卵裂，在牛胚胎的桑椹期及囊胚期几乎检测不到；而 Mater 蛋白持续表达至囊胚期（Pennetier et al., 2006）。在牛卵母细胞和早期胚胎发育过程中，*Mater* 基因及其结合伴侣 *Filia* 潜在的功能并不清楚。然而，采用两个已建立的模型（初情期前的牛犊和亮甲酚蓝染色）来研究牛卵母细胞发育能力的降低，未观察到 *Mater* 基因表达丰度与卵母细胞质量之间的任何联系（Mota et al., 2010; Romar et al., 2011）。SCMC 的存在及牛早期胚胎中 *Filia* 和 *Mater* 基因的作用有待进一步探究。

6.3.2 母源效应因子复合体特异性胞质蛋白（Floped）

通过筛选正常和 *Figlα* 基因敲除小鼠卵巢的 SAGE 库，发现母源效应因子复合体特异性胞质蛋白（factor located in oocyte permitting embryonic development, Floped）基因特异地表达于卵巢中，并受限于生长的卵母细胞中（Li et al., 2008）。在早期胚胎发育过程中，*Floped* 基因表达于 1-细胞阶段，但从 2-细胞发育至囊胚阶段则很难检测到。雌性 *Figlα* 敲除鼠没有生殖能力，但卵巢的组织学切片正常，卵泡生成和卵子发生过程正常（Li et al., 2008）。*Figlα* 突变鼠的卵母细胞能够受精，重新恢复正常的 1-细胞合子状态。然而，1-细胞至 2-细胞阶段的生长则被延迟，胚胎中的卵裂球通常呈现大小不等的细胞，且细胞之间的接触区变得细长（Li et al., 2008）。

如上所述，Mater、Tle6 和 Filia 可被确定为 Floped 和 SCMC（母源效应因子复合体）构件的潜在组成成分（Li et al., 2008）。*Tle6* 是果蝇 *Groucho* 基因的哺乳动物同系物，属于 Groucho/Tle 超家族的转录阻遏物，在一系列发育过程中起关键作用（Bajoghli, 2007）。*Tle6* 主要在卵巢中表达，类似于 *Floped* 和 *Mater*（Li et al., 2008）。*Floped* 缺失突变体动物的卵母细胞中没有 SCMC，也缺少 *Mater*、*Tle6* 和 *Filia* 皮质下定位。*Mater* 缺失突变小鼠中也发现了皮质下 *Tle6*、*Filia* 和 *Floped* 的缺失，表明 SCMC 的存在依赖于 *Floped* 和 *Mater* 的存在（Li et al., 2008）。4 个基因相似的表达模式、4 种同源蛋白的物理互作及它们共作用于 *Floped* 和 *Mater* 突变雌鼠的不育表型，表明 SCMC 的存在是胚胎着床前卵裂球发育早期阶段所必需的。上述基因功能作用的比较研究及 SCMC 在牛早期胚胎发生中的鉴定与功能均值得深入研究，可阐明在早期胚胎发生过程中母效基因潜在的物种特异性。

6.3.3 合子阻滞因子 1（*Zar1*）

通过消减杂交和 cDNA 文库筛选的方法，在小鼠中鉴定出了合子阻滞因子 1（zygote arrest 1, *Zar1*）（Wu et al., 2003a）。*Zar1* 的 mRNA 和蛋白质优先在卵泡发育过程中的卵母细胞中表达，并在 1-细胞期持续表达，但在 2-细胞期显著减少，4-细胞至囊胚期内缺失（Wu et al., 2003a）。*Zar1* 的同源序列分别在人、大鼠、青蛙、斑马鱼、牛、羊和鸡上已被鉴定出来（Wu et al., 2003b; Brevini et al., 2004; Bebbere et al., 2008; Michailidis et al., 2010）。*Zar1* 敲除小鼠表现出正常的卵巢发育、卵泡发育；缺乏 *Zar1* 的鸡蛋具有正常受精能力（Wu et al., 2003a）。然而，与

Mater 缺失胚胎相比，*Zar1* 缺失胚胎发育停滞在 1-细胞期（Wu et al., 2003a）。对发育停滞的胚胎进一步分析表明，在 *Zar1* 缺失合子中，母系和父系基因组仍然被分离在离散的原核中；因此，这两个单倍体基因组并没有结合，导致不完全受精（incomplete fertilization）（Wu et al., 2003a）。尽管含有一个植物同源结构域（plant homeodomain, PHD），但 *Zar1* 在细胞质中没有基因调控功能，且其在胚胎中的缺失不会影响与胚胎基因组激活相关的转录所需复合体的合成。然而，与 *Zar1* 调控受精和早期胚胎发生有关的机制及潜在的互作蛋白尚未被确定（Wu et al., 2003a）。

RT-PCR 研究表明，*Zar1* 在牛体内的表达具有性腺特异性，并且出现于早期胚胎中（Uzbekova et al., 2006）。据研究所知，有关 *Zar1* 在牛早期胚胎正常发育过程中的功能尚未见报道。然而，*Zar1* mRNA 在初情期动物的卵母细胞中（质量差的卵母细胞模型）的表达丰度比成年动物卵母细胞中的表达丰度低（Romaret al., 2011）。因此，*Zar1* 在牛早期胚胎发育过程中潜在的功能值得深入研究。

6.3.4 核质蛋白 2（Npm2）

核伴侣的核质蛋白（nucleoplasmin, Npm）家族有三个成员：Npm1、Npm2 和 Npm3（Frehlick et al., 2007）。这些蛋白质含有一个保守的 N 端抗蛋白酶核心域、一个经典的二分核定位信号区和一个 C 端结构域，家族成员之间包含至多两个可变长度的附加氨基酸区（Frehlicket al., 2007）。Npm1 和 Npm3 在不同组织中均表达（Frehlick et al., 2007）。Npm2 是一种卵母细胞特异的核蛋白，与组蛋白结合，介导 DNA 和组蛋白组装形成核小体（Laskey et al., 1978）。它还与精子核结合蛋白（sperm nuclear binding protein, SNBP）结合，以促进受精后父系染色质去凝聚和重构（Philpott et al., 1991; Philpott & Leno, 1992）。在小鼠中，Npm2 转录本只存在于卵母细胞和早期胚胎中，但在囊胚期几乎无法检测到（Burns et al., 2003）。然而，Npm2 蛋白在小鼠囊胚期是表达的（Vitale et al., 2007）。

雌性 *Npm2* 敲除小鼠生育力低下，甚至不育（Burns et al., 2003）。*Npm2* 敲除鼠的卵子发生和卵泡发育正常，但卵母细胞中 DNA 无定形，呈非凝聚状松散分布在核仁周围，但这一缺陷并不影响卵母细胞生长至第二次减数分裂中期直至排卵（Burns et al., 2003）。然而，缺乏 *Npm2* 的胚胎则表现出发育停滞。虽然在没有 *Npm2* 基因的情况下，精子 DNA 的去凝集过程仍然可以继续，但发生在卵母细胞和早期胚胎细胞核中的异常现象非常明显（Burns et al., 2003）。这些缺陷包括聚合核仁结构的缺乏、异染色质及去乙酰化组蛋白 H3 的丢失，通常能限制卵母细胞和早期胚胎细胞中的核仁发育（Burns et al., 2003）。在 *Npm2* 缺陷胚胎中，由于异染色质的缺失导致最终未能进行有丝分裂，其调控机制尚不清楚。

在牛中，*Npm2* 的表达仅限于卵巢，并在生发泡和第二次减数分裂中期卵母细胞中大量表达。在卵裂早期的胚胎中，*Npm2* 转录丰度下降，在桑椹胚和囊胚中几乎检测不到（Lingenfelter et al., 2007b）。虽然牛早期胚胎发生过程中对 *Npm2* 的功能需求未知，但与生长优势卵泡的卵母细胞相比，牛 *Npm2* 基因在持久优势卵泡卵母细胞（卵母细胞质量较差的模型）中的表达显著降低，这表明 *Npm2* 转录丰度与卵母细胞发育能力（oocyte competence）相关（Lingenfelter et al., 2007a）。此外，在牛 *Npm2* 转录本的 3′UTR 区还发现了一个保守的 microRNA（miRNA-181a）结合位点。转染实验表明，表达牛 miR-181a 的 HeLa 细胞中 *Npm2* 蛋白的表达明显低于对照组，说明 miR-181a 抑制了 *Npm2* 的翻译（Lingenfelter et al., 2007b）。阐明母体 *Npm2* 在牛早期胚胎发生中的作用，以及作为卵母细胞发育能力的决定因素，值得进一步研究。

6.3.5　发育多能性相关蛋白 3（Dppa3）

用改进的 SAGE 方法对小鼠原始生殖细胞和胚胎干细胞中基因的表达模式进行研究，发现了发育多能性相关蛋白 3（developmental pluripotency associated 3, Dppa3，又称为 Stella 和 Pgc7）（Sato et al., 2002）。其特异性表达于原始生殖细胞、卵母细胞、植入前胚胎及多能干细胞中（Sato et al., 2002）。在早期胚胎发育过程中，在受精卵形成后不久，尽管在细胞质中能检测到 Dppa3，但其主要是在原核中积累（Payer et al., 2003）。Dppa3 在细胞质和细胞核中的着色在卵裂过程中持续进行，直到囊胚期为止。此时 Dppa3 被下调，直到它重新出现在原始生殖细胞中（Sato et al., 2002; Payer et al., 2003）。Dppa3 蛋白含有一个保守的类 SAP 结构域，被认为参与形成染色体结构（Aravind & Koonin, 2000）；还包含一个类剪切因子模体结构。缺少 *Dppa3* 的雌性小鼠表现出严重的生育能力下降。不含母源 *Dppa3* 的胚胎在植入前发育时会受到影响，很少能够到达囊胚期（Payer et al., 2003）。综上所述，*Dppa3* 是小鼠早期胚胎发生过程的重要调节因子。

在牛中，发现了 *Dppa3* 的两个突变体。突变体 1 存在于睾丸、卵巢和卵母细胞中，而突变体 2 仅存在于卵母细胞中（Thélie et al., 2007）。胚胎植入前期的表达分析表明，*Dppa3* 存在于早期胚胎中，且很可能是母源性的（Thélie et al., 2007），但 *Dppa3* 在牛早期胚胎发育过程中的作用尚未确定。

6.3.6　八聚体结合转录因子 4（Oct4）

八聚体结合转录因子 4（octamer binding transcription factor 4, Oct4）是 POU 结构域（Pit, Oct, Unc domain）转录因子家族成员，通过结合至包含一个八聚体 DNA 序列基序的顺式作用元件来激活或抑制靶基因的表达（Ovitt & Scholer, 1998）。关于 *Oct4* 在胚胎干细胞自我更新和多能性维持中的作用研究得比较清楚（Boyer et al., 2006; Lengner et al., 2008; Pei, 2009）。*Oct4* 在小鼠卵母细胞和胚胎中呈动态表达模式，其在卵子发育和卵泡发育过程中均表达（Ovitt & Schooler,

1998）。母源 *Oct4* 基因 RNA 和蛋白质存在于受精的卵母细胞，直到 2-细胞期，合子 *Oct4* 基因的表达始于 4～8-细胞期（Ovitt & Schoer, 1998）。*Oct4* 缺失小鼠的胚胎能发育到囊胚期，但这些胚胎的内细胞团细胞（inner cell mass cell, ICM）并不具有多能性，导致在胚胎植入前死亡（Nichols et al., 1998）。此外，在缺少真正的内细胞团的情况下，滋养层细胞在 *Oct4* 缺少的胚胎中不会继续增殖（Nichols et al., 1998）。*Oct4* 介导的 *Fgf4* 表达提供了一个旁分泌信号，该信号将外部的胚胎滋养层扩张与胚胎原基发育连接在一起。

综上所述，胚胎 *Oct4* 的表达在促进哺乳动物胚胎内多能细胞层的形成和滋养外胚层的扩张中起着关键作用（Nichols et al., 1998）。然而，向小鼠 1-细胞期胚胎内显微注射 *Oct4* 反义寡核苷酸，揭示出母源 *Oct4* 在早期胚胎发生中起着关键的作用。该研究的结果表明，母源 *Oct4* 为早期胚胎发育所必需，通过调控基因编码转录和转录后的调控因子，早在 2-细胞期胚胎基因组激活过程中发挥关键作用（Foygel et al., 2008）。因此，转录因子 *Oct4* 是小鼠早期胚胎发育的主要调控因子。

牛卵母细胞和早期胚胎发育过程中 *Oct4* 短暂的表达与人和小鼠相似。牛 *Oct4* 基因的转录本在卵母细胞中处于较低水平；在合子基因组激活后不久就会增加，随后急剧增加到密集的程度（van Eijk et al., 1999; Kurosaka et al., 2004）。此外，在牛胚胎中注射双链 RNA（RNAi）选择性降解 *Oct4*，导致牛囊胚内细胞团数量显著减少（Nganvongpanit et al., 2006）。Tripurani 等（2011）的研究结果表明，卵母细胞来源的 *Nobox* 是胚胎基因组激活后 *Oct4* 合子表达的重要调控因子。总之，*Oct4* 在牛囊胚期发育中具有重要的作用，但特异的 *Oct4* 靶基因成为早期胚胎发育的关键，牛母源和胚胎源的 *Oct4* 的功能对比值得继续研究。

6.4 牛卵母细胞发育能力和早期胚胎发生的功能基因组学研究：新中介的识别

上述资料表明，通过小鼠基因打靶研究的确切成果，加深了我们对早期胚胎发生过程中卵母细胞源的转录水平调控和转录后调控子功能的深入理解，并且也很有必要在诸多领域开展牛模型系统的互补性比较研究。然而，在胚胎基因组激活和完成母源-胚胎过渡所需的细胞周期数和持续时间上，小鼠和牛之间固有的物种特异性差异，表明在调控机制和介导转换的基因中存在潜在的物种特异性（Bettegowda et al., 2008a）。因此，在牛模型中结合比较基因组学和功能研究的方法来解决模式生物之间转录组分的差异，提供在早期胚胎发生过程中有重要功能的基因或基因家族的信息，有助于对卵母细胞发育能力的深入研究。近年来，Tripurani 的实验室利用表达序列标签测序和基因芯片方法，鉴定了牛卵母细胞发育能力和母源-胚胎过渡的潜在新中介，并结合药理学和基因敲除策略来确定这些基因在早期胚胎发生过程中的作用（图 6.2）。本章的其余内容，将从已搜集到的研究中阐述有关卵母细胞发育能力和早期胚胎发生母体调控的观点。然而，这并不意味着要削弱其他实验室采用类似的方法对卵母细胞功能研究的许多贡献，如在牛的早期胚胎发育过程中，提出的对特异母源转录因子和染色质重构酶新功能的认知。

6.4.1 *JY-1*

为了更好地理解牛卵母细胞的转录组，从 200 个未成熟的生发泡和成熟的第二次减数分裂中期的卵母细胞混合池中构建了一个 cDNA 文库。尽管该文库中只有有限的 EST 被测序（Yao et al., 2004），但获得了关于卵母细胞基因表达的新的重要信息。初始的 230 个 EST 代表了 102 个唯一的序列，其中的 46 个序列与 GenBank 数据库中存在的已知基因序列有显著的相似性。有几个 EST 是持家基因[如核糖体蛋白 L15（ribosomal protein L15, RPL15）]，一些是在卵母细胞和其他组织中都能表达的已知基因[如 CDC28 蛋白激酶调节亚基 1B（CDC 28 protein kinase regulatory subunit 1B, CKS1B）]。然而，大多数 EST 编码的基因，要么是未知的在哺乳动物卵母细胞中表达的基因，要么是未知功能的基因（Yao et al., 2004）。在未知功能的基因中，有一个全新的序列（两种不同大小的 14 个全测序的克隆产物），与 GenBank 中任何已知基因或 EST 序列没有显著的同源性，因此被用于进一步分析（Yao et al., 2004）。该新基因被命名为 *JY-1*，这一新的序列是比较重要的，因为当时约有 490 万条人的 EST 序列、370 万条小鼠的 EST 序列、22.8 万条牛的 EST 序列可以在 GenBank 中找到。

Bettegowda 等（2007）发表的研究证实，*JY-1* 基因编码一个具有物种特异性的分泌蛋白，该蛋白质属于一个新蛋白家族，支持卵母细胞起源的 *JY-1* 在促进早期胚胎发生方面的重要功能。*JY-1* 基因 mRNA 及其蛋白质以卵巢特异性的方式表达，在原始卵泡至有腔卵泡的全过程中表达，并且在卵巢组织中的表达仅限于卵母细胞。在早期胚胎中，*JY-1* 转录丰度在生发泡期最高，此后下降，在 16-细胞期的胚胎中下降到几乎无法检测到。

胚胎培养实验中添加转录抑制因子 α-amanitin，发现 *JY-1* 基因在第一和第二胚胎细胞周期中没有转录。因此，在牛早期胚胎中检测到的 *JY-1* 基因 mRNA 是源自卵母细胞的（Bettegowda et al., 2007）。

为检测 *JY-1* 在牛早期胚胎发生中的功能，采用 siRNA 介导的基因沉默技术，将针对 *JY-1* 的 siRNA 显微注射到受精卵时期的胚胎中，导致胚胎中产生的 *JY-1* 的 mRNA 和蛋白质减少，与未注射的和阴性对照组的 siRNA 注射胚胎相比，发育至 8～16-细胞期和囊胚期的胚胎比例显著降低（图 6.3）（Bettegowda et al., 2007）。此外，在胚胎培养的最初 72h 中加入重组 JY-1 蛋白，可以帮助注射 *JY-1*

基因 siRNA 的胚胎发育至囊胚期（Lee et al.，未发表数据）。结果表明，新的卵母细胞特异蛋白 *JY-1* 对牛早期胚胎发育是必要的。然而，*JY-1* 表达水平是否受限于牛卵母细胞发育能力较差的模型，或者说实践中 *JY-1* 表达水平与不孕症之间的联系，目前尚不清楚。

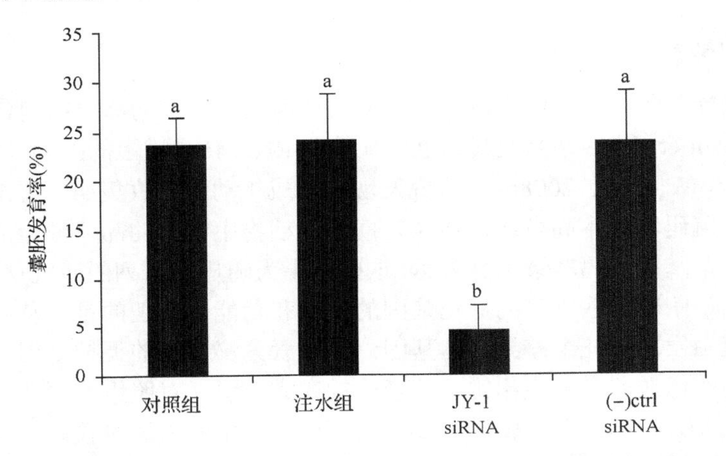

图 6.3 siRNA 介导的 *JY-1* 基因敲低对体外受精牛胚胎发育至囊胚期的影响

假定受精卵分别用水和 *JY-1* 基因 siRNA 进行显微注射，同时建立阴性对照 siRNA 和未注射的对照组。计算囊胚平均发育率，数据用平均值±标准差来表示，处理间不同上标代表差异显著，$P<0.05$（Bettegowda et al., 2007）。

鉴于 *JY-1* 序列在牛卵母细胞 cDNA 文库中是全新的，因此，利用现有的基因组序列资源，对其他物种中存在的 *JY-1* 直系同源序列进行了分析（Bettegowda et al., 2007）。在其他脊椎动物中（如小鼠、大鼠及人）中，发现了类 *JY-1* 序列，该基因与牛的 *JY-1* 均位于 29 号染色体中。然而在其他物种中，预测的 *JY-1* 基因缺少第 1 和第 2 外显子，并且不编码功能蛋白（Bettegowda et al., 2007）。因此，与上述其他物种相比，牛的早期胚胎发育过程中，新的卵母细胞特异基因 *JY-1* 在进化和功能方面具有明显的物种特异性。

6.4.2 核输入蛋白 α 8（Kpna7）

通过对上述牛卵母细胞 cDNA 文库中获得的 EST 序列进一步分析，发现了一个与 α 核输入蛋白家族基因相似的新转录本核输入蛋白 α8（importin alpha 8, Kpna7），它是核输入蛋白 α 家族的新成员（Tejomurtula et al., 2009）。在一些物种的核运输过程中，该家族成员的作用被深入研究（Goldfarb et al., 2004）。*Kpna7* 基因 mRNA 在牛卵巢中特异表达，它在生发泡、第二次减数分裂中期卵母细胞及在胚胎基因组激活前采集的牛胚胎早期卵裂球中表达丰富，但在桑椹胚和囊胚期胚胎中几乎检测不到（Tejomurtula et al., 2009）。在早期胚胎中 RNAi 介导的 *Kpna7* 敲低导致胚胎达到囊胚期的比例减少，表明 *Kpna7* 在早期胚胎发育中有重要的功能(Tejomurtula et al., 2009)。此外,GST 沉降实验显示,相比家族其他成员,Kpna7 与核蛋白 Npm2 间具有较强的结合力,表明 Kpna7 可能在关键的卵母细胞特异核蛋白运输中起着重要的作用(如染色质重塑和转录因子)(Tejomurtula et al., 2009)。了解 *Kpna7* 的结合伴侣对于早期胚胎发生至关重要,其特殊的功能值得深入研究。

6.4.3 卵泡抑素

采用功能基因组学方法来研究犊牛初情期前品质较差的卵母细胞(Revel et al., 1995; Damiani et al., 1996)及其邻近卵丘细胞 RNA 转录谱上的差异(Patel et al., 2007; Bettegowda et al., 2008b)。研究发现,从成年动物中收集的卵母细胞中共有 193 个基因编码转录本高表达,而从初情期前动物中收集的品质较差的卵母细胞中共有 223 个基因编码转录本高表达。这些结果为随后一系列的研究奠定了基础,可进一步用于阐明一些推测的标记基因的诊断和功能。有趣的是,从卵母细胞基因芯片研究中发现的几个差异表达基因,是激素分泌范围的调控基因,与采自初情期前动物的优质卵母细胞相比,其表达量在成年组(对照组)更多。卵泡抑素(follistatin, FST)基因在卵裂早期 2-细胞期牛胚胎中的表达量较高,发育至囊胚期,其表达量是卵裂后期的 4 倍,呈现卵泡抑素 mRNA 减少的趋势。考虑到胚胎是在完成母源-胚胎过渡和胚胎基因组转录启动之前收集的(Bettegowda et al., 2008a),这些差异可能反映的是母体(卵母细胞来源的)卵泡抑素 mRNA 含量在受精后的固有差别,表明卵母细胞来源的卵泡抑素在早期胚胎发生中具有潜在的作用。

基于上述结果,我们假设母体(卵母细胞来源的)卵泡抑素的含量是体外早期胚胎发育过程的一个关键决定因素,并对该假说进行了验证(Lee et al., 2009)。添加外源性卵泡抑素至牛胚胎培养基中(前 72h,直到胚胎基因组激活),能够提高早期分裂的胚胎比例[受精后 30h 内,胚胎发育能力(embryo developmental capacity)指标]和胚胎发育到囊胚期的比例,并呈剂量依赖性特征。此外,补充卵泡抑素可通过增加滋养层细胞来提高囊胚期细胞总数,而对 ICM 细胞的数量没有影响。卵泡抑素处理后,滋养外胚层特异转录因子 *CDX2* 的 mRNA 也增加。以上结果表明外源性卵泡抑素对牛早期胚胎的处理可以提高多项与胚胎发育能力相关的指标(Lee et al., 2009)。卵泡抑素能够以高亲和力与生长因子激活素结合,并抑制其活性(Nakamura et al., 1990)。然而,多种证据表明,卵泡抑素对胚胎发育能力的刺激作用是非经典的,不是通过抑制内源性激活素的活性来介导的(Lee et al., 2009)。

为了证实牛早期胚胎发育对内源性卵泡抑素的需求,进行了功能丧失试验(Lee et al., 2009)。在牛受精卵中显微注射卵泡抑素 siRNA,与未注射组、假注射组和阴性对照相比,可使4-细胞期胚胎中卵泡抑素 mRNA 的表达丰度降低 80%,

8-细胞期胚胎中卵泡抑素蛋白的丰度也降低。此外，卵泡抑素 siRNA 显微注射可引起囊胚发育率下降 50%，经外源性卵泡抑素处理后则可恢复（图 6.4）。

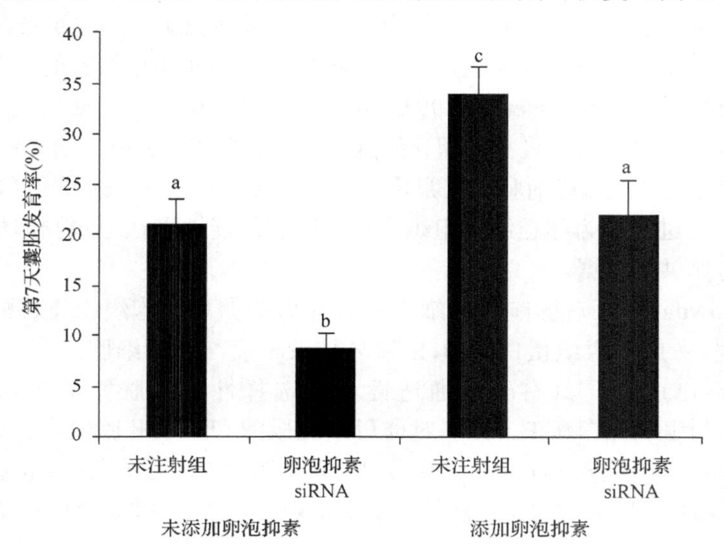

图 6.4 siRNA 介导的卵泡抑素消除和（或）外源性卵泡抑素替代（10 ng/ml）对发育至囊胚期胚胎比例的影响（在第 7 天检测）

处理数据间不同上标代表差异显著，$P<0.05$（Lee et al., 2009）。

卵泡抑素处理注射 siRNA 的胚胎能够使囊胚 *CDX2* 基因 mRNA 的表达丰度也恢复到正常水平。总之，该研究结果（Lee et al., 2009）有力证实了牛胚胎中卵泡抑素在控制第一次卵裂时间、囊胚期发育及囊胚细胞的分化方面发挥重要作用，指出卵泡抑素在牛卵母细胞发育能力激发过程中是一个重要的决定因素。然而，卵泡抑素提高早期胚胎发育的分子机制仍待阐明。

6.4.4 卵丘细胞组织蛋白与卵母细胞发育能力

在相同的初情期前动物模型系统中，我们用相似的基因芯片方法去鉴定与较差的卵母细胞品质（oocyte quality）有关的卵丘细胞标记（Bettegowda et al., 2008b），研究结果显示，从成年动物中收集的围绕着生发泡期卵母细胞的卵丘细胞中共有 110 个基因编码转录本高表达，而围绕着品质较差的初情期前卵母细胞的卵丘细胞中共有 45 个基因编码转录本呈现出高丰度的 mRNA。基于基因芯片的研究，聚类在半胱氨酸型内肽酶活性分类的基因[组织蛋白酶（cathepsin）B、K、S 和 Z]在初情期前动物卵丘细胞样品中很多，这可能与较低的卵母细胞发育能力相关。RT-PCR 分析证实，在初情期前动物卵巢中采集的劣质卵母细胞周围的卵丘细胞中存在大量的组织蛋白酶 B、K、S 和 Z 的 mRNA（Bettegowda et al., 2008b）。

我们推测卵丘细胞组织蛋白酶 B、K、S 和 Z 的表达也可能与成年动物卵母细胞的质量有关。为了验证这一假设，通过单性生殖来测评卵母细胞的质量，包括卵母细胞被激活后发育为囊胚期细胞的能力，以及卵母细胞质量与组织蛋白酶 mRNA 丰度之间的关系。采用单性生殖是因为在体外受精期间卵丘细胞的存在是之后牛胚胎发育所必需的（Zhang et al., 1995; Luciano et al., 2005）。正如假定的一样，从发育能力较低的卵母细胞采集的卵丘细胞组织蛋白酶 B、S 和 Z 的 mRNA 相对丰度比发育能力较高的卵母细胞对应卵丘细胞中的表达丰度高 1.5～6 倍（Bettegowda et al., 2008b），进一步为卵丘细胞组织蛋白酶的表达能够潜在地预测卵母细胞的胚胎发育潜力提供了证据。

Bettegowda 等还对影响卵母细胞发育能力的卵丘细胞组织蛋白酶活性进行了功能研究。考虑到组织蛋白酶 B、S 和 Z 转录丰度与卵母细胞发育能力的关系，还研究了不可逆的、具有细胞通透性和高选择性的半胱氨酸蛋白酶抑制剂（E-64：抑制组织蛋白酶 B）处理对卵母细胞成熟和早期胚胎发育的影响。E-64 处理并不影响体外成熟过程中的卵母细胞发育至第二次减数分裂中期，但在孤雌激活或体外受精后，胚胎发育至囊胚期（D7）的数目增加了 40%～50%（Bettegowda et al., 2008b）。

卵丘细胞组织蛋白酶表达与卵母细胞发育能力呈负相关。组织蛋白酶抑制剂（E-64）对卵母细胞成熟过程有促进作用，结合已报道的促凋亡作用（Broker et al., 2005；Stoka et al., 2005），我们推测 E-64 对卵母细胞发育能力的促进作用可能是通过促进卵丘细胞存活来实现的。牛卵母细胞减数分裂成熟过程中存在组织蛋白酶抑制剂（E-64），导致凋亡的卵丘细胞数量显著减少（Bettegowda et al., 2008b）。结果表明，卵丘细胞组织蛋白酶的表达负调控卵丘细胞的存活，进而与卵母细胞发育能力降低有关。然而，在体外成熟过程中可能需要一定数量的活卵丘细胞，才能最大限度地获得卵母细胞的发育能力，随后将成功发育成早期胚胎。在牛卵母细胞减数分裂成熟过程中，卵丘细胞如何直接影响发育能力，这一机制的探索直接关系到后续卵母细胞基因表达和受精后发育能力的深入理解。

6.5 小　　结

从实践的角度来看，卵母细胞发育能力是影响牛胚胎体外生产（*in vitro* embryo production, IVP）效率的关键限制因素（Lonergan, 2007）。因此，更好地理解卵母细胞表达的基因，对获取发育能力，特别是早期胚胎发生过程的获能具有重要意义。在小鼠中通过功能基因组学和基因靶向技术获得的新发现极大地提高了对基因或基因产物的理解，母体的这些基因或基因产物控制早期胚胎的发育，并完成小鼠的母源-胚胎过渡。然而，通过比对研究获得的许多功能基因特别是前文提及的转录水平和转录后水平的调控因子，绝大多数情况下在牛模型中是没有的。关于 *Nobox* 在牛早期胚胎发育中所起作用的研究以及新功能的认识，就很好地说明了这一点。

可以想象，母源-胚胎过渡的阻断要归结于一些关键调节分子的活性和表达丰度的缺乏，而这种缺乏至少部分造成胚胎体外生产效率低于预期，甚至对那些发育已超过 8-细胞期且胚胎基因组被激活的胚胎也是如此。这也可能与牛特别是奶牛体内胚胎丢失率高有关（Sreenan & Diskin, 1983; Inskeep & Dailey, 2005）。这些信息源自小鼠模型的研究，也是进一步比对研究的基础。然而，由于牛胚胎基因组激活和完成母源-胚胎过渡所需的细胞周期的持续时间和数量上存在着固有的物种特异性差异，其所涉及的调控机制和母性效应基因也可能与小鼠中所描述的不完全相同。例如，已有的证据表明，*JY-1* 基因在早期胚胎发生中的功能具有物种特异性，因为在小鼠基因组中不存在 *JY-1* 基因。此外，卵母细胞来源的卵泡抑素对控制小鼠早期胚胎发生没有作用，因为卵泡抑素基因在卵母细胞中不表达，且卵泡抑素突变胚胎在早期胚胎发育中表现正常（Matzuk et al., 1995）。因此，有必要系统地寻找牛早期胚胎发育过程中起关键作用的其他调节分子，同时验证它们在早期胚胎发育过程中的功能。科学的进步将极大地丰富有关牛早期胚胎发育中母源调控的知识，这在胚胎体外生产实践中具有潜在的实用价值，可以提高牛的繁殖效率。

（李明娜、郭天芬　译；杨雅楠、刘成泽　校）

参考文献

Andreu-Vieyra, C., Lin,Y.-N., & Matzuk, M. M. (2006). Mining the oocyte transcriptome. *Trends in Endocrinology and Metabolism*, *17*, 136–143.

Aravind, L., & Koonin, E. V. (2000). SAP – a putative DNA-binding motif involved in chromosomal organization. *Trends in Biochemical Science*, *25*, 112–114.

Bajoghli, B. (2007). Evolution of the Groucho/Tle gene family: Gene organization and duplication events. *Developments in Genes and Evolution*, *217*, 613–618.

Ballow, D. J., Xin, Y., Choi, Y., Pangas, S. A., & Rajkovic, A. (2006). Sohlh2 is a germ cell-specific bHLH transcription factor.*Gene Expressions and Patterns*, *6*, 1014–1018.

Bebbere, D., Bogliolo, L., Ariu, F., Fois, S., Leoni, G. G. et al. (2008). Expression pattern of zygote arrest 1 (ZAR1), maternal antigen that embryo requires (MATER), growth differentiation factor 9 (GDF9) and bone morphogenetic protein 15 (BMP15) genes in ovine oocytes and in vitro-produced preimplantation embryos. *Reproduction and Fertility Development*, *20*, 908–915.

Bettegowda, A., Lee, K.-B., & Smith, G. W. (2008a). Cytoplasmic and nuclear determinants of the maternal-to-embryonic transition. *Reproduction and Fertility Development*, *20*, 45–53.

Bettegowda, A., Patel, O., Lee, K., Park, K., Salem, M. et al. (2008b). Identification of novel bovine cumulus cell molecular markers predictive of oocyte competence: Functional and diagnostic implications. *Biology of Reproduction, 79*, 301–309.

Bettegowda, A., & Smith, G. W. (2007). Mechanisms of maternal mRNA regulation: Implications for mammalian early embryonic development. *Frontiers of Bioscience, 12*, 3713–3726.

Bettegowda, A., Yao, J., Sen, A., Li, Q., Lee, K.-B. et al. (2007). JY-1, an oocyte-specific gene, regulates granulosa cell function and early embryonic development in cattle. *Proceedings of the National Academy of Science USA, 104*, 17602–17607.

Boyer, L. A., Mathur, D., & Jaenisch, R. (2006). Molecular control of pluripotency. *Current Opinion in Genetic Development, 16*, 455–462.

Brekhman, V., Itskovitz-Eldor, J., Yodko, E., Deutsch, M., & Seligman, J. (2000). The DAZL1 gene is expressed in human male and female embryonic gonads before meiosis. *Molecular Human Reproduction, 6*, 465–468.

Brevini, T., Cillo, F., Colleoni, S., Lazzari, G., Galli, C., & Gandolfi, F. (2004). Expression pattern of the maternal factor zygote arrest 1 (Zar1) in bovine tissues, oocytes, and embryos. *Molecular Reproduction and Development, 69*, 375–380.

Broker, L. E., Kruyt, F. A., & Giaccone, G. (2005). Cell death independent of caspases: A review. *Clinical Cancer Research, 11*, 3155–3162.

Burns, K., Viveiros, M., Ren, Y., Wang, P., DeMayo, F. et al. (2003). Roles of NPM2 in chromatin and nucleolar organization in oocytes and embryos. *Science, 300*, 633–636.

Canovas, S., Cibelli, J. B., & Ross, P. J. (2012). Jumonji domain-containing protein 3 regulates histone 3 lysine 27 methylation during bovine preimplantation development. *Proceedings of the National Academy of Science USA, 109*, 2400–2405.

Cauffman, G., Van de Velde, H., Liebaers, I., & Van Steirteghem, A. (2005). DAZL expression in human oocytes, preimplantation embryos and embryonic stem cells. *Molecular Human Reproduction, 11*, 405–411.

Cheng, W.-C., Hsieh-Li, H. M., Yeh. Y.-J., & Li, H. (2007). Mice lacking the Obox6 homeobox gene undergo normal early embryonic development and are fertile. *Developmental Dynamics, 236*, 2636–2642.

Choi, Y., Ballow, D. J., Xin, Y., & Rajkovic, A. (2008a). Lim homeobox gene, lhx8, is essential for mouse oocyte differentiation and survival. *Biology of Reproduction, 79*, 442–449.

Choi, Y., & Rajkovic, A. (2006a). Characterization of NOBOX DNA binding specificity and its regulation of Gdf9 and Pou5f1 promoters. *Journal of Biology and Chemistry, 281*, 35747–35756.

Choi, Y., & Rajkovic, A. (2006b). Genetics of early mammalian folliculogenesis. *Cellular and Molecular Life Science, 63*, 579–590.

Choi, Y., Yuan, D., & Rajkovic, A. (2008b). Germ cell-specific transcriptional regulator sohlh2 is essential for early mouse folliculogenesis and oocyte-specific gene expression. *Biology of Reproduction, 79*, 1176–1182.

Collier, B., Gorgoni, B., Loveridge, C., Cooke, H. J., & Gray, N. K. (2005). The DAZL family proteins are PABP-binding proteins that regulate translation in germ cells. *EMBO Journal, 24*, 2656–2666.

Cooke, H. J., Lee, M., Kerr, S., & Ruggiu, M. (1996). A murine homologue of the human DAZ gene is autosomal and expressed only in male and female gonads. *Human Molecular Genetics, 5*, 513–516.

Cui, X. S., Li, X. Y., Yin, X. J., Kong, I. K., Kang, J. J., & Kim, N. H. (2007). Maternal gene transcription in mouse oocytes: genes implicated in oocyte maturation and fertilization. *Journal of Reproductive Development, 53*, 405–418.

Damiani, P., Fissore, R. A., Cibelli, J. B., Long, C. R., Balise, J. J. et al. (1996). Evaluation of developmental competence, nuclear and ooplasmic maturation of calf oocytes. *Molecular Reproduction and Development*, *45*, 521–534.

Danforth, D. R. (1995). Endocrine and paracrine control of oocyte development. *American Journal of Obstetrics & Gynecology*, *172*, 747–752.

Dong, J., Albertini, D. F., Nishimori, K., Kumar, T. R., Lu, N., & Matzuk, M. M. (1996). Growth differentiation factor-9 is required during early ovarian folliculogenesis. *Nature*, *383*, 531–535.

Dube, J. L., Wang, P., Elvin, J., Lyons, K. M., Celeste, A. J., & Matzuk, M. M. (1998). The bone morphogenetic protein 15 gene is X-linked and expressed in oocytes. *Molecular Endocrinology*, *12*, 1809–1817.

Elvin, J. A., Yan, C., & Matzuk, M. M. (2000). Oocyte-expressed TGF-beta superfamily members in female fertility. *Molecular and Cellular Endocrinology*, *159*, 1–5.

Epifano, O. & Dean, J. (2002). Genetic control of early folliculogenesis in mice. *Trends in Endocrinology & Metabolism*, *13*, 169–173.

Eppig, J. (2001). Oocyte control of ovarian follicular development and function in mammals. *Reproduction*, *122*, 829–838.

Eppig, J. J., Wigglesworth, K., & Pendola, F. L. (2002). The mammalian oocyte orchestrates the rate of ovarian follicular development. *Proceedings of the National Academy of Sciences USA*, *99*, 2890–2894.

Foygel, K., Choi, B., Jun, S., Leong, D. E., Lee, A. et al. (2008). A novel and critical role for Oct4 as a regulator of the maternal-embryonic transition. *PLOS ONE*, *3*, e4109.

Frehlick, L. J., Eirín-López, J. M., & Ausió, J. (2007). New insights into the nucleophosmin/nucleoplasmin family of nuclear chaperones. *Bioessays*, *29*,49–59.

Goldfarb, D. S., Corbett, A. H., Mason, D. A., Harreman, M. T., & Adam, S. A. (2004). Importin alpha: a multipurpose nucleartransport receptor. *Trends in Cellular Biology*, *14*, 505–514.

Gu, W., Tekur, S., Reinbold, R., Eppig, J. J., Choi, Y. C. et al. (1998). Mammalian male and female germ cells express a germ cell-specific Y-Box protein, MSY2. *Biology of Reproduction*, *59*, 1266–1274.

Haston, K. M., Tung, J. Y., & Reijo Pera, R. A. (2009). Dazl functions in maintenance of pluripotency and genetic and epigenetic programs of differentiation in mouse primordial germ cells in vivo and in vitro. *PLOS ONE*, *4*, e5654.

Hu, W., Gauthier, L., Baibakov, B., Jimenez-Movilla, M., & Dean, J. (2010). FIGLA, a basic helix-loop-helix transcription factor, balances sexually dimorphic gene expression in postnatal oocytes. *Molecular and Cellular Biology*, *30*, 3661–3671.

Hussein, T. S., Thompson, J. G., & Gilchrist, R. B. (2006). Oocyte-secreted factors enhance oocyte developmental competence. *Developmental Biology*, *296*, 514–521.

Inskeep, E. K. & Dailey, R. A. (2005). Embryonic death in cattle. *Veterinary Clinics of North America: Food Animal Practice*, *21*, 437–461.

Joshi, S., Davies, H., Sims, L. P., Levy, S. E., & Dean, J. (2007). Ovarian gene expression in the absence of FIGLA, an oocyte-specific transcription factor. *BMC Developmental Biology*, *7*, 67.

Katsu, Y., Yamashita, M., & Nagahama, Y. (1997). Isolation and characterization of goldfish Y box protein, a germ-cell-specific RNA-binding protein. *European Journal of Biochemistry*, *249*, 854–861.

Kidder, G. M. & Mhawi, A. A. (2002). Gap junctions and ovarian folliculogenesis. *Reproduction*, *123*, 613–620.

Knight, P. G. & Glister, C. (2001). Potential local regulatory functions of inhibins, activins and follistatin in the ovary. *Reproduction*, *121*, 503–512.

Krisher, R. L. (2004). The effect of oocyte quality on development. *Journal of Animal Science*, *82*, E-Suppl E14–23.

Kurosaka, S., Eckardt, S., & McLaughlin, K. (2004). Pluripotent lineage definition in bovine embryos by Oct4 transcript localization. *Biology of Reproduction, 71*, 1578–1582.

Laskey, R. A., Honda, B. M., Mills, A. D., & Finch, J. T. (1978). Nucleosomes are assembled by an acidic protein which binds histones and transfers them to DNA. *Nature, 275*, 416–420.

Lee, K. B., Bettegowda, A., Wee, G., Ireland, J. J., & Smith, G. W. (2009). Molecular determinants of oocyte competence: potential functional role for maternal (oocyte-derived) follistatin in promoting bovine early embryogenesis. *Endocrinology, 150*, 2463–2471.

Lengner, C. J., Welstead, G. G., & Jaenisch, R. (2008). The pluripotency regulator Oct4: a role in somatic stem cells? *Cell Cycle, 7*, 725–728.

Li, L., Baibakov, B., & Dean, J. (2008). A subcortical maternal complex essential for preimplantation mouse embryogenesis. *Developmental Cell, 15*, 416–425.

Li, L., Zheng, P., & Dean, J. (2010). Maternal control of early mouse development. *Development, 137*, 859–870.

Liang, L., Soyal, S. M., & Dean, J. (1997). FIGalpha, a germ cell specific transcription factor involved in the coordinate expression of the zona pellucida genes. *Development, 124*, 4939–4947.

Lingenfelter, B. M., Dailey, R. A., Inskeep, E. K., Vernon, M. W., Poole, D. H. et al. (2007a). Changes of maternal transcripts in oocytes from persistent follicles in cattle. *Molecular Reproduction and Development, 74*, 265–272.

Lingenfelter, B. M. & Yao, J. (2007b). Bos taurus microRNA-181a oromotes translational silencing of nucleoplasmin 2. *Biology of Reproduction, 78*(60).

Liu, J., Linher, K., & Li, J. (2009). Porcine DAZL messenger RNA: its expression and regulation during oocyte maturation. *Molecular and Cellular Endocrinology, 311*, 101–108.

Liu, W. S., Wang, A., Uno, Y., Galitz, D., Beattie, C. W., & Ponce de León, F. A. (2007). Genomic structure and transcript variants of the bovine DAZL gene. *Cytogenetic and Genome Research, 116*, 65–71.

Lonergan, P. (2007). State-of-the-art embryo technologies in cattle. *Society for Reproduction and Fertility Supplement, 64*, 315–325.

Luciano, A. M., Lodde, V., Beretta, M. S., Colleoni, S., Lauria, A., & Modina, S. (2005). Developmental capability of denuded bovine oocyte in a co-culture system with intact cumulus-oocyte complexes: role of cumulus cells, cyclic adenosine 3′,5′-monophosphate, and glutathione. *Molecular Reproduction and Development, 71*, 389–397.

Ma, J., Milan, D., & Rocha, D. (2009). Chromosomal assignment of the porcine NALP5 gene, a candidate gene for female reproductive traits. *Animal Reproduction Science, 112*, 397–401.

Matsumoto, K., Meric, F., & Wolffe, A. P. (1996). Translational repression dependent on the interaction of the Xenopus Y-box protein FRGY2 with mRNA. Role of the cold shock domain, tail domain, and selective RNA sequence recognition. *The Journal of Biological Chemistry, 271*, 22706–22712.

Matzuk, M. M., Lu, N., Vogel, H., Sellheyer, K., Roop, D. R., & Bradley, A. (1995). Multiple defects and perinatal death in mice deficient in follistatin. *Nature, 374*, 360–363.

McNeilly, J. R., Saunders, P. T., Taggart, M., Cranfield, M., Cooke, H. J., & McNeilly, A. S. (2000). Loss of oocytes in Dazl knockout mice results in maintained ovarian steroidogenic function but altered gonadotropin secretion in adult animals. *Endocrinology, 141*, 4284–4294.

Memili, E. & First, N. L. (1999). Control of gene expression at the onset of bovine embryonic development. *Biology of Reproduction, 61*, 1198–1207.

Mendez, R. & Richter, J. D. (2001). Translational control by CPEB: a means to the end. *Nature Reviews Molecular Cell Biology, 2*, 521–529.

Michailidis, G., Argiriou, A., & Avdi, M. (2010). Expression of chicken zygote arrest 1 (Zar1) and Zar1-like genes during sexual maturation and embryogenesis. *Veterinary Research Communications*, *34*, 173–184.

Moley, K. H. & Schreiber, J. R. (1995). Ovarian follicular growth, ovulation and atresia. Endocrine, paracrine and autocrine regulation. *Advances in Experimental Medicine and Biology*, *377*, 103–119.

Mota, G. B., Batista, R. I., Serapiao, R. V., Boite, M. C., Viana, J. H. et al. (2010). Developmental competence and expression of the MATER and ZAR1 genes in immature bovine oocytes selected by brilliant cresyl blue. *Zygote*, *18*, 209–216.

Nakamura, T., Takio, K., Eto, Y., Shibai, H., Titani, K., & Sugino, H. (1990). Activin-binding protein from rat ovary is follistatin. *Science*, *247*, 836–838.

Nganvongpanit, K., Müller, H., Rings, F., Hoelker, M., Jennen, D. et al. (2006). Selective degradation of maternal and embryonic transcripts in in vitro produced bovine oocytes and embryos using sequence specific double-stranded RNA. *Reproduction*, *131*, 861–874.

Nichols, J., Zevnik, B., Anastassiadis, K., Niwa, H., Klewe-Nebenius, D. et al. (1998). Formation of pluripotent stem cells in the mammalian embryo depends on the POU transcription factor Oct4. *Cell*, *95*, 379–391.

Ohsugi, M., Zheng, P., Baibakov, B., Li, L., & Dean, J. (2008). Maternally derived FILIA-MATER complex localizes asymmetrically in cleavage-stage mouse embryos. *Development*, *135*, 259–269.

Ovitt, C. & Scholer, H. (1998). The molecular biology of Oct-4 in the early mouse embryo. *Molecular Human Reproduction*, *4*, 1021–1031.

Padmanabhan, K. & Richter, J. D. (2006). Regulated Pumilio-2 binding controls RINGO/Spy mRNA translation and CPEB activation. *Gene Development*, *20*, 199–209.

Pangas, S. A. (2007). Growth factors in ovarian development. *Seminars in Reproductive Medicine*, *25*, 225–234.

Pangas, S. A., Choi, Y., Ballow, D. J., Zhao, Y., Westphal, H. et al. (2006). Oogenesis requires germ cell-specific transcriptional regulators Sohlh1 and Lhx8. *Proceedings of the National Academy of Sciences USA*, *103*, 8090–8095.

Paradis, F., Vigneault, C., Robert, C., & Sirard, M-A. (2005). RNA interference as a tool to study gene function in bovine oocytes. *Molecular Reproduction and Development*, *70*, 111–121.

Patel, O. V., Bettegowda, A., Ireland, J. J., Coussens, P. M., Lonergan, P., & Smith, G. W. (2007). Functional genomics studies of oocyte competence: Evidence that reduced transcript abundance for follistatin is associated with poor developmental competence of bovine oocytes. *Reproduction*, *133*, 95–106.

Payer, B., Saitou, M., Barton, S. C., Thresher, R., Dixon, J. P. C. et al. (2003). Stella is a maternal effect gene required for normal early development in mice. *Current Biology*, *13*, 2110–2117.

Pei, D. (2009). Regulation of pluripotency and reprogramming by transcription factors. *The Journal of Biological Chemistry*, *284*, 3365–3369.

Pennetier, S., Perreau, C., Uzbekova, S., Thelie, A., Delaleu, B. et al. (2006). MATER protein expression and intracellular localization throughout folliculogenesis and preimplantation embryo development in the bovine. *BMC Developmental Biology*, *6*, 26.

Pennetier, S., Uzbekova, S., Perreau, C., Papillier, P., Mermillod, P., & Dalbiès-Tran, R. (2004). Spatio-temporal expression of the germ cell marker genes MATER, ZAR1, GDF9, BMP15, and VASA in adult bovine tissues oocytes, and preimplantation embryos. *Biology of Reproduction*, *71*, 1359–1366.

Philpott, A. & Leno, G. H. (1992). Nucleoplasmin remodels sperm chromatin in Xenopus egg extracts. *Cell*, *69*, 759–767.

Philpott, A., Leno, G. H., & Laskey, R. A. (1991). Sperm decondensation in Xenopus egg cytoplasm is mediated by nucleoplasmin. *Cell*, *65*, 569–578.

Picton, H., Briggs, D., & Gosden, R. (1998). The molecular basis of oocyte growth and development. *Molecular and Cellular Endocrinology*, *145*, 27–37.

Racki, W. J. & Richter, J. D. (2006). CPEB controls oocyte growth and follicle development in the mouse. *Development*, *133*, 4527–4537.

Rajkovic, A., Pangas, S. A., Ballow, D., Suzumori, N., & Matzuk, M. M. (2004). NOBOX deficiency disrupts early folliculogenesis and oocyte-specific gene expression. *Science*, *305*, 1157–1159.

Rajkovic, A., Yan, C., Yan, W., Klysik, M., & Matzuk, M. (2002). Obox, a family of homeobox genes preferentially expressed in germ cells. *Genomics*, *79*, 711–717.

Revel, F., Mermillod, P., Peynot, N., Renard, J. P., & Heyman, Y. (1995). Low developmental capacity of in vitro matured and fertilized oocytes from calves compared with that of cows. *Journal of Reproduction and Fertility*, *103*, 115–120.

Richter, J. D. (2007). CPEB: a life in translation. *Trends in Biochemical Science*, *32*, 279–285.

Romar, R., De Santis, T., Papillier, P., Perreau, C., Thelie, A. et al. (2011). Expression of maternal transcripts during bovine oocyte in vitro maturation is affected by donor age. *Reproduction in Domestic Animals*, *46*, e23–30.

Ruggiu, M., Speed, R., Taggart, M., McKay, S. J., Kilanowski, F. et al. (1997). The mouse Dazla gene encodes a cytoplasmic protein essential for gametogenesis. *Nature*, *389*, 73–77.

Ruzanov, P. V., Evdokimova, V. M., Korneeva, N. L., Hershey, J. W., & Ovchinnikov, L. P. (1999). Interaction of the universal mRNA-binding protein, p50, with actin: a possible link between mRNA and microfilaments. *Journal of Cell Science*, *112*, 3487–3496.

Sato, M., Kimura, T., Kurokawa, K., Fujita, Y., Abe, K. et al. (2002). Identification of PGC7, a new gene expressed specifically in preimplantation embryos and germ cells. *Mechanisms of Development*, *113*, 91–94.

Schams, D., Berisha, B., Kosmann, M., Einspanier, R., & Amselgruber, W. M. (1999). Possible role of growth hormone, IGFs, and IGF-binding proteins in the regulation of ovarian function in large farm animals. *Domestic Animal Endocrinology*, *17*, 279–285.

Schultz, R. M. (2002). The molecular foundations of the maternal to zygotic transition in the preimplantation embryo. *Human Reproduction Update*, *8*, 323–331.

Schultz, R. M., Davis, W., Stein, P., & Svoboda, P. (1999). Reprogramming of gene expression during preimplantation development. *Journal of Experimental Zoology*, *285*, 276–282.

Sirard, M. A., Richard, F., Blondin, P., & Robert, C. (2006). Contribution of the oocyte to embryo quality. *Theriogenology*, *65*,126–136.

Sommerville, J. & Ladomery, M. (1996). Transcription and masking of mRNA in germ cells: involvement of Y-box proteins. *Chromosoma*, *104*, 469–478.

Soyal, S. M., Amleh, A., & Dean, J. (2000). FIGalpha, a germ cell-specific transcription factor required for ovarian follicle formation. *Development*, *127*, 4645–4654.

Sreenan, J. M. & Diskin, M. G. (1983). Early embryonic mortality in the cow: its relationship with progesterone concentration.*Veterinary Record*, *112*, 517–521.

Stoka, V., Turk, B., & Turk, V. (2005). Lysosomal cysteine proteases: structural features and their role in apoptosis. *IUBMB Life*, *57*, 347–353.

Sun, Q. Y., Liu, K., & Kikuchi, K. (2008). Oocyte-specific knockout: a novel in vivo approach for studying gene functions during folliculogenesis, oocyte maturation, fertilization, and embryogenesis. *Biology of Reproduction*, *79*, 1014–1020.

Suzumori, N., Yan, C., Matzuk, M. M., & Rajkovic, A. (2002). Nobox is a homeobox-encoding gene preferentially expressed in primordial and growing oocytes. *Mechanisms of Development*, *111*, 137–141.

Tafuri, S. R. & Wolffe, A. P. (1990). Xenopus Y-box transcription factors: molecular cloning, functional analysis and developmental regulation. *Proceedings of the National Academy of Sciences USA*, *87*, 9028–9032.

Tay, J., Hodgman, R., Sarkissian, M., & Richter, J. D. (2003). Regulated CPEB phosphorylation during meiotic progression suggests a mechanism for temporal control of maternal mRNA translation. *Genes & Development*, *17*, 1457–1462.

Tay, J. & Richter, J. D. (2001). Germ cell differentiation and synaptonemal complex formation are disrupted in CPEB knockout mice. *Developmental Cell*, *1*, 201–213.

Tejomurtula, J., Lee, K-B., Tripurani, S. K., Smith, G. W., & Yao, J. (2009). Role of importin alpha8, a new member of the importin alpha family of nuclear transport proteins, in early embryonic development in cattle. *Biology of Reproduction*, *81*, 333–342.

Telford, N. A., Watson, A. J., & Schultz, G. A. (1990). Transition from maternal to embryonic control in early mammalian development: a comparison of several species. *Molecular Reproduction and Development*, *26*, 90–100.

Tesfaye, D., Regassa, A., Rings, F., Ghanem, N., Phatsara, C. et al. (2010). Suppression of the transcription factor MSX1 gene delays bovine preimplantation embryo development in vitro. *Reproduction*, *139*, 857–870.

Thélie, A., Papillier, P., Pennetier, S., Perreau, C., Traverso, J. M. et al. (2007). Differential regulation of abundance and deadenylation of maternal transcripts during bovine oocyte maturation in vitro and in vivo. *BMC Developmental Biology*, *7*, 125.

Tong, Z. B., Bondy, C. A., Zhou, J., & Nelson, L. M. (2002). A human homologue of mouse Mater, a maternal effect gene essential for early embryonic development. *Human Reproduction*, *17*, 903–911.

Tong, Z. B., Gold, L., De Pol, A., Vanevski, K., Dorward, H. et al. (2004). Developmental expression and subcellular localization of mouse MATER, an oocyte-specific protein essential for early development. *Endocrinology*, *145*, 1427–1434.

Tong, Z., Gold, L., Pfeifer, K., Dorward, H., Lee, E. et al. (2000). Mater, a maternal effect gene required for early embryonic development in mice. *Nat Genetics*, *26*, 267–268.

Tong, Z. B. & Nelson, L. M. (1999). A mouse gene encoding an oocyte antigen associated with autoimmune premature ovarian failure. *Endocrinology*, *140*, 3720–3726.

Tripurani, S., Lee, K., Smith, G., & Yao, J. (2010). Cloning and expression of bovine factor in the germline alpha (FIGLA) in oocytes and early embryos: A potential target of microRNA212. *Reproduction. Fertility and Development*, *23*, 109–109.

Tripurani, S. K., Lee, K. B., Wang, L.,Wee, G., Smith, G. W. et al. (2011). A novel functional role for the oocyte-specific transcription factor newborn ovary homeobox (NOBOX) during early embryonic development in cattle. *Endocrinology*, (e-pub ahead of print).

Uzbekova, S., Arlot-Bonnemains, Y., Dupont, J., Dalbiès-Tran, R., Papillier, P. et al. (2008). Spatio-temporal expression patterns of aurora kinases A, B, and C and cytoplasmic polyadenylation-element-binding protein in bovine oocytes during meiotic maturation. *Biology of Reproduction*, *78*, 218–233.

Uzbekova, S., Roy-Sabau, M., Dalbies-Tran, R., Perreau, C., Papillier, P. et al. (2006). Zygote arrest 1 gene in pig, cattle and human: evidence of different transcript variants in male and female germ cells. *Reproductive Biology and Endocrinology*, *4*, 12.

van Eijk, M. J., van Rooijen, M. A., Modina, S., Scesi, L., Folkers, G. et al. (1999). Molecular cloning, genetic mapping, and developmental expression of bovine POU5F1. *Biology of Reproduction*, *60*, 1093–1103.

Vigneault, C., McGraw, S., Massicotte, L., & Sirard, M. A. (2004). Transcription factor expression patterns in bovine in vitro-derived embryos prior to maternal-zygotic transition. *Biology of Reproduction, 70*, 1701–1709.

Vitale, A. M., Calvert, M. E., Mallavarapu, M., Yurttas, P., Perlin, J. et al. (2007). Proteomic profiling of murine oocyte maturation. *Molecular Reproduction and Development, 74*, 608–616.

Wianny, F. & Zernicka-Goetz, M. (2000). Specific interference with gene function by double-stranded RNA in early mouse development. *Nature Cell Biology, 2*, 70–75.

Wolffe, A. P., Tafuri, S., Ranjan, M., & Familari, M. (1992). The Y-box factors: a family of nucleic acid binding proteins conserved from Escherichia coli to man. *New Biology, 4*, 290–298.

Wu, X., Viveiros, M., Eppig, J., Bai, Y., Fitzpatrick, S., & Matzuk, M. (2003a). Zygote arrest 1 (Zar1) is a novel maternal-effect gene critical for the oocyte-to-embryo transition. *Nature Genetics, 33*, 187–191.

Wu, X., Wang, P., Brown, C. A., Zilinski, C. A., & Matzuk, M. M. (2003b). Zygote arrest 1 (Zar1) is an evolutionarily conserved gene expressed in vertebrate ovaries. *Biology of Reproduction, 69*, 861–867.

Yang, J., Medvedev, S., Yu, J., Tang, L. C., Agno, J. E. et al. (2005). Absence of the DNA-/RNA-binding protein MSY2 results in male and female infertility. *Proceedings of the National Academy of Sciences USA, 102*, 5755–5760.

Yao, J., Ren, X., Ireland, J., Coussens, P., Smith, T., & Smith, G. (2004). Generation of a bovine oocyte cDNA library and microarray: resources for identification of genes important for follicular development and early embryogenesis. *Physiological Genomics, 19*, 84–92.

Yen, P. H. (2004). Putative biological functions of the DAZ family. *International Journal of Andrology, 27*, 125–129.

Yu, J., Deng, M., Medvedev, S., Yang, J., Hecht, N. B., & Schultz, R. M. (2004). Transgenic RNAi-mediated reduction of MSY2 in mouse oocytes results in reduced fertility. *Developmental Biology, 268*, 195–206.

Yu, J., Hecht, N. B., & Schultz, R. M. (2001). Expression of MSY2 in mouse oocytes and preimplantation embryos. *Biology of Reproduction, 65*, 1260–1270.

Yu, J., Hecht, N. B., & Schultz, R. M. (2002). RNA-binding properties and translation repression in vitro by germ cell-specific MSY2 protein. *Biology of Reproduction, 67*, 1093–1098.

Zhang, L., Jiang, S., Wozniak, P. J., Yang, X., & Godke, R. A. (1995). Cumulus cell function during bovine oocyte maturation, fertilization, and embryo development in vitro. *Molecular Reproduction and Development, 40*, 338–344.

Zhang, Q., Li, Q., Li, J., Li, X., Liu, Z. et al. (2008). b-DAZL: A novel gene in bovine spermatogenesis. *Progress in Natural Science, 18*, 1209–1218.

Zheng, P. & Dean, J. (2009). Role of Filia, a maternal effect gene, in maintaining euploidy during cleavage-stage mouse embryogenesis. *Proceedings of the National Academy of Sciences USA, 106*, 7473–7478

7　哺乳动物卵母细胞生长和减数分裂过程的表观遗传修饰

Claudia Baumann、Maria M. Viveiros 和 Rabindranath De La Fuente

7.1　简　　介

哺乳动物卵母细胞的生长和分化由内在的三个发育阶段组成，通过这些阶段产生成熟的卵子并使卵子成功受精，奠定胚胎发育的基础。①细胞核成熟（nuclear maturation）：包括卵母细胞发育能力的恢复，顺利完成第一次减数分裂，并停滞在第二次减数分裂中期以等待受精。在这个过程中，生长期卵母细胞积累了细胞周期相关分子和休眠的母源 mRNA 储库。②细胞质成熟（cytoplasmic maturation）：包括一系列生化和新陈代谢的改变，其主要为发育成熟的一个卵母细胞的受精而准备，也是为通过原核形成来维持胚胎基因组激活之前的第一次卵裂而准备。③表观成熟（epigenetic maturation）：由一系列有次序和组合式的染色质修饰组成，这些修饰发生在卵母细胞的成熟期，影响着基因表达调控。这些改变可能会发生在全基因组范围内，或可能影响单个基因表达水平的染色质环境，从而在不改变 DNA 序列的情况下影响基因表达。根据定义，表观遗传修饰在基因表达方面形成了稳定且能遗传的变异。已有越来越多的人意识到，瞬态染色体标记也能引起表观遗传事件的发生，如减数分裂或有丝分裂期的 DNA 修复机制或染色体结构的改变等（Jablonka, 2002; Mager & Bartolomei, 2005; Bird, 2007; Goldberg et al., 2007）。

在哺乳动物细胞中通过几种分子机制建立起表观遗传修饰，如 DNA 甲基化及能够提供序列特异性甲基化标记的非编码或结构性 RNA 表达。在此期间染色质的结构和功能也通过下列分子机制而调控，如 ATP 依赖性染色质重塑蛋白（ATP-dependent chromatin remodeling protein）（Fry & Peterson, 2001; VargaWeisz, 2001; Davis & Brachmann, 2003）、组蛋白突变体在特定染色体结构域的结合如着丝粒相关蛋白-A（centromere associated protein-A, CENP-A）在中期染色体着丝粒上的沉积，或在发育转向期组蛋白 H3.3 或 H2A.Z 的合并（Sarma & Reinberg, 2005; Polo & Almouzni, 2006），最主要的是通过组蛋白翻译后修饰的诱导如组蛋白的乙酰化（acetylation）、甲基化和多 ADP 核糖基化[poly(ADP) ribosylation]（Bannister et al., 2002; Kouzarides, 2007）进行调控。

表观遗传修饰的 2 个典型例子包括 X 染色体失活(X chromosome inactivation)过程和哺乳动物生殖细胞系亲代基因组印记标志物（genomic imprinting mark）（Jenuwein & Allis, 2001; Reik et al., 2001; Heard, 2004; Lucchesi et al., 2005; Matsui & Hayashi, 2007; Sasaki & Matsui, 2008）。有越来越多的研究证据表明，表观遗传修饰是维持基因组稳定和减数分裂期染色体稳定性（chromosome stability during meiosis）的基础（Peters et al., 2001; Celeste et al., 2002; Bourc'his & Bestor, 2004; Webster et al., 2005; De La Fuente et al., 2006）。在大范围变异或环境刺激下，影响局部或全部染色质结构的表观遗传修饰可以协同发挥作用，通过调控基因表达来诱导一种快速的反应（Hashimshony et al., 2003; Jaenisch & Bird, 2003; Delaval & Feil, 2004; Jeffery & Nakielny, 2004; Goldberg et al., 2007）。

哺乳动物生殖细胞系中的染色质修饰是原始生殖细胞的特性、转座子表观遗传沉默及第一次减数分裂前期同源染色体联会（synapsis）所必需的，也揭示出其有显著的功能多样性（Sasaki & Matsui, 2008; Kota & Feil, 2010）。然而，在卵母细胞生长和减数分裂成熟过程中，表观遗传修饰在染色质结构和功能分化中的作用还不是很清楚。在本章，我们将重点介绍哺乳动物卵母细胞基因组表观遗传成熟的机制。出生后卵母细胞生长，卵母细胞和卵巢卵泡环境间建立的一种重要的双向交流，使减数分裂期能够获能；同时，卵母细胞内在的机制通过创建母源特异的印记标记来获得发育成熟的潜能。因此，以出生后卵母细胞的生长为研究背景，深入探索建立表观修饰的机制及其在卵母细胞基因组中的作用，有助于阐明单倍体的分子学基础，对于人类医学、动物繁殖技术和生育调控方面具有现实意义。

7.2　出生后卵母细胞生长期表观修饰的建立

哺乳动物卵母细胞生长和分化起源于出生后不久建立起的有限的原始卵泡群。胎儿出生至性成熟期，卵巢的卵母细胞发育停滞于减数分裂双线期。减数分裂停滞持续的时间因物种不同而异，一般在人类会持续 20～40 年。卵母细胞的生长发生于卵泡中，需要卵巢中生殖细胞和体细胞之间复杂的互作（Matzuk et al., 2002）。关于卵母细胞固有的调控其生长、实现减数分裂及获得发育潜能的机制还不是很清楚。然而最近的一项研究表明，由壁层颗粒细胞产生的酪氨酸激酶受体（tyrosine kinase receptor, KIT）的配体 KITL 可以激活卵母细胞内 PI3K 通路，卵母细胞和卵泡以一种协同方式共同生长（Liu et al., 2006a）。相反，一些基因敲除小鼠的例子表明，第 10 号染色体缺失的磷酸酶及张力蛋白同源基因（phosphatase and tensin homolog deleted on chromosome 10, *PTEN*）是 PIK3 通路的负调控子，与肿瘤抑制结节性硬化综合征（tuberosclerosis complex, Tsc1）和雷帕霉素靶蛋白复合体 1（target of rapamycin complex 1, mTORC1）协同发挥作用，以维持新生卵巢中卵母细胞和卵泡的静默状态（Liu et al., 2006a; Adhikari et al., 2010）。由细胞周期依赖性激酶 p27Kip1 和转录因子 FOXO3 调控的抑制通路已经在 PTEN/PIK3 通路的下游功能区被发现，它可维持卵泡静默状态（Liu et al., 2006a; Adhikari et al., 2010）。当一个卵泡被激活，卵母细胞的生长和分化就会随之发生，这样的状态在小鼠中能持续 2～3 周。在此期间，卵母细胞体积将会增大约 300 倍（Liu et al., 2006a）。为了维持如此剧烈的生长，卵母细胞需要保持高水平的 RNA 合成状态，以确保休眠的母系 mRNA 的存储、核糖体及其他细胞器有足够的累积，以满足减数分裂和发育能力的需求（图 7.1）。一部分初期转录本会被快速翻译以维持一个高水平的蛋白状态是卵母细胞生长所必需的。相反，在生长期卵母细胞内相对静止的母系 mRNA 的转录激活和转录抑制是协同进行的，通过限定 3′UTR 区多腺苷酸化的程度进行调控（Richter, 2001）。多腺苷酸化和之后的卵母细胞特异转录本的翻译，如联会复合体蛋白 1（synaptonemal complex protein 1, SYCP1）、联会复合体蛋白 3（SYCP3）、生长和分化因子 9（GDF9）及 c-Mos 原癌基因均通过胞质多腺苷酸结合蛋白（CPEB）及其 3′UTR 区的调控序列对不同的发育阶段进行调控。敲除 *CPEB* 基因会导致小鼠卵母细胞生长异常，由于多种卵母细胞特异因子的翻译缺陷，卵母细胞的存储被大量消耗，因而导致不孕（Racki & Richter, 2006）。因此，母源产物（如细胞周期相关分子）的及时合成和累积，是卵母细胞完成减数分裂并获得发育能力的基本要素（Evsikov et al., 2006）。这也是卵母细胞特异的表观遗传修饰发生的关键，包括在某些印记基因母系甲基化模式的建立（Fedoriw et al., 2004; Lucifero et al., 2004; Morgan et al., 2005）。目前对母系印记基因建立和维持的基本原理尚未完全研究清楚。然而很多因子的作用包括从头甲基化转移酶类，如 Dnmt3a、Dnmt3b 及 DNA 类甲基转移酶（DNA methyl transferase-like, DnmtL）（Bourc'his et al., 2001; Bourc'his & Bestor, 2006）也被开始研究（Ferguson-Smith & Surani, 2001; Surani, 2001; Morgan et al., 2005; Surani et al., 2007）。卵母细胞生长的启动足以引起甲基化酶 Dnmt1 和 Dnmt3L 的转录激活，并将 Dnmt1 转运到细胞核，这似乎也是在磷脂酰肌醇 3-激酶（PI3K）通路中干细胞依赖性刺激所介导的一个卵母细胞的自主程序（Lees-Murdocket al., 2008）。

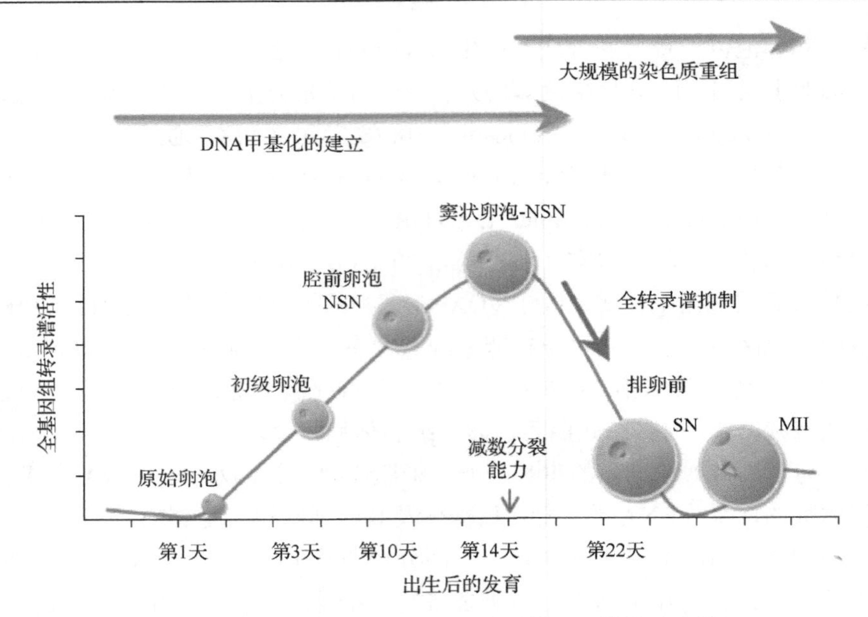

图 7.1　生长期或已成熟卵母细胞中总转录活性的时序特征

胎儿出生后卵母细胞主要的染色质重塑使雌配子获得完成减数分裂和发育的能力。受静止的母系 mRNA 合成和储存情况的影响，转录和翻译活性受严格的控制。此外在该时期，单拷贝基因的 CpG 二核苷酸位点特异性甲基化有助于母系基因印记的建立。

7.3　卵母细胞生长期 DNA 甲基化的建立和维持

在体细胞中，DNA 甲基化发生在细胞分裂期间，通过 DNA 甲基转移酶和被称为赖氨酸脱甲基酶 1B(lysine demethylase 1B, KDM1B)的赖氨酸脱甲基酶 LSD1 来维持（Bird & Wolffe, 1999; Chen & Li, 2006; Wang et al., 2009b）。大部分甲基化作用发生在 CpG 的二核苷酸富集区、在被称为 CpG 岛（CpG island）的部位，该部位通过化学修饰干扰与转录因子结合，从而形成转录抑制现象（Bird & Wolffe, 1999; Chen & Li, 2006）。对甲基化模式的全面分析表明，大多数的胞嘧啶甲基化发生在哺乳动物基因组的基因间、非调节区及重复序列中。缺乏 DNA 甲基化，会导致基因自发突变率以及体细胞和减数分裂细胞中异常的染色体结构显著增多，表明 DNA 甲基化在表观遗传基因沉默和维持基因组稳定性方面起着重要的作用（Chen et al., 1998; Bourc'his & Bestor, 2004; De La Fuente et al., 2006; Rollins et al., 2006; Weber & Schuebeler, 2007）。

在新生儿卵母细胞生长的关键时期，卵母细胞基因组中重甲基化的建立以点对点的形式产生，导致性别特异性标记或基因组印记（genomic imprinting）的建立，其中基因组印记是胚胎植入前正常发育所必需的（Barton, 1984; McGrath, 1984; Surani, 1984; Obata, 1998）。在卵母细胞生长过程中能够获得不同印记位点的甲基化标记。例如，通过分析 8 个印记基因的亚硫酸氢修饰情况，发现不同印记点的甲基化标记与卵母细胞大小相关，在青年雌性动物体内直径 55～60 μm 的卵母细胞中能够检测到 Igf2r、Lit1、Zac1、Snrpn、Peg1 及 Grb10 的甲基化现象（Hiura et al., 2006）。重要的是，目前所鉴定的大多数亲本特异性印记都存在于生长的卵母细胞内，因为只有少数位点被认为在雄性生殖细胞中获得了亲本印记（Ferguson-Smith & Surani, 2001; Reik et al., 2001; Obata, 2002; Lucifero et al., 2004; Hiura et al., 2006）。DNA 甲基化模式在父系和母系基因组之间的差异对于调控等位基因的特异表达非常关键，因此也形成了哺乳动物基因组印记的基础（Bourc'his et al., 2001; Bestor & Bourc'his, 2004; Kaneda et al., 2004）。值得注意的是，就小鼠而言，印记基因对于胎盘的正确分化、胎儿生长调节、胎儿出生后的发育及母性行为是必需的（Tilghman, 1999; Moore, 2001; Kelly & Trasler, 2004）。在特异的印记控制区（imprinting control region, ICR），异常的 DNA 甲基化与人类的印记过度生长紊乱即贝-威氏综合征（Beckwith-Wiedemann syndrome, BWS）相关。BWS 的症状表现为出生重和身高增加，中线腹壁缺陷和新生儿低血糖（DeBaun & Tucker, 1998），并且在母系 11p15 等位基因上 *KCNQ1OT* 基因内 *KvDMR1* 区域出现了脱甲基化现象。近期研究表明，标准的辅助生殖技术（assisted reproductive technology, ART）如胚胎移植、卵母细胞和胚胎的体外培养等，与特异印记基因 DNA 甲基化变化相关，如 H19、Snrpn、Igf2、Kcnq1ot1、Cdkn1c、Kcnq1、Mknr3、Ascl2、Zim1 及 Peg3，并且后代中印记障碍的发生率有显著增加的风险（Doherty et al., 2000; Gicquel et al., 2003; Rivera et al., 2008; Boonen et al., 2008; DeBaun et al., 2003; Maher et al., 2003; van Montfoort et al., 2012）。

最初 DNA 甲基化被认为在卵子发生时期形成，通过 DNA 从头甲基化转移酶 Dnmt3a 和 Dnmt3b 的活性联合，与类 DNA 甲基转移酶 Dnmt3L 功能互作产生甲基化现象。其中 Dnmt3L 与 Dnmt3a/b 结构相似，但是缺乏 DNA 甲基转移酶活性（Bourc'his et al., 2001; Kaneda et al., 2004）。然而之后的研究表明，Dnmt3b 在卵子发生时期建立母系印记的过程中是可有可无的，并且用实例证明 DNA 从头甲基化在母系印记位点的建立是通过 Dnmt3a 和 Dnmt3L 在生长卵泡内的互作实现的（Kaneda et al., 2009），在这个过程中，Dnmt3L 是指引靶蛋白 Dnmt3a2 到特定印记控制区域所必需的酶（Nimura et al., 2006; Kaneda et al., 2009）。这种蛋白复合物靶向到达 ICR 特异位点的具体调控机制目前尚不清楚。然而，最新研究表明，ICR 组蛋白甲基化有可能是导致这一现象发生的关键。事实上对小鼠缺乏组蛋白脱甲基酶（histone demethylase, KDM1）的卵母细胞甲基化模式分析之后，就有报道分析了卵子发生时期组蛋白甲基化和 DNA 甲基化之间的功能关系。KDM1 功能性切除后，生长的卵母细胞内丰富的核蛋白会导致组蛋白 H3 第 4 位赖氨酸的二甲基化（di-methylated lysine residue 4 of histone H3, H3K4me2）高水平表达，小鼠卵母细胞母系印记的 7 个位点中有 4 个位点被破坏（Ciccone et al., 2009）。这些研究也证明了组蛋白修饰的关键作用，如 H3K4me2 在大部分的母系印记基因上建立 DNA 甲基化模型。其余的因子如 KRAB 锌指蛋白 Zfp57，也表现出一种与 DNA 的直接互作以在 Snrpn 印记区域建立母系印记信号（Li et al., 2008）。最新的一个有趣发现揭示了母系印记的建立机制，指出在卵子发生时期，印记控制区的转录在建立和维持印记标记的过程中起重要作用（Chotalia et al., 2009）。这些研究均认为，GNAS 位点的一个 DMR 启动子转录谱和调控序列的组蛋白修饰均为母系印记建立所需（Chotalia et al., 2009）。然而，这种机制是否作用于其他母系印记基因的 ICR 区，目前还没有定论。

为获得减数分裂和继续发育的能力，出生后卵母细胞生长过程中所有染色体结构的功能分化非常重要（Zuccotti et al., 1995; De La Fuente & Eppig, 2001; De La Fuente et al., 2004a; De La Fuente, 2006）。然而，关于组蛋白和染色质修饰的动态调节机制，以及卵子发生期特异谷氨酸残基上发生的许多潜在的乙酰化和甲基化改变的组合的重要功能，目前还鲜为人知。例如，早前的研究表明，对 5-甲基胞嘧啶染色发现，在出生后 10 天的卵母细胞内，可以最先检测到基因组 DNA 的甲基化（Kageyama et al., 2006; Kageyama et al., 2007）。然而，在卵母细胞生长期间，需要阐明全基因组和特定基因甲基化之间的关系。此外，随着卵母细胞的生长和几种组蛋白修饰酶（如组蛋白乙酰基转移酶和甲基转移酶）的表达，组蛋白 H3 和 H4 赖氨酸残基的甲基化和乙酰化程度呈现增加趋势（Kageyama et al., 2006; Kageyama et al., 2007）。在多个物种卵母细胞的基因组中，越来越多的组蛋白和染色质修饰被研究，其中包括人类的卵母细胞（表 7.1）。然而，有关卵母细胞基因组内这些全基因组范围的表观修饰与转录活性的调控或大规模的染色质重塑间的功能互作还不是很明确（Adenot et al., 1997; De La Fuente et al., 2004a; Kimura et al., 2004; Spinaci et al., 2004; Kageyama et al., 2007）。显而易见，这些未知的关键环节尚需进一步研究证实。

表 7.1 家畜卵母细胞减数分裂过程的染色质修饰（根据 Brno 命名法）

物种	组蛋白修饰类型	GV	GVBD	MI	AT-1	MII	文献
猪	H3S10ph	+	+++	+++	+++	+++	（Gu et al., 2008）
		–	+++	+++	+++	+++	（Jelinkova & Kubelka, 2006）
							（Bui et al., 2007）
	H3S28ph	+	+++	+++	+++	+++	（Jelinkova & Kubelka, 2006）
							（Bui et al., 2007）
		–	+++	+++	+++	+++	（Gu et al., 2008）
	H3K9ac	+++	+++	+++	+++	+++	（Wang et al., 2006）
		+++	–	–	+	–	（Bui et al., 2007）
							（Jeong et al., 2007）
		+++	+++	–	n.d.	–	（Endo et al., 2005）
		+	–	–	–	n.d.	（Xue et al., 2010）
	H3K14ac	+++	+++	+++	+++	+++	（Wang et al., 2006）
		+++	+	–	+	–	（Bui et al., 2007）
		+++	+++	+	n.d.	+	（Endo et al., 2005）
							（Endo et al., 2008）
	H3K18ac	+++	+	–	–	–	（Bui et al., 2007）
		–	+	++	+	n.d.	（Xue et al., 2010）
	H3K23ac	–	–	+	+	n.d.	（Xue et al., 2010）
	H3K9me2	+	++	++	++	n.d.	（Xue et al., 2010）
	H3K9me3	+++	+++	+++	+++	+++	（Endo et al., 2005）
							（Bui et al., 2007）
	H3R17me2	–	–	+	+	n.d.	（Xue et al., 2010）
	H4K5ac	+++	+/–	–	+++	–	（Wang et al., 2006）
		+++	+++	–	+	–	（Endo et al., 2005）
	H4K8ac	+++	+++	+++	+++	+++	（Wang et al., 2006）
		+++	+++	+	n.d.	+	（Endo et al., 2005）
							（Endo et al., 2008）
	H4K12ac	+++	+++	+++	+++	+++	（Wang et al., 2006）
		+++	+++	+	+++	+	（Endo et al., 2005）
		n.d.	n.d.	n.d.	n.d.	+	（Cui et al.）
	H4K16ac	+++	–	–	+++	–	（Wang et al., 2006）
绵羊	H3K9ac	–	n.d.	n.d.	n.d.	–	（Hou et al., 2008）
		+++	++	++	++	++	（Tang et al., 2007）
	H4K5ac	–	n.d.	+	+++	++	（Tang et al., 2007）
	H4K12ac	+++	n.d.	+	+++	+++	（Tang et al., 2007）
	H3K9me3	–	n.d.	n.d.	n.d.	+++	（Hou et al., 2008）

续表

物种	组蛋白修饰类型	GV	GVBD	MI	AT-1	MII	文献
牛	H3S10ph	n.d.	n.d.	n.d.	n.d.	+	（Uzbekova et al., 2008）
	H3K9ac	+++	+++	–	n.d.	–	（Wee et al., 2010）
	H3K9me	+++	+++	+++	n.d.	+++	（Wee et al., 2010）
	H3K9me2	++	++	++	n.d.	++	（Racedo et al., 2009）
		+++	+++	+++	n.d.	+++	（Wee et al., 2010）
	H3K9me3	+++	+++	+++	n.d.	+++	（Wee et al., 2010）
	H3K27me3	+++	n.d.	n.d.	n.d.	++	（Ross et al., 2008）
	H4K5ac	+++	++	n.d.	n.d.	–	（Maalouf et al., 2008）
		+++	+++	–	n.d.	–	（Wee et al., 2010）
	H4K8ac	+++	++	n.d.	n.d.	+	（Maalouf et al., 2008）
	H4K12ac	+++	++	n.d.	n.d.	–	（Maalouf et al., 2008）
		+++	+++	+	n.d.	+	（Racedo et al., 2009）
	H4K16ac	+++	++	n.d.	n.d.	–	（Maalouf et al., 2008）
马	H3K9me3	n.d.	n.d.	n.d.	n.d.	+++	（Vanderwall et al., 2010）

+++：高强度信号；++：强度衰减信号；+：弱强度信号；+/–：在一些卵母细胞中检测到，但在其他卵母细胞中未检测到；–：未检测到；n.d.：不确定（ac–乙酰化作用：me2–二甲基化作用；me3–三甲基化作用；ph–磷酸化作用）。

7.4 减数分裂期大范围的染色质重塑

7.4.1 成熟卵子染色质结构和功能的改变

哺乳动物的减数分裂是一个比较复杂的细胞内活动，包括两次连续的细胞分裂，期间没有 S 期的干预，目的是为了从二倍体祖细胞中形成单倍体配子。在卵母细胞的减数分裂 I 期，有一组同源染色体被释放至卵母细胞的第一极体，之后卵母细胞分裂到中期 II 停滞。结果在减数分裂 II 期，姐妹染色单体为了完成受精而在赤道分离，这时便形成了第二极体（Hassold & Hunt, 2001; Eppig et al., 2004）。为了确保减数分裂I期的同源染色体和减数分裂II期的姐妹染色单体准确地分离，染色体的结构和功能特性起了非常重要的作用。例如，除了复杂的染色体间互作，如着丝粒内聚性和接触点的形成之外，特定的纺锤丝同第一次减数分裂中期同源染色体上成对的着丝粒和第二次减数分裂中期（MII）姐妹染色单体的着丝粒之间的黏附也必不可少（Page & Hawley, 2003; Petronczki et al., 2003）。因此，哺乳动物卵母细胞在为减数分裂期间做准备时经历了明显的染色质重塑过程，该过程对减数分裂期间二价染色体的个性化和维持染色体的稳定性起着非常重要的作用。

更重要的是，卵子发生过程中，染色质重塑、染色质结构及功能的分化为减数分裂及后期所有发育潜能的获得奠定了基础（De La Fuente et al., 2004a; De La Fuente, 2006; Yang et al., 2009; Baumann et al., 2010）。

随着初情期的开始，在每一次发情周期有少量的卵母细胞恢复减数分裂，然后染色质结构和功能会发生显著而快速的形态学变化。例如，发育的卵母细胞内染色质分布得比较分散且属于非环绕核仁（non-surrounded nucleolus, NSN）（Mattson & Albertini, 1990; Debey et al., 1993）。在这一阶段，为了合成和存储母体的转录物，卵母细胞的基因组内有着高水平的转录活性。这些转录活性是再次启动减数分裂和第一次卵裂开始的基础。然而，随着卵母细胞的发育和分化，发生了显著的核重组，其主要特征包括在排卵前完全发育成熟的卵母细胞内染色质变得紧密，且异染色质紧密围绕在核仁周围（surrounded nucleolus, SN）（Parfenov et al., 1989; Debey et al., 1993; Zuccotti et al., 1995; De La Fuente, 2006）。

随着这些大规模染色质重塑的发生，卵母细胞也从 NSN 阶段高水平的转录活性模式，转变为 SN 阶段的转录抑制（图 7.1）。有趣的是，NSN 的染色质重塑和 SN 阶段的转录抑制是及时进行减数分裂成熟过程和卵母细胞发育的关键环节（Wickramasinghe et al., 1991; Debey et al., 1993; Schramm et al., 1993; De La Fuente, 2006）。有研究再次证明了此观点的正确性，该研究显示 SN-GV 期卵母细胞在试管受精过程中有更高的囊胚率（Zuccotti et al., 1998）。

目前人们对这些复杂过程的调控机制还知之甚少。研究表明，旁分泌因子潜在的作用来源于颗粒细胞（De La Fuente & Eppig, 2001; Liu & Aoki, 2002）。此外，对缺乏核伴侣核质蛋白 2（Npm2）转基因鼠的研究，为探索哺乳动物卵母细胞内染色质重塑和全基因组转录抑制之间是否存在潜在的功能性互作提供了关键证据。相应地，缺乏核质蛋白 2 的卵母细胞染色质呈现为去浓缩的、生长卵母细胞的类 NSN 状态。然而经过促性腺激素处理后，未观察到 SN 现象。与此相反，正如在促性腺激素处理的 Npm2 突变小鼠卵母细胞内缺乏初期的转录本一样，全基因组转录沉默（transcriptional silencing）在该动物模型中并不受影响（De La Fuente et al., 2004a）。这些研究也表明，在卵母细胞 GV 期全体转录抑制可以从染色质重塑的过程中被试验性分离，从而导致进入 SN 阶段（De La Fuente et al., 2004a）。为支持该假说，有研究表明，全域转录沉默是因为 RNA 聚合酶 II（RNA polymerase II, POL II）中的最大亚基从染色质模板上分离，紧接着是在完全生长的卵母细胞 GV 期 RPB1 的去磷酸化（Abe et al., 2010）。有趣的是，尽管存在 NSN 到 SN 的染色质构型的重塑，但缺乏 MLL2 这种主要的组蛋白 H3K4 甲基转移酶的卵母细胞，不能实现全域的、RNA 聚合酶 II 依赖的转录抑制（Andreu-Vieyra et al., 2010）。另外，对 GV 期卵母细胞进行组蛋白脱乙酰酶抑制剂 TSA 的药理学刺激，可以导致染色质呈明显的解离状态，并严重影响细胞核的结构（De La Fuente et al.,

2004a）。然而 TSA 诱导的染色质解离不足以存储足够的转录活性（De La Fuente et al., 2004a; Abe et al., 2010）。总之，这些研究表明，大规模的染色质重塑和全体转录沉默是在细胞凋亡通路控制下自发的一种程序，染色质凝聚进入 SN 状态不需要全体转录沉默。

目前，对雌性生殖细胞染色质重塑的大多数研究主要集中在小鼠卵母细胞上。然而，在人（Parfenov et al., 1989）、猴（Lefevre et al., 1989; Schramm et al., 1993）及大鼠（Mandl, 1962）中也有相似的报道。但对猪（McGaughey, 1979）、牛（Liu et al., 2006b）、羊（Russo et al., 2007）、狗（Lee et al., 2008a）、马（Hinrichs et al., 2005）、山羊（Sui et al., 2005）及兔（Wang et al., 2009a）等家畜排卵前期卵母细胞染色质构型的分析显示，染色质构型和细胞核形态呈现明显的多样性变化。

尽管在大鼠卵母细胞中观察到的染色质变化与小鼠具有相同的模式（Mandl, 1962; Zucker et al., 2000），但人类卵子发生的最后阶段（Combelles et al., 2009）与家兔生殖细胞（Wang et al., 2009a）上则展现出不同的染色质模式。在这些物种中，卵母细胞核染色质相继从腔前卵泡中非环绕核仁，转变成网状的 A 型（人类）/NL 型（兔）、轻度凝聚（B/LC 型）、高度凝聚（C/TC 型）及最后各自絮状凝聚（D/SC 型）的状态（Parfenov et al., 1989; Wang et al., 2009a）。尽管在人的 C、D 型和兔的 TC、SC 型中转录活性是停止的，但人的 A 型到 D 型和兔的 NL、LC、TC 及 SC 型都是围绕在核仁周围的类型（Parfenov et al., 1989; Wang et al., 2009a）。

在猴上，腔前卵泡的 NSN 阶段的卵母细胞被称为 GV1 期，这一阶段染色质呈现解离、细丝状。同时，随着卵泡的发育，染色质浓缩逐渐进入 GV2 期，或进入围绕在核仁周围的 GV3 期（Lefevre et al., 1989; Schramm et al., 1993）。

猪卵巢上小的有腔卵泡中的卵母细胞的染色质呈解离状态，和啮齿动物的 NSN 状态类似，被称为 GVO 期（Sun et al., 2004b）。在卵泡发育期间，染色质凝聚在核仁周围，或在转录不活跃的 GV1、GV2 或 GV3 期呈现马蹄形（Motlik & Fulka, 1976; Guthrie & Garrett, 2000; Sun et al., 2004b）。然而，牛卵母细胞的染色质形态可以划分为解离的 NSN 状态、网状的 N 状态、聚集在核膜周围的 C 状态及非环绕核仁的状态（Liu et al., 2006b）。最终，牛卵母细胞在转录沉默期间也表现出了染色质聚集态（clumped chromatin configuration, C），类似于在啮齿动物观察到的环绕核仁状态（SN）（Liu et al., 2006b）。

有意思的是，在许多物种如山羊（Sui et al., 2005）、狗（Lee et al., 2008a）及马（Hinrichs & Williams, 1997），卵子发生以不同的染色质表现形式结束。马的染色质构型相当于啮齿动物的 NSN 阶段，在整个 GV 期呈细丝状，或在部分 GV 期呈现不规则的一团。而且马卵母细胞的染色质还呈现不规则的松散的凝聚（loosely/condensed chromatin configuration, LCC）、高度凝聚（tightly condensed chromatin configuration, TCC）或卷曲状态（Hinrichs et al., 2005）。在采样和固定组织间的延迟期，还发现有一种更深层次的染色质结构，被称为“荧光核”，主要是在整个 GV 期染色质呈现均质状态，这种染色质形态还需进行深入研究（Hinrichs et al., 2005）。犬科动物卵母细胞 GV 期呈现与马相似的形态，呈细丝状或中间状态，被称为 GV1 期、松散凝聚型（GV2 期）及紧密凝聚型（GV4/5 期）（Lee et al., 2008a）。山羊的染色质形态分为包含大的核仁和分散染色质的 GV1 期、网状染色质（netlike chromatin）和中等大小核仁的 GV2 期及染色质聚集的 GV2c 期。如果进一步分类，可细分为网状的染色质和小核仁的 GV3n 期、染色质聚集的 GN3c 期、染色质聚集及核仁缺失的 GV4 期。山羊的 GV 期卵母细胞是一个典型的例外，因为在一般物种从 NSN 到 SN 转变的过程中，会出现围绕在核仁的 GV 期，但在山羊中未发现。然而，山羊卵母细胞的转录从 GV2c 期开始停止（Sui et al., 2005）。最重要的是，通过对许多物种的成熟卵母细胞内染色质构型和生发泡位置的系统研究，能为卵母细胞减数分裂和发育能力的研究提供重要的非侵入性标记（Brunet & Maro, 2007; Inoue et al., 2008; Bellone et al., 2009）。然而，我们还需要通过进一步的研究去了解哺乳动物卵母细胞如此多变的染色质形态的意义，以及染色质形态和核仁的结构与功能的联系。哺乳动物卵母细胞染色质在转变为 SN 阶段期间，核构筑过程大范围变化的调控机制还没有被阐明。昆虫减数分裂特定的染色体组织（核染色质）与哺乳动物卵母细胞第一次减数分裂前期染色体（核球）在功能上高度相似（Ivanovska & Orr-Weaver, 2006）。染色体核球和核染色质都是维持特异的减数分裂染色质构型所必需的，有助于减数分裂时染色体的分离（Gruzova & Parfenov, 1993）。有趣的是，最近在模式动物中的研究结果显示，果蝇卵母细胞中有一个保守的组蛋白，即 H2A 激酶 NHK-1 在核染色质重塑过程中起重要作用，且其功能受第一次减数分裂前期纺锤体组装检查点的调控（Ivanovska et al., 2005）。NHK-1 的缺乏干扰了核染色质的形成，并由于染色质缺陷和形成不正常的极体导致了完全不育。而且，NHK-1 突变的卵母细胞中不能形成核染色体，会导致组蛋白 H2A-T119 磷酸化（histone H2A phosphorylation, H2AT119ph）的缺失，组蛋白 H3 第 14 位赖氨酸的乙酰化（histone H3 acetylation, H3K14ac）和组蛋白 H4 赖氨酸-5 乙酰化（acetylation of histone H4 at lysine 5, H4K5ac）的缺失，以及使联会复合物不分离及凝缩蛋白复合物附着染色体失败（Ivanovska et al., 2005; Ivanovska & Orr-Weaver, 2006）。这些发现也支持了一个假说，即凝缩蛋白在哺乳动物卵母细胞形成染色体核球的过程中起着非常关键的作用（Ivanovska & Orr-Weaver, 2006）。通过功能性删除牛痘关联激酶（vaccinia-related kinase, VRK1）发现，该组蛋白激酶在建立独特的染色质构型及为卵母细胞减数分裂活动的重启动准备过程中有重要作用。哺乳动物 VRK1 与果蝇的 NHK-1 是同系物（Schober et al., 2011）。小鼠缺乏 VRK1 导致精子细胞的分化缺陷，最终引起雄性不育（Wiebe et al., 2010）。此外，雌性缺失 VRK1，表现出异常的染色体构型，仅有一小部分的卵母细胞转变为 SN 构型，此外还表现出减数分裂进程的延迟、染色体隔离缺陷及受精失败（Schober et al., 2011）。

7.4.2 减数分裂恢复过程中的组蛋白修饰

大规模的染色质重塑被认为是核结构中全基因组水平的一系列改变，这些改变被认为是在环境及分化刺激下染色体水平上发生的应答反应（Berger & Felsenfeld, 2001; Cremer & Cremer, 2001）。与其他的细胞类型一样，分化的哺乳动物生殖细胞内染色质重塑受组蛋白翻译后修饰的诱导调控，如组蛋白在不同赖氨酸残基上的甲基化和乙酰化（Bannister et al., 2002; Kouzarides, 2007)、组蛋白变异体之间的结合如组蛋白 H3.3、CENP-A 及 H2A.Z（Sarma & Reinberg, 2005; Polo & Almouzni, 2006）及依赖性 ATP 染色质重塑蛋白的作用等（Fry & Peterson, 2001; VargaWeisz, 2001; Davis & Brachmann, 2003)。然而，通过对不同模式生物的研究，有越来越多的证据表明在生殖细胞系存在着特定的调控机制，用以调控全基因组水平的转录活性及染色质重塑，最终形成具有独特结构和功能特性的染色体构型，而这种构型是形成单倍体配子所必需的（Sassone-Corsi, 2002; Kimmins & Sassone-Corsi, 2005)。

核心组蛋白共价修饰通过诱导核小体组织或分子结构发生改变，对染色质的高级结构和功能产生直接影响（Langst, 2001; Tsukiyama, 2002; Luger, 2003)。组蛋白修饰能够改变染色质的凝聚程度，依赖于转录促进或转录抑制的染色质环境（Cheung et al., 2000; Margueron et al., 2005），通过调控染色质相关因子进而对序列实施调控（Grunstein, 1997; Goldberg et al., 2007)。组蛋白翻译后的多种修饰，如甲基化（Bannister et al., 2002)、乙酰化（Grunstein, 1997)、磷酸化（Peterson & Laniel, 2004)、核糖基化（Faraone-Mennella, 2005)、泛素化（Zhang, 2003）及类泛素化（Gill, 2004），可能会在核心组蛋白（H2A、H2B、H3 和 H4）不同的氨基酸残基（如赖氨酸、丝氨酸、脯氨酸及精氨酸）上同时发生。因此，共价组蛋白修饰形成一个较大的染色质环境，在这个环境中不同的核结构域可根据细胞环境和转录状态确定各自的结构和功能（Cleveland et al., 2003)。

依次地，核结构域间构成具有功能的组件，这是调控基因表达和染色体分离的基础（Dundr & Misteli, 2001; Dillon & Festenstein, 2002)（图 7.2)。目前已经获得关于几种哺乳动物卵母细胞内与减数分裂染色质凝聚和分离相关的大量的染色质修饰数据（表 7.1)。有意思的是，家畜组蛋白甲基化模式呈现高度的保守性，这在猪、羊、牛及马的减数分裂恢复期间，已经通过组蛋白 H3K9 二甲基化和三甲基化的程度所证实。然而，与羊相比，牛和猪卵母细胞中其余组蛋白的修饰，尤其是组蛋白的脱乙酰作用（deacetylation），已经呈现明显的物种特异性。将来的研究无疑要对每一种家畜特定的染色质构型进行详细的阐述。此外，对染色质表观遗传修饰模式的深入研究有助于体外培养和胚胎操作程序的优化，并可对配子质量和妊娠率做预后标记。

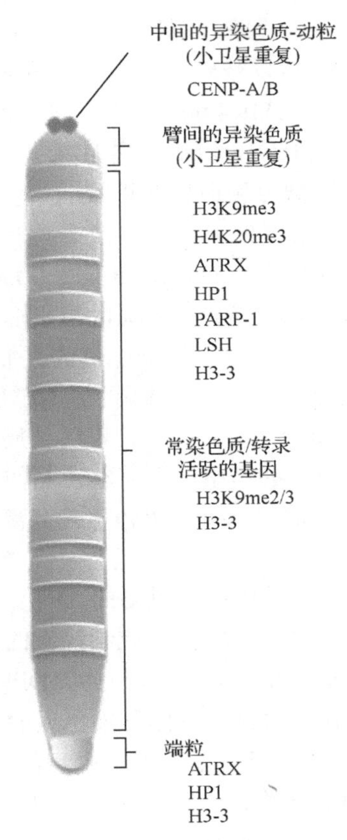

图 7.2 凝聚染色体中染色质构型图解

组蛋白翻译后修饰与染色质关联因子组合，如 H3K9me3 与 ATRX，对正常的染色质构型和功能性染色体子域诸如着丝粒和臂间异染色质、常染色质和染色体端粒的形成至关重要，文中讨论了每个单独结构域中染色质组分的特征。

在减数分裂不同阶段，目前对酶活性诱导特定的翻译后修饰所起到的作用还知之甚少。现有的证据表明，表观遗传标记建立了一个子集，如卵母细胞生长期间组蛋白赖氨酸甲基化，与减数分裂期间染色质的结构域保持稳定的联系（Arney et al., 2002; Cowell et al., 2002; Hodges & Hunt, 2002; Fu et al., 2003; Kourmouli et al., 2004; Liu et al., 2004; Wang et al., 2006; Swain et al., 2007; Meglicki et al., 2008; Ooga et al., 2008）。重要的是，表观修饰如组蛋白乙酰化在减数分裂重启动时呈现了高度的动态定位模式（Adenot et al., 1997; Kim et al., 2003; De La Fuente et al., 2004b; Sarmento et al., 2004; Huang et al., 2007）。

迄今为止，已经发现了多种组蛋白甲基转移酶（histone methyltransferase），基因缺失的功能研究为阐明配子发生时期、减数分裂时期及胚胎植入前的发育期组蛋白甲基化模式提供了重要的思路。例如，组蛋白 H3 的单甲基化赖氨酸残基 4 和 9（H3K4me、H3K9me）可以被酶促修饰为一甲基化、二甲基化或三甲基化的形式（H3K4me、H3K4me2、H3K4me3 等）。通过靶向删除甲基转移酶 G9A（methyltransferase G9A , KMT1C），对组蛋白 H3K9 一甲基化和二甲基化物进行试验性的干预，导致第一次减数分裂前期非正常的染色质联会，并产生大范围的减数分裂异常（Tachibana et al., 2007）。在小鼠中，缺失靶向 H3K9me 的甲基转移酶 ESET 会影响植入前的发育（Dodge et al., 2004）。同时使甲基转移酶 SUV29H1/H2 失活，抑制着丝粒周围异染色质的组蛋白 H3K9 甲基化，导致在精母细胞粗线期减数分裂的表型与 *G9A* 基因敲除鼠的类似（Peters et al., 2001）。着丝粒周围是染色体的一个关键结构域，能够调控体细胞有丝分裂时着丝粒内聚性及染色单体及时分离（Guenatri et al., 2004），着丝粒周围的异染色质对动态和高度特异化的着丝粒互作具有重要的作用，而着丝粒互作是保障减数分裂 I 期同源染色体和减数分裂 II 期结束之前姐妹染色单体正确分离的基础（Petronczki et al., 2003）。

哺乳动物的着丝粒在异染色质中心由重复的 DNA 序列构成，这些序列是构成着丝粒必需的，但仅有它们是不能完全形成着丝粒的。同时，着丝粒功能的调控中存在着表观修饰机制（Karpen & Allshire, 1997; Dillon & Festenstein, 2002）。事实上，H3K9 的三甲基化作为着丝粒周围异染色质的基本元件，已经被认为与着丝粒异染色质的形成和维持转录抑制的染色质环境有必然的联系。而且 H3K9me3 和 H4K20me3 可以一起作为额外的染色质连接蛋白的锚定位点，如异染色质蛋白 1（heterochromatin protein 1, HP1）、染色质重塑蛋白（chromatin remodeling protein）、X 染色体连锁的 α-地中海贫血症/精神障碍综合征（X-linked alpha-thalassemia/mental retardation syndrome, ATRX）（Rea et al., 2000; Bannister et al., 2001; Lachner et al., 2001; Schotta et al., 2004; Kourmouli et al., 2005）。着丝粒的结构和功能也是组蛋白变异体合并所必需的，如 CENP-A，通过组蛋白脱乙酰作用和大范围的染色质重塑诱导高级染色质结构的形成（Pluta et al., 1995; Karpen & Allshire, 1997; Murphy & Karpen, 1998; Wiens & Sorger, 1998; Henikoff et al., 2001；图 7.2）。

与着丝粒周围异染色质相比，组蛋白 H3 赖氨酸残基的翻译后修饰在核结构域的表观遗传重编程中起着更为重要的作用。例如，在排卵前卵母细胞间隙的染色体片段中，组蛋白-赖氨酸 *N*-甲基转移酶（histone-lysine *N*-methyltransferase, MLL2）是 H3K43 三甲基化所必需的（Andreu-Vieyra et al., 2010）。组蛋白 H3 第 4 位赖氨酸的三甲基化（tri-methylated lysine residue 4 of histone H3, H3K4me3）和具有转录活性基因的启动子序列有关联。因此，在 GV 期，MLL2 功能的丧失会导致 H3K4 三甲基化水平下降，然而其余组蛋白的修饰如组蛋白 H3 第 4 位赖氨酸的一甲基化（mono-methylated lysine residue 4 of histone H3, H3K4me1）未受到影响。重要的是，缺乏 MLL2 导致排卵率受影响，在体外成熟过程中染色质错位的比例增加，并产生雌性不孕。在这个模式中，H3K4 三甲基化水平的降低和组蛋白 H4 赖氨酸-12 乙酰化（acetylation of histone H4 at lysine 12, H4K12ac）水平是同步的，表明 MLL2 缺陷的卵母细胞没有表现出全体转录沉默现象。

7.4.3 减数分裂恢复过程中正确的染色体凝聚和分离需要全体组蛋白脱乙酰作用

在减数分裂恢复过程中，染色质修饰发育转型的及时进行是维持雌性配子染色体稳定性的基本表观遗传机制，在研究小鼠卵母细胞组蛋白 H3 和 H4 不同赖氨酸残基的乙酰化水平后，最初该发现才得以报道（Kim et al., 2003; De La Fuente et al., 2004b）。相应地，尽管在排卵前卵母细胞具有完整的生发泡，并呈现了高水平的组蛋白 H3 和 H4 乙酰化作用，但是伴随着小鼠及其他几种家畜的卵母细胞生发泡破裂，出现了全体组蛋白去乙酰化的高峰（表 7.1）。这一过程所涉及的组蛋白修饰中，在减数分裂染色体凝聚时组蛋白 H4 赖氨酸-12 乙酰化（H4K12ac）中的脱乙酰作用表现得尤其广泛和特异（Kim et al., 2003），因为在有丝分裂期体细胞的染色质仍然保持 H4K12 的乙酰化（Kruhlak et al., 2001）。在减数分裂恢复时全体的组蛋白脱乙酰作用也会对组蛋白 H4 赖氨酸-5 乙酰化（H4K5ac）产生影响（De La Fuente et al., 2004b）。尽管该过程中明确的分子机制还未知，但目前的研究提示，在减数分裂期组蛋白脱乙酰酶（histone deacetylase, HDAC）在全体组蛋白的脱乙酰作用中起着非常关键的作用。例如，将卵母细胞用组蛋白脱乙酰酶抑制剂 TSA 处理后，减数分裂恢复时的脱乙酰作用被抑制，导致高乙酰化现象出现及染色质解凝（Kim et al., 2003; De La Fuente et al., 2004b）。此外，减数分裂期间的全体组蛋白脱乙酰作用对异染色质结合蛋白的沉积过程起着非常重要的作用，如 ATRX 沉积于着丝粒的结构域，因为 TSA 诱导的染色质的高度乙酰化与着丝粒 ATRX 点的缺失有关（De La Fuente et al., 2004b）。而且，通过抑制组蛋白脱乙酰作用能诱导形成细长的、解凝的染色体，使其呈高度异常的减数分裂期的形态，染色质排列不规则或大部分卵母细胞染色质形成迟缓（De La Fuente et al., 2004a），最终导致卵母细胞呈异倍体，且出现早期胚胎死亡的现象（Akiyama et al., 2006）（图 7.3）。尽管 HDAC1、HDAC2、HDAC3 及 HDAC4 在小鼠卵母细胞的 GV 期是丰富的核蛋白（Kageyama et al., 2006; Ma & Schultz, 2008），但特异的 HDAC 亚型是否会引起减数分裂恢复期染色体脱乙酰作用的高峰，还需进一步研究证实。

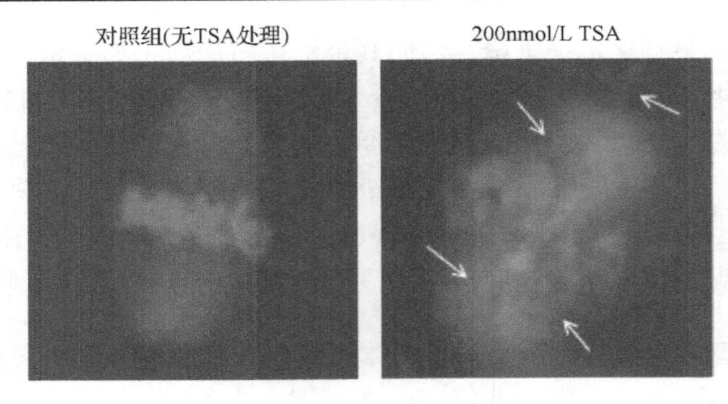

图 7.3　用 TSA 处理扰乱中期的染色体构型（彩图请扫封底二维码）

在减数分裂的恢复期对组蛋白去乙酰作用实施药理学（200 nmol/L TSA）干扰，导致染色质无法凝聚，在减数分裂中期纺锤体（绿色标识）处染色体排列不整齐（红色标识，箭头标注），最终导致非整体倍配子的形成。

7.4.4　染色体分离时染色质重塑因子的作用

小鼠着丝粒的异染色质由两个独特的染色质二级结构域组成，这些二级结构域有更离散而高级的结构和功能（Guenatri et al., 2004; Sullivan & Karpen, 2004）。中间的异染色质由几百个小卫星重复单元的碱基构成，与着丝粒特异蛋白（如组蛋白变体 CENP-A）一起形成功能性的动粒（Karpen & Allshire, 2004; Maison & Almouzni, 2004; Sarma & Reinberg, 2005; Polo & Almouzni, 2006）（图 7.2）。相反，着丝粒周边的异染色质由主要卫星序列的重复单元组成，并且通过 DNA 连接蛋白（如异染色质蛋白 1, HP1）和解旋酶转换/蔗糖不发酵家族（helicase of the switch/sucrose non-fermenting family, SWI/SNF2）如 ATRX 和 LSH 形成大的染色质重塑复合物（McDowell et al., 1999; Yan et al., 2003a; De La Fuente et al., 2004b; Maison & Almouzni, 2004）。着丝粒中心或周围的有功能的异染色质结构域参与调控同源染色体互作、染色体的正确分离与生长及哺乳动物的胚胎分化（Bernard et al., 2001; Peters et al., 2001; Bernard & Allshire, 2002; Houlard et al., 2006）。着丝粒周围异染色质蛋白功能遭破坏，涉及主要卫星序列 DNA 甲基化，会引起人类先天性的综合征，如 X 染色体连锁的 α-地中海贫血症/精神障碍综合征（ATRX）和免疫缺陷-着丝粒不稳定-面部异常综合征（immunodeficiency-centromeric instability-facial anomalies syndrome, ICF）。再如，编码 DNA 甲基转移酶 Dnmt3b 的基因突变会导致异倍体、着丝粒不稳定和发育异常现象（Xu, 1999; Robertson & Wolffe, 2000）。然而，*Atrx* 基因自发的突变会引起男性 ATRX，这些男性除了面部畸形外，还会出现特纳氏综合征。

在人和小鼠的体细胞中，ATRX 属于 ATP 依赖染色质重塑蛋白大家族，和着丝粒周围异染色质结构域相连。ATRX 在人类基因组重复序列中建立正确甲基化模式过程有重要作用（Gibbons et al., 1997; Picketts et al., 1998; McDowell et al.,

1999; Gibbons et al., 2000)。以前对小鼠卵母细胞的研究表明，ATRX 在第一次和第二次减数分裂中期与着丝粒周边的异染色质连接，并且对减数分裂纺锤体上的染色体排列有调节作用（De La Fuente et al., 2004b）（图 7.4）。有趣的是，着丝粒周边异染色质的完整性是协调有丝分裂期间姐妹染色体着丝粒内聚性的基础（Guenatri et al., 2004; Maison & Almouzni, 2004）。染色质重塑复合物如 SNF2h 在促进人类有丝分裂细胞中连接蛋白亚基 Rad21 负载到着丝粒的过程中起重要作用（Hakimi et al., 2002）。而且，在缺乏 SUV39 组蛋白甲基化转移酶的小鼠体细胞中，着丝粒周围的异染色质丢失 HP1，会影响姐妹染色单体的内聚（Peters et al., 2001; Maison et al., 2002）。总体而言，这些研究结果表明，着丝粒周围异染色质的形成在有丝分裂细胞着丝粒内聚方面起着非常重要的作用。

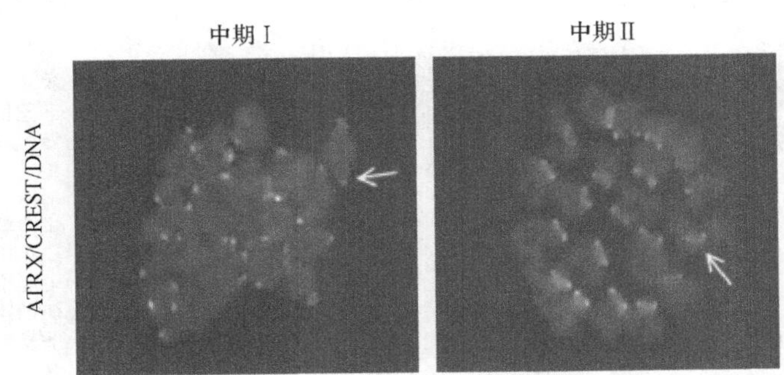

图 7.4 染色质重塑蛋白，如 ATRX 在染色质结构域的功能分化中具有重要作用
（彩图请扫封底二维码）

ATRX（红色显示）是小鼠卵母细胞（箭头所示）减数分裂中期着丝粒周围异染色质的基本组成成分。染色体显示为蓝色，动粒标记 CREST 显示为绿色。

有关着丝粒周围异染色质相似功能的影响是否也能够协调复杂的染色体动力学仍然不清楚。然而有研究表明，小鼠卵母细胞母系 ATRX 功能的丧失会造成第二次减数分裂中期纺锤体处染色体的不规则排列，以及中心体（centrosome）周围的 DNA 断裂，引起严重的减数分裂着丝粒不稳定，形成非整倍体胚胎，雌性生育能力下降（De La Fuente et al., 2004b; Baumann et al., 2010）（图 7.5）。有趣的是，ATRX 在着丝粒周围异染色质结构域的缺陷导致异常的染色体，且它和组蛋白 H3 磷酸化（histone H3 phosphorylation, H3S10ph）水平下降有关，被认为是染色质凝聚的表观遗传特征。此外，丢失 ATRX 功能导致 GV 期转录调节因子 DAXX 不能转移至着丝粒周围异染色质区（Baumann et al., 2010）。总之，这些发现证明，ATRX 在雌性着丝粒周围异染色质的分子组成和形成方面具有关键作用，这一过程是哺乳动物卵母细胞减数分裂期间调节复杂的染色质重塑的基本环节。有意思的是，ATRX 在体细胞 X 染色体失活的过程和滋养层干细胞印记 X 染色体失活过程中是一个新的表观修饰成分（Baumann & De La Fuente, 2009）。这些发现提示，

ATRX 无论在兼性还是结构异染色质中都是一个重要的成分，并强调在哺乳动物细胞中异染色质的形成过程中，ATRX 对染色质重塑因子起着非常关键的作用。很显然，在 ATRX 缺失的卵母细胞中观察到的染色体缺陷为此提供了直接的证据，证明哺乳动物卵母细胞的表观修饰在减数分裂 II 期及过渡至第一次有丝分裂过程中对染色体稳定性的维持起重要作用。通过研究 ATRX 如何调控染色质凝聚和组蛋白 H3 在着丝粒周围异染色质的磷酸化来阐明表观修饰的分子机制，将会成为理解作用于雌性配子导致异倍体产生的关键表观修饰因子的基础。

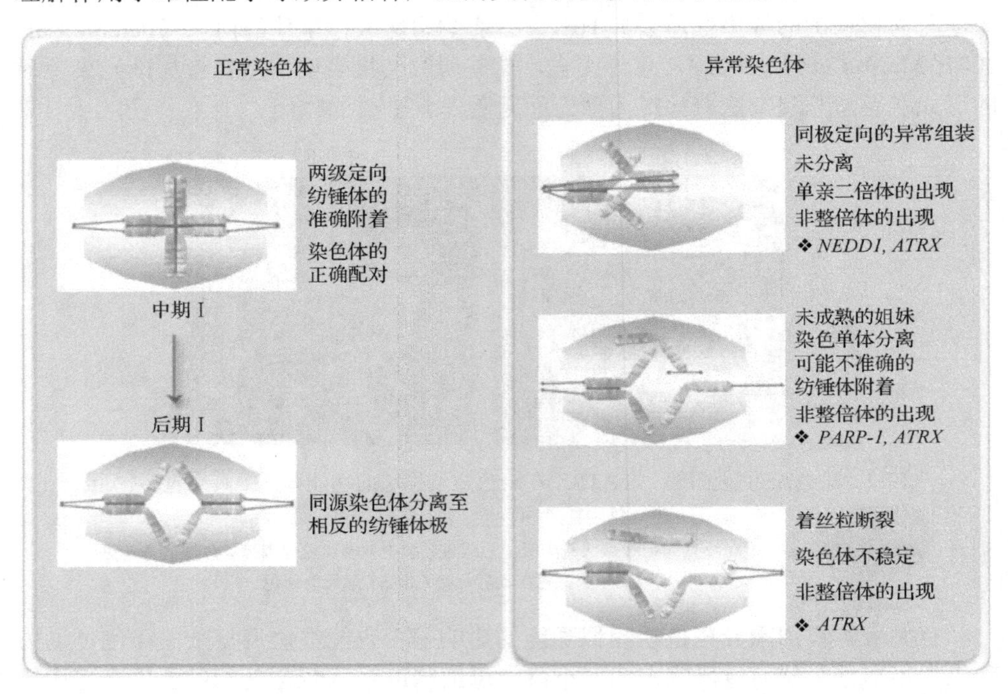

图 7.5　正常（双向）和不正确的染色体-纺锤体微管互作示意图（彩图请扫封底二维码）

在分裂中期纺锤体处染色体的正确排列，主要取决于建立适宜的表观遗传染色质环境，以及动粒结构域和纺锤体微管之间形成准确而稳定的附着。关键蛋白（红色显示）的功能缺失导致染色体-微管附着错误。

淋巴-特异性解旋酶（lymphoid-specific helicase, LSH *or* helicase lymphoid-specific, Hell）是 SWI/SNF2 染色质重塑蛋白家族的成员。近期研究发现，LSH 与哺乳动物基因组重复序列的 DNA 甲基化调控（control of DNA methylation）有一定的相关性（Jarvis et al., 1996; Geiman et al., 1998; Sun et al., 2004a; Muegge, 2005; Flaus et al., 2006）。小鼠 LSH 蛋白定位于成纤维细胞着丝粒周围的异染色质上，在串联重复序列 DNA 甲基化和调控组蛋白甲基化过程中起重要作用（Yan et al., 2003a; Yan et al., 2003b）。功能丧失分析揭示，LSH 是一个主要的表观调控因子，它参与维持小鼠基因组中重复序列的 DNA 甲基化和转录沉默（Dennis et al., 2001;

Geiman et al., 2001; Yan et al., 2003b; Huang et al., 2004; Sun et al., 2004a; Fan et al., 2005; Muegge, 2005）。重要的是，在雌性的生殖细胞内，LSH 在第一次减数分裂前期呈高度动态的细胞核定位状态，在细线期呈现弥散的细胞核定位状态。然而，在偶线期阶段 LSH 在着丝粒周围的异染色质结构域瞬间累积，表明 LSH 在第一次减数分裂前期核结构域的染色质重塑过程中具有重要的作用。功能缺失分析结果表明，LSH 蛋白在同源染色体联会过程中起重要的调控作用。进一步的研究显示，LSH 缺失与非同源染色体间的互作及卵母细胞中高比例的染色单体存在有关。此外，对主要和次要卫星序列的 DNA 甲基化及从突变雌性卵母细胞中获得的 IAP 元素的分析发现，在重复序列中有显著的甲基化模式。这些结果均说明 LSH 在着丝粒周围异染色质串联重复序列上具有维持甲基化的作用，并在生殖细胞系中能够促进转座子转录抑制，同时在确保正确的同源染色体联会方面也起着非常重要的作用（De La Fuente, 2006）。之前的研究表明，转座子静默被 Dnmt3L 调节，这种调节是维持减数分裂和雄性生殖细胞系生育能力的基础（Bourc'his & Bestor, 2004; Webster et al., 2005）。然而，在 Dnmt3L 敲除的卵母细胞中，既没有呈现出全体 DNA 甲基化现象，也没有发现减数分裂程序的紊乱现象（Bourc'his et al., 2001）。由于 LSH 敲除动物出现致死现象，目前有关 LSH 在排卵前期卵母细胞减数分裂染色体的分离过程中是否有一定作用还未知。值得注意的是，将敲除 LSH 的雄性动物胚胎睾丸组织移植给免疫缺陷的成年雄性个体，获得了同种移植后代，表明在精子发生过程中，LSH 在同源染色体的联会方面发挥了非常重要的功能（Zeng et al., 2011）。

ADP 核糖共价附着在组蛋白残基和其他蛋白上，形成多 ADP 核糖基化是一种表观修饰机制，能够调控各种细胞程序如转录、DNA 修复和重组、染色体重塑、基因的稳定性和体细胞内有丝分裂纺锤体的正确形成等（D'Amours et al., 1999; Ame et al., 2004; Kim et al., 2004; Schreiber et al., 2006）。在卵子发生过程中，多腺苷二磷酸核糖聚合酶-1［poly（ADP ribose）polymerase-1, PARP-1］的活性占据主导地位，其在卵母细胞完全成熟的 GV 期与核散斑（nuclear speckle）有相关性，并在减数分裂恢复期被重新定位于异染色质和纺锤体的两极（Yang et al., 2009）。近期在 *Parp-1* 缺失的卵母细胞中观察到一系列异常表型，证明多 ADP 核糖基化对调控卵子发生及减数分裂期的着丝粒结构与功能有重要作用。相应地，在卵子发生过程中 PARP-1 的缺失使雌配子基因组不稳定，该不稳定状态是非正常同源染色体联会（synapsis）、DNA 双链断裂等原因而导致的，表现为第一次减数分裂粗线后期，存在不完整的染色体联会和持续的 γH2AX 位点。在完全成熟的卵母细胞内，PARP-1 缺陷使异常的姐妹染色单体内聚，造成减数分裂中期 II 停滞不能维持，动粒相关蛋白 BUB3 不能集中于着丝粒位点，以及移出输卵管环境后过早地进入第二次减数分裂后期（Yang et al., 2009）。这些研究表明二磷酸腺苷（adenosine diphosphate, ADP）是很关键的一个表观修饰因子，它调控染色质的结构和功能及哺乳动物卵母细胞内染色体的正确分离（图 7.5）。

7.5 环境效应对雌性配子的不利影响

人类大量的染色体异常、异倍体的出现主要是由于减数分裂期间染色体分离发生错误导致的。尽管还没有完全研究清楚卵母细胞异倍体出现的原因，但在大多数情况下，异倍体来源于雌性配子。一般认为，孕妇的年龄是增加染色体不分离和不成熟姐妹染色单体分离风险的重要因素之一（Hassold & Hunt, 2001; Vialard et al., 2006; Hunt & Hassold, 2008）。相应地，在临床上 30 岁以下孕妇中异倍体的发生率占 2%～3%，但 40 岁孕妇中占 35% （Hassold & Hunt, 2001）。而且最近的研究也表明，人类大多数的胚胎会出现各种不同程度的染色体异常，导致附植失败或不能继续发育（Munné et al., 2007）。除了染色体异常外，纺锤体缺陷、线粒体功能紊乱、透明带结构硬化、M 期促进因子（MPF）及丝裂原-活化蛋白激酶（MAPK）活性的降低，都与胚胎发育异常现象及和年龄相关的生育能力的下降有关（Kikuchi et al., 2000; Pellestor et al., 2003; Baird et al., 2005）。此外，在老年雌鼠卵母细胞的减数分裂恢复期间，母系 mRNA 的储备会发生程序性退化，并伴随卵母细胞的效能降低。因为卵母细胞的转录谱退化是很正常的，导致与细胞周期调控和染色体分离相关的基因表达水平在特定通路中发生改变，也可能会造成减数分裂进程的损伤（Pan et al., 2008）。利用基因芯片技术对青年和老年小鼠卵母细胞进行分析，发现衰老与控制纺锤体组装检查点、动粒功能、纺锤体组装及染色质重塑过程机能的反常相关联（Pan et al., 2008）。进一步的研究表明，老年小鼠卵母细胞纺锤体组装检查点的缺陷不是导致异常染色体分离的主要原因（Duncan et al., 2009）。更多的研究进一步揭示，内聚力联合体（cohesion complex）的破坏是生殖衰老过程中产生异倍体病理现象的主要因素（Revenkova et al., 2004; Hodges et al., 2005; Chiang et al., 2010; Lister et al., 2010; Revenkova et al., 2010）。例如，在体细胞和生殖细胞中，连接蛋白在形成同源染色体（中期 I）和姐妹着丝粒（中期 II）之间物理关系方面发挥着非常重要的作用（Suja & Barbero, 2009; Wood et al., 2010）（图 7.5）。因此，在减数分裂从 I 期到 II 期的进程中，正确的染色体分离需要不同染色体子域中内聚力的协调来完成。然而在胚胎发育过程中，卵母细胞中染色体连接蛋白作用于细胞周期的 S 期，人类卵母细胞中黏合亚基 Rec8、Stag3 及 SMC1b 的合并与中期被分离酶降解的时间跨度可长达 50 年。进一步研究揭示，在女性生殖衰老阶段雌性配子会导致 Rec8 蛋白数量减少、动粒间距增加，表明其内聚力逐渐减小（Chiang et al., 2010; Lister et al., 2010）。此外，老化的卵母细胞中也表现出染色体 Shugoshin 2 的显著减少（Lister et al., 2010），该蛋白质是防止在第一次减数分裂中期着丝粒连接蛋白裂解的关键蛋白，可防止姐妹染色单体过早分离（Lee et al., 2008b; Llano et al., 2008）。

老年雌鼠卵母细胞中 *Atrx* mRNA 和蛋白质水平显著地减少（Svoboda et al., 2001; Pan et al., 2008），说明在生殖衰老期间 *Atrx* 功能的丧失有助于形成雌性配子的异倍体。缺乏 *Atrx* 基因的卵母细胞表现出最常见的染色体分离缺陷，即整个染色体不分离和姐妹染色单体过早分离（Baumann et al., 2010），这也是生殖衰老的女性卵母细胞中发生的主要异倍体类型（Vialard et al., 2006）。这凸现了用 *ATRX* 缺失的卵母细胞作为模型去研究异倍体产生的表观遗传机制的重要性。在生殖衰老期间，由于基因表达改变而影响染色质相关因子，包括异染色质蛋白 HP1 和 NAD 依赖性组蛋白去乙酰化酶 SIRT1（Manosalva & Gonzalez, 2010），其中 SIRT1 是一个已知的异染色质结构域组蛋白甲基转移酶 Suv39h1 的调节因子。

包括小鼠在内的几种模式生物的研究结果表明，生殖衰老能够改变染色质结构域的表观遗传结构，这对快速有效应对发育的转变至关重要，如在生发泡破裂时染色体的凝聚。在老年小鼠卵母细胞第二次减数分裂中期，组蛋白 H4 在赖氨酸 8 和 12 中的乙酰化作用持续保持在较高的水平（Akiyama et al., 2006; Suo et al., 2010），而组蛋白 H3 的赖氨酸 14（H3K14）和组蛋白 H4 的赖氨酸 16（H4K16）在年轻和年老的卵母细胞中均表现出类似的脱乙酰化染色质状态。这表明，老年小鼠卵母细胞的全部组蛋白脱乙酰作用似乎受损。此外，对标准 IVF 治疗后获得的人类卵母细胞的研究显示，组蛋白 H4 中赖氨酸 12 残基的脱乙酰作用缺失与高龄妇女卵母细胞染色体错位有显著相关性（van den Berg et al., 2011）。此外，有报道称在老龄小鼠卵母细胞 GV 期染色质的构型异常，如染色质浓缩、不规则或团状染色质等，分析其与全部组蛋白 H3 三甲基化（H3K9me3）、组蛋白 H4 二甲基化（H4K20me2）、组蛋白 H3 二甲基化（H3K36me2 和 HeK79me2）水平的显著降低有关（Manosalva & Gonzalez, 2010）。与此相反，老龄卵母细胞 GV 期和第二次减数分裂中期 H3K4 甲基化和 H3K9 二甲基化水平保持不变（Manosalva & Gonzalez, 2010）。然而，无论是否通过模式生物的遗传操作（ATRX）、全部组蛋白去乙酰化的药理抑制（TSA）或生殖衰老去诱导，整体组蛋白修饰模式的破坏会造成染色质凝聚及染色体分离，导致非整倍体产生及雌性哺乳动物不育。

除了改变组蛋白乙酰化和甲基化水平外，生殖衰老还显著地改变 DNA 甲基转移酶的表达（Hamatani et al., 2004）。有趣的是，尽管在怀孕期间老年小鼠较青年小鼠其胚胎吸收率、形态异常和延缓发育出现的概率有所增加，但囊胚和妊娠中期胚胎和胎盘的 *Snrpn*、*Kcnq1ot1*、*U2af 1-rs1*、*Peg1*、*Igf 2r* 及 *H19* 基因的 DMR 甲基化模式没有明显的改变（Lopes et al., 2009）。然而，母体年龄是否影响衰老生殖细胞其他印记位点的 DNA 甲基化模式尚待确定。

值得注意的是，在配子发生与减数分裂转向的正常进展期间，表观遗传修饰的建立很明显会受到环境因素（environmental factor）的不利影响（Dolinoy et al., 2006; Jirtle & Skinner, 2007; Susiarjo et al., 2007）。例如，有研究表明，高水平的外源性促性腺激素与人类及小鼠卵母细胞不分离现象的增多有相关性（Zuccotti et al., 1998; Roberts et al., 2005）。重要的是，女性生殖衰老 10 年间的激素变化以 FSH 血清浓度的升高为特征。在辅助生殖技术中，卵巢过度刺激和次优培养条件对雌配子的质量可能产生额外的影响，这是因为卵母细胞基因组中表观遗传修饰的建立在卵母细胞的生长和成熟过程中极为敏感，可能导致卵母细胞的非整倍体变异。事实上，有越来越多的研究报告显示，体外培养和胚胎操作可能对植入前胚胎的几种 DMR 的 DNA 甲基化产生影响，进而干扰印记基因单等位基因的表达。例如，在 Whitten 培养基中，2-细胞期胚胎生长至囊胚期，上游印记控制区甲基化的缺失导致父本的 H19 等位基因的不正常表达；反之在 KSOM+AA 培养基中，其父本等位基因表现出保守的 DNA 甲基化和转录沉默现象（Doherty et al., 2000）。同样，对未处理的胚胎与随后的胚胎移植或体外培养的胚胎中等位基因表达与 DNA 甲基化模式进行比较，发现未处理组在发育第 9.5 天时检测到 10 个印记基因的单等位基因在所有组织中均有表达。相反，在体外培养和胚胎移植的卵黄囊、胎盘和胚胎组织中有一个或多个印记基因异常表达。此外，在 KvDMR1 位点母本等位基因甲基化作用的缺失与 Kcnq1ot1 双等位基因的表达相关，这是人类贝-威氏综合征（BWS）患者的共同特征（Rivera et al., 2008）。这些研究均有力地支持了临床数据，表明 ART 之后出生的孩子 BWS 的发生率增加与其他的印记相关基因紊乱之间存在关联。

最后，已有越来越多的与雌性生殖细胞系中染色体异常分离、异倍体及严重的生殖失败相关的环境毒素被发现和证实。例如，双酚 A（BPA）是多种聚碳酸酯塑料化合物的组成部分，在我们的日常生活中随处可以发现这种化学物质。双酚 A 在环境中达到一定的剂量后，会对雌性的生殖内分泌产生一定的干扰，在卵子发生的最后时期对卵母细胞的遗传品质具有潜在的影响，可能会导致纺锤体异常、第一次减数分裂中期染色体异常的中板集合以及与染色体不分离相关的异倍体的产生（Hunt et al., 2003）。虽然具体的分子通路仍然需要研究，但有研究者发现将新生小鼠与 BPA 接触，导致印记基因 *Igf2r* 和 *Prg3* 在卵母细胞生长阶段的低甲基化，加速了原始卵泡向初级卵泡过渡的进程，从而引起了卵巢细胞库的早熟损耗（Chao et al., 2012）。能够干扰减数分裂期间染色体分离和完整配子形成的其他环境毒素包括 2-甲氧雌二醇（Eichenlaub-Ritter et al., 2007）、三氯磷酸酯

（Cukurcam et al., 2004）、邻苯二甲酸单酯（Tranfo et al., 2012）。今后，如果把哺乳动物卵母细胞置于不利环境，有利于阐明该过程的分子干扰机制，也有助于在应用辅助生殖技术期间利用“表观遗传学疗法”恢复正常的染色质标记，以维持染色体稳定性，或通过诱导表观遗传变异来预防雌性配子异倍体的发生，并筛选可用于该过程的可靠的早期检测标记等。

7.6　哺乳动物卵母细胞中染色体微管的相互作用

在有丝分裂和减数分裂期间，染色体的正确分离主要依赖于稳定的染色体-微管连接。与纺锤体微管（microtubule）的不恰当互作会产生染色体的分离错误（图 7.5），导致卵母细胞和胚胎发育过程中产生异倍体和基因组的不稳定现象。具体而言，微管与染色体结合是与着丝粒的一个特定区域结合，即动粒（kinetochore）（Cheeseman & Desai, 2008）。恰当的动粒组装涉及几个表观遗传因子的互作，如SNF2 家族的染色质重组蛋白与组蛋白 H3 变异体着丝粒蛋白 A（CENP-A）有一定的联系（Prasad & Ekwall, 2011）。

在有丝分裂的过程中，每个姐妹染色单体的动粒通常从纺锤体的另一极附着在微管上，被称为双导向或双定向附着。然而，不同类型的附着错误都有可能发生，包括：①姐妹染色单体的动粒都附着在同一纺锤极上的同级定向错误；②一个动粒同时附着在两个纺锤极的不对称错误。在第一次减数分裂期间染色体与微管的相互作用，涉及同源染色体的分离，比姐妹染色体的分离更复杂。这个过程需要每一对同源染色体的姐妹染色单体在相同的纺锤极上附着和分离（共向性）。对减数分裂期间染色体微管相互作用的调节机制已有大量的研究，但是我们目前的知识主要是着眼于有丝分裂的功能类比。

7.6.1　动粒上染色质微管互作的调节

细胞分裂期间，动粒作为染色体和纺锤体微管之间的一个重要的连接点发挥着重要作用。它是一个很大的多蛋白复合物，有 90 多个蛋白质聚集。电镜研究显示，动粒由三层结构组成包括内丝粒层、外丝粒层和最外层的电晕层（图 7.6）。电子密度高的内丝粒层与着丝粒的异染色质相连，而外丝粒层与纺锤体微管和电晕层相连（Pluta et al., 1995; McEwen & Dong, 2010）。在进入有丝分裂时，动粒只聚集在着丝粒上，当与纺锤体微管结合时，染色体发生分离。在有丝分裂结束时，组装的结构发生分离（Oegema et al., 2001; Cheeseman & Desai, 2008）。

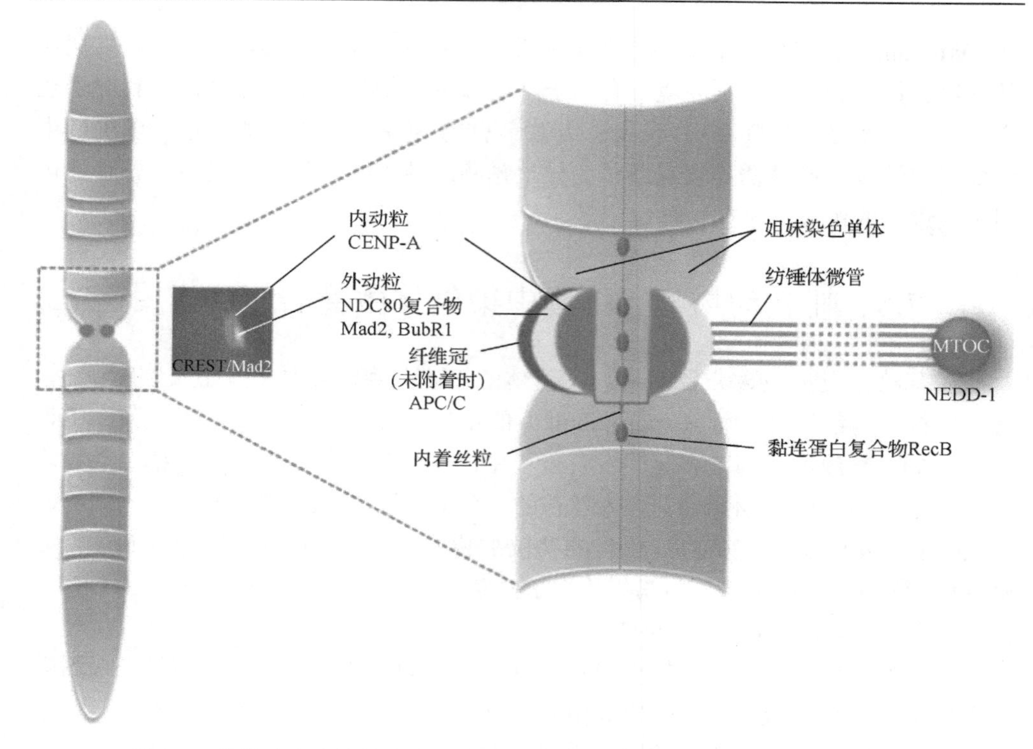

图 7.6　着丝粒上动粒复合物组装示意图，所显示红色特定区域为关键蛋白（彩图请扫封底二维码）

把一个动粒组装在染色体的特定位置是很有必要的，同时不同的着丝粒特点将其标记为动粒形成的唯一位点。包括表观遗传标记的组合，如含有 CENP-A 的核小体、DNA 序列的特征及染色质的结构。再如组蛋白 H3 变体 CENP-A 主要结合于着丝粒上，是动粒组装所必需的（Howman et al., 2000; Oegema et al., 2001; Black et al., 2007）。相反，相比之下，α 卫星 DNA 序列与着丝粒的结合不是着丝粒组装所必需的（Amor & Choo, 2002; Schuh et al., 2007; Bassett et al., 2010）。有趣的是，Drosophila 的研究揭示，直到减数分裂末期和 G1 阶段，新的 CENP-A 才和着丝粒染色质结合（Jansen et al., 2007）。这一时间与 DNA 复制期间经典的组蛋白分子结合时间不同，可以防止新的 CENP-A 在染色质的非着丝粒点错误结合。有研究者对其中的关键调控机制进行了研究，并证明 CENP-A 结合到着丝粒染色质依赖于 Mis18 复合体（Hayashi et al., 2004; Fujita et al., 2007）和 HJURP/Smc3 伴侣蛋白的参与（Dunleavy et al., 2009; Foltz et al., 2009）。尽管在果蝇中 CENP-A 的存在对于促进动粒组装已经足够，但在人类中还需要额外蛋白的参与才能完成组装。目前已确定有 15 种蛋白质，称为常驻性着丝粒相关网络（constitutive centromere associated network, CCAN），据认为这种网络为 CENP-A 提供了合适的环境，构成了动态的动粒组装过程的基础（Foltz et al., 2006; Hori et al., 2008）。

内丝粒层和着丝粒的异染色质接触，外丝粒层和电晕层含有与微管相互作用所需的蛋白质。已证实的与微管连接活性相关的蛋白质包括：CENP-E（Duesbery et al., 1997; Wood et al., 1997）、Ska1 复合物（Welburn et al., 2009）及由 KNL1、Mis12 及 Ndc80 组成的 KMN 网（Cheeseman & Desai, 2008）。这些通路在减数分裂期间可能比较保守。之前在小鼠上的研究已经证实，CENP-E 表达于卵母细胞的动粒上，而且微注射特异性抗体抑制 CENP-E 的功能会造成 MI 期的停滞，这可能是由于染色体微管互作中断导致的（Duesbery et al., 1997）。在有丝分裂细胞上的研究表明，NDC80 微管复合物直接与微管相连，是形成动粒微管附件的基本构造（Cheeseman et al., 2006）。这个复合物由 Spc24、Spc25、Nuf2 及 Hec1/Ndc80 组成。Spc24 和 Spc25 的 C 端在动粒上锚定了复合体，Nuf2 和 Hec1 的 N 端区域与纺锤体微管的 PLUS 末端相互作用（DeLuca et al., 2006）。NDC80 复合物蛋白的缺失导致了有丝分裂期间严重的微管附着缺陷（Cheeseman & Desai, 2008）。Hec1 在卵母细胞中是否起着类似的重要作用还需要进一步通过研究来证明。

另外一些关键的蛋白质群组装在外丝粒板上，以检测和校正不正确的染色体微管互作。研究显示这种精确的染色体微管相互作用是通过细胞学机制来促进的，即稳定适当的双向连接（amphitelic）至纺锤体另一极，从而消除不恰当的连接（Lampson & Cheeseman, 2011）。Bruce Nicklas 的实验首次为此提供了直接的证据，证明了穿过着丝粒的张力可以稳定染色体和微管的相互作用（Nicklas & Ward, 1994; Nicklas et al., 2001）。相反，在有丝分裂细胞中，通过保守的酵母菌组蛋白激酶/极光激酶 B（Ipl1/Aurora B kinase）使着丝粒基质磷酸化，可以在没有张力的情况下，通过促进微管附件的翻转，选择性地消除不正确的附着。目前已经证实，Aurora B 通过调节关键的动粒蛋白质（如 Hec1/Ndc8）的微管结合活性，对着丝粒和微管的附着进行调控（Cheeseman et al., 2002; DeLuca et al., 2006; Welburn et al., 2010）。更重要的是，在小鼠卵母细胞中鉴定出减数分裂过程中动粒微管互作调控中起关键作用的是 Aurora C 激酶，而不是 Aurora B 激酶（Yang et al., 2010），这可能是调控哺乳动物卵母细胞减数分裂期间染色体微管互作的唯一潜在的作用机制。

不正确的染色体附着激活了纺锤体组装检查点（SAC），在动粒附着于纺锤体之前，抑制 APC/C^{cdc20} 活性来阻止细胞分裂的开始。SAC 作为一种重要的抑制机制，它会延迟细胞分裂，允许出现错误纠正机制以促进染色体的双向定位。SAC 的关键蛋白成分包括 Mad2、BubR1 及 Bub3，它能定位到外丝粒层，直到建立起稳定的着丝粒微管相互作用。有研究确认了关键检查点蛋白（包括 MAD2）在哺乳动物卵母细胞中的表达和功能（Homer et al., 2005; Niault et al., 2007; Leland et al., 2009; McGuinness et al., 2009），它能够激活纺锤体组装检查点，在所有的染色体与纺锤体结合之前，来阻止细胞分裂的开始。

7.6.2　减数分裂期纺锤体微管的形成

精确的染色体微管相互作用不仅依赖于动粒捕获及其他功能的发挥，而且依赖于稳定的纺锤体微管的形成。有研究开始着眼于揭示哺乳动物卵母细胞中纺锤体微管形成和结构组成的调控机制。纺锤体微管形成和锚定的微管组织中心（microtubule organizing center，MTOC）包括高等真核细胞的中心体（centrosome）和在真菌生物中的纺锤极体。动物细胞的中心体是结构复杂的非膜周围的细胞器，通常由一对中心粒（centriole）组成，它们被一个中心粒外周物质/基质（pericentriolar material/matrix, PCM）包围（Raynaud-Messina & Merdes, 2007）。微管形成发生在PCM中，并且依赖于γ微管蛋白环复合物（γ tubulin ring complex, γTuRC）的参与（Oakley et al., 1990; Stearns & Kirschner, 1994）。这种独特的微管蛋白家族是高度保守的，与特定的伽马复合蛋白（gamma complex protein, GCP）相互作用形成更大的γTuRC（Wiese & Zheng, 2006），这个复合物依次结合于α及β微管蛋白，促进微管的组装（Moritz & Agard, 2001）。微管的负末端被锚定在MTOC上，正末端为了染色质捕获而不断的延伸。不同系统中γ微管蛋白的扰乱会影响有丝分裂期纺锤体的组成和结构（Job et al., 2003; Raynaud-Messina & Merdes, 2007）。此外，小鼠的γ-微管蛋白基因（γ-tubulin gene, *γTUBG1*）敲除导致有丝分裂错误，造成胚胎死于囊胚期（Yuba-Kubo et al., 2005）。

哺乳动物卵母细胞缺乏典型的中心体，有研究分析了减数分裂中纺锤体的形成，表明在减数分裂恢复时，来自于多个微管组织中心的微管环绕着凝聚态的染色体（Combelles & Albertini, 2001; Schuh & Ellenberg, 2007; Ma et al., 2008）。多个微管接近染色质的时候，形成一团微管串簇。目前研究认为，这些微管组织在减数分裂MI期形成双极体、管状及纺锤体（Schuh & Ellenberg, 2007）。研究还表明，在小鼠的卵母细胞中，Ran GTPase能够促进微管在染色质周围形成（Dumont et al., 2007; Schuh & Ellenberg, 2007）。有趣的是，虽然小鼠卵母细胞中Ran GTPase的活性被明显扰乱后，减数分裂II期纺锤体的形成会受影响，但减数分裂I期的纺锤体的组装不受影响（Dumont et al., 2007）。这表明减数分裂I期和II期之间有重大差异，MTOC在减数分裂I期纺锤体组装过程中有重要作用。哺乳动物卵母细胞具有独特的MTOC，但是缺乏中心粒。这种独特的微管组织中心由关键的几个中心粒基质蛋白组成，包括γ微管蛋白，是微管成核所必需的（Szollosi et al., 1972; Schatten, 1994）。因此，卵母细胞中的MTOC通常被认为是PCM，是有利于微管成核的关键部位。

减数分裂纺锤体的形成，如γ微管蛋白特定地作用于MTOC，受保守的信号通路调控。一旦有丝分裂开始，MTOC中的γ微管蛋白的表达水平和微管成核的活性则显著增加。在有丝分裂细胞中，γ微管蛋白与MTOC的结合依赖于γTuRC相关蛋白即神经前体细胞表达发育下调蛋白1（neuronal precursor cell expressed developmentally down-regulated protein 1, NEDD1）（Haren et al., 2006; Luders et al., 2006）的参与。在卵母细胞中，NEDD1被认为是MTOC的关键组成部分，对于微管成核和减数分裂纺锤体稳定性至关重要（Ma et al., 2010）。卵母细胞删除NEDD1干扰了γ微管蛋白与MTOC的靶向结合，导致了减数分裂纺锤体稳定性显著降低，造成染色体微管附着物丢失，从而激活了SAC（图7.5）。尽管SAC被激活，仍有50%的NEDD1缺失的卵母细胞脱离了MI期停滞，在MII期含有异常的染色体数目。这表明在减数分裂期间纺锤体的稳定性尚存在大量的潜在小缺陷，可能不会促进有效的SAC介导的减数分裂停滞，但会增加异倍体出现的风险。

7.7　小　　结

哺乳动物生殖细胞的成熟、受精和胚胎植入前的发育是一个高度复杂的过程，依赖于表观遗传的染色质重塑使染色质能够及时的凝聚，也依赖于形成稳定的动粒-微管互作来确保染色体分离，还依赖于严格的基因表达调控使得卵母细胞形成具有发育潜能的整倍体胚胎。这些过程的紊乱潜在地受表观遗传因素的干扰（如母体的年龄、次优培养条件、环境毒性及激素失衡），进而引起染色体分离缺陷、先天性出生缺陷及不孕现象的发生。显然，对于一个完美的妊娠结局而言，目前对大量的这些影响因素的研究才是万里长征的第一步，在人类医学和兽医科学两方面，我们还需要开展更多的研究去推进人类生殖辅助治疗技术的发展。最重要的是，需要通过进一步研究去阐明这些因素的影响途径和机制，为“表观治疗”方法的发展奠定基础，使获得的不良表观遗传状态得到纠正。未来也许可以通过营养补充品或特殊的胚胎操作规程进行治疗。

（贺延玉、李明娜　译；郭天芬、杨雅楠　校）

参 考 文 献

Abe, K.-i., Inoue, A., Suzuki, M. G., & Aoki, F. (2010). Global gene silencing is caused by the dissociation of RNA polymerase II from DNA in mouse oocytes. *The Journal of Reproduction & Development*, *56*(5), 502–507.

Adenot, P. G., Mercier, Y., Renard, J. P. et al. (1997). Differential H4 acetylation of paternal and maternal chromatin precedes DNA replication and differential transcriptional activity in pronuclei of 1-cell mouse embryos. *Development*, *124*(22), 4615–4625.

Adhikari, D., Zheng, W., Shen, Y. et al. (2010). Tsc/mTORC1 signaling in oocytes governs the quiescence and activation of primordial follicles. *Human Molecular Genetics*, *19*(3), 397–410.

Akiyama, T., Nagata, M., & Aoki, F. (2006). Inadequate histone deacetylation during oocyte meiosis causes aneuploidy and embryo death in mice. *Proceedings of the Nationall Academy of Sciences of the United States of America, 103*(19), 7339–7344.

Ame, J., Spenlehauer, C., & de Murcia, G. (2004). The PARP superfamily. *Bioessays, 26*(8), 882–893.

Amor, D. J., & Choo, K. H. A. (2002). Neocentromeres: Role in human disease, evolution, and centromere Study. *The American Journal of Human Genetics, 71*(4), 695–714.

Andreu-Vieyra, C. V., Chen, R., Agno, J. E. et al. (2010). MLL2 is required in oocytes for bulk histone 3 lysine 4 trimethylation and transcriptional Silencing. *PLOS Biology, 8*(8), e1000453.

Arney, K. L., Bao, S., Bannister, A. J. et al. (2002). Histone methylation defines epigenetic asymmetry in the mouse zygote. *International Journal of Developmental Biology, 46*(3), 317–320.

Baird, D., Collins, J., Egozcue, J. et al. (2005). Fertility and ageing. *Human Reproduction Update, 11*(3), 261–276.

Bannister, A. J., Schneider, R., & Kouzarides, T. (2002). Histone methylation: Dynamic or static?. *Cell, 109*(7), 801–806.

Bannister, A. J., Zegerman, P., Partridge, J. F. et al. (2001). Selective recognition of methylated lysine 9 on histone H3 by the HP1 chromo domain. *Nature, 410*(6824), 120–124.

Barton S. C., Surani, M., & Norris, M. L. (1984). Role of paternal and maternal genomes in mouse development. *Nature, 311*(5984), 374–376.

Bassett, E. A., Wood, S., Salimian, K. J. et al. (2010). Epigenetic centromere specification directs aurora B accumulation but is insufficient to efficiently correct mitotic errors. *The Journal of Cell Biology, 190*(2), 177–185.

Baumann, C., & De La Fuente, R. (2009). ATRX marks the inactive X chromosome (Xi) in somatic cells and during imprinted X chromosome inactivation in trophoblast stem cells. *Chromosoma, 118*(2), 209–222.

Baumann, C., Viveiros, M., & De La Fuente, R. (2010). Loss of maternal ATRX results in centromere instability and aneuploidy in the mammalian oocyte and pre-implantation embryo. *PLOS Genetics, 6*(9), e1001137.

Bellone, M., Zuccotti, M., Redi, C. A., & Garagna, S. (2009). The position of the germinal vesicle and the chromatin organization together provide a marker of the developmental competence of mouse antral oocytes. *Reproduction, 138*(4), 639–643.

Berger, S., & Felsenfeld, G. (2001). Chromatin goes global. *Molecular Cell*, 8(2), 263–268.

Bernard, P., & Allshire, R. (2002). Centromeres become unstuck without heterochromatin. *Trends in Cell Biology, 12*(9), 419–424.

Bernard, P., Maure, J., Partridge, J. et al. (2001). Requirement of heterochromatin for cohesion at centromeres. *Science, 294*(5551), 2539–2542.

Bestor, T. H., & Bourc'his, D. (2004). Transposon silencing and imprint establishment in mammalian germ cells. *Cold Spring Harbor Symposium on Quantum Biology, 69*, 381–387.

Bird, A. (2007). Perceptions of epigenetics. *Nature, 447*(7143), 396–398.

Bird, A., & Wolffe, A. P. (1999). Methylation-induced repression – belts, braces, and chromatin. *Cell, 99*, 451–454

Black, B. E., Brock, M. A., Bedard, S. et al. (2007). An epigenetic mark generated by the incorporation of CENP-A into centromeric nucleosomes. *Proceedings of the National Academy of Sciences USA, 104*(12), 5008–5013.

Bourc'his, D., & Bestor, T. H. (2004). Meiotic catastrophe and retrotransposon reactivation in male germ cells lacking Dnmt3L. *Nature, 431*(7004), 96–99.

Bourc'his, D., & Bestor, T. H. (2006). Origins of extreme sexual dimorphism in genomic imprinting. *Cytogenetic & Genome Research, 113*(1–4), 36–40.

Bourc'his, D., Xu, G. L., Lin, C. S. et al. (2001). Dnmt3L and the establishment of maternal genomic imprints. *Science, 294*(5551), 2536–2539.

Brunet, S., & Maro, B. (2007). Germinal vesicle position and meiotic maturation in mouse oocyte. *Reproduction, 133*(6), 1069–1072.

Celeste, A., Petersen, S., Romanienko, P. J. et al. (2002). Genomic instability in mice lacking histone H2AX, *Science, 296*(5569), 922–927.

Chao, H., Zhang, X., Chen, B. et al. (2012). Bisphenol A exposure modifies methylation of imprinted genes in mouse oocytes via the estrogen receptor signaling pathway. *Histochemistry & Cell Biology, 137*(2), 249–259.

Cheeseman, I. M., Anderson, S., Jwa, M. et al. (2002). Phospho-regulation of kinetochore-microtubule attachments by the Aurora Kinase Ipl1p. *Cell, 111*(2), 163–172.

Cheeseman, I. M., Chappie, J. S., Wilson-Kubalek, E. M., & Desai, A. (2006). The conserved KMN network constitutes the core microtubule-binding site of the kinetochore. *Cell, 127*(5), 983–997.

Cheeseman, I. M., & Desai, A. (2008). Molecular architecture of the kinetochore-microtubule interface. *Nature Reviews Molecular Cell Biology, 9*(1), 33–46.

Chen, R. Z., Pettersson, U., Beard, C. et al. (1998). DNA hypomethylation leads to elevated mutation rates. *Nature, 395*(6697), 89–93.

Chen, T., & Li, E. (2006). Establishment and maintenance of DNA methylation patterns in mammals. *Current Topics in Microbiology & Immunology, 301*, 179–201.

Cheung, P., Allis, C. D., & Sassone-Corsi, P. (2000). Signaling to chromatin through histone modifications. *Cell, 103*(2), 263–271.

Chiang, T., Duncan, F. E., Schindler, K. et al. (2010). Evidence that weakened centromere cohesion is a leading cause of age-related aneuploidy in oocytes. *Current Biology, 20*(17), 1522–1528.

Chotalia, M., Smallwood, S. A., Ruf, N. et al. (2009). Transcription is required for establishment of germline methylation marks at imprinted genes. *Genes & Development, 23*(1), 105–117.

Ciccone, D. N., Su, H., Hevi, S. et al. (2009). KDM1B is a histone H3K4 demethylase required to establish maternal genomic imprints. *Nature, 461*(7262), 415–418.

Cleveland, D., Mao, Y. & Sullivan, K. (2003). Centromeres and kinetochores: From epigenetics to mitotic checkpoint signaling. *Cell, 112*(4), 407–421.

Combelles, C. M., Gupta, S., & Agarwal, A. (2009). Could oxidative stress influence the in-vitro maturation of oocytes?. *Reproductive Biomedicine Online, 18*(6): 864–880.

Combelles, C. M. H., & Albertini, D. F. (2001). Microtubule patterning during meiotic maturation in mouse oocytes is determined by cell cycle-specific sorting and redistribution of g-tubulin. *Developmental Biology, 239*, 281–294.

Cowell, I. G., Aucott, R., Mahadevaiah, S. K. et al. (2002). Heterochromatin, HP1 and methylation at lysine 9 of histone H3 in animals. *Chromosoma, 111*(1), 22–36.

Cremer, T., & Cremer, C. (2001). Chromosome territories, nuclear architecture and gene regulation in mammalian cells. *Nature Reviews Genetics, 2*, 292–301.

Cukurcam, S., Sun, F., Betzendahl, I. et al. (2004). Trichlorfon predisposes to aneuploidy and interferes with spindle formation in in vitro maturing mouse oocytes. *Mutation Research, 465*(2), 871–561.

D'Amours, D., Desnoyers, S., D'Silva, I., & Poirier, G. (1999). Poly(ADP-ribosyl)ation reactions in the regulation of nuclear functions. *Biochemistry Journal, 342*(2), 249–268.

Davis, P. K., & Brachmann. R. (2003). Chromatin remodeling and cancer. *Cancer Biology & Therapy, 2*(1), 24–31.

De La Fuente, R. (2006). Chromatin modifications in the germinal vesicle (GV) of mammalian oocytes. *Developmental Biology*, *292*(1), 1–12.

De La Fuente, R., Baumann, C., Fan, T. et al. (2006). Lsh is required for meiotic chromosome synapsis and retrotransposon silencing in female germ cells. *Nature Cell Biology*, *8*(12), 1448–1454.

De La Fuente, R., & Eppig, J. J. (2001). Transcriptional activity of the mouse oocyte genome: Companion granulosa cells modulate transcription and chromatin remodeling. *Developmental Biology*, *229*(1), 224–236.

De La Fuente, R., Viveiros, M., Burns, K. et al. (2004a). Major chromatin remodeling in the germinal vesicle (GV) of mammalian oocytes is dispensable for global transcriptional silencing but required for centromeric heterochromatin function. *Developmental Biology, 275*(2), 447–458.

De La Fuente, R., Viveiros, M.,Wigglesworth, K., & Eppig, J. (2004b). ATRX, a member of the SNF2 family of helicase/ATPases, is required for chromosome alignment and meiotic spindle organization in metaphase II stage mouse oocytes. *Developmental Biology*, *272*, 1–14.

DeBaun, M. R., & Tucker, M. A. (1998). Risk of cancer during the first four years of life in children from The Beckwith-Wiedemann Syndrome Registry. *The Journal of Pediatrics*, *132*(3), 398–400.

Debey, P., Szöllösi, M., Szöllösi, D. et al. (1993). Competent mouse oocytes isolated from antral follicles exhibit different chromatin organization and follow different maturation dynamics. *Molecular Reproduction & Development*, *36*(1), 59–74.

Delaval, K., & Feil, R. (2004). Epigenetic regulation of mammalian genomic imprinting. *Current Opinion in Genetics & Development*, *14*(2), 188–195.

DeLuca, J. G., Gall, W. E., Ciferri, C. et al. (2006). Kinetochore microtubule dynamics and attachment stability are regulated by Hec1. *Cell*, *127*(5), 969–982.

Dennis, K., Fan, T., Geiman, T. et al. (2001). Lsh, a member of the SNF2 family, is required for genome-wide methylation. *Genes Development*, *15*(22), 2940–2944.

Dillon, N., & Festenstein, R. (2002). Unravelling heterochromatin: competition between positive and negative factors regulates accessibility. *Trends in Genetics*, *18*(5), 252–258.

Dodge, J. E., Kang, Y. K., Beppu, H. et al. (2004). Histone H3-K9 methyltransferase ESET is essential for early development. *Molecular and Cell Biology*, *24*(6), 2478–2486.

Doherty, A. S., Mann, M. R. W., Tremblay, K. D. et al. (2000). Differential effects of culture on imprinted H19 expression in the preimplantation mouse embryo. *Biology of Reproduction*, *62*(6), 1526–1535.

Dolinoy, D. C., Weidman, J. R., Waterland, R. A., & Jirtle, R. L. (2006). Maternal genistein alters coat color and protects Avy mouse offspring from obesity by modifying the fetal epigenome. *Environmental Health Perspectives*, *114*(4), 567–572.

Duesbery, N. S., Choi, T., Brown, K. D. et al. (1997). CENP-E is an essential kinetochore motor in maturing oocytes and is masked during Mos-dependent, cell cycle arrest at metaphase-II. *Proceedings of the National Academy of Sciences of the United States of America*, *94*(17), 9165–9170.

Dumont, J., Petri, S., Pellegrin, F. et al. (2007). A centriole- and RanGTP-independent spindle assembly pathway in meiosis I of loocytes. *Journal of Cell Biology*, *176*(3), 295–305.

Duncan, F. E., Chiang, T., Schultz, R. M., & Lampson, M. A. (2009). Evidence that a defective spindle assembly checkpoint is not the primary cause of maternal age-associated aneuploidy in mouse eggs. *Biology of Reproduction*, *81*(4), 768–776.

Dundr, M., & Misteli, T. (2001). Functional architecture in the cell nucleus. *Biochemistry Journal*, *356*(2), 297–310.

Dunleavy, E. M., Roche, D., Tagami, H. et al. (2009). HJURP is a cell-cycle-dependent maintenance and deposition factor of CENP-A at centromeres. *Cell*, *137*(3), 485–497.

Eichenlaub-Ritter, U., Winterscheidt, U., Vogt, E. et al. (2007). 2-methoxyestradiol induces spindle aberrations, chromosome congression failure, and nondisjunction in mouse oocytes. *Biology of Reproduction*, *76*(5), 784–793.

Eppig, J. J., Viveiros, M. M., Marin-Bivens, C., & De La Fuente, R. (2004). Regulation of mammalian oocyte maturation. In P. C.K. Leung & E. Y. Adashi (eds.), *The ovary* (2nd ed., pp. 113–129). Amsterdam: Eslevier.

Evsikov, A. V., Graber, J. H., Brockman, J. M. et al. (2006). Cracking the egg: Molecular dynamics and evolutionary aspects of the transition from the fully grown oocyte to embryo. *Genes & Development*, *20*(19), 2713–2277.

Fan, T., Hagan, J., Kozlov, S. et al. (2005). Lsh controls silencing of the imprinted Cdkn1c gene. *Development*, *132*, 635–644.

Faraone-Mennella, M. R. (2005). Chromatin architecture and functions: The role(s) of poly(ADP-RIBOSE) polymerase and poly(ADPribosyl)ation of nuclear proteins. *Biochemistry & Cell Biology*, *83*(3), 396–404.

Fedoriw, A. M., Stein, P., Svoboda, P. et al. (2004). Transgenic RNAi reveals essential function for CTCF in H19 gene imprinting. *Science*, *303*(5655), 238–240.

Ferguson-Smith, A. C., & Surani, M. A. (2001). Imprinting and the epigenetic asymmetry between parental genomes. *Science*, *293*(5532), 1086–1089.

Flaus, A., Martin, D. M., Barton, G. J., & Owen-Hughes, T. (2006). Identification of multiple distinct Snf2 subfamilies with conserved structural motifs. *Nucleic Acids Research*, *34*(10), 2887–2905.

Foltz, D. R., Jansen, L. E. T., Bailey, A. O. et al. (2009). Centromere-specific assembly of CENP-A nucleosomes is mediated by HJURP. *Cell*, *137*(3), 472–484.

Foltz, D. R., Jansen, L. E. T., Black, B. E. et al. (2006). The human CENP-A centromeric nucleosome-associated complex. *Nature Cell Biology*, *8*(5), 458–469.

Fry, C. J., & Peterson, C. L. (2001). Chromatin remodeling enzymes: Who's on first?. *Current Biology*, *11*(5), R185–R197.

Fu, G., Ghadam, P., Sirotkin, A. et al. (2003). Mouse oocytes and early embryos express multiple histone H1 subtypes. *Biology of Reproduction*, *68*(5), 1569–1576.

Fujita, Y., Hayashi, T., Kiyomitsu, T. et al. (2007). Priming of centromere for CENP-A recruitment by human hMis18[alpha],hMis18[beta], and M18BP1. *Developmental Cell*, *12*(1), 17–30

Geiman, T., Durum, S., & Muegge, K. (1998). Characterization of gene expression, genomic structure, and chromosomal localization of Hells (Lsh). *Genomics*, *54*(3), 477–483.

Geiman, T., Tessarollo, L., Anver, M., Kopp, J., Ward, J., & Muegge, K. (2001). Lsh, a SNF2 family member, is required for normal murine development. *Biochimica et Biophysica Acta*, *1526*(2), 211–220.

Gibbons, R., Bachoo, S., Picketts, D. et al. (1997). Mutations in transcriptional regulator ATRX establish the functional significance of a PHD-like domain. *Nature Genetics*, *17*(2), 146–148.

Gibbons, R. J., McDowell, T. L., Raman, S. et al. (2000). Mutations in ATRX, encoding a SWI/SNF-like protein, cause diverse changes in the pattern of DNA methylation. *Nature Genetics*, *24*(4), 368–371.

Gill, G. (2004). SUMO and ubiquitin in the nucleus: Different functions, similar mechanisms?. *Genes & Development*, *18*(17), 2046–2059.

Goldberg, A. D., Allis, C. D., & Bernstein, E. (2007). Epigenetics: A landscape takes shape. *Cell*, *128*(4), 635–638.

Grunstein, M. (1997). Histone acetylation in chromatin structure and transcription. *Nature*, *389*(6649), 349–352.

Gruzova, M. N., Parfenov, V. N. (1993). Karyosphere in oogenesis and intranuclear morphogenesis. *International Review of Cytology – A Survey of Cell Biology*, *144*, 1–52.

Guenatri, M., Bailly, D., Maison, C., & Almouzni, G. (2004). Mouse centric and pericentric satellite repeats form distinct functional heterochromatin. *Journal of Cell Biology*, *166*(4), 493–505.

Gueth-Hallonet, C., Antony, C., Aghion, J. et al. (1993). Gamma-Tubulin is present in acentriolar MTOCs during early mouse development. *Journal of Cell Biology*, *105*, 157–166.

Guthrie, H. D., & Garrett,W. M. (2000). Changes in porcine oocyte germinal vesicle development as follicles approach preovulatory maturity. Theriogenology, *54*(3), 389–399.

Hakimi, M., Bochar, D., Schmiesing, J. et al. (2002). A chromatin remodelling complex that loads cohesin onto human chromosomes. *Nature*, *418*(6901), 994–998.

Hamatani, T., Falco, G., Carter, M. G. et al. (2004). Age-associated alteration of gene expression patterns in mouse oocytes. *Human Molecular Genetics*, *13*(19), 2263–2278.

Haren, L., Remy, M.-H., Bazin, I. et al. (2006). NEDD1-dependent recruitment of the {gamma}-tubulin ring complex to the centrosome is necessary for centriole duplication and spindle assembly. *Journal of Cell Biology*, *172*(4), 505–515.

Hashimshony, T., Zhang, J., Keshet, I. et al. (2003). The role of DNA methylation in setting up chromatin structure during development. *Nature Genetics*, *34*(2), 187–192.

Hassold, T., & Hunt, P. (2001). To err (meiotically) is human: The genesis of human aneuploidy. *Nature Reviews Genetics*, *2*,280–291.

Hayashi, T., Fujita, Y., Iwasaki, O. et al. (2004). Mis16 and Mis18 are required for CENP-A loading and histone deacetylation at centromeres. *Cell*, *118*(6), 715–729.

Heard, E. (2004). Recent advances in X-chromosome inactivation. *Current Opinion in Cell Biology*, *16*(3), 247–255.

Henikoff, S., Ahmad, K., & Malik, H. S. (2001). The centromere paradox: Stable inheritance with rapidly evolving DNA. *Science*, *293*(5532), 1098–1102.

Hinrichs, K., Choi, Y. H., Love, L. B. et al. (2005). Chromatin configuration within the germinal vesicle of horse oocytes: Changes post mortem and relationship to meiotic and developmental competence. *Biology of Reproduction*, *72*(5), 1142–1150.

Hinrichs, K., & Williams, K. A. (1997). Relationships among oocyte-cumulus morphology, follicular atresia, initial chromatin configuration, and oocyte meiotic competence in the horse. *Biology of Reproduction*, *57*(2), 377–384.

Hiura, H., Obata, Y., Komiyama, J. et al. (2006). Oocyte growth-dependent progression of maternal imprinting in mice. *Genes to Cells*, *11*(4), 353–361.

Hodges, C., & Hunt, P. (2002). Simultaneous analysis of chromosomes and chromosome-associated proteins in mammalian oocytes and embryos. *Chromosoma*, *111*(3), 165–169.

Hodges, C. A., Revenkova, E., Jessberger, R. et al. (2005). SMC1beta-deficient female mice provide evidence that cohesins are a missing link in age-related nondisjunction. *Nature Genetics*, *37*(12), 1351–1355.

Homer, H. A., McDougall, A., Levasseur, M. et al. (2005). Mad2 prevents aneuploidy and premature proteolysis of cyclin B and securin during meiosis I in mouse oocytes. *Genes and Development*, *19*, 202–207.

Hori, T., Amano, M., Suzuki, A. et al. (2008). CCAN makes multiple contacts with centromeric DNA to provide distinct pathways to the outer kinetochore. *Cell*, *135*(6), 1039–1052.

Houlard, M., Berlivet, S., Probst, A. V. et al. (2006). CAF-1 is essential for heterochromatin organization in pluripotent embryonic cells. *PLOS Genetics*, *2*(11), e181.

Howman, E. V., Fowler, K. J., Newson, A. J. et al. (2000). Early disruption of centromeric chromatin organization in centromereprotein A (Cenpa) null mice. *Proceedings of the National Academy of Sciences of the United States of America, 97*(3), 1148–1153.

Huang, J., Fan, T., Yan, Q. et al. (2004). Lsh, an epigenetic guardian of repetitive elements. *Nucleic Acids Research, 32*(17),5019–5028.

Huang, J. C., Yan, L. Y., Lei, Z. L. et al. (2007). Changes in histone acetylation during postovulatory aging of mouse oocyte. *Biology of Reproduction, 77*(4), 666–670.

Hunt, P. A., & Hassold, T. J. (2008). Human female meiosis: What makes a good egg go bad?. *Trends in Genetics, 24*(2), 86–93.

Hunt, P. A., Koehler, K. E., Susiarjo, M. et al. (2003). Bisphenol A exposure causes meiotic aneuploidy in the female mouse. *Current Biology, 13*(7), 546–553.

Inoue, A., Nakajima, R., Nagata, M., & Aoki, F. (2008). Contribution of the oocyte nucleus and cytoplasm to the determination of meiotic and developmental competence in mice. *Human Reproduction, 23*(6), 1377–1384.

Ivanovska, I., Khandan, T., Ito, T., & Orr-Weaver, T. L. (2005). A histone code in meiosis: The histone kinase, NHK-1, is required for proper chromosomal architecture in Drosophila oocytes. *Genes & Development, 19*(21), 2571–2582.

Ivanovska, I., & Orr-Weaver, T. L. (2006). Histone modifications and the chromatin scaffold for meiotic chromosome architecture. *Cell* Cycle, *5*(18), 2064–2071.

Jablonka, E., Matzke, M., Thieffry, D., & Van Speybroeck, L. (2002). The genome in context: Biologists and philosophers on epigenetics. *Bioessays, 24*, 392–394.

Jaenisch, R., & Bird, A. (2003). Epigenetic regulation of gene expression: How the genome integrates intrinsic and environmental signals. *Nature Genetics, 33*(Suppl.), 245–254.

Jansen, L. E. T., Black, B. E., Foltz, D. R., & Cleveland, D. W. (2007). Propagation of centromeric chromatin requires exit from mitosis. *The Journal of Cell Biology, 176*(6), 795–805.

Jarvis, C., Geiman, T., Vila-Storm, M. et al. (1996). A novel putative helicase produced in early murine lymphocytes. *Gene, 169*(2),203–207.

Jeffery, L., & Nakielny, S. (2004). Components of the DNA methylation system of chromatin control are RNA-binding proteins. *Journal of Biological Chemistry, 279*(47), 49479–49487.

Jenuwein, T., & Allis, C. D. (2001). Translating the histone code. *Science, 293*(5532), 1074–1080.

Jirtle, R. L., & Skinner, M. K. (2007). Environmental epigenomics and disease susceptibility. *Nature Reviews Genetics, 8*(4),253–262.

Job, D., Valiron, O., & Oakley, B. (2003). Microtubule nucleation. *Current Opinion in Cell Biology, 15*(1), 111–117.

Kageyama, S., Liu, H., Nagata, M., & Aoki, F. (2006). Stage specific expression of histone deacetylase 4 (HDAC4) during oogenesis and early preimplantation development in mice. *Journal of Reproductive Development, 52*(1), 99–106.

Kageyama, S.-i., Liu, H., Kaneko, N. et al. (2007). Alterations in epigenetic modifications during oocyte growth in mice. *Reproduction, 133*(1), 85–94.

Kaneda, M., Hirasawa, R., Chiba, H. et al. (2009). Genetic evidence for Dnmt3a-dependent imprinting during oocyte growth obtained by conditional knockout with Zp3-Cre and complete exclusion of Dnmt3b by chimera formation. *Genes to Cells, 15*(3), 169–179.

Kaneda, M., Okano, M., Hata, K. et al. (2004). Essential role for de novo DNA methyltransferase Dnmt3a in paternal and maternal imprinting. *Nature, 429*(6994), 900–903.

Karpen, G. H., & Allshire, R. C. (1997). The case for epigenetic effects on centromere identity and function. *Trends in Genetics*, *13*(12), 489–496.

Kelly, T. L., & Trasler, J. M. (2004). Reproductive epigenetics. *Clinical Genetics*, *65*(4), 247–260.

Kikuchi, K., Naito, K., Noguchi, J. et al. (2000). Maturation/M-phase promoting factor: A regulator of aging in porcine cocytes. *Biology of Reproduction*, *63*(3), 715–722.

Kim, J., Liu, H., Tazaki, M. et al. (2003). Changes in histone acetylation during mouse oocyte meiosis. *Journal of Cell Biology*, *162*(1), 37–46.

Kim, M., Mauro, S., Gevry, N. et al. (2004). NAD(+)-dependent modulation of chromatin structure and transcription by nucleosome binding properties of PARP-1.' *Cell*, *119*(6), 803–814.

Kimmins, S., & Sassone-Corsi, P. (2005). Chromatin remodelling and epigenetic features of germ cells. *Nature*, *434*(7033), 583–589.

Kimura, H., Tada, M., Nakatsuji, N., & Tada, T. (2004). Histone code modifications on pluripotential nuclei of reprogrammed somatic cells. *Molecular and Cellular Biology*, *24*(13), 5710–5720.

Kota, S. K., & Feil, R. (2010). Epigenetic transitions in germ cell development and meiosis. *Developmental Cell*, *19*(5), 675–686.

Kourmouli, N., Jeppesen, P., Mahadevhaiah, S. et al. (2004). Heterochromatin and tri-methylated lysine 20 of histone H4 in animals. *Journal of Cell Science*, *117*(Pt 12), 2491–2501.

Kourmouli, N., Sun, Y. M., van der Sar, S. et al. (2005). Epigenetic regulation of mammalian pericentric heterochromatin in vivo by HP1. *Biochemical and Biophysical Research Communications*, *337*(3), 901–907.

Kouzarides, T. (2007). Chromatin modifications and their function. *Cell*, *128*(4), 693–705.

Kruhlak, M. J., Hendzel, M. J., Fischle, W. et al. (2001). Regulation of global acetylation in mitosis through loss of histone acetyltransferases and deacetylases from chromatin. *Journal of Biological Chemistry*, *276*(41), 38307–38319.

Lachner, M., O'Carroll, D., Rea, S. et al. (2001). Methylation of histone H3 lysine 9 creates a binding site for HP1 proteins. *Nature*, *410*(6824), 116–120.

Lampson, M. A., & Cheeseman, I. M. (2011). Sensing centromere tension: Aurora B and the regulation of kinetochore function. *Trends in Cell Biology*, *21*(3), 133–140.

Langst, G., & Becker P. B. (2001). Nucleosome mobilization and positioning by ISWI-containing chromatin-remodeling factors. *Journal of Cell Science*, *114*(Pt 14), 2561–2568.

Lee, H., Yin, X., Jin, Y. et al. (2008a). Germinal vesicle chromatin configuration and meiotic competence is related to the oocyte source in canine. *Animal Reproduction Science*, *103*, 336–347.

Lee, J., Kitajima, T. S., Tanno, Y. et al. (2008b). Unified mode of centromeric protection by shugoshin in mammalian oocytes and somatic cells. *Nature Cell Biology*, *10*(1), 42–52.

Lees-Murdock, D. J., Lau, H.-T., Castrillon, D. H. et al. (2008). DNA methyltransferase loading, but not de novo methylation, is an oocyte-autonomous process stimulated by SCF signalling. *Developmental Biology*, *321*(1), 238–250.

Lefevre, B., Gougeon, A., Nome, F. & Testart, J. (1989). In vivo changes in oocyte germinal vesicle related to follicular quality and size at mid-follicular phase during stimulated cycles in the cynomolgus monkey. *Reproduction Nutrition Development*, *29*(5), 523–531.

Leland, S., Nagarajan, P., Polyzos, A. et al. (2009). Heterozygosity for a Bub1 mutation causes female-specific germ cell aneuploidy in mice. *Proceedings of the National Academy of Sciences USA*, *106*(31), 12776–12781.

Li, X., Ito, M., Zhou, F. et al. (2008). A maternal-zygotic effect gene, zfp57, maintains both maternal and paternal imprints. *Developmental Cell*, *15*(4), 547–557.

Lister, L. M., Kouznetsova, A., Hyslop, L. A. et al. (2010). Age-related meiotic segregation errors in mammalian oocytes are preceded by depletion of cohesin and Sgo2. *Current Biology*, *20*(17), 1511–1521.

Liu, H., & Aoki, F. (2002). Transcriptional activity associated with meiotic competence in fully grown mouse GV oocytes. *Zygote*,*10*(4), 327–332.

Liu, H., Kim, J., & Aoki, F. (2004). Regulation of histone H3 lysine 9 methylation in oocytes and early pre-implantation embryos. *Development*, *131*(10), 2269–2280.

Liu, K., Rajareddy, S., Liu, L. et al. (2006a). Control of mammalian oocyte growth and early follicular development by the oocyte PI3 kinase pathway: New roles for an old timer. *Developmental Biology*, *299*(1), 1–11.

Liu, Y., Sui, H.-S., Wang, H.-L. et al. (2006b). Germinal vesicle chromatin configurations of bovine oocytes. *Microscopy Researchand Technique*, *69*(10), 799–807.

Llano, E., Gomez, R., Gutierrez-Caballero, C. et al. (2008). Shugoshin-2 is essential for the completion of meiosis but not for mitotic cell division in mice. *Genes & Development*, *22*(17), 2400–2413.

Lopes, F. L., Fortier, A. L., Darricarr're, N. et al. (2009). Reproductive and epigenetic outcomes associated with aging mouse oocytes. *Human Molecular Genetics*, *18*(11), 2032–2044.

Lucchesi, J. C., Kelly, W. G., & Panning, B. (2005). Chromatin remodeling in dosage compensation. *Annual Review of Genetics*, *39*, 615–651.

Lucifero, D., Mann, M. R., Bartolomei, M. S., & Trasler, J. M. (2004). Gene-specific timing and epigenetic memory in oocyte imprinting. *Humam Molecular Genetics*, *13*(8), 839–849.

Luders, J., Patel, U. K., & Stearns, T. (2006). GCP-WD is a [gamma]-tubulin targeting factor required for centrosomal and chromatin-mediated microtubule nucleation. *Nature Cell Biology*, *8*(2), 137–147.

Luger, K. (2003). Structure and dynamic behavior of nucleosomes. *Current Opinion in Genetics & Development*, *13*(2), 127–135.

Ma, W., Baumann, C., & Viveiros, M. M. (2010). NEDD1 is crucial for meiotic spindle stabilty and accurate chromosome segregation in mammalian oocytes. *Developmental Biology*, *339*, 439–450.

Ma, W., Koch, J. A., & Viveiros, M. M. (2008). Protein kinase C delta (PKC) interacts with microtubule organizing center(MTOC)-associated proteins and participates in meiotic spindle organization. *Developmental Biology*, *320*, 414–425.

Mager, J., & Bartolomei, M. S. (2005). Strategies for dissecting epigenetic mechanisms in the mouse. *Nature Genetics*, *37*(11), 1194–1200.

Maison, C., & Almouzni, G. (2004). HP1 and the dynamics of heterochromatin maintenance. *Nature Reviews Mollecular Cell Biology*, *5*(4), 296–304.

Maison, C., Bailly, D., Peters, A. et al. (2002). Higher-order structure in pericentric heterochromatin involves a distinct pattern of histone modification and RNA component. *Nature Genetics*, *30*, 329–334.

Mandl, A. M. (1962). Preovulatory changes in the oocyte of the adult rat. *Proceedings of the Royal Society of London*, *158*,105–118.

Manosalva, I., & Gonzalez, A. (2010). Aging changes the chromatin configuration and histone methylation of mouse oocytes at germinal vesicle stage. *Theriogenology*, *74*(9), 1539–1547.

Margueron, R., Trojer, P., & Reinberg, D. (2011). The key to development: Interpreting the histone code?. *Current Opinion in Genetics & Development*, *15*(2), 163–176.

Matsui, Y., & Hayashi, K. (2007). Epigenetic regulation for the induction of meiosis. *Cellular and Molecular Life Sciences*, *64*(3), 257–262.

Mattson, B., & Albertini, D. (1990). Oogenesis: Chromatin and microtubule dynamics during meiotic prophase. *Molecular Reproduction & Development*, *25*(4), 374–383.

Matzuk, M. M., Burns, K. H., Viveiros, M. M., & Eppig, J. J. (2002). Intercellular communication in the mammalian ovary:Oocytes carry the conversation. *Science*, *296*(5576), 2178–2180.

McDowell, T. L., Gibbons, R. J., Sutherland, H. et al. (1999). Localization of a putative transcriptional regulator (ATRX) at pericentromeric heterochromatin and the short arms of acrocentric chromosomes. *Proceedings of the National Academy of Sciences USA*, *96*(24), 13983–13988.

McEwen, B., & Dong, Y. (2010). Contrasting models for kinetochore microtubule attachment in mammalian cells. *Cellular and Molecular Life Sciences*, *67*(13), 2163–2172.

McGrath, J., & Solter, D. (1984). Completion of mouse embryogenesis requires both the maternal and paternal genomes. *Cell*, *37*(1): 179–183.

McGuinness, B. E., Anger, M., Kouznetsova, A. et al. (2009). Regulation of APC/C activity in oocytes by a Bub1-dependent spindle assembly checkpoint. *Current Biology*, *19*(5), 369–380.

Meglicki, M., Zientarski, M., & Borsuk, E. (2008). Constitutive heterochromatin during mouse oogenesis: The pattern of histone H3 modifications and localization of HP1alpha and HP1beta proteins. *Molecular Reproduction & Development*, *75*(2), 414–428.

Moore, T. (2001). Genetic conflict, genomic imprinting and establishment of the epigenotype in relation to growth. *Reproduction*, *122*(2), 185–193.

Morgan, H. D., Santos, F., Green, K. et al. (2005). Epigenetic reprogramming in mammals. *Human Molecular Genetics*, *14*(Spec.No. 1), R47–R58.

Moritz, M., & Agard, D. A. (2001). Gamma-tubulin complexes and microtubule nucleation. *Current Opinion in Structural Biology*, *11*(2), 174–181.

Motlik, J., & Fulka, J. (1976). Breakdown of the germinal vesicle in pig oocytes *in vivo* and *in vitro*. *Journal of Experimental Zoology*, *198*(2), 155–162.

Muegge, K. (2005). Lsh, a guardian of heterochromatin at repeat elements. *Biochemistry & Cell Biology*, *83*(4), 548–554.

Munné, S., Chen, S., Colls, P. et al. (2007). Maternal age, morphology, development and chromosome abnormalities in over 6000 cleavage-stage embryos. *Reproductive Biomedicine Online*, *14*(5), 628–634.

Murphy, T. D., & Karpen, G. H. (1998). Centromeres take flight: Alpha satellite and the quest for the human centromere. *Cell, 93*(3), 317–320.

Niault, T. O, Hached, K., Sotillo, R. O. et al. (2007). Changing Mad2 levels affects chromosome segregation and spindle assembly checkpoint control in female mouse meiosis I. *PLoS One*, *2*(11), e1165.

Nicklas, R. B., & Ward, S. C. (1994). Elements of error correction in mitosis: Microtubule capture, release, and tension. *The Journal of Cell Biology*, *126*(5), 1241–1253.

Nicklas, R. B., Waters, J. C., Salmon, E. D., & Ward, S. C. (2001). Checkpoint signals in grasshopper meiosis are sensitive to microtubule attachment, but tension is still essential. *Journal of Cell Science*, *114*(23), 4173–4183.

Nimura, K., Ishida, C., Koriyama, H. et al. (2006). Dnmt3a2 targets endogenous Dnmt3L to ES cell chromatin and induces regional DNA methylation. *Genes Cells*, *11*(10), 1225–1237.

Oakley, B. R., Oakley, C. E., Yoon, Y., & Jung, M. K. (1990). [Gamma]-tubulin is a component of the spindle pole body that is essential for microtubule function in Aspergillus nidulans. *Cell*, *61*(7), 1289–1301.

Obata, Y., Kaneko-Ishino, T., Koide T. et al. (1998). Disruption of primary imprinting during oocyte growth leads to the modified expression of imprinted genes during embryogenesis. *Development*, *125*(8), 1553–1560.

Obata. Y., & Kono, T. (2002). Maternal primary imprinting is established at a specific time for each gene throughout oocyte growth. *Journal of Biological Chemistry*, *277*(7), 5285–5289.

Oegema, K., Desai, A., Rybina, S. et al. (2001). Functional analysis of kinetochore assembly in Caenorhabditis elegans. *The Journal of Cell Biology*, *153*(6), 1209–1226.

Ooga, M., Inoue, A., Kageyama, S. et al. (2008). Changes in H3K79 methylation during preimplantation development in mice. *Biology of Reproduction*, *78*(3), 413–424.

Page, S., & Hawley, R. (2003). Chromosome choreography: The meiotic ballet. *Science*, *301*(5634), 785–789.

Pan, H., Ma, P., Zhu, W., & Schultz, R. M. (2008). Age-associated increase in aneuploidy and changes in gene expression in mouse eggs. *Developmental Biology*, *316*(2), 397–407.

Parfenov, V., Potchukalina, G., Dudina, L. et al. (1989). Human antral follicles: Oocyte nucleus and the karyosphere formation(electron microscopic and autoradiographic data). *Gamete Research*, *22*(2), 219–231.

Pellestor, F., Andr´eo, B., Arnal, F. et al. (2003). Maternal aging and chromosomal abnormalities: New data drawn from *in vitro* unfertilized human oocytes. *Human Genetics*, *112*(2), 195–203.

Peters, A. H., O'Carroll, D., Scherthan, H. et al. (2001). Loss of the Suv39h histone methyltransferases impairs mammalian heterochromatin and genome stability. *Cell*, *107*(3), 323–337.

Peterson, C. L., & Laniel, M. A. (2004). Histones and histone modifications. *Current Biology*, *14*(14), R546–R551.

Petronczki, M., Siomos, M., & Nasmyth, K. (2003). Un menage a quatre: The molecular biology of chromosome segregation in meiosis. *Cell*, *112*(4), 423–440

Picketts, D. J., Tastan, A. O., Higgs, D. R., & Gibbons, R. J. (1998). Comparison of the human and murine ATRX gene identifies highly conserved, functionally important domains. *Mammalian Genome*, *9*, 400–403.

Pluta, A. F., Mackay, A. M., Ainsztein, A. M. et al. (1995). The centromere: Hub of chromosomal activities. *Science*, *270*(5242),1591–1594.

Polo, S. E., & Almouzni, G. (2006). Chromatin assembly: A basic recipe with various flavours. *Current Opinion in Genetics and Development*, *16*(2), 104–111.

Prasad, P., & Ekwall, K. (2011). New insights into how chromatin remodellers direct CENP-A to centromeres. *EMBO Journal*, *30*(10), 1875–1876.

Racki,W. J., & Richter, J. D. (2006). CPEB controls oocyte growth and follicle development in the mouse. *Development*, *133*(22),4527–4537.

Raynaud-Messina, B., & Merdes, A. (2007). [Gamma]-tubulin complexes and microtubule organization. *Current Opinion in Cell Biology*, *19*(1), 24–30.

Rea, S., Eisenhaber, F., O'Carroll, D. et al. (2000). Regulation of chromatin structure by site-specific histone H3 methyltransferases. *Nature*, *406*(6796), 593–599.

Reik, W., Dean, W., & Walter, J. (2001). Epigenetic reprogramming in mammalian development. *Science, 293*(5532), 1089–1093.

Revenkova, E., Eijpe, M., Heyting, C. et al. (2004). Cohesin SMC1 beta is required for meiotic chromosome dynamics, sister chromatid cohesion and DNA recombination. *Nature Cell Biology*, *6*(6), 555–562.

Revenkova, E., Herrmann, K., Adelfalk, C., & Jessberger, R. (2010). Oocyte cohesin expression restricted to predictyate stages provides full fertility and prevents aneuploidy. *Current Biology*, *20*(17), 1529–1533.

Richter, J. (2001). Think globally, translate locally: What mitotic spindles and neuronal synapses have in common. *Proceedings of the National Academy of Sciences of the United States of America*, *98*(13), 7069–7071.

Rivera, R. M., Stein, P., Weaver, J. R. et al. (2008). Manipulations of mouse embryos prior to implantation result in aberrant expression of imprinted genes on day 9.5 of development. *Human Molecular Genetics*, *17*(1), 1–14.

Roberts, R., Iatropoulou, A., Ciantar, D. et al. (2005). Follicle-stimulating hormone affects metaphase I chromosome alignment and increases aneuploidy in mouse oocytes matured *in vitro*. *Biology of Reproduction*, *72*(1), 107–118.

Robertson, K. D., & Wolffe, A. P. (2000). DNA methylation in health and disease. *Nature Reviews Genetics*, *1*(1), 11–19.

Rollins, R. A., Haghighi, F., Edwards, J. R. et al. (2006). Large-scale structure of genomic methylation patterns. *Genome Research*, *16*(2), 157–163.

Russo, V., Martelli, A., Berardinelli, P. et al. (2007). Modifications in chromatin morphology and organization during sheep oogenesis. *Microscopy Research and Technique*, 70(8), 733–744.

Sarma, K., & Reinberg, D. (2005). Histone variants meet their match. *Nature Reviews Molecular Cell Biology*, *6*(2), 139–149.

Sarmento, O. F., Digilio, L. C., Wang, Y. et al. (2004). Dynamic alterations of specific histone modifications during early murine development. *Journal of Cell Science*, *117*(Pt 19), 4449–4459.

Sasaki, H., & Matsui, Y. (2008). Epigenetic events in mammalian germ-cell development: Reprogramming and beyond. *Nature Reviews Genetics*, *9*(2), 129–140.

Sassone-Corsi, P. (2002). Unique chromatin remodeling and transcriptional regulation in spermatogenesis. *Science*, *296*(5576), 2176–2178.

Schatten, G. (1994). The centrosome and its mode of inheritance: The reduction of the centrosome during gametogenesis and its restoration during fertilization. *Developmental Biology*, *165*(2), 299–335.

Schober, C. S., Aydiner, F., Booth, C. J. et al. (2011). The kinase VRK1 is required for normal meiotic progression in mammalian oogenesis. *Mechanisms of Development*, *128*(3–4), 178–190.

Schotta, G., Lachner, M., Sarma, K. et al. (2004). A silencing pathway to induce H3-K9 and H4-K20 trimethylation at constitutive heterochromatin. *Genes & Development*, *18*(11), 1251–1262.

Schramm, R. D., Tennier, M. T., Boatman, D. E., & Bavister, B. D. (1993). Chromatin configurations and meiotic competence of oocytes are related to follicular diameter in nonstimulated rhesus monkeys. *Biology of Reproduction*, *48*(2), 349–356.

Schreiber, V., Dantzer, F., Ame, J. C., & de Murcia, G. (2006). Poly(ADP-ribose): Novel functions for an old molecule. *Nature Reviews Molecular Cell Biology*, *7*(7), 517–528.

Schuh, M., & Ellenberg, J. (2007). Self-organization of MTOCs replaces centrosome function during acentrosomal spindle assembly in live mouse oocytes. *Cell*, *130*(3), 484–498.

Schuh, M., Lehner, C. F., & Heidmann, S. (2007). Incorporation of Drosophila CID/CENP-A and CENP-C into centromeres during early embryonic anaphase. *Current Biology*, *17*(3), 237–243.

Spinaci, M., Seren, E., & Mattioli, M. (2004). Maternal chromatin remodeling during maturation and after fertilization in mouse oocytes. *Molecular Reproduction and Development*, *69*(2), 215–221.

Stearns, T., & Kirschner, M. (1994). In vitro reconstitution of centrosome assembly and function: The central role of [gamma]- tubulin. *Cell*, *76*(4), 623–637.

Sui, H. S., Liu, Y., Miao, D. Q. et al. (2005). Configurations of germinal vesicle (GV) chromatin in the goat differ from those of other species. *Molecular Reproduction & Development*, *71*(2), 227–236.

Suja, J., & Barbero, J. (2009). Cohesin complexes and sister chromatid cohesion in mammalian meiosis. *Genome Dynamics*, *5*,94–116.

Sullivan, B. A., & Karpen, G. H. (2004). Centromeric chromatin exhibits a histone modification pattern that is distinct from both euchromatin and heterochromatin. *Nature Structural & Molecular Biology*, *11*(11), 1076–1083.

Sun, L., Lee, D., Zhang, Q. et al. (2004a). Growth retardation and premature aging phenotypes in mice with disruption of the SNF2-like gene, PASG. *Genes & Development*, *18*(9), 1035–1046.

Sun, X.-S., Liu, Y., Yue, K.-Z. et al. (2004b). Changes in germinal vesicle (GV) chromatin configurations during growth and maturation of porcine oocytes. *Molecular Reproduction and Development*, *69*(2), 228–234.

Suo, L., Meng, Q.-G., Pei, Y. et al. (2010). Changes in acetylation on lysine 12 of histone H4 (acH4K12) of murine oocytes during maternal aging may affect fertilization and subsequent embryo development. *Fertility & Sterility*, *93*(3), 945–951.

Surani, M. (2001). Reprogramming of genome function through epigenetic inheritance. *Nature*, *414*(6859), 122–128.

Surani, M., Barton, S. C., & Norris, M. L. (1984). Development of reconstituted mouse eggs suggests imprinting of the genome during gametogenesis. *Nature*, *308*(5959), 548–550.

Surani, M. A., Hayashi, K., & Hajkova, P. (2007). Genetic and epigenetic regulators of pluripotency. *Cell*, *128*(4), 747–762.

Susiarjo, M., Hassold, T. J., Freeman, E., & Hunt, P. A. (2007). Bisphenol A exposure in utero disrupts early oogenesis in the mouse. *PLoS Genetics*, *3*(1), e5.

Svoboda, P., Stein, P. & Schultz, R. (2001). RNAi in mouse oocytes and preimplantation embryos: Effectiveness of hairpin dsRNA. *Biochemical & Biophysical Research Communications*, *287*(5), 1099–1104.

Swain, J. E., Ding, J., Brautigan, D. L. et al. (2007). Proper chromatin condensation andmaintenance of histone H3 phosphorylation during mouse oocyte meiosis requires protein phosphatase activity. *Biology of Reproduction*, *76*(4), 628–638.

Szollosi, D., Calarco, P., & Donahue, R. P. (1972). Absence of centrioles in the first and second meiotic spindles of mouse oocytes. *Journal of Cell Science*, *11*(2), 521–541.

Tachibana, M., Nozaki, M., Takeda, N., & Shinkai, Y. (2007). Functional dynamics of H3K9 methylation during meiotic prophase progression. *EMBO Journal*, *26*(14), 3346–3359.

Tilghman, S. (1999). The sins of the fathers and mothers: Genomic imprinting in mammalian development. *Cell*, *96*(2), 185–193.

Tranfo, G., Caporossi, L., Paci, E. et al. (2012). Urinary phthalate monoesters concentration in couples with infertility problems.*Toxicology Letters* (epub ahead of print).

Tsukiyama, T. (2002). The in vivo functions of ATP-dependent chromatin-remodelling factors. *Nature Reviews Mollecular Cell Biology*, *3*(6), 422–429.

van den Berg, I. M., Eleveld, C., van der Hoeven, M. et al. (2011). Defective deacetylation of histone 4 K12 in human oocytes is associated with advanced maternal age and chromosome misalignment. *Human Reproduction* (epub ahead of print).

Varga-Weisz, P. (2001). ATP-dependent chromatin remodeling factors: Nucleosome shufflers with many missions. *Oncogene*,*20*(24), 3076–3085.

Vialard, F., Petit, C., Bergere, M. et al. (2006). Evidence of a high proportion of premature unbalanced separation of sister chromatids in the first polar bodies of women of advanced age. *Human Reproduction*, *21*(5), 1172–1178.

Wang, H.-L., Sui, H.-S., Liu, Y. et al. (2009a). Dynamic changes of germinal vesicle chromatin configuration and transcriptional activity during maturation of rabbit follicles. *Fertility & Sterility*, *91*(4, Supp. 1), 1589–1594.

Wang, J., Hevi, S., Kurash, J. K. et al. (2009b). The lysine demethylase LSD1 (KDM1) is required for maintenance of global DNA methylation. *Nature Genetics*, *41*(1), 125–129.

Wang, Q., Wang, C. M., Ai, J. S. et al. (2006). Histone phosphorylation and pericentromeric histone modifications in oocyte meiosis. *Cell Cycle*, *5*(17), 1974–1982.

Weber, M., & Schuebeler, D. (2007). Genomic patterns of DNA methylation: Targets and function of an epigenetic mark. *Current Opinion in Cell Biology*, *19*(3), 273–280.

Webster, K., O'Bryan, M., Fletcher, S. et al. (2005). Meiotic and epigenetic defects in Dnmt3L-knockout mouse spermatogenesis. *Proceedings of the National Academy of Sciences of the United States of America*, *102*(11), 4068–4073.

Welburn, J. P. I., Grishchuk, E. L., Backer, C. B. et al. (2009). The human kinetochore ska1 complex facilitates microtubule depolymerization-coupled motility. *Developmental Cell*, *16*(3), 374–385.

Welburn, J. P. I., Vleugel, M., Liu, D. et al. (2010). Aurora B phosphorylates spatially distinct targets to differentially regulate the kinetochore-microtubule interface. *Molecular Cell*, *38*(3), 383–392.

Wickramasinghe, D., Ebert, K. M., & Albertini, D. F. (1991). Meiotic competence acquisition is associated with the appearance of M-phase characteristics in growing mouse oocytes. *Developmental Biology*, *143*(1), 162–172.

Wiebe, M. S., Nichols, R. J., Molitor, T. P. et al. (2010). Mice deficient in the serine/threonine protein kinase VRK1 are infertile due to a progressive loss of spermatogonia. *Biology of Reproduction*, *82*(1), 182–193.

Wiens, G. R., & Sorger, P. K. (1998). Centromeric chromatin and epigenetic effects in kinetochore assembly. *Cell*, *93* (3), 313–316.

Wiese, C., & Zheng, Y. (2006). Microtubule nucleation: {Gamma}-tubulin and beyond. *Journal of Cell Science*, *119*(20), 4143–4153.

Wood, A., Severson, A., & Meyer, B. (2010). Condensin and cohesin complexity: The expanding repertoire of functions. *Nature Reviews Genetics*, *11*(6), 391–404.

Wood, K. W., Sakowicz, R., Goldstein, L. S. B., & Cleveland, D. W. (1997). CENP-E is a plus end-directed kinetochore motor required for metaphase chromosome alignment. *Cell*, *91*(3), 357–366.

Xu, G. L., Bestor, T. H., Bourc'his, D. et al. (1999). Chromosome instability and immunodeficiency syndrome caused by mutations in a DNA methyltransferase gene. *Nature*, *402*, 187–191.

Yan, Q., Cho, E., Lockett, S., & Muegge, K. (2003a). Association of Lsh, a regulator of DNA methylation, with pericentromeric heterochromatin is dependent on intact heterochromatin. *Molecular & Cellular Biology*, *23*(23), 8416–8428.

Yan, Q., Huang, J., Fan, T. et al. (2003b). Lsh, a modulator of CpG methylation, is crucial for normal histone methylation. *EMBO Journal*, *22*(19), 5154–5162.

Yang, F., Baumann, C., & De La Fuente, R. (2009). Persistence of histone H2AX phosphorylation after meiotic chromosome synapsis and abnormal centromere cohesion in poly (ADP-ribose) polymerase (Parp-1) null oocytes. *Developmental Biology*, *331*, 326–338.

Yang, K.-T., Li, S.-K., Chang, C.-C. et al. (2010). Aurora-C kinase deficiency causes cytokinesis failure in meiosis I and production of large polyploid oocytes in mice. *Molecular Biology of the Cell*, *21*(14), 2371–2383.

Yuba-Kubo, A., Kubo, A., Hata, M., & Tsukita, S. (2005). Gene knockout analysis of two gamma-tubulin isoforms in mice. *Developmental Biology*, *282*(2), 361–373.

Zeng, W., Baumann, C., Schmidtmann, A. et al. (2011). Lymphoid-specific helicase (HELLS) is essential for meiotic progression in mouse spermatocytes. *Biology of Reproduction* (epub ahead of print).

Zhang, Y. (2003). Transcriptional regulation by histone ubiquitination and deubiquitination. *Genes & Development*, *17*(22), 2733–2740.

Zuccotti, M., Giorgi Rossi, P., Martinez, A. et al. (1998). Meiotic and developmental competence of mouse antral oocytes. *Biology of Reproduction*, *58*(3), 700–704.

Zuccotti, M., Piccinelli, A., Rossi, P. et al. (1995). Chromatin organization during mouse oocyte growth. *Molecular Reproduction & Development*, *4*, 479–485.

Zucker, R. M., Keshaviah, A. P., Price, O. T., & Goldman, J. M. (2000). Confocal laser scanning microscopy of rat follicle development. *Journal of Histochemistry & Cytochemistry*, *48*(6), 781–791.

8　卵母细胞的钙稳态

Zoltan Machaty

8.1　Ca^{2+}的重要性

钙是地球上的五大丰富元素之一，是人类和动物体内含量最多的元素（Baird, 2011）。它是一种柔软的灰色金属，和水反应剧烈并释放氧（oxygen, O_2）。钙在机体内呈现的方式是离子状态，体内大多数 Ca^{2+}存在于骨骼中，仅有一小部分以可溶性钙存在，当被电离时，反应不是很明显。部分可溶性钙不是与带有负电的蛋白质或者与有机化合物结合，就是以自由阳离子的形式存在。可溶性游离钙是各种生物的基本组成成分，也是最重要的信号转导。

细胞能产生适应环境变化的信号，并且 Ca^{2+}是最常用的信号载体。细胞内游离钙主要调节了细胞增殖的多样性、肌肉的收缩性、突触的可塑性、分泌物、受精和细胞衰亡的功能。Ca^{2+}适合作为信号信使通过和蛋白质的结合来改变其构造，以此来改变它们的功能（Clapham, 2007）。在 Ca^{2+}的初级配位层中，能够容纳 4～12 个氧原子，大多数情况下它能将蛋白质中的谷氨酸和天冬氨酸残基提供的最多 7 个氧原子结合到蛋白质上（Krebs & Heizmann, 2007）。最初的研究表明，钙并不仅仅是一个多世纪以前的一种研究心脏收缩功能的结构元素（Ringer, 1883）。离体蛙心放在自来水的生理盐水中可以连续跳动，但是放在蒸馏水的电解液中就会停止跳动。为了维持跳动不得不增加 Ca^{2+}，该结果为钙作为信号载体的概念奠定了基础。

Ca^{2+}在细胞中被严格控制。有机体维持其细胞内 Ca^{2+}浓度稳定主要基于两个原因。在细胞质中 Ca^{2+}的含量高会导致死亡，因此 Ca^{2+}会通过沉淀酸盐来减少含量。另外，细胞质中钙含量低，如果 Ca^{2+}浓度有微小的增加，则会引起强烈的信号。因此，即使胞液中 Ca^{2+}浓度约有 2 mmol/L，但在细胞膜上有 20 000 倍的浓度梯度，而细胞内的游离钙浓度大概在 100 nmol/L。为了实现这个目的，Ca^{2+}要么被螯合，要么在细胞内部被隔离，或被挤压到细胞外围空间（Clapham, 2007）。细胞中的细胞器膜有专一的载体能将 Ca^{2+}从细胞质中移出，以维持细胞内的 Ca^{2+}平衡。

8.2 Ca^{2+}信号

8.2.1 信号装置

Ca^{2+}是十分常用的信号载体，传统上认为胞内的第二信使介导影响第一信使到达细胞膜，然而它也具有识别细胞膜上特定受体的能力，发挥胞外第一信使的作用（Brown et al., 1993）。在大多数类型的细胞中，尽管功能多种多样，但用于产生信号的工具却惊人地相似。从肌肉和神经细胞中发现了引起Ca^{2+}信号（calcium signaling）传递的一些重要信息，其内容是胞内 Ca^{2+}浓度的短暂升高，可以通过移出细胞间隙的Ca^{2+}或者是Ca^{2+}从细胞膜进入这种特殊的钙泵重吸收或释放钙来终止信号（Whitaker, 2008）。

细胞内的内质网（endoplasmic reticulum, ER）间隔是储存Ca^{2+}的地方（在平滑肌和条纹肌中的内质网，就是为此目的）。内质网是一种多功能的细胞器，主要行使两种功能：除了它在Ca^{2+}稳态中的作用，还参与合成蛋白质和脂质（Baumann & Walz, 2001）。内质网的结构非常具有多样性，也反映了它的多重功能。当这个细胞器的主要功能是合成蛋白质时，它形成了扁平状的内质网结构；而当它参与信号通路的时候，则显示为一种像细胞膜管的交互网络结构。另外，内质网有粗糙和光滑两种表面，与其关联的粗面内质网是蛋白质合成的场所，反之，滑面内质网则是Ca^{2+}的主要储库。

Ca^{2+}释放通道包括两种类型的受体即肌醇 1,4,5-三磷酸（inositol 1,4,5-trisphosphate, IP_3）受体和兰尼碱受体（ryanodine receptor）横跨在内质网膜上，并且负责从钙池中释放Ca^{2+}（图 8.1）。IP_3是一种大型的蛋白质复合物，它的气孔是由 4 个多达 310 kDa 的亚单位组成（Mikoshiba, 1993）。当内质网通过配体IP_3或者Ca^{2+}本身打开通道，Ca^{2+}就会从中流出来。兰尼碱受体由 4 个多达 560 kDa 的四聚体组成，并受骨骼肌细胞质膜中的二氢吡啶受体的电化学偶联、Ca^{2+}或环腺苷二磷酸核糖的门控（Coronado et al., 1994）。

Ca^{2+}由肌浆网/内质网 Ca^{2+}ATP 酶（sarcoplasmic/endoplasmic reticulum Ca^{2+} ATPase, SERCA）运载到内质网内腔。此外，Ca^{2+}也被转运到核膜和高尔基体网膜与分泌途径的Ca^{2+}ATP 酶（secretory pathway Ca^{2+} ATPase, SPCA）的分泌过程有关的地方，它们能调节高尔基体的功能，因此有助于 Ca^{2+}稳态的调节（Brini & Carafoli, 2009）。它们工作时对能量的需求为 SERCA 泵转运两个Ca^{2+}到细胞内钙池消耗一分子 ATP（Inesi et al., 1980）。由于Ca^{2+}离子泵的运输，内质网的Ca^{2+}浓度达到 1 mmol/L。一旦储存，Ca^{2+}就会被腔内的蛋白质结合。即使这些蛋白质通常被区分为缓冲液或分子伴侣，但是这两个组之间也有相同之处。蛋白质缓冲液就像集钙蛋白和钙网蛋白一样能轻松地与大量的Ca^{2+}结合，并且以此调节内质网的容量。分子伴侣（如钙连接蛋白 GRP78 和 GRP94）也能与 1 分子的Ca^{2+}信号结合协助蛋白质的加工（Berridge, 2002）。

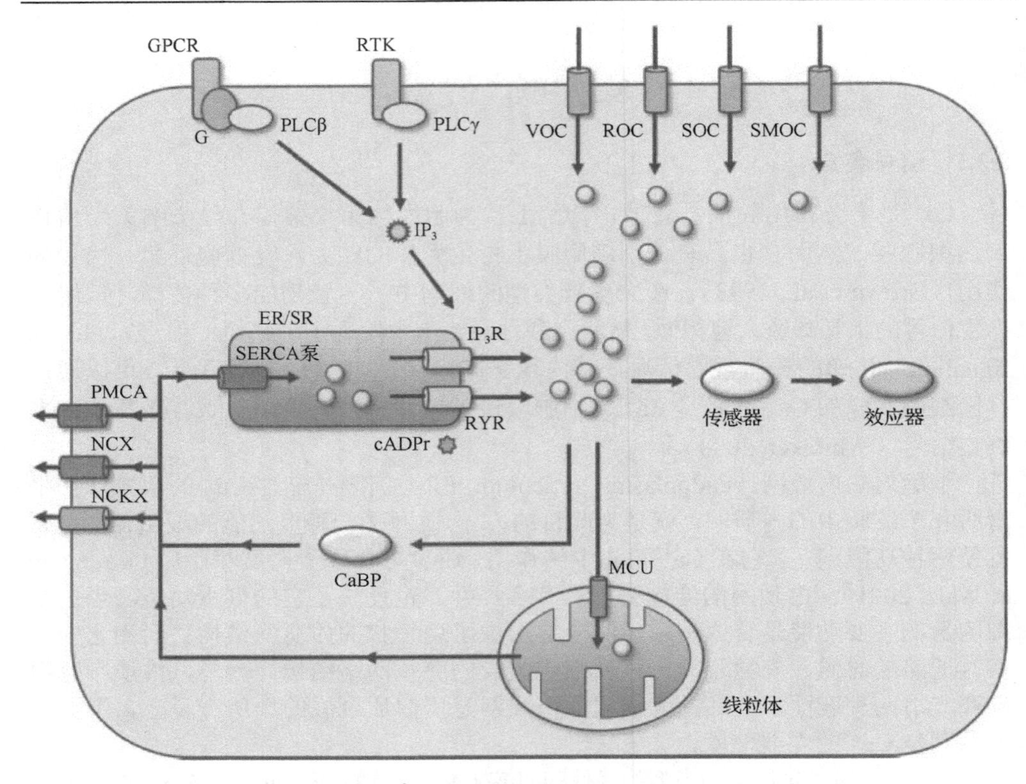

图 8.1　细胞中的 Ca^{2+}信号工具示意图（彩图请扫封底二维码）

缩略语：GPCR，G 蛋白偶联受体；G，G 蛋白；PLCβ，磷脂酶 Cβ；RTK，受体酪氨酸激酶；PLCγ，磷脂酶 Cγ；IP_3，肌醇 1,4,5-三磷酸；IP_3R，肌醇 1,4,5-三磷酸受体；RYR，兰尼碱受体；cADPr，环腺苷二磷酸核糖；VOC，电压-操纵通道；ROC，受体操纵通道；SOC，钙池操纵性钙通道；SMOC，第二信使操纵通道；ER/SR，内质网/肌浆网；MCU，线粒体 Ca^{2+}单向传递体；CaBP，Ca^{2+}结合蛋白；SERCA，肌浆网/内质网 Ca^{2+}ATP 酶；PMCA，质膜 Ca^{2+}ATP 酶；NCX，Na^+/Ca^{2+}交换器；NCKX，Na^+/Ca^{2+}-K^+交换器。黄色圆圈代表 Ca^{2+}，箭头表示 Ca^{2+}的运动或 Ca^{2+}的传递信号（Berridge, 2007）。

8.2.2　细胞中 Ca^{2+}水平升高

为了生成一个 Ca^{2+}信号，细胞必须暂时性升高细胞质中的 Ca^{2+}浓度。总之，钙能进入细胞内或胞液间隙。不存在信号的细胞主要由已储存的 Ca^{2+}经由 IP_3 介导途径释放。配体分别与细胞膜上的两个受体结合能触发这一途径。G 蛋白偶联受体经由 G 蛋白酶刺激磷脂酶 Cβ 亚型（phospholipasec β, PLCβ）。另外，酪氨酸激酶受体直接刺激 PLC 亚基 PLCγ。在细胞膜已经被刺激过的 PLC 水解磷脂酰肌醇 4,5-二磷酸（phosphatidylinositol 4, 5-bisphosphate, PIP_2）产生 2 个重要的第二信使：IP_3 和二酰甘油。IP_3 与内质网表面的受体结合（Furuichi et al., 1989），允许 Ca^{2+}离子从内质网扩散，以增加静息状态下细胞内游离 Ca^{2+}水平 100 nmol/L 至

1μmol/L。打开肌醇 1,4,5-三磷酸受体（IP_3 receptor）需要有 IP_3 和 Ca^{2+}同时存在。在高钙和低钙水平，受体对 IP_3 是相对迟钝的（Bezprozvannyet al., 1991）。与此同时，该受体对 IP_3 的敏感性也是相对的，在生理水平 IP_3 的浓度（0.5～1μmol/L）是最大的。内质网中的 Ca^{2+}也能沿着路径渗透出去（Lomax et al., 2002），在一些细胞类型中有其他的第二信使如烟酸腺嘌呤二核苷磷酸（nicotinic acid adenine dinucleotide phosphate, NAADP），除了从内质网，它也能从钙池动员 Ca^{2+}穿过 NAADP 敏感通道（Berridge et al., 2002）。

为了增加细胞质中 Ca^{2+}水平，肌肉细胞和神经元这些可兴奋细胞可利用一种比较快的系统。除了先前提及的磷酸肌醇信号通路以外，这些细胞充分利用细胞质膜中电压操控式 Ca^{2+}选择通道，该通道每秒能够处理多达 100 万的钙离子降低至 1/20 000 的浓度梯度（Clapham, 1995）。借助电压门控通道，Ca^{2+}进入细胞能结合兰尼碱受体诱导钙池中 Ca^{2+}的释放（McPherson & Campbell, 1993），在一些细胞中，受到受体或第二信使门控的其他进入通道也可以实现 Ca^{2+}的涌入（Berridge, 2007）。

8.2.3 信号转导

存在于细胞质中的许多蛋白质能特异性结合 Ca^{2+}，其中一些蛋白质作为缓冲液，然而有一些是传感器沿着信号转导级联把一种信号载体转变成另一种 Ca^{2+}的信号载体。其中最重要的是钙调素，一种高度保守的传感蛋白，其构象的变化与 Ca^{2+}结合有关（Copley et al., 1999）。Ca^{2+}通过结合钙调素获得与钙调素互作的能力，来补充几百个效应蛋白的位点；这样做能缓解蛋白质的自我抑制，重建活性位点和二聚化蛋白（Hoeflich & Ikura, 2002）。钙调素经常螺旋缠绕在两个蛋白质即肌球蛋白轻链激酶（myosin light chain kinase, MLCK）和钙调蛋白依赖（性）蛋白激酶 II（calmodulin-dependent kinase II, CaMKII）上。Ca^{2+}/钙调素结合导致 CaMKII 的多聚化，致使它自动催化磷酸化延长激酶活性。因为钙调素短暂的转移延长了 Ca^{2+}的信号。另外 Ca^{2+}传感蛋白可以结合 Ca^{2+}和吸引大量的下游目标（Krebs & Heizmann, 2007）。

8.2.4 从细胞质中去除 Ca^{2+}

当作为一个信号 Ca^{2+}执行使命后，低静息态胞液中的 Ca^{2+}肯定会被再储存起来。如前所述，在内质网表面的 SERCA 泵负责将 Ca^{2+}隔离进入细胞内钙池。另外，处在细胞膜上的质膜 Ca^{2+}ATP 酶（plasma membrane Ca^{2+}ATPase，PMCA）会逆着高浓度梯度将 Ca^{2+}从细胞中除去。PMCA 泵以水解一个 ATP 的代价将一个 Ca^{2+}运出来（Niggli et al., 1982）。在降低细胞质中 Ca^{2+}水平过程中交流机制也起着重要作用。位于细胞膜的 Na^+/Ca^{2+}交换器（Na^+/Ca^{2+} exchanger）当转出一个 Ca^{2+}

时有 3 个 Na^+被转入（Blaustein & Lederer, 1999），当 $Na^+/Ca^{2+}-K^+$交换器（$Na^+/Ca^{2+}-K^+$ exchanger）协同转运一个 K^+和一个 Ca^{2+}时，则与 4 个 Na^+进行交换（Altimimi & Schnetkamp, 2007）。

线粒体也有助于细胞中 Ca^{2+}的稳定。线粒体的功能与内质网密切相关，在两个细胞器之间 Ca^{2+}信号相互作用（Duchen, 2000）。由于通过线粒体的氢交换所产生的电化学浓度差，线粒体能将基质中的 Ca^{2+}积累到 0.5 mmol/L 水平。Ca^{2+}的吸收由位于细胞器内膜中的线粒体 Ca^{2+}单向传递体（mitochondrial Ca^{2+} uniporter, MCU）来完成。与 SERCA 泵相比，MCU 对 Ca^{2+}具有较低的亲和力，只有胞质内 Ca^{2+}浓度超过约 0.5 μmol/L 时，它们才能发挥作用（Pozzan et al., 1994）。因此在 Ca^{2+}瞬变恢复期线粒体将 Ca^{2+}隔离开来，之后将其返还给内质网。

8.2.5 钙池操控的 Ca^{2+}进入

PMCA 泵和交换机制可以有效地去除细胞中的 Ca^{2+}，因此为避免钙池中 Ca^{2+}的短缺，Ca^{2+}涌入穿过细胞膜是很有必要的。在许多可兴奋细胞中，一种被称为钙池操控的 Ca^{2+}进入机制在应答钙池消耗过程中被激活（Putney et al., 2001），这可通过使用能够特异性抑制 SERCA 泵的毒胡萝卜素或偶氮酸（cyclopiazonic acid, CPA）来证明。Ca^{2+}不断从内质网泄漏，并且在功能 SERCA 泵缺乏的情况下，钙池很快变空，导致 Ca^{2+}涌入的产生。通过钙池消耗被诱导的 Ca^{2+}涌入被认为对于延长细胞质 Ca^{2+}增加、加速 Ca^{2+}波（Ca^{2+} wave）和内质网的再填充很重要。在一些体细胞类型中，对 Ca^{2+}释放-活化 Ca^{2+}流进行了定性研究（Hoth & Penner, 1992）。然而，该串联方式的分子组成仍然长时间不为人知。经鉴定，Stim1 被认为是钙池消耗之后引发 Ca^{2+}涌入开始的一个重要蛋白质必需物，这被认为是 Stim1 的功能之一（Liou et al., 2005）。与其跨膜结构域一起，Stim1 主要集中在内质网和与 Ca^{2+}手性结合的位置（Ca^{2+}结合蛋白的一种特征性模体，排列如右手的拇指和食指，在其中 E 和 F 的螺旋轴与氨基酸环连接起来），并作为细胞腔 Ca^{2+}含量的传感器进行工作。不久，在细胞质膜中鉴定出了另外一种被称为 Orai1 的蛋白质（Feske et al., 2006），它是一个具有 4 个跨膜结构的膜蛋白，会在气孔处发生突变，说明它是一个形成通道的亚基（Yeromin et al., 2006）。现在认为，当细胞内钙池被消耗时，Stim1 富集分布并移动到 ER 的质膜毗邻区域，然后激活 Orai1，从而激发 Ca^{2+}涌入以对钙池进行再补充。

8.2.6 Ca^{2+}信号的空间和时间组成

如前所述，Ca^{2+}信号很通用且调节许多细胞过程。其多功能性主要基于信号在时间（振荡）和空间（基本事件和波动）上的组合。Ca^{2+}振荡和波是复杂信号，被认为能携带比简单的静态细胞内 Ca^{2+}增加更多的信息。

在许多细胞类型中，Ca^{2+}波在细胞的离散区域中起始，然后在整个细胞质中传播。在信号传递到整个细胞的过程中，通过对单个的Ca^{2+}释放位点的连接，一种被称为Ca^{2+}-诱导Ca^{2+}释放（Ca^{2+} -induced Ca^{2+} release, CICR）的再生Ca^{2+}释放机制扮演了中心角色。它使Ca^{2+}在一个位点释放，从而刺激邻近的受体，进而引发再生波（Berridge, 1997）。在易兴奋细胞中，Ca^{2+}通过电压门控Ca^{2+}通道进入细胞质，刺激兰尼碱受体从钙池中释放Ca^{2+}。影像学技术研究揭示，在心肌细胞中存在被称为"火花"的基本事件，指的就是从小范围兰尼碱受体组中释放的微点Ca^{2+}（Cheng et al., 1993）。从内质网释放的Ca^{2+}扩散到相邻位点，增加兰尼碱受体的敏感性，并诱导Ca^{2+}进一步释放（Endo et al., 1970），这会产生一个Ca^{2+}的波阵面。随着泵将Ca^{2+}从胞质液中去除，Ca^{2+}浓度会下降至波阵面。有迹象表明，IP_3/Ca^{2+}信号系统也被组织成基本事件；这种由IP_3受体产生的事件被称为"puff"（Yao et al., 1995）。此外，IP_3受体对Ca^{2+}的敏感性表明，这种受体对CICR也产生应答（Bezprozvanny et al., 1991）。在非洲爪蟾蜍的卵母细胞中，深入研究了由IP_3/Ca^{2+}信号系统产生的Ca^{2+}波的关键元素的性质（Lechleiter & Clapham, 1992）。在这种细胞中，IP_3可通过刺激质膜受体而产生，然后它扩散到整个细胞并结合到IP_3受体上，以诱导Ca^{2+}的排出。释放的Ca^{2+}移动到邻近位置，增加IP_3受体的敏感性，并通过CICR诱导进一步释放Ca^{2+}。局部的Ca^{2+}释放后在IP_3受体的结合处产生了高浓度的Ca^{2+}最终将通道抑制。再次，在两种受体类型中，CICR在全细胞信号扩散中的作用取决于受体的兴奋性状态，而这是由Ca^{2+}动用配体的浓度所决定的（分别为循环ADP-核糖或IP_3）（Berridge, 2002）。

CICR对信号的时间调节也至关重要，因为它在重复信号的每个Ca^{2+}峰电位的上行期间提供了正反馈机制。此外，当钙池的Ca^{2+}过载时，通过两种类型的释放通道都可以发生Ca^{2+}释放。有迹象表明，钙池的加载状态设置了IP_3受体的敏感性，并决定下一次Ca^{2+}峰电位（Ca^{2+} spike）何时发生（Berridge, 1993）。因此，Ca^{2+}振荡的频率取决于钙池的重新加载速度，而这又取决于Ca^{2+}进入细胞的速率。

8.3 卵母细胞的Ca^{2+}信号

8.3.1 信号机制的发展

卵母细胞中的Ca^{2+}信号依赖于细胞内钙池。有一些证据表明钙池主要分布在内质网（Stricker, 2006）。就像在体细胞中，SERCA将Ca^{2+}转入内质网腔，在那里它被储存到专门的缓冲蛋白中。内质网在形成Ca^{2+}信号方面发挥重要作用，在成熟期间其结构发生变化，卵母细胞获得产生信号的能力。通常未成熟卵母细胞，内质网会相对均匀地扩散在整个卵黄质中（Kline, 2000）。大多数物种中卵母细胞的成熟，会激发内质网的一个重大重构，伴随着在周细胞质中明显的内质网富集的发育。同时从内质网可以调动Ca^{2+}的量逐渐增加（Jones et al., 1995; Machaty et al., 1997a）。IP_3受体也发生显著变化，其质量和敏感性（Ca^{2+}释放量刺激）在成熟期间显著增加，这与 IP_3 在卵母细胞皮质中受体簇的形成有关（Mehlmann et al., 1996）。这些变化负责 Ca^{2+}释放机制的演变，随之而来的结果是，当遇到精子的时候，卵母细胞便获得了产生暴发式 Ca^{2+}信号的能力。这一点已经通过试验得到证明：当用驱动 Ca^{2+}释放因子的精子进行注射的时候，与未成熟的卵母细胞的测定结果相比，成熟的卵母细胞产生了双倍大且更长的重复 Ca^{2+}瞬变。另外，Ca^{2+}波在卵母细胞成熟时产生，而不是在用精子提取物（sperm extract）处理时的未成熟卵母细胞中产生（Carroll et al., 1994）。

有趣的是，受精后内质网架构可能需要再次重建。在对精子应答中显示出单一 Ca^{2+}升高且富集消失，然而在产生重复性 Ca^{2+}瞬变的卵母细胞中，富集区一直存留在振荡期间。也可能有这种情况，即内质网富集也许需要保持重复信号，且富集区的缺乏可能在防止产生过多的 Ca^{2+}峰电位时发挥了作用（Kline, 2000）。

8.3.2 Ca^{2+}在卵母细胞成熟中的作用

卵母细胞由减数分裂产生，并由两轮核分裂组成。第一次减数分裂是将同源染色体分离。然后开始第二次无 DNA 复制的减数分裂，从而导致在细胞间期单倍体配子的形成。与大多数中断分裂或保持沉默的细胞不同，卵母细胞停滞发生在细胞周期的中间（Whitaker, 1996）。事实上，大多数动物在减数分裂期间停滞两次。第一次停滞通常发生在卵母细胞进入减数分裂前期 I 时，并通过细胞周期依赖性激酶 1（cdk1）和细胞周期蛋白 B 的复合物即 M 期促进因子（MPF）来维持低活性。低 MPF 活性防止生发泡破裂（GVBD），并延长一段时间，保持卵母细胞的停滞。为了能使受精的卵母细胞逐渐成熟，当发育到物种成熟期的特异性阶段，减数分裂则停滞；哺乳动物卵母细胞完成第一次减数分裂，并在第二次减数分裂中期停滞。由于 MPF 的高活性保持着中期停滞状态，而 MPF 又是通过抑制因子维持，所以高 MPF 活性使染色质保持在凝聚态且使纺锤体很稳定。

关于 Ca^{2+}在卵母细胞成熟过程中的作用罕有报道。虽然认为 Ca^{2+}信号在起始成熟过程中起作用（Guerrier et al., 1982），但普遍认为，在大多数物种中，激素引起的胞内 cAMP 水平的降低是触发信号级联的原因。有可能是激素信号而不包括 Ca^{2+}信号通路，Ca^{2+}在 GVBD 时可能起作用。然而还有研究表明，Ca^{2+}可能通过敏感的环磷酸腺苷调节卵母细胞中 cAMP 的水平来调控第一次减数分裂停滞（Silvestre et al., 2011）。尽管这些资料表明 Ca^{2+}信号确实在卵母细胞成熟过程中起作用，然而 Ca^{2+}信号与 cAMP 水平降低相关的细节或如何引发 MPF 激活，从而导致第一次减数分裂停滞，我们均不得而知（Whitaker, 1996）。未成熟小鼠卵母细胞中磷酸肌醇通路的抑制延迟了 GVBD，可以通过将 IP_3 注入到卵母细胞内来避免（Pesty et al., 1994）。因为细胞周期到达减数分裂中期 I 时，在 GVBD 中产生一系列 Ca^{2+} 峰电位（Carroll et al., 1994）。最后，在一些哺乳动物卵母细胞中 GVBD 可以被 Ca^{2+} 螯合剂阻断，这也意味着 Ca^{2+} 对卵母细胞成熟的调节作用（Homa, 1995）。

8.3.3 Ca^{2+} 在卵母细胞活化中的作用

Ca^{2+} 通过 IP_3 受体释放

在生理条件下，受精精子使得成熟卵母细胞重新启动细胞周期机制。通过融合卵母细胞，精子会诱发一系列激活事件。这些事件主要包括细胞内游离的 Ca^{2+} 浓度短暂升高、皮质颗粒内容物的释放、减数分裂的恢复、母体 mRNA 的聚集、原核的形成、DNA 合成的开始及卵裂（Schultz & Kopf, 1995）。许多证据表明，卵母细胞激活（oocyte activation）期的关键触发因素是 Ca^{2+} 信号：卵母细胞内 Ca^{2+} 水平的上升关系到所有与受精有关的其他事件。

Ca^{2+} 可能对于卵母细胞的活化是必要的，该观点可追溯到近一个世纪以前（Lillie, 1919）。后来的证据直接证明了关于 Ca^{2+} 在卵母细胞活化中的重要性，当暴露于 Ca^{2+} 载体 A23187 时，多种物种的卵母细胞表现出与受精后相似的活动（Steinhardt et al., 1974）。随后，在青鳉卵母细胞中检测到细胞内游离的 Ca^{2+} 浓度增加（Ridgway et al., 1977）。有研究显示，通过阻止 Ca^{2+} 升高抑制了海胆的受精，这就是用来确认升高细胞内游离 Ca^{2+} 浓度作为激活信号的最终证据（Zucker & Steinhardt, 1978）。这些结果表明，Ca^{2+} 在卵母细胞中是重要的信号转导分子，并且在几乎所有测试的物种的受精过程中起核心作用。

人们很早就意识到，激活卵母细胞的 Ca^{2+} 来源就是细胞内的钙池（Steinhardt & Epel, 1974）。当 IP_3 与其受体结合时，钙池内的 Ca^{2+} 从内质网释放。通过研究，首次观察到海胆卵母细胞在受精时的多磷酸肌醇转化率显著增加（Turner et al., 1984）。接着发现可以通过将 IP_3（多磷酸肌醇水解产物）注入海胆卵母细胞来人工诱导（Whitaker & Irvine, 1984）。IP_3 水平在受精期间增加，IP_3 的显微注射引起卵母细胞活化及 IP_3 拮抗剂能抑制大多数物种中精子诱导活化的发现表明，IP_3 是对受精精子进行应答而触发 Ca^{2+} 释放的第二信使（Stricker, 1999）。在哺乳动物卵母细胞中，IP_3 主要结合 1 型 IP_3 受体（Kurokawa et al., 2004）。

如何产生 IP_3?

现在已经阐明，通过三个主要的假设可以解释受精精子触发卵母细胞中 Ca^{2+} 信号的机制。Ca^{2+} 通道假说（Ca^{2+} conduit hypothesis）提出，细胞外介质中的 Ca^{2+} 通过融合精子的通道进入卵母细胞（Jaffe, 1991）。一旦进入卵母细胞胞质，就认

为 Ca^{2+}会引起与肌肉细胞中观察到的类似的 CICR。然而在海胆中，即使没有细胞外 Ca^{2+}，也能成功产生 Ca^{2+}信号并激活卵母细胞（Schmidt et al., 1982）。此外，将 Ca^{2+}持续注射入仓鼠和小鼠卵母细胞，不会引起通常伴随受精过程的重复 Ca^{2+}信号（Igusa & Miyazaki, 1983; Swann, 1992）。这些结果表明 Ca^{2+}通道模型不成立。

根据受体假说，精子诱导 Ca^{2+}信号是通过与受体关联的信号级联而启动的。使受精精子与卵母细胞膜表面上的受体相结合，该受体要么是一个 G 蛋白偶联受体（GPR），要么是一个受体酪氨酸激酶（receptor tyrosine kinase）。受体结合后导致 PLC 的激活，从而产生 Ca^{2+}调节第二信使 IP_3。这个观点源于在受精中 G 蛋白发挥作用的研究：GDPβS（一种 G 蛋白拮抗剂）在受精期间阻断海胆卵母细胞中的皮质颗粒胞外分泌（cortical granule exocytosis）作用（Turner et al., 1986）。该观点被一系列研究结果所证实，如将 IP_3 引入细胞质诱导 Ca^{2+}释放，IP_3 的持续注射引发 Ca^{2+}瞬变及 GTPγ 即 GTP（G 蛋白活性调节剂）的一种非水解性类似物也引起各种动物卵母细胞中 Ca^{2+}的振荡（Hogben et al., 1998）。此外，内源性细胞表面受体或通过 mRNA 显微注射外源表达的细胞表面受体的刺激也导致卵母细胞活化（Miyazaki et al., 1990; Machaty et al., 1997b）。然而，这些研究结果仅表明卵母细胞中存在信号通路，但并不一定意味着特定的通路能在受精过程中起作用。最重要的是，尽管已经鉴定出了卵母细胞质膜中的许多细胞表面分子，但它们似乎都不参与 Ca^{2+}信号的产生（Schultz & Kopf, 1995）。

第三个假设解释了通过配子融合后将活化因子从精子转移到卵母细胞来诱导 Ca^{2+}信号的机制。海胆中的研究指出，精子可能作为载体并提供激活因子，其中精子提取物在注入卵母细胞胞质后会诱导活化（Dale et al., 1985）。因此可以得出，从精子分离出的提取物可以诱导许多物种卵母细胞中 Ca^{2+}的增多。在哺乳动物卵母细胞的显微注射期间增加精子提取物的数量会提高 Ca^{2+}瞬变的频率，而不影响其幅度，这与真实激活因子一致（Swann, 1990）。精子源性的因子可能主导了来源于胞质内单精子注射（intracytoplasmic sperm injection, ICSI）的卵母细胞胞质的振荡激发，这可能是另外一种现象。最初认为人类 ICSI 期间卵母细胞的活化是副作用（注射时来自外部介质的 Ca^{2+}污染的结果），后来证明激活是由注射精子几小时后开始引发的 Ca^{2+}振荡（Tesarik et al., 1994）（相比之下，在注射过程中，注射管穿透卵质膜后，Ca^{2+}污染只导致单个 Ca^{2+}增加）。该发现与精子因子模型一致，不能用通道或受体假说来解释。

精子提取物显示出高活性的 PLC，并引起海胆卵母细胞匀浆中 IP_3 水平的大幅度增加，这表明活性因子可能是 PLC（Jones et al., 1998）。将该提取物注入青蛙卵母细胞也导致 IP_3 升高（Wu et al., 2001）。然而当卵母细胞胞质内注入生理水平的剂量时，尚不清楚是 PLC 亚型诱导了 Ca^{2+}的重复瞬变。研究人员在探寻复杂的精子因素的过程中发现了突破口：在哺乳动物精子中发现一种新的磷脂酶 C 亚型

PLCζ（PLCzeta），其仅在小鼠睾丸中表达，并且当 cRNA 被显微注射入卵母细胞时，与受精期间相比，重复 Ca^{2+}信号的产生没有什么不同（Saunders et al., 2002）。显微注射重组 PLCζ 蛋白也引起未受精的小鼠卵母细胞中重复 Ca^{2+}瞬变(Kouchi et al., 2004)，并且显示产生 Ca^{2+}信号所需的 PLCζ 的量存在于单个精子中（Saunders et al., 2002）。当发现卵巢中的 PLCζ 表达引起孤雌生殖的卵母细胞活化，随后形成卵巢肿瘤时（Yoshida et al., 2007），进一步证明了 PLCζ 参与卵母细胞活化。最后，使用 RNAi 方法下调表达获得的数据表明，降低精子 PLCζ 水平将会导致卵母细胞无法受精，胚胎无法正常发育（Knott et al., 2005）。尽管 PLCζ 结合与水解 PIP_2 的确切机制尚未得到验证，但现在普遍认为，PLCζ 是精液中引起哺乳动物卵母细胞 Ca^{2+}振荡的因素（Swann & Yu, 2008）。

受精 Ca^{2+}波

通过应用图像增强技术，发现青鳉鱼卵母细胞受精后，在精子进入点 Ca^{2+}升高以波的形式开始（Gilkey et al., 1978），从此发现了在大多数后口动物物种中，精子诱导的 Ca^{2+}信号是以波的形式传播（图 8.2）。波从精-卵融合点发起，穿越卵母细胞到达反面对应点；它会在 0～2s 内穿过哺乳动物卵母细胞。在海胆中该波形行进约 20s 到达反面对应点，而在青蛙卵母细胞中，该过程大约需要 10min（Whitaker, 2006）。

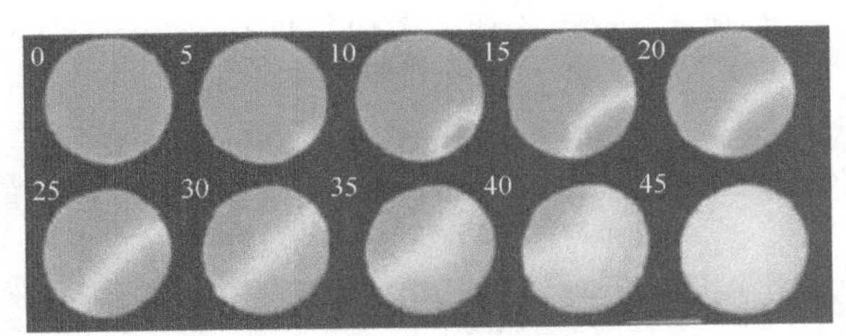

图 8.2 在海鞘卵母细胞中观察到的受精时的 Ca^{2+}波（彩图请扫封底二维码）

将卵母细胞外侧的绒毛膜层剥离以后，对卵母细胞注射 Ca^{2+}指示剂染料并授精。本图显示在精子进入的部位产生了第一组 Ca^{2+}波，当初始的 Ca^{2+}增加后，在海鞘的卵母细胞中产生了第二组波，起始点位于植物极的半球。数字表示时间（秒），不同的颜色表示不同的 Ca^{2+}浓度，本图片由 Carroll 等（2003）提供。

通常胚胎的 Ca^{2+}波通过 IP_3 受体进行传递（Stricker, 1999），该传递过程由来源于许多独立的 Ca^{2+}释放事件组成，每个事件通过有限数量的 Ca^{2+}通道形成。IP_3 受体对细胞质中的 Ca^{2+}水平较敏感：Ca^{2+}通过 CICR 刺激 Ca^{2+}释放，然后排出的 Ca^{2+}扩散到相邻受体（Solovyova et al., 2002）。IP_3 的生产和扩散也有助于波的传播。它可使受体对 CICR 变得敏感，因为在没有 IP_3 的情况下，细胞溶质中 Ca^{2+}阻断了受体，但是当 IP_3 存在时，Ca^{2+}触发内质网再释放 Ca^{2+}（Adkins & Taylor, 1999）。虽然兰尼碱受体存在于一些哺乳动物的卵母细胞中，但它们在受精期间似乎没有信号转导的作用。位于哺乳动物卵母细胞皮质层的兰碱尼受体可能释放 Ca^{2+}，在皮质颗粒胞吐中起重要作用(Kline & Kline, 1994)，它们也可能提供 Ca^{2+}以保持 Ca^{2+}瞬变的状态(Swann, 1992)。

重复的 Ca^{2+}振荡

在大多数物种中，精子会诱导细胞内 Ca^{2+}浓度的升高。另外，像纽虫和环节动物蠕虫、海鞘和哺乳动物等都会出现 Ca^{2+}反复上升的情况（Stricker, 1999）。这种 Ca^{2+}波动在受精小鼠卵母细胞中首次被检测到(Cuthbertson et al., 1981)，图 8.3 展示了猪卵母细胞中钙离子长时间振荡的信号。

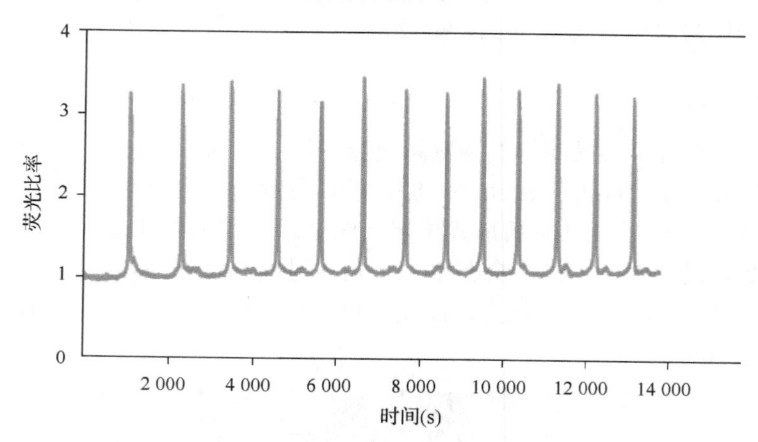

图 8.3 受精时猪卵母细胞中重复的 Ca^{2+}瞬变

用链霉蛋白酶处理成熟的卵母细胞可以去除透明带，然后加载 fura-2 并进行授精。Y 轴上的荧光比表示 Ca^{2+}浓度（Chunmin Wang & Zoltan Machaty, 未出版）

目前还不清楚是什么导致了这种信号振荡。但大多数由存在于细胞内的钙池动员体系刺激产生的钙离子信号都有这种反复振荡的倾向（Berridge & Galione, 1988）。IP_3 和兰碱尼受体都显示 CICR 是人类细胞振荡活性的基础。细胞质中高浓度的 Ca^{2+}通过两种类型的受体抑制 Ca^{2+}的进一步释放，并且它们都受到正反馈机制的调控作用。这些特点足以引起振荡模式。然而，钙池消耗增加了一个额外的负反馈成分（Berridge & Galione, 1988），因为 PLCζ 表现为很高的钙离子敏感性（Kouchi et al., 2004），IP_3 中 Ca^{2+}的加速生产为 IP_3 受体提供了一个更为敏感的反馈。

振荡可能受到 IP_3 受体的基本反馈特性的控制(Adkins & Taylor, 1999)。根据 Ca^{2+}振荡的一个经典模型，即借助 PLCζ 对 Ca^{2+}依赖，产生的 IP_3 会造成 IP_3 水平的振荡。这就可以解释妊娠 Ca^{2+}信号反复振荡的特性(Dupont & Dumollard, 2004)。但是，哺乳动物精子因子注入蛙卵母细胞只会导致一个 Ca^{2+}瞬变(Wu et al., 2001)，

表明 Ca^{2+}对 PLCζ 的非线性反馈本身不能说明振荡。另一个合理的模型认为，Ca^{2+}不是控制 PLCζ 活性，而是可以直接作用于 IP_3 受体上（De Young & Keizer, 1992）。该观点认为，IP_3 浓度不会振荡，而 IP_3 可以在一个恒定的水平内为其受体提供连续的刺激，当细胞内 Ca^{2+}浓度较低时 IP_3 受体就会被激活，而当细胞内 Ca^{2+}浓度高于受体所接受的阈值时，IP_3 受体就会处于失活状态。研究发现，在 HeLa 细胞中，由代谢型谷氨酸受体刺激而引起 Ca^{2+}信号振荡时，IP_3 的水平并未出现振荡（Matsu-ura et al., 2006）。也有研究发现持续供应 IP_3 可引起小鼠卵母细胞中 Ca^{2+}的振荡（Jones & Nixon, 2000）。在受精时测定 IP_3 有助于区分不同的模型，但因为客观困难所致，使数据的有效性只能通过多种方式来解释（Shirakawa et al., 2006）。也有人认为，在哺乳动物卵母细胞中两种机制可能共存。在未受精的卵母细胞中，通过持续注射 IP_3，观察到 IP_3 受体只对 Ca^{2+}的波动有影响。之后在配子融合时，精子将 PLCζ 引入细胞质内，再生成新的 IP_3 产生机制以维持 Ca^{2+}信号的振荡（Swann & Yu, 2008）。

在振荡期间，个体瞬变的起始位置随时间变化而变化。所研究的所有物种中的第一个 Ca^{2+}波开始于精子与卵母细胞质膜融合的阶段。在海鞘中发生的点会逐渐向卵母细胞的植物极移动（Carroll et al., 2003）。小鼠卵母细胞的 Ca^{2+}波的起始位点也会以类似的方式从精子进入点到达生长半球的皮质（Deguchi et al., 2000）。

在小鼠中，振荡在原核形成时停止。如果减数分裂通道被阻止，则振荡就会表现为无限期（Marangos et al., 2003）。此外，将受精的 1-细胞期和 2-细胞期的小鼠胚胎细胞核转移到未受精的卵母细胞时，会引发核膜破裂时 Ca^{2+}的振荡（Kono et al., 1995）。从这些结果得出，当 PLCζ（负责信号产生的信使）被隔离进原核（Larman et al., 2004）时，Ca^{2+}峰电位就会结束。然而在受精后从二分胚获得的鼠受精卵的核和无核部分中，不考虑原核的存在，Ca^{2+}振荡大约会在相同时间停止（Day et al., 2000）。此外，在受精的牛和兔卵母细胞中，振荡持续存在于原核形成之后（Fissore et al., 1992; Fissore & Robl, 1993）。这表明其他因素也可以控制 Ca^{2+}振荡的停止。

卵母细胞中的钙池操控 Ca^{2+}进入

在每一次 Ca^{2+}上升后，静息细胞内 Ca^{2+}水平通过各种机制恢复。在内质网表面的 SERCA 泵会运载 Ca^{2+}返回到钙池（Kline & Kline, 1992），并且线粒体对钙离子的摄取也有重要作用（见下文）。由于没有特异性抑制剂，对于卵母细胞中 PMCA 泵的作用知之甚少，但另一种系统 Na^+/Ca^{2+}交换机制可用于去除 Ca^{2+}（Carroll, 2000）。虽然这些排出机制的具体贡献尚未确定，但是在海胆、青蛙和小鼠卵母细胞中显示，在储存的 Ca^{2+}被动员之后潜在的 Ca^{2+}涌出发生了（Steinhardt & Epel, 1974; Shapira et al., 1996; Pepperell et al., 1999），Ca^{2+}外流太大则需要 Ca^{2+}跨膜流入来补偿这种损失，但这似乎适得其反，其中原因还不得而知。细胞内 Ca^{2+}浓度持续较高可能是有害的：排出机制程序化以便从细胞质中快速排出 Ca^{2+}，这显然会导致 Ca^{2+}的净损失，为了该信号体系的重生，这种亏损需要补偿 Ca^{2+}的净损失。

在仓鼠和小鼠卵母细胞中，Ca^{2+}的涌入是保持振荡所必需的；精子诱导的 Ca^{2+}瞬变在不存在胞外 Ca^{2+}或 Ca^{2+}涌入通道拮抗剂存在下停止（Igusa & Miyazaki, 1983; Shiina et al., 1993）。Ca^{2+}涌入途径存在于小鼠卵母细胞中（Kline & Kline, 1992），并且也证明在精子诱导的 Ca^{2+}振荡期间，每次 Ca^{2+}升高后，Ca^{2+}涌入被激活（McGuinness et al., 1996）。在猪卵母细胞中也存在一种钙池操控的 Ca^{2+}进入机制（Machaty et al., 2002），试验证明 Stim1 蛋白负责在钙池消耗后介导 Ca^{2+}进入（Koh et al., 2009）。在静息条件下，Stim1 在细胞质中相当均匀地分布。在不含 Ca^{2+}的培养基中用毒胡萝卜素处理后，Stim1 移动到皮质细胞质并重新排列成簇。毒胡萝卜素通过抑制 SERCA 泵诱导钙池消耗为人熟知；在这种条件下的 Stim1 易位意味着蛋白质可能参与了将空信号从钙池转运到 Ca^{2+}涌入通道的过程。使用 RNA 干扰（RNA interference, RNAi）对 Stim1 下调不仅抑制了毒胡萝卜素预处理的卵母细胞中“反加”后的 Ca^{2+}涌入，而且还阻止受精后 Ca^{2+}振荡。预先注射 Stim1 siRNA 的卵母细胞仅显示少量 Ca^{2+}上升；在没有 Stim1 的情况下，不能产生额外的 Ca^{2+}瞬变（Kiho Lee, Chunmin Wang, Zoltan Machaty, 未出版）。在组成钙池操控 Ca^{2+}涌入通路的 Ca^{2+}假定通道被抑制的时候，情况很类似。在体细胞中，蛋白质被认为是 Ca^{2+}流入通道，在钙池消耗后被 Stim1 激活。下调蛋白 siRNA 消除了与受精相关的 Ca^{2+}波动；无功能性蛋白的卵母细胞仅显示由受精引起的 Ca^{2+}峰电位（Wang et al., 2012）。这表明由 Stim1 和 Orai1 之间相互作用介导的钙池操控 Ca^{2+}进入对于重新填充细胞内钙池物并维持重复的 Ca^{2+}信号是必需的。

Ca^{2+}信号的下游调控

受精的卵母细胞中 Ca^{2+}信号的主要功能是针对细胞周期机制诱导减数分裂的恢复。在中期等待受精的哺乳动物卵母细胞中，MPF 抑制细胞周期运转，使染色质保持凝聚状态，以稳定减数分裂纺锤体（Whitaker, 1996）。在中期，MPF 表现出较强的活性，这是由于其调节亚基水平升高，细胞周期蛋白 B 保持催化亚基 cdk1 的激酶活性。为了使细胞周期正常运转，MPF 活动必须下调。虽然 MPF 活动受 CSF 的保护，但 Ca^{2+}信号绕过此保护路径，通过其他路径来抑制 MPF 活性。试验数据表明，受精的卵母细胞 Ca^{2+}与钙调蛋白结合；Ca^{2+}-钙调蛋白反过来刺激 CaMKII，CaMKII 是 Ca^{2+}信号的主要传感器（Lorca et al., 1993）。在哺乳动物中，CaMKII 活性在精卵细胞融合后增加；实际上它与受精的卵母细胞 Ca^{2+}信号一起变化（Markoulaki et al., 2004）。活化的 CaMKII 可以磷酸化 Emi2，Emi2 通过抑制后期促进复合物/周期体（anaphase-promoting complex/cyclosome, APC/C）的形成维持在中期 II 的停滞。Emi2 的磷酸化使 CaMKII 失活，随后激活 APC/C（Jones, 2007）。在小鼠卵母细胞中，Emi2 在孤雌激活后被破坏（Madgwick et al., 2006），CaMKII 组成的活性形式使减数分裂恢复和囊胚形成（Knott et al., 2006）。一旦 APC/C 被激活，它刺激细胞周期蛋白 B 的蛋白质水解：在小鼠卵母细胞中，细胞周期蛋白 B 在受精 Ca^{2+}瞬变开始后不久即被蛋白酶体泛素化并降解（Nixon et al., 2002）。细胞周期蛋白 B 降解导致 MPF 活性降低，而随着卵母细胞进入后期，减数分裂恢复。

重复模式的意义

哺乳动物的卵母细胞可以通过其细胞质中 Ca^{2+}浓度的升高而人为活化，所以出现的问题是：需要什么振荡信号？大多数用于孤雌激活的药物仅能够使细胞溶质中的 Ca^{2+}水平上升一次，并保持 5～10min。观察到单个 Ca^{2+}瞬变对于激活大多数老龄卵母细胞是有效的；但经过这种处理后排出的卵母细胞发育不良（Ozil & Swann, 1995）。如前所述，为了使中期停滞的哺乳动物的卵母细胞恢复减数分裂，卵泡中的 MPF 水平必须下降。这是当 Ca^{2+}触发细胞周期蛋白 B 的破坏时实现的。然而，成熟的哺乳动物卵母细胞继续合成蛋白质，尽管单个 Ca^{2+}瞬变可以下调细胞周期蛋白 B，但新排卵的卵母细胞中持续的细胞周期蛋白 B 生成可以恢复 MPF 活动，导致在所谓的中期第三阶段（third metaphase stage）停滞（Kubiak, 1989）。在 MPF 水平降低的情况下，单一的 Ca^{2+}升高可使老龄卵母细胞（aged oocyte）退出减数分裂（Nixon et al., 2000）。相反，重复的 Ca^{2+}瞬变会导致细胞周期蛋白 B 的持续破坏，从而使 MPF 活性逐渐降低，这样即使在新排出的卵母细胞中仍存在细胞周期蛋白合成的情况，减数分裂也将完成。

通过在受控的电场脉冲中诱导卵母细胞中各种数量的 Ca^{2+}的瞬变，表明 Ca^{2+}的持续时间和频率的增加决定着小鼠卵母细胞原核形成的比率（Ozil & Swann, 1995），并影响孤雌生殖兔孕体的发育（Ozil & Huneau, 2001）。此外，重复的 Ca^{2+}瞬变也是保证完全激活的重要因素：皮质反应是分步发生的，每一个相应的瞬变会刺激额外的皮质颗粒胞吐作用。同时，减数分裂恢复的早期事件被单个 Ca^{2+}瞬时刺激，而其他包括细胞周期调节蛋白活性下调的事件则需要几个 Ca^{2+}峰电位（Ducibella et al., 2002）。这些数据清楚地表明了受精时 Ca^{2+}振荡信号的重要性。

但不同的研究结果发现，有报道称长时间的单次 Ca^{2+}升高可有效诱导卵母细胞的激活。随着细胞质中 Ca^{2+}升高时间超过 20min，新排出的小鼠卵母细胞将被完全激活（Ozil et al., 2005）。由此得出结论，与诱导活化有关的是细胞质中升高的 Ca^{2+}的总和而不是 Ca^{2+}振荡的模式（Tóth et al., 2006）。这一发现似乎与振荡受精信号的重要性相反。然而在同一研究中也观察到，与接受重复的 Ca^{2+}瞬变的卵母细胞相比，通过持续而单调的 Ca^{2+}上升激活的卵母细胞，其着床后的发育受到了损害。重复瞬变的时间排序也影响了着床后的基因表达（Ozil et al., 2006）。虽然 Ca^{2+}信号模式影响胚胎发育的基因表达机制仍需明确，但现在认为受精后 Ca^{2+}振荡的影响远远超过配子融合后的几个小时。

振荡信号的存在也意味着在 Ca^{2+}下游的信号级联中有一个成分可以解码重复峰电位的幅度、数量或频率，并将其从数字信号转换为模拟响应（Dupont & Goldbeter, 1998）。由于其能够进行自动激活，CaMKII 可以在 Ca^{2+}浓度下降后保持活性，并且在神经元中，它被认为是 Ca^{2+}振荡的解码器（De Konick & Schulman, 1998）。然而，在小鼠卵母细胞中，CaMKII 表现出与 Ca^{2+}振荡相同的活性变化，似乎没有任何"长期记忆"（Markoulaki et al., 2004）。这表明，具有解释重复性 Ca^{2+}信号编码信息能力的卵母细胞因子位于信号级联中 CaMKII 的下游。

蛋白激酶 C（PKC）也被认为是可以将 Ca^{2+}信号转化为细胞反应的因子。哺乳动物卵母细胞表达同种 PKC 亚型可以通过 Ca^{2+}和甘油二酯激活（Halet, 2004）。PLCζ 精子源性的振荡，也被认为产生可能有助于刺激 PKC 的二酰基甘油。有数据表明，在受精期间 PKC 活性增加，活化的 PKC 发生转位到细胞膜或纺锤体（Tatone et al., 2003）。由此建议用一种特殊的 PKC 同种型 PKCγ 来发挥 Ca^{2+}信号解码器的作用（Oancea & Mayer, 1998）。然而，试验数据并不支持这一想法。在小鼠卵母细胞中，PKCα 和 PKCγ 首先被激活，并且随着第一个 Ca^{2+}峰电位而移动到质膜。Ca^{2+}瞬变后，PKC 返回到细胞质，随后的 Ca^{2+}瞬变与较小幅度的易位相关，没有显著的增量易位（Halet et al., 2004）。

线粒体和 Ca^{2+}信号

线粒体在调节细胞内 Ca^{2+}平衡方面也起着重要的作用。在海胆和海鞘卵母细胞受精的 Ca^{2+}信号中，线粒体主动隔离 Ca^{2+}（Eisen & Reynolds, 1985; Dumollard et al., 2003）。这会产生两种结果：线粒体 Ca^{2+}吸收缓冲细胞内 Ca^{2+}，从而调节 Ca^{2+}从钙池的释放；此外，线粒体基质中的 Ca^{2+}刺激线粒体 ATP 合成（Duchen, 2000）。哺乳动物卵母细胞含有多达 100 000 个线粒体，其在受精和早期发育过程中通过氧化磷酸化促进 ATP 生产（Pikó & Matsumoto, 1976）。在小鼠卵母细胞中，受精时增加的细胞质 Ca^{2+}水平导致线粒体基质中的 Ca^{2+}升高，这又激活了三羧酸循环（tricarboxylic acid cycle, TCA cycle）和电子传递链的线粒体脱氢酶，导致 FAD 和 NAD 减少的振荡增加，并且最终增加 ATP 水平（Campbell & Swann, 2006）。线粒体呼吸受限将阻断 Ca^{2+}瞬变，而 ATP 的缓慢释放会产生超额的峰电位（Dumollard et al., 2003, 2004）。ATP 在 Ca^{2+}振荡期间为 Ca^{2+}泵提供能量发挥重要作用；小鼠卵母细胞中 ATP 供应不足导致胚泡发育不良（Van Blerkom et al., 1995）。因为 Ca^{2+}的摄取借助线粒体对呼吸作用的控制（Rizutto et al., 2004），因此受精卵母细胞代谢（oocyte metabolism）的刺激可能是振荡 Ca^{2+}信号的附加功能（Whitaker, 2006）。

8.4　小　结

Ca^{2+}作为信号转导中具有核心作用的卵母细胞必需离子，其意义已经非常明确。然而一些重要问题仍有待阐明，以便我们更好地了解雌性配子功能的调节机制。从该研究中获益的就是人类辅助生殖领域。更完整地了解 PLCζ（磷脂酶 Cζ 亚型）的作用，可以为卵母细胞的受精提供有效的诊断标记物，也可以用 PLCζ 作为某些男性不育症的可能治疗方式。此外，定义 Ca^{2+}信号和下游信号分子之间的联系（特定蛋白质如何解释 Ca^{2+}信号，以及这些蛋白质如何控制卵母细胞成熟和激活期间的不同事件）将会提高各种辅助生殖技术的效率及体细胞核移植的技术水平。

（王欣荣、刘　婷　译；郭亚军、刘成泽　校）

参 考 文 献

Adkins, C. E., & Taylor, C. W. (1999). Lateral inhibition of inositol 1,4,5-trisphosphate receptors by cytosolic Ca^{2+}. *Current Biology*, *9*(19), 1115–1118.

Altimimi, H. F., & Schnetkamp, P. P. (2007). Na^{+}/Ca^{2+}-K^{+} exchangers (NCKX): Functional properties and physiological roles. *Channels* (Austin), *1*(2), 62–69.

Baird, G. S. (2011). Ionized calcium. *Clinica Chimica Acta*, *412*(9–10), 696–701.

Baumann, O., & Walz, B. (2001). Endoplasmic reticulum of animal cells and its organization into structural and functional domains. *International Review of Cytology*, *205*, 149–214.

Berridge, M. J. (1993). Inositol trisphosphate and calcium signaling. *Nature*, *361*(6410), 315–325.

Berridge, M. J. (1997). Elementary and global aspects of calcium signalling. *The Journal of Physiology*, *499*(Pt 2), 291–306.

Berridge, M. J. (2002). The endoplasmic reticulum: A multifunctional signaling organelle. *Cell Calcium*, *32*(5–6), 235–249.

Berridge, M. J. (2007). Calcium signalling, a spatiotemporal phenomenon. In J. Krebs and M. Michalak (eds.), *Calcium: A Matter of Life or Death* (pp. 485–502). Oxford: Elsevier.

Berridge, M. J., & Galione, A. (1988). Cytosolic calcium oscillators. *The FASEB Journal*, *2*(15), 3074–3082.

Berridge, G., Dickinson, G., Parrington, J., & Galione, A., & Patel, S. (2002). Solubilization of receptors for the novel Ca^{2+}-mobilizing messenger, nicotinic acid adenine dinucleotide phosphate. *The Journal of Biological Chemistry*, *277*(46), 43717–43723.

Bezprozvanny, I., Watras, J., & Ehrlich, B. E. (1991). Bell-shaped calcium-response curves of Ins(1,4,5)P_3- and calcium-gated channels from endoplasmic reticulum of cerebellum. *Nature*, *351*(6329), 751–754.

Blaustein, M. P., & Lederer,W. J. (1999). Sodium/calcium exchange: Its physiological implications. *Physiological Reviews*, *79*(3),763–854.

Brini, M., & Carafoli, E. (2009). Calcium pumps in health and disease. *Physiological Reviews*, *89*(4), 1341–1378.

Brown, E. M., Gamba, G., Riccardi, D., Lombardi, M., Butters, R. et al. (1993). Cloning and characterization of an extracellular Ca^{2+} -sensing receptor from bovine parathyroid. *Nature, 366*(6455), 575–580.

Campbell, K., & Swann, K. (2006). Ca^{2+} oscillations stimulate an ATP increase during fertilization of mouse eggs. *Developmental Biology, 298*(1), 225–233.

Carroll, J. (2000). Na^{+}-Ca^{2+} exchange in mouse oocytes: Modifications in the regulation of intracellular free Ca^{2+} during oocyte maturation. *Journal of Reproduction and Fertility, 118*(2), 337–342.

Carroll, J., Swann, K., Whittingham, D., & Whitaker, M. (1994). Spatiotemporal dynamics of intracellular $[Ca^{2+}]_i$ oscillations during the growth and meiotic maturation of mouse oocytes. *Development, 120*(12), 3507–3517.

Carroll, M., Levasseur, M., Wood, C., Whitaker, M., Jones, K. T., McDougall, A. (2003). Exploring the mechanism of action of the sperm-triggered calcium-wave pacemaker in ascidian zygotes. *Journal of Cell Science, 116*(Pt 24), 4997–5004.

Cheng, H., Lederer,W. J., & Cannell, M. B. (1993). Calcium sparks – elementary events underlying excitation-contraction coupling in heart-muscle. *Science, 262*(5134), 740–744.

Clapham, D. E. (1995). Calcium signaling. *Cell, 80*(2), 259–268.

Clapham, D. E. (2007). Calcium signaling. *Cell, 131*(6), 1047–1058.

Copley, R. R., Schultz, J., Ponting, C. P., & Bork, P. (1999). Protein families in multicellular organisms. *Current Opinion in Structural Biology, 9*(3), 408–415.

Coronado, R., Morrissette, J., Sukhareva, M., & Vaughan, D. M. (1994). Structure and function of ryanodine receptors. *American Journal of Physiology, 266*(6), 1485–1504.

Cuthbertson, K. S., Whittingham, D. G., & Cobbold, P. H. (1981). Free Ca^{2+} increases in exponential phases during mouse oocyte activation. *Nature, 294*(5843), 754–757.

Dale, B., DeFelice, L. J., & Ehrenstein, G. (1985). Injection of a soluble sperm fraction into sea-urchin eggs triggers the cortical reaction. *Experientia, 41*(8), 1068–1070.

Day, M. L., McGuinness, O. M., Berridge, M. J., & Johnson, M. H. (2000). Regulation of fertilization-induced Ca^{2+} spiking in the mouse zygote. *Cell Calcium, 28*(1), 47–54.

Deguchi, R., Shirakawa, H., Oda, S., Mohri, T., & Miyazaki, S. (2000). Spatiotemporal analysis of Ca^{2+} waves in relation to the sperm entry site and animal-vegetal axis during Ca^{2+} oscillations in fertilized mouse eggs. *Developmental Biology, 218*(2), 299–313.

De Koninck, P., & Schulman, H. (1998). Sensitivity of CaM kinase II to the frequency of Ca^{2+} oscillations. *Science, 279*(5348), 227–230.

De Young, G. W., & Keizer, J. (1992). A single-pool inositol 1,4,5-trisphosphate-receptor-based model for agonist-stimulated oscillations in Ca^{2+} concentration. *Proceedings of the National Academy of Sciences of the United States of America, 89*(20), 9895–9899.

Duchen, M. (2000). Mitochondria and calcium: From cell signalling to cell death. *The Journal of Physiology, 529*(Pt 1), 57–68.

Ducibella, T., Huneau, D., Angelichio, E., Xu, Z., Schultz, R. M. et al. (2002). Egg-to-embryo transition is driven by differential responses to Ca^{2+} oscillation number. *Developmental Biology, 250*(2), 280–291.

Dumollard, R., Hammar, K., Porterfield, M., Smith, P. J., Cibert, C. et al. (2003). Mitochondrial respiration and Ca^{2+} waves are linked during fertilisation and meiosis completion. *Development, 130*(4), 683–692.

Dumollard, R., Marangos, P., Fitzharris, G., Swann, K., Duchen, M., & Carroll, J. (2004). Sperm-triggered Ca^{2+} oscillations and Ca^{2+} homeostasis in the mouse egg have an absolute requirement for mitochondrial ATP production. *Development, 131*(13), 3057–3067.

Dupont, G., & Dumollard, R. (2004). Simulation of calcium waves in ascidian eggs: Insights into the origin of the pacemaker sites and the possible nature of the sperm factor. *Journal of Cell Science, 117*(Pt 18), 4313–4323.

Dupont, G., & Goldbeter, A. (1998). CaM kinase II as frequency decoder of Ca^{2+} oscillations. *Bioessays, 20*(8), 607–610.

Eisen, A., & Reynolds, G. T. (1985). Source and sinks for the calcium released during fertilisation of single sea urchin eggs. *The Journal of Cell Biology, 100*(5), 1522–1527.

Endo, M., Tanaka, M., & Ogawa, Y. (1970). Calcium induced release of calcium from the sarcoplasmic reticulum of skinned skeletal muscle fibres. *Nature, 228*(5266), 34–36.

Feske, S., Gwack, Y., Prakriya, M., Srikanth, S., Puppel, S. H. et al. (2006). A mutation in Orai1 causes immune deficiency by abrogating CRAC channel function. *Nature, 441*(7090), 179–185.

Fissore, R. A., Dobrinsky, J. R., Balise, J. J., Duby, R. T., & Robl, J. M. (1992). Patterns of intracellular Ca^{2+} concentrations in fertilized bovine eggs. *Biology of Reproduction, 47*(6), 960–969.

Fissore, R. A., & Robl, J. M. (1993). Sperm, inositol trisphosphate, and thimerosal-induced intracellular Ca^{2+} elevations in rabbit eggs. *Developmental Biology, 159*(1), 122–130.

Furuichi, T., Yoshikawa, S., Miyawaki, A., Wada, K., Maeda, N., & Mikoshiba, K. (1989). Primary structure and functional expression of the inositol 1,4,5-trisphosphate-binding protein P400. *Nature, 342*(6245), 32–38.

Gilkey, J. C., Jaffe, L. F., Ridgway, E. B., & Reynolds, G. T. (1978). A free calcium wave traverses the activating egg of the medaka, Oryzias latipes. *The Journal of Cell Biology, 76*(2), 448–466.

Guerrier, P., Moreau, M., Meijer, L., Mazzei, G., Vilain, J. P., & Dubé, F. (1982). The role of calcium in meiosis reinitiation. *Progress in Clinical Biological Research, 91*, 139–155.

Halet, G. (2004). PKC signaling at fertilization in mammalian eggs. *Biochimica et Biophysica Acta, 1742*(1–3), 185–189.

Halet, G., Tunwell, R., Parkinson, S. J., & Carroll, J. (2004). Conventional PKCs regulate the temporal pattern of Ca^{2+} oscillations at fertilization in mouse eggs. *The Journal of Cell Biology, 164*(7), 1033–1044.

Hoeflich, K. P., & Ikura, M. (2002). Calmodulin in action: Diversity in target recognition and activation mechanisms. *Cell, 108*(6),739–742.

Hogben, M., Parrington, J., Shevchenko, V., Swann, K., & Lai, F. A. (1998). Calcium oscillations, sperm factors and egg activation at fertilisation. *Journal of Molecular Medicine, 76*(8), 548–554.

Homa, S. T. (1995). Calcium and meiotic maturation of the mammalian oocyte. *Molecular Reproduction and Development, 40*(1),122–134.

Hoth, M., & Penner, R. (1992). Depletion of intracellular calcium stores activates a calcium current in mast cells. *Nature, 355*(6358), 353–356.

Igusa, Y., & Miyazaki, S. (1983). Effects of altered extracelluar and intracellular calcium concentration on hyperpolarizing responses of hamster egg. *The Journal of Physiology, 340*, 611–632.

Inesi, G., Kurzmack, M., Coan, C., & Lewis, D. E. (1980). Cooperative calcium binding and ATPase activation in sarcoplasmic reticulum vesicles. *The Journal of Biological Chemistry, 255*(7), 3025–3031.

Jaffe, L. F. (1991). The path of calcium in cytosolic calcium oscillations: A unifying hypothesis. *Proceedings of the National Academy of Sciences of the United States of America, 88*(21), 9883–9887.

Jones, K. T. (2007). Intracellular calcium in the fertilization and development of mammalian eggs. *Clinical and Experimental Pharmacology and Physiology, 34*(10), 1084–1089.

Jones, K. T., Carroll, J., & Whittingham, D. G. (1995). Ionomycin, thapsigargin, ryanodine, and sperm induced Ca^{2+} release increase during meiotic maturation of mouse oocytes. *The Journal of Biological Chemistry,270*(12), 6671–6677.

Jones, K. T., Cruttwell, C., Parrington, J., & Swann, K. (1998). A mammalian sperm cytosolic phospholipase C activity generates inositol trisphosphate and causes Ca^{2+} release in sea urchin egg homogenates. *FEBS Letters*, *437*(3), 297–300.

Jones, K. T., & Nixon, V. L. (2000). Sperm-induced Ca^{2+} oscillations in mouse oocytes and eggs can be mimicked by photolysis of caged inositol 1,4,5-trisphosphate: Evidence to support a continuous low level production of inositol 1,4,5-trisphosphate during mammalian fertilization. *Developmental Biology, 225*(1), 1–12.

Kline, D. (2000). Attributes and dynamics of the endoplasmic reticulum in mammalian eggs. *Current Topics in Developmental Biology*, *50*, 125–154.

Kline, D., & Kline, J. T. (1992). Thapsigargin activates a calcium influx pathway in the unfertilized mouse egg and suppresses repetitive calcium transients in the fertilized egg. *The Journal of Biological Chemistry*, *267*(25), 17624–17630.

Kline, J. T., & Kline, D. (1994). Regulation of intracellular calcium in the mouse egg: Evidence for inositol trisphosphate-induced calcium release, but not calcium-induced calcium release. *Biology of Reproduction*, *50*(1), 193–203.

Knott, J. G., Gardner, A. J., Madgwick, S., Jones, K. T., Williams, C. J., & Schultz, R. M. (2006). Calmodulin-dependent protein kinase II triggers mouse egg activation and embryo development in the absence of Ca^{2+} oscillations. *Developmental Biology*, *296*(2), 388–395.

Knott, J. G., Kurokawa, M., Fissore, R. A., Schultz, R. M., & Williams, C. J. (2005). Transgenic RNA interference reveals role for mouse sperm phospholipase Czeta in triggering Ca^{2+} oscillations during fertilization. *Biology of Reproduction*, *72*(4), 992–996.

Koh, S., Lee, K., Wang, C., Cabot, R. A., & Machaty, Z. (2009). STIM1 regulates store-operated Ca^{2+} entry in oocytes. *Developmental Biology*, *330*(2), 368–376.

Kono, T., Carroll, J., Swann, K., & Whittingham, D. G. (1995). Nuclei from fertilized mouse embryos have calcium-releasing activity. *Development*, *121*(4), 1123–1128.

Kouchi, Z., Fukami, K., Shikano, T., Oda, S., Nakamura, Y. et al. (2004). Recombinant phospholipase Czeta has high Ca^{2+} sensitivity and induces Ca^{2+} oscillations in mouse eggs. *The Journal of Biological Chemistry*, *279*(11), 10408–10412.

Krebs, J., & Heizmann, C. W. (2007). Calcium-binding proteins and the EF-hand principle. In J. Krebs & M. Michalak (eds.), *Calcium*: *A matter of life or death* (pp. 51–93). Oxford: Elsevier.

Kubiak, J. Z. (1989). Mouse oocytes gradually develop the capacity for activation during the metaphase II arrest. *Developmental Biology*, *136*(2), 537–545.

Kurokawa, M., Sato, K., & Fissore, R. A. (2004). Mammalian fertilization: From sperm factor to phospholipase Czeta. *Biology of the Cell*, *96*(1), 37– 45.

Larman, M. G., Saunders, C. M., Carroll, J., Lai, F. A., & Swann, K. (2004). Cell cycle-dependent Ca^{2+} oscillations in mouse embryos are regulated by nuclear targeting of PLCzeta. *Journal of Cell Science*, *117*(Pt 12), 2513–2521.

Lechleiter, J. D., & Clapham, D. E. (1992). Molecular mechanisms of intracellular calcium excitability in X. laevis oocytes. *Cell*, *69*(2), 283–294.

Lillie, F. R. (1919). *Problems of fertilization*. Chicago: University of Chicago Press.

Liou, J., Kim, M. L., Heo, W. D., Jones, J. T., Myers, J. W. et al. (2005). STIM is a Ca^{2+} sensor essential for Ca^{2+} -store-depletiontriggered Ca^{2+} influx. *Current Biology*, *15*(13), 1235–1241.

Lomax, R. B., Camello, C., Van Coppenolle, F., Petersen, O. H., & Tepikin, A. V. (2002). Basal and physiological Ca^{2+} leak from the endoplasmic reticulum of pancreatic acinar cells. Second messenger-activated channels and translocons. *The Journal of Biological Chemistry*, *277*(29), 26479–26485.

Lorca, T., Cruzalegui, F. H., Fesquet, D., Cavadore, J. C., Méry, J. et al. (1993). Calmodulin-dependent protein kinase II mediates inactivation of MPF and CSF upon fertilization of Xenopus eggs. *Nature*, *366*(6452), 270–273.

Machaty, Z., Funahashi, H., Day, B. N., & Prather, R. S. (1997a). Developmental changes in the intracellular Ca^{2+} release mechanisms in porcine oocytes. *Biology of Reproduction*, *56*(4), 921–930.

Machaty, Z., Mayes, M. A., Kovács, L. G., Balatti, P. A., Kim, J. H., & Prather, R. S. (1997b). Activation of porcine oocytes via an exogenously introduced rat muscarinic M1 receptor. *Biology of Reproduction*, *57*(1), 85–91.

Machaty, Z., Ramsoondar, J. J., Bonk, A. J., Bondioli, K. R., & Prather, R. S. (2002). Capacitative calcium entry mechanism in porcine oocytes. *Biology of Reproduction*, *66*(3), 667–674.

Madgwick, S., Hansen, D. V., Levasseur, M., Jackson, P. K., & Jones, K. T. (2006). Mouse Emi2 is required to enter meiosis II by reestablishing cyclin B1 during interkinesis. *The Journal of Cell Biology*, *174*(6), 791–801.

Marangos, P., FitzHarris, G., & Carroll, J. (2003). Ca^{2+} oscillations at fertilization in mammals are regulated by the formation of pronuclei. *Development*, *130*(7), 1461–1472.

Markoulaki, S., Matson, S., & Ducibella, T. (2004). Fertilization stimulates long-lasting oscillations of CaMKII activity in mouse eggs. *Developmental Biology*, *272*(1), 15–25.

Matsu-ura, T., Michikawa, T., Inoue, T., Miyawaki, A., Yoshida, M., & Mikoshiba K. (2006). Cytosolic inositol 1,4,5-trisphosphate dynamics during intracellular calcium oscillations in living cells. *The Journal of Cell Biology*, *173*(5), 755–765.

McGuinness, O. M., Moreton, R. B., Johnson, M. H., & Berridge, M. J. (1996). A direct measurement of increased divalent cation influx in fertilised mouse oocytes. *Development*, *122*(7), 2199–2206.

McPherson, P. S., & Campbell, K. P. (1993). The ryanodine receptor calcium release channel. *The Journal of Biological Chemistry*, *268*(19), 13765–13768.

Mehlmann, L. M., Mikoshiba, K., & Kline, D. (1996). Redistribution and increase in cortical inositol 1,4,5-trisphosphate receptors after meiotic maturation of the mouse oocyte. *Developmental Biology*, *180*(2), 489–498.

Mikoshiba, K. (1993). Inositol 1,4,5-trisphosphate receptor. *Trends in Pharmacological Sciences*, *14*(3), 86–89.

Miyazaki, S., Katayama, Y., & Swann, K. (1990). Synergistic activation by serotonin and GTP analogue and inhibition by phorbol ester of cyclic Ca^{2+} rises in hamster eggs. *The Journal of Physiology*, *426*, 209–227.

Niggli, V., Sigel, E., & Carafoli, E. (1982). The purified Ca^{2+} pump of human erythrocyte membranes catalyzes an electroneutral Ca^{2+} -H^{+} exchange in reconstituted liposomal systems. *The Journal of Biological Chemistry*, *257*(5), 2350–2356.

Nixon, V. L., Levasseur, M., McDougall, A., & Jones, K. T. (2002). Ca^{2+} oscillations promote APC/C-dependent cyclin B1 degradation during metaphase arrest and completion of meiosis in fertilizing mouse eggs. *Current Biology*, *12*(9), 746–750.

Nixon, V. L., McDougall, A., & Jones, K. T. (2000). Ca^{2+} oscillations and the cell cycle at fertilisation of mammalian and ascidian eggs. *Biology of the Cell*, *92*(3–4), 187–196.

Oancea, E., & Meyer, T. (1998). Protein kinase C as a molecular machine for decoding calcium and diacylglycerol signals. *Cell*, *95*(3), 307–318.

Ozil, J. P., Banrezes, B., Tóth, S., Pan, H., & Schultz, R. M. (2006). Ca^{2+} oscillatory pattern in fertilized mouse eggs affects gene expression and development to term. *Developmental Biology*, *300*(2), 534–544.

Ozil, J. P., & Huneau, D. (2001). Activation of rabbit oocytes: The impact of the Ca^{2+} signal regime on development. *Development*, *128*(6), 917–928.

Ozil, J. P., Markoulaki, S., Toth, S., Matson, S., Banrezes, B. et al. (2005). Egg activation events are regulated by the duration of a sustained $[Ca^{2+}]_{cyt}$ signal in the mouse. *Developmental Biology*, *282*(1), 39–54.

Ozil, J. P., & Swann, K. (1995). Stimulation of repetitive calcium transients in mouse eggs. *The Journal of Physiology*, *483*(Pt 2), 331–346.

Pepperell, J. R., Kommineni, K., Buradagunta, S., Smith, P. J., & Keefe, D. L. (1999). Transmembrane regulation of intracellular calcium by a plasma membrane sodium/calcium exchanger in mouse ova. *Biology of Reproduction*, *60*(5), 1137–1143.

Pesty, A., Lefèvre, B., Kubiak, J., Gèraud, G., Tesarik, J., & Maro, B. (1994). Mouse oocyte maturation is affected by lithium via the polyphosphoinositide metabolism and the microtubule network. *Molecular Reproduction and Development*, *38*(2),187–199.

Pikó, L., & Matsumoto, L. (1976). Number of mitochondria and some properties of mitochondrial DNA in the mouse egg. *Developmental Biology*, *49*(1), 1–10.

Pozzan, T., Rizzuto, R., Volpe, P., & Meldolesi, J. (1994). Molecular and cellular physiology of intracellular calcium stores. *Physiological Reviews*, *74*(3), 595–636.

Putney, Jr., J. W., Broad, L. M., Braun, F. J., Lievremont, J. P., & Bird, G. S. (2001). Mechanisms of capacitative calcium entry. *Journal of Cell Science*, *114*(Pt 12), 2223–2229.

Ridgway, E. B., Gilkey, J. C., & Jaffe, L. F. (1977). Free calcium increases explosively in activating medaka eggs. *Proceedings of the National Academy of Sciences of the United States of America*, *74*(2), 623–627.

Ringer, S. (1883). A further contribution regarding the influence of the different constituents of the blood on the contraction of the heart. *The Journal of Physiology*, *4*(1), 29–43.

Rizzuto, R., Duchen, M. R., & Pozzan, T. (2004). Flirting in little space: The ER/mitochondria Ca^{2+} liaison. *Science Signaling, The Signal Transduction Knowledge Environment, 2004*, re1.

Saunders, C. M., Larman, M. G., Parrington, J., Cox, L. J., Royse, J.et al.(2002). PLC : A sperm-specific trigger of Ca^{2+}oscillations in eggs and embryo development. *Development*, *129*(15), 3533–3544.

Schmidt, T., Patton, C., & Epel, D. (1982). Is there a role for the Ca^{2+} influx during fertilization of the sea urchin egg? *Developmental Biology*, *90*(2), 284–290.

Schultz, R. M., & Kopf, G. S. (1995). Molecular basis of mammalian egg activation. *Current Topics in Developmental Biology*, *30*, 21–62.

Shapira, H., Lupu-Meiri, M., Lipinsky, D., Oron,Y. (1996). Agonist-evoked calcium efflux from a functionally discrete compartment in Xenopus oocytes. *Cell Calcium*, *19*(3), 201–210.

Shiina, Y., Kaneda, M., Matsuyama, K., Tanaka, K., Hiroi, M., & Doi, K. (1993). Role of the extracellular Ca^{2+} on the intracellular Ca^{2+} changes in fertilized and activated mouse oocytes. *Journal of Reproduction and Fertility*, *97*(1), 143–150.

Shirakawa, H., Ito, M., Sato, M., Umezawa, Y., & Miyazaki, S. (2006). Measurement of intracellular IP_3 during Ca^{2+} oscillations in mouse eggs with GFP-based FRET probe. *Biochemical and Biophysical Research Communications*, *345*(2), 781–788.

Silvestre, F., Boni, R., Fissore, R. A., & Tosti, E. (2011). Ca^{2+} signaling during maturation of cumulus-oocyte complex in mammals. *Molecular Reproduction and Development*, *78*(10–11), 744–756.

Solovyova, N., Veselovsky, N., Toescu, E. C., & Verkhratsky, A. (2002). Ca^{2+} dynamics in the lumen of the endoplasmic reticulum in sensory neurons: Direct visualization of Ca^{2+} -induced Ca^{2+} release triggered by physiological Ca^{2+} entry. *The EMBO Journal, 21*(4), 622–630.

Steinhardt, R. A., & Epel, D. (1974). Activation of sea-urchin eggs by a calcium ionophore. *Proceedings of the National Academy of Sciences of the United States of America*, *71*(5), 1915–1919.

Steinhardt, R. A., Epel, D., Carroll, E. J., & Yanagimachi, R. (1974). Is calcium ionophore a universal activator for unfertilised eggs? *Nature*, *252*(5478), 41–43.

Stricker, S. A. (1999). Comparative biology of calcium signaling during fertilization and egg activation in animals. *Developmental Biology*, *211*(2), 157–176.

Stricker, S. A. (2006). Structural reorganizations of the endoplasmic reticulum during egg maturation and fertilization. *Seminars in Cell and Developmental Biology*, *17*(2), 303–313.

Swann, K. (1990). A cytosolic sperm factor stimulates repetitive calcium increases and mimics fertilization in hamster eggs. *Development*, *110*(4), 1295–1302.

Swann, K. (1992). Different triggers for calcium oscillations in mouse eggs involve a ryanodine-sensitive calcium store. *Biochemical Journal*, *287*(Pt 1), 79–84.

Swann, K., & Yu, Y. (2008). The dynamics of calcium oscillations that activate mammalian eggs. *International Journal of Developmental Biology*, *52*(5–6), 585–594.

Tatone, C., Delle Monache, S., Francione, A., Gioia, L., Barboni, B., & Colonna R. (2003). Ca^{2+} -independent protein kinase C signalling in mouse eggs during the early phases of fertilization. *International Journal of Developmental Biology*, *47*(5), 327–333.

Tesarik, J., Sousa, M., & Testart, J. (1994). Human oocyte activation after intracytoplasmic sperm injection. *Human Reproduction*, *9*(3), 511–518.

Tóth, S., Huneau, D., Banrezes, B., & Ozil, J. P. (2006). Egg activation is the result of calcium signal summation in the mouse. *Reproduction*, *131*(1), 27–34.

Turner, P. R., Jaffe, L. A., & Fein, A. (1986). Regulation of cortical vesicle exocytosis in sea urchin eggs by inositol 1,4,5-trisphosphate and GTP-binding protein. *The Journal of Cell Biology*, *102*(1), 70–76.

Turner, P. R., Sheetz, M. P., & Jaffe, L. A. (1984). Fertilization increases the polyphosphoinositide content of sea urchin eggs. *Nature*, *310*(5976), 414–415.

Van Blerkom, J., Davis, P. W., & Lee, J. (1995). ATP content of human oocytes and developmental potential and outcome after in-vitro fertilization and embryo transfer. *Human Reproduction*, *10*(2), 415–424.

Wang, C., Lee, K., Gajdócsi, E., Bali Papp, A., & Machaty, Z. (2012). Orai1 mediates store-operated Ca^{2+} entry during fertilization in mammalian oocytes. *Developmental Biology* (in press).

Whitaker, M. (1996). Control of meiotic arrest. *Reviews of Reproduction*, *1*(2), 127–135.

Whitaker, M. (2006). Calcium at fertilization and in early development. *Physiological Reviews*, *86*(1), 25–88.

Whitaker, M. (2008). Calcium signalling in early embryos. *Philosophical Transactions of the Royal Society B: Biological Sciences*, *363*(1495), 1401–1418.

Whitaker, M., & Irvine, R. F. (1984). Inositol 1,4,5-trisphosphate microinjection activates sea urchin eggs. *Nature,312*(5995), 636–639.

Wu, H., Smyth, J., Luzzi, V., Fukami, K., Takenawa, T. et al. (2001). Sperm factor induces intracellular free calcium oscillations by stimulating the phosphoinositide pathway. *Biology of Reproduction, 64*(5), 1338–1349.

Yao, Y., Choi, J., & Parker, I. (1995). Quantal puffs of intracellular Ca^{2+} evoked by inositol trisphosphate in Xenopus oocytes. *The Journal of Physiology, 482*(Pt 3), 533–553.

Yeromin, A. V., Zhang, S. L., Jiang, W., Yu, Y., Safrina, O., & Cahalan, M. D. (2006). Molecular identification of the CRAC channel by altered ion selectivity in a mutant of Orai. *Nature, 443*(7108), 226–229.

Yoshida, N., Amanai, M., Fukui, T., Kajikawa, E., Brahmajosyula, M. et al. (2007). Broad, ectopic expression of the sperm protein PLCZ1 induces parthenogenesis and ovarian tumours in mice. *Development, 134*(21), 3941–3952.

Zucker, R. S., & Steinhardt, R. A. (1978). Prevention of the cortical reaction in fertilized sea urchin eggs by injection of calciumchelatin gligands. *Biochimica et Biophysica Acta, 541*(4), 459–466.

9　卵母细胞代谢及与发育能力的关系

Rebecca L. Krisher 和 Jason R. Herrick

9.1　简　　介

卵母细胞的发育能力或其品质，不仅被认为是恢复和完成核成熟的能力，而且是维持早期胚胎发育、形成可靠的囊胚、最终生出健康后代的能力。在鉴定卵母细胞发育能力时，卵母细胞代谢发挥着重要作用，包括能量的供给、减数分裂进程的控制、细胞内的氧化还原（redox）电位的平衡，以及提供生长的原材料等方面。尽管人们对卵母细胞的代谢已经研究了很多年，但对细胞内的这种确保恰当的代谢活动和发育能力的复杂调控机制，人们的认知也仅仅是开始（图 9.1）。从典型意义上讲，卵丘细胞促进了卵母细胞对糖的摄取，也使葡萄糖分解为丙酮酸（pyruvate）和乳酸，而乳酸也能够被卵母细胞转运和分解（Gardner et al., 1996; Gardner & Leese, 1990; Leese & Barton,1985; Saito et al., 1994; Sutton et al., 2003a）。和其他细胞一样，卵母细胞经由糖酵解-磷酸戊糖途径（pentose phosphate pathway, PPP）以及三羧酸（TCA，也称为柠檬酸，或 Krebs）循环来分解葡萄糖（鼠: Downs & Utecht, 1999; 猫: Spindler et al., 2000; 牛: Krisher, 1999; Rieger & Loskutoff, 1994; 绵羊: O'Brien et al., 1996; 猪: Krisher et al., 2007）。糖酵解能使葡萄糖转变为丙酮酸和乳酸，葡萄糖经三羧酸循环被更彻底地分解以释放能量。糖酵解的中间产物也进入了 PPP 途径，它能够为抗氧化保护及前体提供 NADPH，用于核苷酸和嘌呤的合成（图 9.1）。然而，目前我们对卵母细胞代谢的认识已经更为深入，逐渐演变为以下的过程：从一个简单的碳水化合物（carbohydrate）代谢过程中产生 ATP，到包含一些额外的代谢通路如己糖胺生物合成途径（hexosamine biosynthesis pathway, HBP）及脂肪酸 β-氧化通路（图 9.1）。HBP 将葡萄糖分解为氨基葡萄糖，之后被用于生成卵丘细胞扩散期的细胞外基质（透明质酸）（Sutton-McDowall et al., 2006）。此外，HBP 参与有氧的糖基化以控制蛋白质的功能。经三羧酸循环和氧化磷酸化（oxidative phosphorylation, OXPHOS），脂肪酸能够被分解产生 ATP，其中包含的游离葡萄糖被用作其他用途。在正常条件下未被卵母细胞利用的另外一种葡萄糖代谢途径就是多元醇途径，它产生山梨醇和果糖。在高血糖条件下，多元醇途径（polyol pathway）在带有负效应的卵丘-卵母细胞复合体（COC）中被上调（Sutton-McDowall et al., 2010）。接下来，主要介绍氧化还原反应（redox reaction）和渗透平衡调节中的代谢规则。

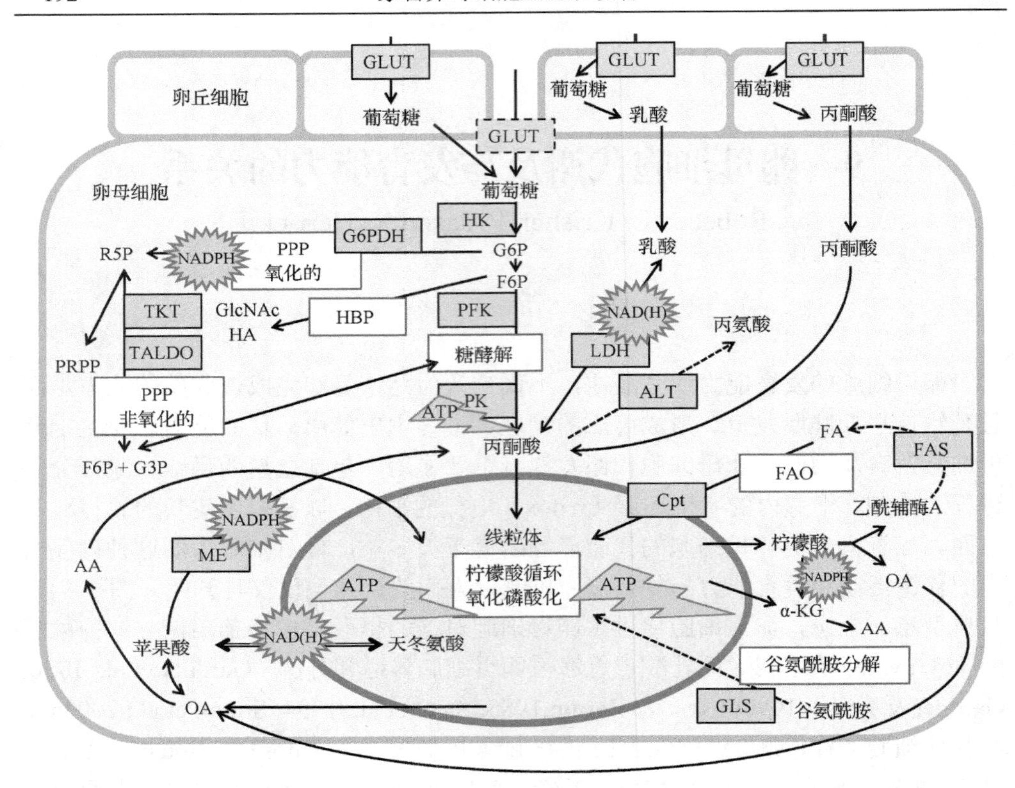

图 9.1　哺乳动物卵母细胞内已知的及可能的（虚线）代谢通路（彩图请扫封底二维码）

路径名称在白色框内显示，关键调节酶在蓝色框内显示，重要的终产物用黄色字迹显示。缩略语：α-KG：α-酮戊二酸；AA：氨基酸；ALT：丙氨酸转氨酶；ATP：三磷酸腺苷；Cpt：肉毒碱棕榈酰转移酶；F6P：果糖-6-磷酸；FA：氨基酸；FAO：脂肪酸β-氧化；FAS：脂肪酸合酶；G3P：甘油醛-3-磷酸；G6P：葡萄糖-6-磷酸；G6PDH：葡萄糖-6-磷酸脱氢酶；GLS：谷氨酰胺酶；GLUT：葡萄糖转运体；HBP：己糖胺生物合成途径；HK：己糖激酶；LDH：乳酸脱氢酶；ME：苹果酸脱氢酶；NADPH：还原型的辅酶Ⅱ；NAD(H)：氧化型的辅酶Ⅰ；OA：草酰乙酸；PFK：磷酸果糖激酶；PK：丙酮酸激酶；PRPP：磷酸核糖焦磷酸；R5P：核糖-5-磷酸；TALDO：转醛醇酶；TKT：转酮醇酶。

通常认为，卵母细胞成熟包含以下两个过程：细胞核成熟及细胞质成熟，但其中的许多机制之间密切相关，并对胚胎的顺利发育至关重要，这也是卵母细胞代谢的本质。不能认为细胞核和细胞质的成熟过程是互不相干的，核成熟依赖于细胞代谢，这将在之后的章节中详细讨论。细胞质成熟是受精后能够支持卵母细胞发育潜力的过程，是用体外未成熟卵母细胞进行胚胎生产过程中的主要限制因素之一（Abeydeera, 2002; Crozet et al., 1995; Eppig, 1996; Krisher & Bavister, 1998）。在与细胞质成熟有关的许多细胞内变化中，一个重要的过程就是代谢。其理由是，与来源于成年动物的卵母细胞相比，一些胚胎发育能力降低的初情期前动物卵母细胞的代谢活动发生了改变（O'Brien et al., 1996; Steeves & Gardner, 1999; Steeves et al., 1999）。与之相同的是，相对于体内成熟的卵母细胞，体外成熟的卵母细胞其代谢活动也发生了改变，发育能力降低（Khurana & Niemann, 2000; Krisher et al., 2007; Spindler et al., 2000）。此外，相对于处于 GV（生发泡）期的卵母细胞，控制代谢的基因在细胞分裂 II 期被上调（Cui et al., 2007），并且相对于体内成熟的卵子，体外成熟的卵子能够改变代谢基因的表达（Katz-Jaffe et al., 2009）。

本章中，我们将从物种和代谢通路两方面来讨论卵母细胞的代谢，分析碳水化合物、氨基酸和脂肪酸的代谢，特别讨论它们在卵母细胞发育能力中的作用，并在物种间进行比较和分析，也将重点强调代谢对另外一些细胞内活动特别是氧化还原平衡（redox balance）的影响。

9.2　体内外的能量底物

在卵母细胞发育能力的决定性因素中，强调培养条件的重要性不足为奇。因一些研究已经致力于测定并模拟成熟卵泡和输卵管液中发现的能源物质的浓度。现将已报道的几个物种卵泡液中碳水化合物的数值总结于表 9.1。总体而言，乳酸是卵泡和输卵管液中含量最丰富的物质，丙酮酸的浓度小于或等于葡萄糖的浓度（兔: Leese & Barton, 1985; 鼠: Gardner & Leese, 1990; Harris et al., 2005; 猪: Brad et al., 2003b; Nichol et al., 1992; 人: Gardner et al., 1996; 牛: Iwata et al., 2004; Iwata et al., 2006; Leroy et al., 2004; Orsi et al., 2005; 山羊: Herrick et al., 2006b）。与一些早期胚胎和卵母细胞丙酮酸的有关研究报道相比，以上这些发现着实很让人感到意外（Gardner, 1998; O'Brien et al., 1996; Spindler et al., 2000; Thompson et al., 1996）。但这种显而易见的矛盾说明，能量底物的有效性并不是决定卵母细胞代谢活动的唯一因素。

表 9.1　已报道的几种动物卵泡液中碳水化合物浓度（mmol/L）*

物种	葡萄糖	乳酸	丙酮酸
牛[1]	4.8	5.1	0.03
牛[2]	3.8	5.6	
牛[3]	1.4		
牛[4]	3.9		
山羊[5]	1.4	7.1	0.002
猪[6]	1.8	6.1	0.01
猪[7]	4.8		
小鼠[8]	0.5	7.1	0.4
人[9]	3.3	6.1	

1（Orsi et al., 2005）；2（Leroy et al., 2004）；3（Iwata et al., 2006），报道值所用单位是 mg/dL；4（Iwata et al., 2004）；5（Herrick et al., 2006）；6（Brad et al., 2003）；7（Chang et al., 1976），报道值所用单位是 mg/dL；8（Harris et al., 2005）；9（Leese & Lenton, 1990）。*特指所测得的值为大卵泡或排卵前卵泡。

当尝试给 COC 提供最佳的能量底物时，需要考虑的另外一个因素就是多个能量来源。考虑到葡萄糖和乳酸对糖酵解过程的影响有多种途径，为了同时分解这些底物，细胞需要 NAD^+。目前还没有对卵母细胞和卵丘细胞中功能性线粒体穿梭体的缺乏状况进行研究，细胞内的 NAD^+池借助丙酮酸到乳酸的转换进行维持（Lane & Gardner, 2000a）。在高浓度的葡萄糖和乳酸存在时，NAD^+作为分解丙酮酸的底物而被消耗，也潜在地减弱了糖酵解的作用（Edwards et al., 1998; Lane & Gardner, 2000a, 2000b）。为支持该模型，通过葡萄糖和乳酸浓度的递增，能够抑制山羊成熟卵母细胞经由丙酮酸分解葡萄糖的能力（Herrick et al., 2006b）。与此相似，培养基中的乳酸改变了受精卵分解丙酮酸的数量（Lane & Gardner, 2000a），且与此相反，培养基中天冬氨酸的数量影响早期胚胎分解乳酸的能力（Lane & Gardner, 2005; Mitchell et al., 2009）。

猪、猫和牛的卵母细胞在成熟期也能分解脂类（Ferguson & Leese, 1999; Spindler et al., 2000; Sturmey & Leese, 2003），为碳水化合物提供一些替代性能量来源，可能会改变葡萄糖在卵母细胞内的利用方式。此外，牛、猫和羊的卵母细胞能够积极分解氨基酸，并且家兔的卵母细胞将谷氨酰胺（glutamine）和牛血清白蛋白（bovine serum albumin, BSA）作为唯一能量来源时也会发育成熟（Bae & Foote, 1975; O'Brien et al., 1996; Rieger & Loskutoff, 1994; Spindler et al., 2000; Steeves & Gardner, 1999）。在雌性小鼠生殖道内最丰富的氨基酸是牛磺酸、甘氨酸、丙氨酸、谷氨酰胺和谷氨酸（Harris et al., 2005）。牛卵母细胞体外成熟的最后 6h，COC 利用最多的氨基酸是谷氨酰胺、精氨酸和天冬氨酸（Hemmings et al., 2012）。在卵泡液中根据丙氨酸和甘氨酸的含量能够预测牛 COC 的形态，以及其后的囊胚发育状况（Sinclair et al., 2008）。与此相同，谷氨酰胺和丙氨酸各自的消耗与生产，包括一系列其他氨基酸如丙氨酸、精氨酸、谷氨酰胺、亮氨酸、色氨酸等的利用，都具有预测牛卵母细胞从卵裂发育到囊胚的作用（Hemmings et al., 2012）。

尽管环境中底物的数量会影响到卵母细胞和 COC 的代谢，但完整 COC 中高的代谢活性也会影响到环境中能量底物的浓度（Herrick et al., 2006b; Leese & Lenton, 1990; Sutton-McDowall et al., 2010）。把卵泡液和输卵管液的成分转移到体外成熟（IVM）培养基的过程的确是一个关键性问题，因此不得不思考一系列的问题，如：在体液中测定到的各种底物的浓度难道是通过血流被严密控制和维持在一个狭窄的范围内吗？或者它们是在卵母细胞成熟期间由颗粒细胞或卵丘细胞代谢的结果吗？在 IVM 期间，应给 COC 提供与在卵泡液中发现的物质相匹配的能量底物浓度吗？推断成熟度时，关于培养基的最终组分应与卵泡液相似吗？是否应改变培养期的培养基以维持底物的预期浓度？在关于 50 μl 或 100 μl 液滴培养牛COC的代谢过程中，解释了培养期将近3～4 mmol/L葡萄糖水平的降低现象，以及乳酸浓度的成比例增加的现象（Sutton-McDowall et al., 2004）。与此相同，相对于补充2.3 mmol/L葡萄糖的培养基，即便卵泡液的浓度接近2.3 mmol/L，但包含5.6 mmol/L葡萄糖的培养基能更好地维持牛COC的核成熟（Sutton-McDowall et al., 2004; Sutton-McDowall et al., 2010）。如果卵泡液中葡萄糖的浓度（2.3 mmol/L）是初始值，那么也许没有什么可以作为卵母细胞成熟推断的依据，即使有，也仅将留在底物中的葡萄糖作为依据。然而如果在培养期开始就增加葡萄糖的浓度（5.6 mmol/L），那留在培养期末的葡萄糖将与卵泡液中的浓度相似。对于猪卵母细胞而言，这种考虑也许很重要，因为在体外成熟过程COC会被典型地培养40～44h。

9.3 卵母细胞代谢评价的局限性

在单个卵母细胞或单个卵丘-卵母细胞复合体（COC）中，对细胞内代谢的测定向研究技术提出了挑战。放射性标记物的代谢及代谢产物的荧光测定被广泛用于研究细胞内的基本代谢通路，它通常会在独立的状况下提供一个合理的灵敏度。最近关于代谢组学方法的研究，能在更具有生理学意义的范围，提供一个更宽泛、更复杂、更相关和更有趣的卵母细胞代谢观点。其重要性在于，它不仅对一些重要的可能路径，而且对一些未知的调控机制及代谢中间产物，也能够提供相关信息。此外，代谢组学方法提供了一个非侵入性的评价卵母细胞/COC代谢的方法，并可将其作为一种预测卵母细胞质量的潜在方法（Singh & Sinclair, 2007）。

不管用何种方法测定卵母细胞的代谢，对所得数据进行分析时必须考虑几个重要因素。首先，卵母细胞采用的代谢路径在其成熟过程中发生改变（Rieger & Loskutoff, 1994; Songsasen et al., 2007; Spindler et al., 2000; Steeves & Gardner, 1999）。与MII期的卵母细胞及“成熟中的”卵母细胞（正活跃地处在从GV期到MI、MII期间）不同，与一个成熟的卵母细胞相比，一个GV期卵母细胞的代谢过程也许会有不同表现（在MII期停滞）。其次，在卵泡液中没有进行代谢测定，因此所有的代谢评价本质上是在异常情况下进行的。除了测定卵泡液中的经过筛选的能量底物浓度之外，我们对体内条件下卵母细胞（或COC细胞）的代谢知之甚少。最后，卵母细胞成熟的环境，不管是在卵泡液的体内环境还是在各种培养基的体外环境，通常不同于对代谢进行评价的培养基的环境。对于代谢实验中所用的培养基而言，在其他底物缺乏时，加入一些放射性标记物的做法是很普遍的，而在另一些易于检测浓度变化的底物的非生理性浓度存在的情况下也是如此。尽管越简单的培养基越易于对测定结果进行解释，但因为是在非生理条件下的培养，故也会产生一些潜在的异常结果。胚胎中碳水化合物的代谢会受到缺乏氨基酸和维生素的培养基与胚胎短暂接触的影响（Lane & Gardner, 1998）。与此相似，在评价培养基中减少丙酮酸浓度会降低在相同条件下成熟卵母细胞的糖酵解率（Krisher & Bavister, 1999）。因此，卵母细胞代谢会受到代谢评价期间或之前条件的影响，结果是卵母细胞会不断适应可变的外部环境。然而，不管用于代谢评价的环境如何，一些代谢的改变会被保留下来。例如，当缺少化学药品而对代谢进行评价时，与 EDTA 接触的胚胎会保留一些代谢行为的变化（Gardner et al., 2000; Lane & Gardner, 2001）。与此相同，在体内外获取的卵母细胞或胚胎在相同条件下进行代谢评价时，会显示不同的代谢方式（Gardner & Leese, 1990; Khurana & Niemann, 2000; Lane & Gardner, 1998; Spindler et al., 2000; Swain et al., 2002; Thompson et al., 1991）。相同条件下对猪的卵母细胞进行代谢评价时，成熟培养基中的葡萄糖和乳酸会改变葡萄糖的代谢（Brad et al., 2003b; Krisher et al., 2007）。

卵母细胞与包裹其贯穿整个成熟期的卵丘细胞之间存在交互作用，会使得卵母细胞对底物偏好及代谢活性的评价趋于复杂化（Downs et al., 2002）。卵母细胞及其周围的卵丘细胞团实际上是一个功能性代谢单位，二者之间伴随着动态的细胞间对话。卵丘细胞具有代谢活性（Gardner & Leese, 1990; Leese & Barton, 1985; Sutton et al., 2003a），会经间隙连接将各种代谢产物传递给卵母细胞（Biggers et al., 1967; Downs, 1995; Downs et al.,1986; Downs et al., 2002; Saito et al., 1994）。此外，卵母细胞与其周围的卵丘细胞的互作对其发育能力的维持也很重要（Eppig, 1991; Heller et al., 1981）。对探究完整的 COC 及卵母细胞自身的代谢活性，我们充满了兴趣，但有一个因素必须考虑，那就是移除卵丘细胞这一简单的操作也许会引起卵母细胞代谢活性的改变，从而通过细胞间隙连接来补偿卵丘细胞基质有效性的变化（Downs, 1995; Eppig, 1991; Heller et al., 1981; Saito et al., 1994）。例如，卵母细胞对丙酮酸的依赖性对于裸露的卵母细胞而言是明确的，因为附着有卵丘细胞的卵母细胞会发育成熟，如果卵丘细胞完整则也会在其他许多底物存在的条件下受精（Biggers et al., 1967）。与此相同，丙酮酸的有氧代谢对卵子发生、成熟及卵母细胞发育能力必不可少，但在卵母细胞丙酮酸氧化中的缺陷会通过卵丘细胞的代谢在一些阶段给予补偿（Johnson et al., 2007）。

尽管卵母细胞与卵丘-卵母细胞复合体（COC）有这种紧密联系，但在相同培养条件下进行评价时，这两种不同的细胞类型还是有不同的代谢模式，凸显了在 COC 内部代谢控制机制的复杂性与细胞类型之间的相互关系（Downs et al., 2002; Downs & Utecht, 1999; Sutton et al., 2003a; Zuelke & Brackett, 1992）。磷酸果糖激酶（phosphofructokinase, PFK）、乳酸脱氢酶（lactate dehydrogenase, LDH）、葡萄糖-6-磷酸脱氢酶（glucose-6-phosphate dehydrogenase, G6PDH）及脂肪酶的酶活性在卵丘细胞与卵母细胞之间是不同的，而且在丙酮酸摄入及氧化模式、葡萄糖摄取、乳酸生产与耗氧量之间也是如此(Cetica et al., 2002; Cetica et al., 1999; Downs et al., 2002; Sutton et al., 2003a)。在山羊中卵母细胞占 COC 蛋白质含量(protein content)的 25%，但仅承担不足 0.1%的葡萄糖和丙酮酸代谢（Herrick et al., 2006b）。在啮齿动物及牛科动物 COC 细胞中，有一种氧扩散的数学模型显示，卵泡液中的氧在没有被消耗的情况下，会穿越卵丘细胞层转移到卵母细胞，用于其氧化磷酸化过程（Clark et al., 2006）。结果是，牛卵丘细胞活跃地参与并利用葡萄糖，并没有呈现出少许的氧化代谢，在其中卵母细胞能够活跃地利用氧化磷酸化，并且仅需要有限的葡萄糖代谢就能够实现（Thompson et al., 2007）。

不考虑这些局限性，关于卵母细胞代谢的研究为我们提供了一些可靠的基础信息，用以理解卵母细胞中正常的代谢过程，而卵母细胞也会获得一个高水平的发育能力。这种现象也展示了培养基的一个开发过程，因为培养基成功支持了卵母细胞的体外成熟。令人欣喜的是，此类知识还在不断地演变和更新中。

9.4 卵母细胞中线粒体的功能

在卵母细胞代谢中，线粒体承担着中心角色，如三羧酸循环的定位、氧化磷酸化及 ATP 产生的场所等。卵母细胞中的线粒体以一种未成熟的形式存在，几乎没有线粒体嵴，且在雌性动物的生殖细胞中，其来源于一个初始群体（Dumollard et al., 2006）。尽管单个的线粒体相对不活泼，但由于它们在卵母细胞中大量存在，故对细胞代谢的作用十分显著。事实上，有人曾提出，线粒体中需氧代谢的缺陷，也许是卵母细胞发育能力变化的根本原因(Wilding et al., 2009)。在卵母细胞生长期间，随着卵泡直径的增加，线粒体的数目也在增多，但在成熟的卵母细胞中线粒体拷贝数有很大的变化(Van Blerkom, 2004; Zeng et al., 2009)。卵母细胞成熟期间在细胞内迁移的线粒体，往往也从附近的胚泡迁移到卵母细胞的外周，可能还会去支援该区域的一些关键的代谢进程(Dumollard et al., 2006; Van Blerkom, 2004; Van Blerkom et al., 2003)。在非常靠近内质网的地方，通常会发现线粒体，被认为在创建一个局部的代谢位点。

由于线粒体在细胞代谢中的显著作用，其数目和位置似乎是卵母细胞发育能力的一个重要因素。在成熟卵母细胞中线粒体数目的减少与卵母细胞的发育能力降低有关系（May-Panloup et al., 2007）。同样，将胚泡卵母细胞中有损伤的线粒体移植到正常的卵母细胞后，它们则能够被修复并开始形成囊胚（Takeuchi et al., 2005）。将 TGFα 添加到猪卵母细胞的成熟培养基中，会在卵母细胞中产生更多的同质脂肪滴，它们与线粒体及内质网有关，会提高囊胚的发育率，在体内成熟培养时该现象与对照组的结果更相似（Mito et al., 2009）。在啮齿动物中，卵巢刺激

（仓鼠）或体内成熟培养（大鼠）会导致卵母细胞线粒体数量增加，以及 ATP 含量增加（Lee et al., 2006）。然而尚没有确凿的证据表明，线粒体数目对卵母细胞发育能力的影响要早于 ATP 的产生（Brad et al., 2003a; Shoubridge & Wai, 2007）。

这些数据显示，线粒体数目、线粒体活性及线粒体的分布也许与卵母细胞的质量有关，并且在辅助生殖中这些过程可能受到了干扰。当然，一些证据直接指向线粒体在卵母细胞中产生足够浓度 ATP 的能力，这与卵母细胞的能力同等重要。然而这也许意味着，线粒体的空间组织和局部 ATP 的供给比卵母细胞中 ATP 的净含量更为重要（Van Blerkom, 2011）。线粒体与卵母细胞能力相关性（association with oocyte competence）基本上还是未知的（Van Blerkom, 2004）。在老龄化过程中出现的线粒体功能紊乱，也许卵母细胞发育能力的衰退在其中起到了重要作用。如果对年老雌鼠的卵巢刺激和卵母细胞恢复之前优先补充 CoQ10，则卵母细胞数目与线粒体活性会得到一定程度的改善，即变成与青年鼠相似的状态（Bentov et al., 2010）。

9.5 牛卵母细胞的代谢

在家畜中，牛的卵母细胞代谢也许是最为典型的。在牛的 COC 中，当卵母细胞将卵丘细胞中的丙酮酸和乳酸积极地进行分解，并通过有氧过程分解为丙氨酸、天冬氨酸时，经由糖酵解的葡萄糖代谢则是卵丘细胞中的主要代谢通路（Cetica et al., 2003; Sutton-McDowall et al., 2010）。当卵母细胞利用的氧超过卵丘细胞 3 倍时，COC 中的卵丘细胞消耗了比卵母细胞多达数倍的葡萄糖，并主要将其转化为乳酸（Thompson, 2006）。在卵母细胞与卵丘细胞间的双向通讯对于正确的代谢调控是非常关键的（Sutton-McDowall et al., 2010; Sutton et al., 2003a）。然而，卵丘细胞代谢不能说明也不取决于其中包含的卵母细胞的代谢活性。

在牛的 COC 中，在没有乳酸生产增多的情况下，氧、丙酮酸和葡萄糖的消耗提高了整个复合物的成熟度（Sutton et al., 2003a）。在成熟培养基中葡萄糖的存在增加了细胞核与细胞质的成熟，但葡萄糖浓度过量会增加活性氧自由基，减少细胞内还原型谷胱甘肽（glutathione, GSH）的含量（Hashimoto et al., 2000b）。葡萄糖浓度的微妙平衡，既不太高也不太低，将能对细胞核与细胞质两者的成熟同时进行调控（Sutton et al., 2003b）。在成熟期，高浓度葡萄糖会造成过量的活性氧自由基的产生，增加氧合糖基化，降低谷胱甘肽，这些对发育能力均有负面影响（negative consequence）。反之，低浓度葡萄糖则限制核酸合成的底物效率、能量产生及氧自由基的防御功能（Sutton-McDowall et al., 2010）。

在牛的卵母细胞中，葡萄糖主要通过糖酵解被分解，尽管相对于糖酵解而言效率较低，但磷酸戊糖途径（PPP）仍然表现积极（Rieger & Loskutoff, 1994）。为增进核成熟，当磷酸戊糖途径的活性降低时，在体外成熟培养基中补充促黄体素（LH）可增强 COC 中糖酵解和三羧酸循环的代谢活性（Zuelke & Brackett, 1992）。据报道，糖酵解的活性在整个成熟期间要么保持恒定（Rieger & Loskutoff, 1994），要么会提高（Steeves & Gardner, 1999）。这些不同的报道也许与代谢评价所用的培养基不同有关（0.5 mmol/L vs. 5.5～8.7 mmol/L 葡萄糖）。值得注意的是，Steeves 和 Gardner（1999）所使用的培养基中葡萄糖的浓度（0.5 mmol/L）也许更接近生理值。在代谢评价中培养基的另外一些差别，包括加入氨基酸等也可能导致两个研究观察值的差异。

在牛的卵母细胞中，特别是在减数分裂的后期，葡萄糖也可能通过己糖胺生物合成途径（HBP）被分解。通过 FSH 的刺激，葡萄糖在 COC 中经由氨基己糖生物合成途径分解代谢的主要终产物是透明质酸（HA），它是用于扩充卵丘细胞团细胞外架构的关键化合物（Sutton-McDowall et al., 2004; Thompson, 2006）。通过为透明质酸的生产提供一种替代性的底物来源，葡萄糖胺的添加降低了牛 COC 中葡萄糖的消耗（Sutton-McDowall et al., 2004）。然而，在卵母细胞成熟期间，氨基己糖生物合成途径的上调或葡萄糖胺的添加对卵母细胞发育能力可能有害，因其潜在地提高了对信号蛋白的氧合糖基化水平（Thompson, 2006）。

在卵母细胞中，丙酮酸通过三羧酸循环的代谢峰值出现在培养后的 12h，即当大部分卵母细胞进入到 MI 期的时候（Rieger & Loskutoff, 1994; Steeves & Gardner, 1999）。丙酮酸代谢的效率比其他所有的底物在所有时间节点上高达近 10 倍，这表明，丙酮酸在牛卵母细胞中也许是被优先使用的能量底物（Rieger & Loskutoff, 1994）。然而，由于所使用的底物浓度的问题，这也许仅是一种通过人工操作而获得的结果。Steeves 和 Gardner（1999）用低浓度的丙酮酸（0.33 mmol/L vs. 6.9 mmol/L）时并没有观察到这种优先性。

氧（O_2）在 COC 代谢的调节过程中扮演了一个重要的角色。ATP 产生和卵母细胞到达 MII 期的比例均受到环境中氧含量（5%～20% O_2）的影响。在低氧条件下，增加葡萄糖浓度能够促进经由糖酵解的 ATP 生产过程中卵母细胞的高成熟度（Hashimoto et al., 2000a）。在牛卵母细胞的体外成熟环境中，高浓度氧会导致比低氧条件下更好的卵母细胞发育能力。尽管在低氧条件下，很可能通过增加谷胱甘肽产量、添加 EGF 和半胱氨酸及越来越高的葡萄糖浓度来改善受精后的发育（Oyamada & Fukui, 2004），但有研究认为低氧条件对牛 COC 的成熟是有益的，并认为这是厌氧的糖酵解过程中葡萄糖代谢增强所引起的（Bermejo-Alvarez et al., 2010）。相对于高氧条件下成熟的小鼠卵母细胞，在低氧条件下成熟的卵母细胞在耗氧量概况、线粒体膜潜能及新陈代谢方面与体内成熟的卵母细胞相似，能使囊胚有更多的细胞数（Preis et al., 2007）。

此外，碳水化合物、谷氨酰胺在牛的卵母细胞代谢中似乎扮演着重要的角色。

在加入基础培养基时，不是葡萄糖、乳酸或丙酮酸，而是谷氨酰胺能将卵母细胞的成熟度提高到MII期，尽管所有的这些底物都能促进GVBD（Bilodeau-Goeseels, 2006）。通过三羧酸循环，谷氨酰胺的代谢稳定地增加了卵母细胞的完全成熟度（Rieger & Loskutoff, 1994; Steeves & Gardner, 1999）。与葡萄糖相似，LH通过COC和卵母细胞促进了谷氨酰胺的氧化。在体外成熟期间依赖于卵丘细胞的存在，卵母细胞增强了谷氨酰胺的氧化（Zuelke & Brackett, 1993）。

在牛卵母细胞体外成熟期间，这种代谢模式伴随着卵母细胞和COC中代谢酶活性的大量改变。在卵母细胞中，当蛋白质含量为标准值时，磷酸果糖激酶、葡萄糖-6-磷酸脱氢酶、脂肪酶在成熟期的酶活性增加了，而在卵丘细胞中同样酶的活性则降低了（Cetica et al., 2002）。反过来，当在每个卵母细胞或COC的底物中表达时，无论在卵母细胞还是在卵丘细胞中，磷酸果糖激酶、葡萄糖-6-磷酸脱氢酶、乳酸脱氢酶在成熟期的活性并没有变化（Cetica et al., 1999）。当卵母细胞中脂肪酶的活性比COC中更高的时候，COC中的磷酸果糖激酶、葡萄糖-6-磷酸脱氢酶、乳酸脱氢酶的活性则比卵母细胞中的更高（Cetica et al., 2002; Cetica et al., 1999）。

9.6 猪卵母细胞的代谢

在猪的卵母细胞代谢中，葡萄糖扮演着关键的角色。试验研究显示，与其他物种不同，葡萄糖是猪卵母细胞中主要的能量底物（Krisher et al., 2007）。与其他家养物种一样，相对于体内成熟，在猪卵母细胞的体外成熟中产生了一个重要的代谢变化，很有可能说明成熟培养条件的不足。相对于通过PPP途径的葡萄糖、三羧酸循环的丙酮酸及三羧酸循环的谷氨酰胺，体外成熟的猪卵母细胞通过糖酵解途径分解了更多的葡萄糖。相反，在经由三羧酸循环的丙酮酸和谷氨酰胺之前，体内成熟的卵母细胞优先通过糖酵解和PPP途径分解了相等数量的葡萄糖（Krisher et al., 2007）。其他的研究也证实了PPP途径在猪卵母细胞中的重要性（Flood & Wiebold, 1988; Sato et al., 2007），故认为该途径在猪卵母细胞成熟期间具有关键而独特的作用。

其他令人感兴趣的发现是，相对于体内成熟，在体外成熟中猪卵母细胞丙酮酸的氧化减少了（Krisher et al., 2007）。丙酮酸代谢的减少也许并不是由于培养基中丙酮酸的不足，而是因为丙酮酸的浓度要比猪输卵管中的更高（Nichol et al., 1992）。此外，在牛和山羊卵母细胞成熟过程中，卵丘细胞的代谢提供了数量显著的乳酸和丙酮酸（Herrick et al., 2006a; Sutton-McDowall et al., 2004）。观察到的这种丙酮酸代谢的减少也许被认为是细胞质代谢异常或其他代谢活性缺乏的一种象征。卵母细胞也许利用了来自培养基中的丙酮酸，其利用方式并不是通过三羧酸循环而是在代谢通路如氨基酸的合成过程中。在猫科动物中也报道了相似的现象，卵母细胞中被利用的大多数丙酮酸并没有经过三羧酸循环被分解（Spindler et al., 2000）。换言之，在丙酮酸代谢中，负责一些关键调节酶的基因转录可能不正确，从而导致了不彻底的丙酮酸代谢。当卵母细胞缺乏这些酶的合成或缺乏活性调节能力，不仅对卵母细胞的成熟，而且对以后的受精及胚胎的发育也许都有不利的影响。

9.7 小鼠卵母细胞的代谢

在小鼠中，卵母细胞似乎更倾向于把丙酮酸作为一种能量源，因为这种底物在没有卵丘细胞的条件下，可单独支持卵母细胞成熟，维持其发育能力并促进受精卵的分裂（Biggers et al., 1967; Downs & Hudson, 2000; Downs & Mastropolo, 1994; Fagbohun & Downs, 1992; Leese & Barton, 1984）。丙酮酸能够降低 COC 中 cAMP 和次黄嘌呤的高活性，乳酸和草酰乙酸（oxaloacetate, OA）亦如此，但这种效果并不依赖于三羧酸循环的代谢（Downs & Mastropolo, 1994; Fagbohun & Downs, 1992）。丙酮酸代谢与减数分裂阶段有关，此时生发泡卵母细胞（GV 或 MII）比减数分裂中的卵母细胞分解更少的丙酮酸（Downs et al., 2002）。此外在卵丘细胞和卵母细胞中，丙酮酸代谢的调节是有差别的。尽管 COC 比卵母细胞消耗了更多的丙酮酸，但卵母细胞比 COC 会分解更多的丙酮酸（Downs et al., 2002）。

总之，在小鼠上通过卵丘细胞比通过卵母细胞分解了更多的葡萄糖。卵丘细胞借助葡萄糖转运体（glucose transporter, GLUT）利用葡萄糖，然后将葡萄糖、葡萄糖-6-磷酸（glucose-6-phosphate, G6P）、乳酸及丙酮酸经由间隙连接转运给卵母细胞（Downs & Utecht, 1999; Saito et al., 1994）。尽管可能没有被 GLUT 调节，但葡萄糖也能直接进入卵母细胞（Wang et al., 2012）。在胰岛素的刺激下卵丘细胞显示了对葡萄糖的摄取能力，而卵母细胞则没有（Purcell et al., 2012）。葡萄糖的存在影响了丙酮酸的消耗，且葡萄糖的消耗在 COC 中也受丙酮酸存在的影响（Downs et al., 1997; Downs & Utecht, 1999）。在 COC 中添加葡萄糖抑制了丙酮酸氧化，但在卵母细胞中没有影响丙酮酸的代谢（Downs et al., 2002）。事实上，这就是卵母细胞中通过卵母细胞分泌因子 BMP15 和 GDF9 对卵丘细胞葡萄糖代谢的调节（Su et al., 2008）。尽管丙酮酸在小鼠卵母细胞代谢中发挥了重要作用，但经由 PPP 的葡萄糖代谢是与日益完善的卵母细胞发育能力相关的（Downs et al., 1998）。

9.8 其他动物卵母细胞的代谢

在家猫上开展的一项关于卵母细胞代谢的独立而完整的研究发现（Spindler et

al., 2000），在卵母细胞中，糖酵解、葡萄糖氧化、乳酸氧化的效率提高了整个卵母细胞的成熟度（从 GVBD 到 MII）。反过来，谷氨酰胺和棕榈酸的氧化延长了GVBD 的时间，但之后在整个 MII 期保持恒定（Spindler et al., 2000）。丙酮酸在所有的成熟阶段都是最优的底物，但只有小比例的丙酮酸被氧化。在成熟的卵母细胞中，对谷氨酰胺、乳酸和丙酮酸的分解比葡萄糖或棕榈酸多（Spindler et al., 2000）。

正如在小鼠、奶牛和家猫上的一样，绵羊成熟的卵母细胞似乎更偏爱丙酮酸（O'Brien et al., 1996）。谷氨酰胺对绵羊的卵母细胞也很重要，它被分解的速率比葡萄糖更快。尽管没有具体测定代谢通路的活性，但葡萄糖和丙酮酸（与乳酸结合）在一定程度上可以支持恒河猴卵母细胞成熟至 MII 期（Zheng et al., 2001）。然而，正如发育到桑椹胚或囊胚阶段的测定结果所显示的，对于恒河猴卵母细胞胞质的成熟而言，葡萄糖是促进物，而丙酮酸是抑制物（Zheng et al., 2001）。与这些研究结果相反，Bae 和 Foote（1975）发现，在没有碳水化合物的条件下，如果供给谷氨酰胺的话，家兔的卵母细胞能够发育成熟到 MII 期。显然由此得出，其在卵母细胞成熟代谢过程中扮演了非常关键的角色，但这种明确的角色和影响机制是有物种特异性的。

9.9 卵母细胞的脂肪酸代谢

尽管卵母细胞和胚胎对碳水化合物的代谢被研究得比较深入，但直到最近才开始重视脂肪酸 β 氧化（fatty acid β oxidation, FAO）在其中的贡献。在奶牛、猪和家猫等物种中都有大储量的细胞内脂类，但小鼠中却很少（McEvoy et al., 2000）。卵母细胞中存在的液体量能通过卵细胞质的颜色反映出来，卵母细胞中完全黑暗的细胞质比颗粒状或苍白色的细胞质有更多的细胞液（Leroy et al., 2005a）。在牛卵母细胞中，比起那些苍白或明亮的细胞质，黑色细胞质的卵母细胞有更多的线粒体和更强的发育能力（Jeong et al., 2009）。尽管在猪的卵母细胞中包含了大量的多不饱和脂肪酸（polyunsaturated fatty acid, PUFA），但在反刍家畜中棕榈酸、硬脂酸和油酸特别是亚油酸是丰富的脂肪酸（Homa et al., 1986; McEvoy et al., 2000）。牛卵母细胞中棕榈酸是最丰富的脂肪酸，同时油酸在优质的卵母细胞中含量更丰富，在劣质的卵母细胞中硬脂酸更丰富（Kim et al., 2001）。在人类受精失败的卵母细胞中，大部分是饱和脂肪酸，其中硬脂酸最多，其次是棕榈酸（Matorras et al.,1998）。在人类胚胎中，相对于发育欠佳的胚胎，那些发育好的胚胎中含有更多的油酸和亚油酸（不饱和脂肪酸，unsaturated fatty acid），以及更少的总饱和脂肪酸（Haggarty et al., 2006）。在夏季热应激条件下，当牛卵母细胞发育能力很弱时，其中会含有越来越多的饱和脂肪酸；当冬季卵母细胞发育能力好的时候，单不饱和或多不饱和脂肪酸的比例则越来越高(Zeron et al., 2001)。这些研究提示，脂类代谢也许反映了卵母细胞的发育能力，然而卵泡液中脂肪酸的含量，似乎与卵母细胞的能力无关（Sinclair et al., 2008）。

有证据表明，细胞脂质代谢也许在卵母细胞和胚胎的能量产生过程中发挥了作用，甚至在一些细胞脂质数量很少的物种中也是如此（Downs et al., 2009; Dunning et al., 2010）。成熟的小鼠卵母细胞表达 Cpt1b 和 Cpt2，它们是脂肪酸代谢所必需的一些酶类（Dunning et al., 2010; Gentile et al., 2004）。包被蛋白 2 是一种调节细胞内脂质储备的液体微滴蛋白，在卵母细胞成熟期间会被诱导与脂质小滴一起进行重组（Cerri et al., 2009）。此外，在小鼠成熟的 COC 中，FAO 被上调，成熟期能增加 FAO 的激活，而抑制 FAO 则会减少之后囊胚的发育(Dunning et al., 2010)。当 FAO 在培养期受阻时，小鼠的胚胎发育和细胞数则减少了（Hewitson et al., 1996）。有间接的证据表明，猪和奶牛的卵母细胞、胚胎也能分解脂肪酸（Sturmey et al., 2009)。在猪和牛卵母细胞中脂肪酸代谢的抑制降低了其后的发育（Ferguson & Leese, 2006; Sturmey et al., 2006）。尽管细胞数很少说明其发育能力很低，但 de-lipated 猪胚胎仍能够成功地发育到囊胚期（Yoneda et al., 2004）。有趣的是，尽管在该实验中葡萄糖的摄入量并没有变化，但乳酸的生成减少了，说明当 ATP 在脂类代谢中产生时，对于葡萄糖而言这是截然不同的结果。在猪胚胎中，尽管抑制 FAO 时其发育率并没有降低，但却使葡萄糖代谢上调（Sturmey & Leese, 2008)，再次说明葡萄糖代谢在朝着氧化磷酸化过程的一种潜在的调整，用来补偿经由 FAO 的最适 ATP 的生产损失。尽管奶牛胚胎的发育欠妥，但当 FAO 被抑制时胚胎的表现还是类似的（Ferguson & Leese, 2006）。有趣的是，如果仅仅是脂肪酸代谢活跃，在没有外来能量底物条件下牛卵母细胞成熟后会发育，而小鼠则不行，凸显了外来脂肪酸氧化在家养物种中的重要性(Ferguson & Leese, 1999; Ferguson & Leese, 2006)。

对于卵母细胞和胚胎的培养基而言，通过添加脂肪酸或肉毒碱能激发 FAO，对发育还是有积极的影响，但结果不稳定，部分是由于所使用的脂肪酸的浓度和类型不同（Dunning et al., 2010; Leroy et al., 2005b; Marei et al., 2010; Somfai et al., 2011; Spindler et al., 2000; Van Hoeck et al., 2011; Wu et al., 2011）。卵母细胞能够利用来自培养环境外部的脂肪酸（Ferguson & Leese, 1999）。用 *L*-肉毒碱对卵泡体外培养液进行补充会引起卵母细胞发育能力的提高（Dunning et al., 2011）。在成熟期间用 *L*-肉毒碱处理猪卵母细胞会增加卵母细胞中的 GSH，降低 ROS，在受精后会引起更高的囊胚发育率（You et al., 2012）。在猪卵母细胞的体外成熟（IVM）期间，肉毒碱的补充会加速完成减数分裂及受精后的卵裂，当脂质小滴密度降低时，还会增加卵母细胞线粒体的密度，这表明线粒体的功能被增强（Somfai et al., 2011）。在牛上，将亚油酸（牛卵泡液中最丰富的脂肪酸）添加到 IVM 介质中，会降低卵母细胞到MII期的发育及发育能力（Homa & Brown, 1992; Marei et al., 2010）。在人类，卵泡液中高浓度的游离脂肪酸与 COC 细胞劣质的形态有关（Jungheim et al., 2011）。应当注意的是，血清培养改变了卵母细胞中脂质的含量（Ferreira et al., 2010; Leroy et al., 2005a），也改变了成熟期的氧浓度（Ferreira et al., 2010）。

在猪卵母细胞中也许脂肪酸代谢的作用特别重要，因为它在脂质中有相当大的储量（McEvoy et al., 2000; Sturmey et al., 2009）。在猪卵母细胞中，线粒体和脂质小滴紧挨在一起，说明在卵母细胞成熟期它们对脂质有一种生理代谢作用（Sturmey et al., 2006）。此外，在成熟期线粒体会转移到细胞边缘，在这里更易于接触到氧，并完成与脂质小滴的结合，这支持了对脂肪酸代谢作用的假设（Sturmey et al., 2006; Sturmey et al., 2009）。有间接的证据也显示了该功能发挥的作用，猪和奶牛卵母细胞体外成熟期的甘油三酯降低，并伴随着耗氧量的相应减少。丙酮酸和草酰乙酸是三羧酸循环的原材料，主要用于脂肪酸 β 氧化（FAO）过程，也许成熟培养基中的葡萄糖对其十分重要（Sturmey & Leese, 2003）。

泌乳牛可以为高浓度未酯化脂肪酸（nonesterified fatty acid, NEFA）对卵母细胞发育能力影响的检测提供一个有趣的模型。由于能量负平衡（negative energy balance, NEB），高产奶牛增加了卵泡液中 NEFA 的水平，主要是油酸、棕榈树和硬脂酸（Leroy et al., 2005b）。尽管最终的结果以一种完全不同的代谢形式所实现，但这种状况与患有肥胖或糖尿病（diabetes）女性的经历相似。如果在卵母细胞成熟期间出现了 NEFA 的增多，则之后的囊胚会降低氧、丙酮酸和葡萄糖的消耗；乳酸生产的增加、氨基酸的高代谢率及低的细胞数会改变基因表达，并增加细胞凋亡（Van Hoeck et al.,2011）。当牛卵母细胞成熟培养基中添加软脂酸和硬脂酸时，它们会削弱卵母细胞的能力，而添加油酸则对其没有影响（Leroy et al., 2005b）。在能量负平衡时，由于牛卵泡液中低的葡萄糖浓度使得该模型复杂化，也许自身对卵母细胞发育能力有负面的影响（Leroy et al., 2006）。最终的结果可能是，由于在卵泡液中低血糖与高的 NEFA 同时存在，造成在排出次优势卵母细胞的几个月后，会显现出卵泡生长期间的负能量环境（Leroy et al., 2008a; Leroy et al., 2008b）。大多数研究得出的结论是，在卵母细胞成熟期间 NEFA 的过量对卵母细胞的发育能力有负面的影响。

9.10 卵母细胞代谢对减数分裂的调控：跨物种概述

在减数分裂恢复与完成的调控过程中，目前关于小鼠卵母细胞代谢作用的研究最深入。在小鼠上，促性腺激素诱导的减数分裂依赖于葡萄糖的存在（Downs & Mastropolo, 1994; Fagbohun & Downs, 1992）。然而，葡萄糖兼具促进和抑制两种角色。减数分裂的恢复与糖酵解及PPP中增加的活性有关，也增加了卵母细胞胞质中己糖激酶（hexokinase, HK）（糖酵解及PPP）、磷酸果糖激酶（糖酵解）、葡萄糖-6-磷酸脱氢酶（G6PDH）和6-磷酸葡萄糖酸脱氢酶（G6PD）的活性（Cetica et al., 2002; Downs et al., 1996; Downs & Utecht, 1999; Tsutsumi et al., 1992）。但显然这是经由PPP的途径而不是糖酵解的途径，葡萄糖的倍增在小鼠减数分裂调控（control of meiosis）过程中更为关键（Sutton-McDowall et al., 2010）。反过来，葡萄糖通过PPP的活性有助于维持减数分裂的停滞及其后嘌呤的合成，还能抑制次黄嘌呤停滞的COC中丙酮酸对GVBD的刺激作用（Downs, 1998; Downs & Mastropolo, 1994; Downs & Verhoeven, 2003; Fagbohun & Downs, 1992）。尽管与乳酸的生产不相关，但葡萄糖的抑制作用似乎依赖于在卵丘细胞、卵母细胞及ATP的糖分解产生之间的间隙连接通讯作用（Downs, 1995; Downs & Mastropolo, 1994）。但是，在FSH诱导的次黄嘌呤的成熟或cAMP停滞的COC中也要求用葡萄糖。FSH增加了己糖激酶的活性，也增加了糖酵解、磷酸戊糖途径的活性和葡萄糖的消耗、乳酸的生产，并减少了COC的耗氧量（Downs et al., 1997; Downs et al., 1996; Downs & Utecht, 1999）。FSH也引起了小鼠COC中经由PI3K介导的GLUT4到卵丘细胞膜迁移的增多（Roberts et al., 2004）。随着葡萄糖的抑制作用，葡萄糖在FSH诱导的GVBD中的诱发作用包含了经由PPP的代谢和嘌呤的合成。FSH和PPP两个刺激因素增加了葡萄糖的消耗及在COC中经由糖酵解和PPP途径葡萄糖的分解，而没有影响到COC中葡萄糖的氧化，并增加了GVBD的程度（Downs et al., 1998; Downs & Utecht, 1999）。由PPP产生的核糖-5-磷酸被转化为磷酸核糖焦磷酸（phosphoribosyl pyrophosphate, PRPP），其参与了从头合成途径或次黄嘌呤修复中嘌呤的生产，以及减数分裂的恢复（Downs, 1993; Downs, 1997; Downs et al., 1998）。核糖和PRPP激发了小鼠卵母细胞中的GVBD（Downs et al., 1998）。与此相似，核糖、葡萄糖及FSH引起了PRPP合成的增多（Downs et al., 1998）。除了葡萄糖对GVBD的有利影响外，在COC中葡萄糖也是诱导分裂进程到MII期的激发因素（Downs & Hudson, 2000）。在小鼠上，葡萄糖对于受精过程也很关键，特别是经PPP的葡萄糖代谢（Urner & Sakkas, 2005）。

PPP活性的增加可能是减数分裂恢复最早的激发因素之一。与此同时，糖酵解活性的增加导致在减数分裂持续进展期间能量需求增多。PPP既能与化学药剂（吡咯啉羧酸盐或吩嗪乙基硫酸盐）合用，也能与FSH配伍，通过刺激去诱导鼠类卵母细胞中GVBD的迅速增多（Downs et al., 1998）。在猪的卵母细胞中，PPP的化学抑制物——二亚苯基碘（diphenylene iodonium, DPI）抑制了卵母细胞的成熟，以及糖酵解和PPP二者的活性。PPP在猪卵母细胞中的抑制很可能阻止了细胞核的成熟，并相应增加了糖酵解的活性。然而，低的葡萄糖代谢程度是否为卵母细胞成熟度不够的原因或结果之一仍需确认。正在开展的一些初步研究显示，将 PPP 辅助因子或最终产物（NADP、PRPP 及 R5P 形成了 DPI 活动的下游）添加到包含有 DPI 的培养基中，导致猪卵母细胞中减数分裂停滞的逆转及糖酵解和 PPP 活性的恢复（Tubman et al., 2006）。

在猫（Spindler et al., 2000）和牛（Rieger & Loskutoff, 1994; Steeves & Gardner, 1999; Zuelke & Brackett, 1992）卵母细胞减数分裂 MII 期的进程中，经由一个或多个代谢通路的葡萄糖代谢会同步增加。在灵长类卵母细胞中，尽管细胞核在缺乏碳水化合物时能够成熟，但葡萄糖对于细胞质的成熟必不可少（Zheng et al., 2001; Zheng et al., 2007）。尽管丙酮酸和谷氨酰胺都可经由 COC 被分解，但二者的代谢均不会影响到狗卵母细胞减数分裂的成熟（Songsasen et al., 2007）。而经由 PPP 和（或）糖酵解的葡萄糖代谢，会参与到猪卵母细胞核成熟的调节过程中（Herrick et al., 2006a）。在跨物种的卵母细胞成熟过程中，这些发现突出了葡萄糖代谢的重要性，以及细胞质与细胞核成熟之间的相互作用。

最近发现，在调控小鼠减数分裂成熟过程中脂肪酸氧化发挥了作用，因脂肪酸氧化的抑制造成了减数分裂停滞，其促使 FAO 加速了减数分裂的恢复（Downs et al., 2009）。在奶牛、猪及小鼠卵母细胞的成熟期间，我们用验证性试验评估了脂肪酸的重要性，发现在这三个物种中，FAO 对于卵母细胞的核成熟必不可少（Paczkowski et al., 2011）。猪卵母细胞对 FAO 的抑制是最为敏感的（10 μmol/L etomoxir 能够引起 MII 期卵母细胞的显著减少），而奶牛卵母细胞是适中当量（100 μmol/L etomoxir），小鼠卵母细胞则是最不敏感的（250 μmol/L etomoxir）。卵母细胞核成熟对于 FAO 抑制的敏感性与这三个物种细胞质中脂肪酸的数量相对应，说明细胞内脂质的数量可能预示着脂肪酸代谢对卵母细胞核成熟的相对重要性。关于卵母细胞脂肪酸代谢、核成熟、细胞质成熟之间关系的其他研究尚在进行之中。

9.11　卵母细胞代谢和氧化还原平衡

卵母细胞代谢和氧化还原平衡之间的相互作用是多层面的，就如代谢过程既有助于 ROS 的积累作为代谢过程的正常副产物，也能生成一些关键的抗氧化防御所需因子一样（Dumollard et al., 2009）。卵母细胞在培养基质中是灵活的，它对氧化磷酸化作用的利用及 ATP 的生产，至少部分依赖于现有的细胞内的氧化还原状态（Cetica et al., 2003）。反之，线粒体功能的改变引起氧化还原状态的改变（Dumollard et al., 2009）。在多个细胞类型包括卵母细胞和胚胎的扩散、转移及细胞凋亡过程中，氧化还原平衡趋于相互牵制（Dalvit et al., 2005; Harvey et al., 2002; Harvey et al., 2007; Morado et al., 2009）。氧化还原相关基因的表达与猪卵母细胞的发育能力相关联（Yuan et al., 2012）。卵母细胞与其他类型的细胞一样，通过多样化的抗氧化剂防御系统来中和 ROS。在 ROS 增多的情形之下，卵母细胞的抗氧化剂防御会变得具有压倒性优势，导致氧化应激和卵母细胞发育能力的降低（Combelles et al., 2009）。然而ROS的生理影响水平很可能被要求用于卵母细胞成熟期的细胞信号转导，它是卵母细胞发育能力的一个重要组成部分。因此卵母细胞必须要在氧化应激与抗氧化防御二者之间掌握一个微妙的平衡。在猪卵母细胞成熟期，要么有过多氧化剂、要么过于简略的成熟培养环境都会降低卵母细胞的发育能力（Yuan et al., 2012）。

在卵母细胞中存在多种防御机制，包括还原型谷胱甘肽（GSH）和超氧化物歧化酶（SOD）。一些代谢通路如PPP会产生辅酶因子NADPH等，其对系统功能的正常发挥必不可少（Dumollard et al., 2007）。此外，通过调节NAD/NADH值，乳酸和丙酮酸的相互转化对细胞的氧化还原状态有显著的贡献（Dumollard et al., 2009）。事实上，卵母细胞利用丙酮酸和PPP的活性来调节细胞内的氧化还原状态并抑制排卵后的卵母细胞老化（oocyte aging）（Li et al., 2011）。

卵母细胞成熟的一个重要方面是GSH的积累，GSH是卵母细胞主要的抗氧化防御系统之一。这种三肽（谷氨酸-甘氨酸-半胱氨酸）参与到卵母细胞生理的许多方面，包括卵丘细胞扩散、精子解凝集、雌原核的形成及胚胎的发育等（牛: de Matos et al., 1995; Furnus et al.,1998; Sutovsky & Schatten, 1997; 绵羊: de Matos et al., 2002; 猪: Yoshida, 1993; Yoshida et al.,1993; 仓鼠: Zuelke et al., 2003）。细胞内GSH的浓度可以通过两种方式维持：通过GSH还原酶引起氧化型谷胱甘肽（glutathione, oxidized, GSSG）的减少，或GSH的从头合成。GSH的合成，包括将半胱氨酸添加到谷氨酸-甘氨酸二肽中，是依赖于ATP的，并因此也依赖于卵母细胞中线粒体的代谢，及取决于半胱氨酸足够的供应量(Dumollard et al., 2009)。在细胞中，通过谷胱甘肽还原酶和谷胱甘肽过氧化物酶的活动，GSH循环在还原型（GSH）和氧化型（GSSG）二者之间形成。为了减少氧化损失，过氧化物酶将电子从GSH转移至细胞质中的氧化分子中，引起GSSG的产生（Guerin et al., 2001）。借助谷胱甘肽还原酶，GSH的细胞池通过将GSSG还原为GSH来维持，以及GSH的更进一步合成。之后谷胱甘肽还原酶将GSSG还原为GSH，则需要来自于PPP中的NADPH。因此，GSH的细胞内浓度及被GSH影响的许多过程，都是与卵母细胞的代谢活性密切相关的。

在仓鼠、牛和猪卵母细胞的体外成熟培养期间，谷胱甘肽的浓度增加了（Furnus et al., 2008; Yuan et al., 2012; Zuelke et al., 2003）。葡萄糖代谢和GSH的积累对卵母细胞的成熟及胚胎发育的成功十分重要(Abeydeera et al., 2000; Brad et al., 2003a; Herrick et al., 2003; Krisher et al., 2007; Sutton et al., 2003b)。然而，核成熟、葡萄糖代谢、GSH浓度及胚胎发育之间的相互作用并不完全明晰。在牛的卵母细胞中，培养基中葡萄糖的存在并没有改变卵母细胞GSH的内容物（Furnus et al., 2008）。然而，在猪上GSH的减少抑制了葡萄糖的代谢，证明卵母细胞成熟过程中的这两个关键环节是相互关联的（Herrick et al., 2006a）。这种关系的一个关键调节者也许是 p53，它经由 GLS2 和谷氨酰胺代谢控制着糖酵解的活性并调节着 ROS 的水平及 GSH 的合成（Thompson et al., 2007）。

9.12　卵母细胞代谢和卵母细胞品质的关系

在许多物种中，卵母细胞的代谢概况与其发育能力有关联，也进一步强调了卵母细胞代谢的重要性。在猫和牛上，尽管事实上卵丘细胞通过该路径分解了比卵母细胞多很多倍的葡萄糖（Sutton et al., 2003b），但体外条件下成熟卵母细胞的糖酵解率与其发育到囊胚期的能力有明确的关联（Krisher & Bavister, 1999; Spindler et al., 2000）。与此相似，在成熟开始期，乳酸生产这一糖酵解的指标，与来源于大小不同卵泡的牛卵母细胞的发育潜力有明确的相关性（Lequarre et al., 2005）。在牛卵母细胞中，越来越多的丙酮酸（在不成熟和成熟的卵母细胞中）氧化和乳酸（成熟卵母细胞）氧化也与发育潜力明确有关。在猪体外成熟的卵母细胞中 PPP 的活性比体内成熟的更低，而体内成熟的卵母细胞也有更高的发育能力（Krisher et al., 2007）。在牛卵母细胞中，磷酸戊糖途径中的药理刺激引起更多的囊胚形成（Krisher, 1999），说明该途径在细胞质成熟中也很重要。相对于体内成熟的卵母细胞而言，猫体外成熟的卵母细胞（细胞质量不良）有更低的糖酵解率、葡萄糖氧化率、棕榈酸氧化率及随后发育能力的降低（Spindler et al., 2000）。在绵羊卵母细胞的体外成熟期，相对于未达到性成熟期的母羊而言，来自于成年母羊且具有良好品质的卵母细胞中谷氨酰胺的代谢会更高，对囊胚形成的测定亦如此（O’Brien et al., 1996）。因此，大多数研究指出，在卵母细胞代谢与发育能力之间，以及不同物种与卵母细胞品质模型之间有明确的关联性。

9.13　母体日粮和疾病会改变卵母细胞代谢

在患有糖尿病的小鼠模型中，COC 代谢调节的重要性尤为显著。在该模型中，COC 中的代谢偶联和间隙通讯减少了，结果是来自糖尿病小鼠的卵母细胞生长、成熟、线粒体功能和卵母细胞代谢发生了改变，并伴有卵母细胞发育能力不佳（Wang & Moley, 2010）。特别是，由于 AMPK 活性的改变，在该小鼠模型中母体所患的糖尿病通过降低 ATP 水平和推迟 GVDB 时间而改变了卵母细胞的代谢（Ratchford et al., 2007）。在高血糖的条件下，糖醇途径被激活，扰乱了代谢、基因表达及细胞间通讯（Sutton-McDowall et al., 2010）。在肥胖小鼠中观察到了类似的状况，并伴有卵泡中胰岛素、葡萄糖及游离脂肪酸浓度的改变，造成卵母细胞代谢的改变及卵母细胞发育能力的降低（Minge et al., 2008; Purcell & Moley,

2011）。来自肥胖小鼠的卵母细胞中也存在高活性的线粒体酶潜力及旺盛的氧化还原状态（Igosheva et al., 2010）。使用罗格列酮（rosiglitazone），即一种胰岛素敏感药物对小鼠进行治疗后，结果体重减轻且葡萄糖代谢正常化，最终卵母细胞的品质得到改善，该结果很可能借助 PPARγ 的调停机制发挥了作用（Minge et al., 2008）。在多囊卵巢综合征妇女的卵母细胞成熟期，葡萄糖和丙酮酸的消耗增加了，也表现了异常高的 NADPH 含量（Harris et al., 2010）。二甲双胍是一种胰岛素敏感药物，研究发现它在卵母细胞中能够降低异常的丙酮酸消耗（Harris et al., 2010）。在高脂肪日粮饲喂的胰岛素耐受小鼠和多囊卵巢综合征的妇女的卵丘细胞中，观察到了受损的胰岛素促进葡萄糖吸收的情况，说明胰岛素耐受是发生在系统性胰岛素抵抗增强状况下的卵丘细胞中（Purcell et al., 2012）。此外，通过细胞间隙连接通讯作用的调节，在体内高血糖且体外培养在高糖环境中会引起卵母细胞中葡萄糖水平的增高（Wang et al., 2012）。这些发现意味着，肥胖或胰岛素耐受的疾病状态，对卵母细胞代谢及之后的卵母细胞发育能力有消极的影响。

母体日粮（maternal diet）中脂肪酸可能会影响卵母细胞的质量。在奶牛中，高脂肪日粮增加了囊胚的发育和品质，而低脂肪日粮引起囊胚发育的降低，以及非酯化脂肪酸（NEFA）浓度的增高（Fouladi-Nashta et al., 2007）。饲喂高亚麻籽日粮的奶牛，造成 n6∶n3 值的降低，与对照组相比，生成胚胎的卵裂能力增强（Zachut et al., 2010）。反过来，通过对小母牛饲喂 ω-3 多不饱和脂肪酸（PUFA）并减少 n6∶n3 值的另一项研究中，并没有检测到对超数排卵（superstimulation）、胚胎恢复、胚胎品质或胚胎的基因表达有任何作用（Childs et al., 2008）。在绵羊上，当在卵巢刺激之前饲喂 ω-3 和 ω-6 脂肪酸，能够改变颗粒细胞和卵母细胞中脂肪酸的组成；并且高比例 n6 多不饱和脂肪酸的日粮降低了卵母细胞的发育能力（Wonnacott et al., 2010）。在怀孕前期 ω-3 脂肪酸的补充能够改善妇女 IVF 之后胚胎的形态（Hammiche et al., 2011）。当饲喂给小鼠高比例的 ω-3 脂肪酸日粮时，会引起线粒体分布的改变及在体外成熟后的卵母细胞中 ROS 的增加，降低 IVF 后囊胚的发育（Wakefield et al., 2008）。与那些饲喂了饱和脂肪酸的奶牛相比，补充了不饱和脂肪酸的奶牛其胚胎的发育能力提高了（Cerri et al., 2009; Thangavelu et al., 2007）。但是用多不饱和脂肪酸丰富的血清和白蛋白对胚胎进行培养，不良胚胎的比例则会增多，在之后的胚胎中氧化应激也会增加（Hughes et al., 2011）。在青年母牛中，体况评分（body condition score, BCS）反映出日粮组成是如何影响卵母细胞品质的。当给小母牛饲喂高淀粉及脂肪酸饲料时，低的 BCS 小母牛囊胚的复苏率很低，但中等的 BCS 小母牛中则不一样（Adamiak et al., 2006）。在母羊上，怀孕后的营养状况改变了囊胚中的细胞定位（Kakar et al., 2005）。

9.14 卵母细胞与瓦尔堡效应

最近，Krisher 和 Prather 针对卵母细胞和胚胎代谢提出了一个全新的模型（Krisher & Prather, 2012），其在细胞内的代谢中很典型，葡萄糖通过糖酵解分解为丙酮酸，丙酮酸进入三羧酸循环，被氧化后产生 ATP。代谢的另外一种形式就是被癌细胞利用，这就被视作是瓦尔堡效应（Warburg effect, WE），或称为有氧酵解（aerobic glycolysis）（Warburg, 1956）。通过这种代谢方式，迫使丙酮酸离开三羧酸循环并分解为乳酸。重要的是，在丙酮酸到乳酸的转变过程中产生了 NAD^+，促进更多的糖酵解活动。尽管这是一个典型的有氧过程，但即使在氧很充足的时候，癌细胞也会利用这种路径。特别相对于氧化磷酸化而言这是一种无效的产生 ATP 的方式。然而，尽管它们可能利用了其他的一些底物，但线粒体仍然是具有功能性的（Cairns et al., 2011; Locasale & Cantley, 2010）。在这种方式下，葡萄糖代谢和氧化磷酸化是各自独立的（Locasale & Cantley 2010）。有趣的是，瓦尔堡效应并不是特异针对癌细胞的，在许多快速增殖的细胞类型中都能够观察到（Lopez-Lazaro, 2008）。

利用瓦尔堡效应，增殖细胞不产生 ATP，而是可能用来满足新的一些生物大分子包括 DNA、蛋白质、脂类合成的需求，在这些快速分化的细胞类型中，这可能是一种很关键的需求。例如，核糖-5-磷酸（ribose-5-phosphate, R5P）的生成能用于核酸合成，脂肪酸能用于合成脂类，氧化还原反应由这些细胞中的许多重要的葡萄糖代谢产物组成（Cairns et al., 2011）。这些过程用葡萄糖做碳源，消耗三羧酸循环的中间产物，使它们能够重新恢复生机，并以 NADPH 作为还原能力的标志（Deberardinis et al., 2008）。为了生成核糖-5-磷酸和 NADPH，葡萄糖被分流进入 PPP 过程。简言之，大多数的细胞碳被要求用于生物合成而不是生产 ATP（Vander Heiden et al., 2009）。因此，瓦尔堡效应的利用给予增殖细胞一种有选择的生长优势。在该策略下，足够的可选择的能源如脂肪酸和氨基酸，对于支撑基础的三羧酸循环活动及 ATP 的生产肯定是可行的。除了越来越多地利用葡萄糖外，癌细胞也利用并高水平地分解谷氨酰胺，卵母细胞也是如此（Rieger & Loskutoff, 1994）。对脂肪酸合成中转移的三羧酸循环中间产物，谷氨酰胺能够潜在地进行补充，并通过苹果酸酶（malic enzyme, ME）生产 NADPH，该生产过程被称为谷氨酰胺的分解，可用于 GSH 的合成（Deberardinis et al., 2008; Vousden & Ryan, 2009）。

我们假设，卵母细胞可能利用与瓦尔堡效应类似的代谢策略，用于受精后胚胎快速生长的准备过程。以这种设想，有氧酵解会诱发糖酵解的中间产物来生产 R5P 和 NADPH，以及通过分解谷氨酰胺来生产 NADPH。丙酮酸转化为乳酸可用来维持 NAD^+的水平以支持高强度的糖酵解。三羧酸循环与氧化磷酸化的作用是很活跃的，它有赖于 FAO 去激发 ATP 及增补循环反应的中间产物。尽管葡萄糖的利用率很高，但事实上调控机制可以使糖酵解减慢，以产生更多的中间产物，该中间产物又穿梭进入其他一些代谢过程。卵母细胞和胚胎对瓦尔堡效应利用的可能性很有研究前景，因此需要开展更深入的探究。

9.15 小　　结

尽管我们已拥有对卵母细胞代谢通路的相关知识，以及建立了关于代谢与卵母细胞发育能力的假说，但为了形成与体内成熟的卵母细胞更相似的代谢理论，在体外条件下尝试去鉴别和满足家畜卵母细胞特定的代谢需求的研究还是很少。特别在体外条件下，了解卵母细胞代谢及其调控非常重要，因为体外成熟后卵母细胞的健康与发育能力，为附植前胚胎在发育过程中所有的未来活动的成败奠定了基础。在减数分裂恢复与完善的佐证研究过程中，我们的工作虽然有效率且有代表性，但在维持卵母细胞体外成熟期发育能力的研究中仍然鲜有成功。对卵丘细胞内代谢需求和调控机制的进一步研究，以及对卵丘细胞与卵母细胞代谢之间相互关系的深入探索，都将促进为满足生长发育需要的这两种类型细胞培养基的开发进程，也许这其中有对卵母细胞成熟的动态研究方法，包括在其成熟期间通过调整营养成分对培养基进行增补更新，以满足 COC 不断变化的需求（Thompson et al., 2007）。这种新方法可能将导致更多正常的卵母细胞代谢。对卵母细胞代谢更好地理解及鉴别将会指导成熟培养体系的研究进展，因为它能够更好地支持卵母细胞的发育能力。

（王欣荣、郭天芬　译；杨燕燕、王　彪　校）

参考文献

Abeydeera, L. R. (2002). In vitro production of embryos in swine. *Theriogenology, 57*(1), 256–273.

Abeydeera, L. R., Wang, W, H., Cantley, T. C., Rieke, A., Murphy, C. N. et al. (2000). Development and viability of pig oocytes matured in a protein-free medium containing epidermal growth factor. *Theriogenology, 54*, 787–797.

Adamiak, S. J., Powell, K., Rooke, J. A., Webb, R., & Sinclair, K. D. (2006). Body composition, dietary carbohydrates and fatty acids determine post-fertilisation development of bovine oocytes in vitro. *Reproduction, 131*(2), 247–258.

Bae, I. H., & Foote, R. H. (1975). Carbohydrate and amino acid requirements and ammonia production of rabbit follicular oocytes matured in vitro. *Experimental Cell Research, 91*, 113–118.

Bentov, Y., Esfandiari, N., Burstein, E., & Casper, R. F. (2010). The use of mitochondrial nutrients to improve the outcome of infertility treatment in older patients. *Fertility and Sterility, 93*(1), 272–275.

Bermejo-Alvarez, P., Lonergan, P., Rizos, D., & Gutierrez-Adan, A. (2010). Low oxygen tension during IVM improves bovine oocyte competence and enhances anaerobic glycolysis. *Reproductive BioMedicine Online, 20*(3), 341–349.

Biggers, J. D., D. G., W., & Donahue, R. P. (1967). The pattern of energy metabolism in the mouse oocyte and zygote. *The Proceedings of the National Academy of Sciences, 58*, 560–567.

Bilodeau-Goeseels, S. (2006). Effects of culture media and eneregy sources on the inhibition of nuclear maturation in bovine oocytes. *Theriogenology, 66*, 297–306.

Brad, A. M., Bormann, C. L., Swain, J. E., Durkin, R. E., Johnson, A. E. et al. (2003a). Glutathione and adenosine triphosphate content of in vivo and in vitro matured porcine oocytes. *Molecular Reproduction and Development, 64*(4), 492–498.

Brad, A. M., Herrick, J. R., Lane, M., Gardner, D. K., & Krisher, R. L. (2003b). Glucose and lactate concentrations affect the metabolism of in vitro matured porcine oocytes. *Biology of Reproduction, 68*(Suppl. 1), 356.

Cairns, R. A., Harris, I. S., & Mak, T. W. (2011). Regulation of cancer cell metabolism. *Nature Reviews Cancer, 11*(2), 85–95.

Cerri, R. L. A., Juchem, S. O., Chebel, R. C., Rutigliano, H. M., Bruno, R. G. S. et al. (2009). Effect of fat source differing in fatty acid profile on metabolic parameters, fertilization, and embryo quality in high-producing dairy cows. *Journal of Dairy Science, 92*(4), 1520–1531.

Cetica, P., Pintos, L., Dalvit, G., & Beconi, M. (2002). Activity of key enzymes involved in glucose and triglyceride catabolism during bovine oocyte maturation in vitro. *Reproduction, 124*, 675–681.

Cetica, P., Pintos, L., Dalvit, G., & Beconi, M. (2003). Involvement of enzymes of amino acid metabolism and tricarboxylic acid cycle in bovine oocyte maturation in vitro. *Reproduction, 126*, 753–763.

Cetica, P., Pintos, L. N., Dalvit, G. C., & Beconi M. T. (1999). Effect of lactate dehydrogenase activity and isoenzyme localization in bovine oocytes and utilization of oxidative substrates on on vitro maturation. *Theriogenology, 51*, 541–550.

Chang, S. C. S., Jones, J. D., Ellefson, R. D., & Ryan, R. J. (1976). The porcine ovarian follicle: I. Selected chemical analysis of folicular fluid at different developmental stages. *Biology of Reproduction, 15*, 321–328.

Childs, S., Carter, F., Lynch, C. O., Sreenan, J. M., Lonergan, P. et al. 2008. Embryo yield and quality following dietary supplementation of beef heifers with n-3 polyunsaturated fatty acids (PUFA). *Theriogenology, 70*(6), 992–1003.

Clark, A. R., Stokes, Y. M., Lane, M., & Thompson, J. G. (2006). Mathematical modelling of oxygen concentration in bovine and murine cumulus-oocyte complexes. *Reproduction, 131*(6), 999–1006.

Combelles, C. M. H., Gupta, S., & Agarwal, A. (2009). Could oxidative stress influence the in-vitro maturation of oocytes? *Reproductive BioMedicine Online, 18*(6), 864–880.

Crozet, N., Ahmed-Ali, M., & Dubos, M. P. (1995). Developmental competence of goat oocytes from follicles of different size categories following maturation, fertilization and culture in vitro. *Journal of Reproduction and Fertility, 103*(2), 293–298.

Cui, X. S., Li, X. Y., Yin, X. J., Kong, I. K., Kang, J. J., & Kim, N. H. (2007). Maternal gene transcription in mouse oocytes: genes implicated in oocyte maturation and fertilization. *Journal of Reproduction and Development, 53*(2), 405–418.

Dalvit, G. C., Cetica, P. D., Pintos, L. N., & Beconi, M. T. (2005). Reactive oxygen species in bovine embryo in vitro production. *Biocell, 29*(2), 209–212.

de Matos, D. G., Furnus, C. C., Moses, D. F., & Baldassarre, H. (1995). Effect of cysteamine on glutathione level and developmental capacity of bovine oocyte matured in vitro. *Molecular Reproduction and Development, 42*(4), 432–436.

de Matos, D. G., Gasparrini, B., Pasqualini, S. R., & Thompson, J. G. (2002). Effect of glutathione synthesis stimulation during in vitro maturation of ovine oocytes on embryo development and intracellular peroxide content. *Theriogenology, 57*(5), 1443–1451.

Deberardinis, R. J., Sayed, N., Ditsworth, D., & Thompson, C. B. (2008). Brick by brick: metabolism and tumor cell growth. *Current Opinion in Genetics and Development, 18*(1), 54–61.

Downs, S. M. (1993). Purine control of mouse oocyte maturation: evidence that nonmetabolized hypoxanthine maintains meiotic arrest. *Molecular Reproduction and Development, 35*(1), 82–94.

Downs, S. M. (1995). The influence of glucose, cumulus cells, and metabolic coupling on ATP levels and meiotic control in the isolated mouse oocyte. *Developmental Biology, 167*(2), 502–512.

Downs, S. M.(1997). Involvement of purine nucleotide synthetic pathways in gonadotropin-induced meiotic maturation in mouse cumulus cell-enclosed oocytes. *Molecular Reproduction and Development, 46*(2), 155–167.

Downs, S. M. (1998). Precursors of the purine backbone augment the inhibitory action of hypoxanthine and dibutyryl cAMP on mouse oocyte maturation. *Journal of Experimental Zoology, 282*(3), 376–384.

Downs, S. M., Coleman, D. L., & Eppig, J. J. (1986). Maintenance of murine oocyte meiotic arrest: uptake and metabolism of hypoxanthine and adenosine by cumulus cell-enclosed and denuded oocytes. *Developmental Biology, 117*(1), 174–183.

Downs, S. M., Houghton, F. D., Humpherson, P. G., & Leese, H. J. (1997). Substrate utilization and maturation of cumulus cell-enclosed mouse oocytes: evidence that pyruvate oxidation does not mediate meiotic induction. *Journal of Reproductionand Fertility, 110*(1), 1–10.

Downs, S. M. & Hudson, E. D. (2000). Energy substrates and the completion of spontaneous meiotic maturation. *Zygote, 8*, 339–351.

Downs, S. M., Humpherson, P. G., & Leese, H. J. (1998). Meiotic induction in cumulus cell-enclosed mouse oocytes: involvement of the pentose phosphate pathway. *Biology of Reproduction, 58*(4), 1084–1094.

Downs, S. M., Humpherson, P. G., & Leese, H. J. (2002). Pyruvate utilization by mouse oocytes is influenced by meiotic status and the cumulus oophorus. *Molecular Reproduction and Development, 62*, 113–123.

Downs, S. M., Humpherson, P. G., Martin, K. L., & Leese, H. J. (1996). Glucose utilization during gonadotropin-induced meiotic maturation in cumulus cell-enclosed mouse oocytes. *Molecular Reproduction and Development, 44*(1), 121–131.

Downs, S. M. & Mastropolo, A. M. (1994). The participation of energy substrates in the control of meiotic maturation in murine oocytes. *Delopmental Biology, 162*(1), 154–168.

Downs, S. M., Mosey,J. L., & Klinger, J. (2009). Fatty acid oxidation and meiotic resumption in mouse oocytes. *Molecular Reproduction and Development, 76*(9), 844–853.

Downs, S. M. & Utecht, A. M. (1999). Metabolism of radiolabeled glucose by mouse oocytes and oocyte-cumulus cell complexes. *Biology of Reproduction, 60*, 1446–1452.

Downs, S. M. & Verhoeven, A. (2003). Glutamine and the maintenance of meiotic arrest in mouse oocytes: influence of culture medium, glucose, and cumulus cells. *Molecular Reproduction and Development, 66*, 90–97.

Dumollard, R., Carroll, J., Duchen, M. R., Campbell, K.,&Swann, K. (2009). Mitochondrial function and redox state in mammalian embryos. *Seminars in Cell and Developmental Biology, 20*(3), 346–353.

Dumollard, R., Duchen, M., & Sardet, C. (2006). Calcium signals and mitochondria at fertilisation. *Seminars in Cell and Developmental Biology, 17*(2), 314–323.

Dumollard, R., Ward, Z., Carroll, J., & Duchen, M. R. (2007). Regulation of redox metabolism in the mouse oocyte and embryo. *Development, 134*(3), 455–465.

Dunning, K. R., Akison, L. K., Russell, D. L., Norman, R. J., & Robker, R. L. (2011). Increased beta-oxidation and improved oocyte developmental competence in response to l-carnitine during ovarian in vitro follicle development in mice. *Biology of Reproduction, 85*(3), 548–555.

Dunning, K. R., Cashman, K., Russell, D. L., Thompson, J. G., Norman, R. J., & Robker, R. L. (2010). Beta-oxidation is essential for mouse oocyte developmental competence and early embryo development. *Biology of Reproduction, 83*(6), 909–918.

Edwards, L. J., Williams, D. A., & Gardner, D. K. (1998). Intracellular pH of the preimplantation mouse embryo: effects of extracellular pH and weak acids. *Molecular Reproduction and Developpment, 50*, 434–442.

Eppig, J. J. (1991). Intercommunication between mammalian oocytes and companion somatic cells. *Bioessays, 13*(11), 569–574.

Eppig, J. J. (1996). Coordination of nuclear and cytoplasmic oocyte maturation in eutherian mammals. *Reproduction Fertility and Development, 8*(4), 485–489.

Fagbohun, C. F. & Downs, S. M. (1992). Requirement for glucose in ligand-stimulated meiotic maturation of cumulus cell-enclosed mouse oocytes. *Journal of Reproduction and Fertility, 96*(2), 681–697.

Ferguson, E. M. & Leese, H. J. (1999). Triglyceride content of bovine ocytes and early embryos. *Journal of Reproduction and Fertility, 116*, 373–378.

Ferguson, E. M. & Leese, H. J. (2006). A potential role for triglyceride as an energy source during bovine oocyte maturation and early embryo development. *Molecular Reproduction and Development, 73*, 1195–1201.

Ferreira. C. R., Saraiva, S. A., Catharino, R. R., Garcia, J. S., Gozzo, F. C. et al. (2010). Single embryo and oocyte lipid fingerprinting by mass spectrometry. *Journal of Lipid Research, 51*(5), 1218–1227.

Flood, M. R. & Wiebold, J. L. (1988). Glucose metabolism by preimplantation pig embryos. *Journal of Reproduction and Fertility, 84*, 7–12.

Fouladi-Nashta, A. A., Gutierrez, C. G., Gong, J. G., Garnsworthy, P. C., & Webb, R. (2007). Impact of dietary fatty acids on oocyte quality and development in lactating dairy cows. *Biology of Reproduction, 77*(1), 9–17.

Furnus, C. C., de Matos, D. G., & Moses, D. F. (1998). Cumulus expansion during in vitro maturation of bovine oocytes: relationship with intracellular glutathione level and its role on subsequent embryo development. *Molecular Reproduction and Development, 51*(1), 76–83.

Furnus, C. C., de Matos, D. G., Picco, S., Garcia, P. P., Inda, A. M. et al. (2008). Metabolic requirements associated with GSH synthesis during in vitro maturation of cattle oocytes. *Animal Reproduction Science, 109*(1-4), 88–99.

Gardner, D. K. (1998). Changes in requirements and utilization of nutrients during mammalian preimplantation embryo development and their significance in embryo culture. *Theriogenology, 49*(1), 83–102.

Gardner, D. K., Lane, M., Calderon, I., & Leeton, J. (1996). Environment of the preimplantation human embryo in vivo: metabolite analysis of oviduct and uterine fluids and metabolism of cumulus cells.[see comment]. *Fertility and Sterility, 65*(2), 349–353.

Gardner, D. K., Lane, M. W., & Lane, M. (2000). EDTA stimulates cleavage stage bovine embryo development in culture but inhibits blastocyst development and differentiation. *Molecular Reproduction and Development, 57*(3), 256–261.

Gardner, D. K. & Leese, H. J. (1990). Concentrations of nutrients in mouse oviduct fluid and their effects on embryo development and metabolism in vitro. *Journal of Reproduction and Fertility, 88*(1), 361–368.

Gentile, L., Monti, M., Sebastiano, V., Merico, V., Nicolai, R. et al. (2004). Single-cell quantitative RT-PCR analysis of Cpt1b and Cpt2 gene expression in mouse antral oocytes and in preimplantation embryos. *Cytogenetic and Genome Research, 105*(2-4), 215–221.

Guerin, P., Mouatassim, S. E., & Menezo, Y. (2001). Oxidative stress and protection against reactive oxygen species in the preimplantation embryo and its surroundings. *Human Reproduction Update, 7*(2), 175–189.

Haggarty, P., Wood, M., Ferguson, E., Hoad, G., Srikantharajah, A. et al. (2006). Fatty acid metabolism in human preimplantation embryos. *Human Reproduction, 21*(3), 766–773.

Hammiche, F., Vujkovic, M., Wijburg, W., de Vries, J. H. M., Macklon, N. S. et al. (2011). Increased preconception omega-3 polyunsaturated fatty acid intake improves embryo morphology. *Fertility and Sterility, 95*(5), 1820–1823.

Harris, S. E., Gopichandran, N., Picton, H. M., Leese, H. J., & Orsi, N. M. (2005). Nutrient concentrations in murine follicular fluid and the female reproductive tract. *Theriogenology, 64*(4), 992–1006.

Harris, S. E., Maruthini, D., Tang, T., Balen, A. H., & Picton, H. M. (2010). Metabolism and karyotype analysis of oocytes from patients with polycystic ovary syndrome. *Human Reproduction, 25*(9), 2305–2315.

Harvey, A. J., Kind, K. L., & Thompson, J. G. (2002). REDOX regulation of early embryonic development. *Reproduction, 123*, 479–486.

Harvey, A. J., Kind, K. L., & Thompson, J. G. (2007). Regulation of gene expression in bovine blastocysts in response to oxygen and the iron chelator desferrioxamine. *Biology of Reproduction, 77*(1), 93–101.

Hashimoto, S., Minami, N., Takakura, R., Yamada, M., Imai, H., & Kashima, N. (2000a). Low oxygen tension during in vitro maturation is beneficial for supporting the subsequent development of bovine cumulus oocyte complexes. *Molecular Reproductionand Development, 57*, 353–360.

Hashimoto, S., Minami, N., Yamada, M., & Imai, H. (2000b). Excessive concentration of glucose during in vitro maturation impairs developmental competence of bovine oocytes after in vitro fertilization: relevance to intracellular reactive oxygen species and glutathione contents. *Molecular Reproduction and Development, 56*, 520–526.

Heller, D. T., Cahill, D. M., & Schultz, R. M. (1981). Biochemical studies of mammalian oogenesis: metabolic cooperativity between granulosa cells and growing mouse oocytes. *Developmental Biology, 84*(2), 455–464.

Hemmings, K. E., J., L. H., & Picton, H. M. (2012). Amino acid turnover by bovine oocytes provides an index of oocyte developmental competence in vitro. *Biology of Reproduction, 86*(5), 165, 161–112.

Herrick, J. R., Brad, A. M., & Krisher, R. L. (2006a). Chemical manipulation of glucose metabolism in porcine oocytes: effects on nuclear and cytoplasmic maturation in vitro. *Reproduction, 131*(2), 289–298.

Herrick, J. R., Brad, A. M., Krisher, R. L., & Pope,W. F. (2003). Intracellular adenosine triphosphate and glutathione concentrations in oocytes from first estrous, multi-estrous, and testosterone-treated gilts. *Animal Reproduction Science, 78*(1-2), 123–131.

Herrick, J. R., Lane, M., Gardner, D. K., Behboodi, E., Memili, E. et al. (2006b). Metabolism, protein content, and in vitro embryonic development of goat cumulus-oocyte complexes matured with physiological concentrations of glucose and L-lactate. *Molecular Reproduction and Development, 73*(2), 256–266.

Hewitson, L. C., Martin, K. L., & Leese, H. J. (1996). Effects of metabolic inhibitors on mouse preimplantation embryo development and the energy metabolism of isolated inner cell masses. *Molecular Reproduction and Development, 43*(3), 323–330.

Homa, S. T. & Brown, C. A. (1992). Changes in linoleic acid during follicular development and inhibition of spontaneous breakdown of germinal vesicles in cumulus-free bovine oocytes. *Journal of Reproduction and Fertility, 94*(1), 153–160.

Homa, S. T., Racowsky, C., & McGaughey, R. W. (1986). Lipid analysis of immature pig oocytes. *Journal of Reproduction and Fertility, 77*(2), 425–434.

Hughes, J., Kwong, W. Y., Li, D., Salter, A. M., Lea, R. G., & Sinclair, K. D. (2011). Effects of omega-3 and -6 polyunsaturated fatty acids on ovine follicular cell steroidogenesis, embryo development and molecular markers of fatty acid metabolism. *Reproduction, 141*(1), 105–118.

Igosheva, N., Abramov, A.Y., Poston, L., Eckert, J. J., Fleming, T. P. et al. (2010). Maternal diet-induced obesity alters mitochondrial activity and redox status in mouse oocytes and zygotes. *PLoS ONE [Electronic Resource], 5*(4), e10074.

Iwata, H., Hashimoto, S., Ohota, M., Kimura, K., Shibano, K., & Miyake, M. (2004). Effects of follicle size and electrolytes and glucose in maturation medium on nuclear maturation and developmental competence of bovine oocytes. *Reproduction, 127*(2), 159–164.

Iwata, H., Inoue, J., Kimura, K., Kuge, T., Kuwayama, T., & Monji, Y. (2006). Comparison between the characteristics of follicular fluid and the developmental competence of bovine oocytes. *Animal Reproduction Science, 91*(3–4), 215–223.

Jeong, W. J., Cho, S. J., Lee, H. S., Deb, G. K., Lee, Y. S. et al. (2009). Effect of cytoplasmic lipid content on in vitro developmental efficiency of bovine IVP embryos. *Theriogenology, 72*(4), 584–589.

Johnson, M. T., Freeman, E. A., Gardner, D. K., & Hunt, P. A. (2007). Oxidative metabolism of pyruvate is required for meiotic maturation of murine oocytes in vivo. *Biology of Reproduction, 77*(1), 2–8.

Jungheim, E. S., Macones, G. A., Odem, R. R., Patterson, B. W., Lanzendorf, S. E. et al. (2011). Associations between free fatty acids, cumulus oocyte complex morphology and ovarian function during in vitro fertilization. *Fertility and Sterility, 95*(6), 1970–1974.

Kakar, M. A., Maddocks, S., Lorimer, M. F., Kleemann, D. O., Rudiger, S. R. et al. (2005). The effect of peri-conception nutrition on embryo quality in the superovulated ewe. *Theriogenology, 64*(5), 1090–1103.

Katz-Jaffe, M. G., McCallie, B. R., Preis, K. A., Filipovits, J., & Gardner, D. K. (2009). Transcriptome analysis of in vivo and in vitro matured bovine MII oocytes. *Theriogenology, 71*(6), 939–946.

Khurana, N. K. & Niemann, H. (2000). Energy metabolism in preimplantation bovine embryps derived in vitro or in vivo. *Biolgy of Reproduction, 62*, 847–856.

Kim, J. Y., Kinoshita, M., Ohnishi, M., & Fukui, Y. (2001). Lipid and fatty acid analysis of fresh and frozen-thawed immature and in vitro matured bovine oocytes. *Reproduction, 122*(1), 131–138.

Krisher, R. (1999). Exposure of bovine oocytes to perturbants of the pentose phosphate pathway affects subsequent embryonic development. *Biology of Reproduction, 60* (Suppl. 1), 390.

Krisher, R. L. & Bavister, B. D. (1998). Responses of oocytes and embryos to the culture environment. *Theriogenology, 49*(1), 103–114.

Krisher, R. L. & Bavister, B. D. (1999). Enhanced glycolysis after maturation of bovine oocytes in vitro is associated with increased developmental competence. *Molecular Reproduction and Development, 53*(1), 19–26.

Krisher, R. L., Brad, A. M., Herrick, J. R., Sparman, M. L., & Swain, J. E. (2007). A comparative analysis of metabolism and viability in porcine oocytes during in vitro maturation. *Animal Reproduction Science, 98*(1-2), 72–96.

Krisher, R. L. & Prather, R. S. (2012). A Role for the Warburg Effect in Preimplantation Embryo Development:Metabolic Modification to Support Rapid Cell Proliferation. *Molecular Reproduction and Development, 79*, 311–320.

Lane, M. & Gardner, D. K. (1998). Amino acids and vitamins prevent culture-induced metabolic perturbations and associated loss of viability of mouse blastocysts. *Human Reproduction, 13*, 991–997.

Lane, M. & Gardner, D. K. (2000a). Lactate regulates pyruvate uptake and metabolism in the preimplantation mouse embryo. *Biology of Reproduction, 62*, 16–22.

Lane, M. & Gardner, D. K. (2000b). Regulation of ionic homeostasis by mammalian embryos. *Seminars in Reproductive Medicine, 18*(2), 195–204.

Lane, M. & Gardner, D. K. (2001). Inhibiting 3-phosphoglycerate kinase by EDTA stimulates the development of the cleavage stage mouse embryo. *Molecular Reproduction and Development, 60*, 233–240.

Lane, M. & Gardner, D. K. (2005). Mitochondrial malate-aspartate shuttle regulates mouse embryo nutrient consumption. *Journal of Biological Chemistry, 280*(18), 18361–18367.

Lee, S. T., Oh, S. J., Lee, E. J., Han, H. J., & Lim, J. M. (2006). Adenosine triphosphate synthesis, mitochondrial number and activity, and pyruvate uptake in oocytes after gonadotropin injections. *Fertility and Sterility, 86*(4 Suppl), 1164–1169.

Leese, H. J. & Barton, A. M. (1984). Pyruvate and glucose uptake by mouse ova and preimplantation embryos. *Journal of Reproduction and Fertililty, 72*(1), 9–13.

Leese, H. J. & Barton, A. M. (1985). Production of pyruvate by isolated mouse cumulus cells. *Journal of Experimental Zoology, 234*(2), 231–236.

Leese, H. J. & Lenton, E. A. (1990). Glucose and lactate in human follicular fluid: concentrations and interrelationships. *Human Reproduction, 5*(8), 915–919.

Lequarre, A-S., Vigneron, C., Ribaucour, F., Holm, P., Donnay, I. et al. (2005). Influence of antral follicle size on oocyte characteristics and embryo development in the bovine. *Theriogenology, 63*(3), 841–859.

Leroy, J. L. M. R., Genicot, G., Donnay, I., & Van Soom, A. (2005a). Evaluation of the lipid content in bovine oocytes and embryos with nile red: a practical approach. *Reproduction in Domestic Animals, 40*(1), 76–78.

Leroy, J. L. M. R., Opsomer, G., Van Soom, A., Goovaerts, I. G. F., & Bols, P. E. J. (2008a). Reduced fertility in high-yielding dairy cows: are the oocyte and embryo in danger? Part I. The importance of negative energy balance and altered corpus luteum function to the reduction of oocyte and embryo quality in high-yielding dairy cows. *Reproduction in Domestic Animals, 43*(5), 612–622.

Leroy, J. L. M. R., Vanholder, T., Delanghe, J. R., Opsomer, G., Van Soom, A. et al. (2004). Metabolite and ionic composition of follicular fluid from different-sized follicles and their relationship to serum concentrations in dairy cows. *Animal Reproduction Science, 80*(3-4), 201–211.

Leroy, J. L. M. R., Vanholder, T., Mateusen, B., Christophe, A., Opsomer, G. et al. (2005b). Non-esterified fatty acids in follicular fluid of dairy cows and their effect on developmental capacity of bovine oocytes in vitro. *Reproduction, 130*, 485–495.

Leroy, J. L. M. R., Vanholder, T., Opsomer, G., Van Soom, A., & de Kruif, A. (2006). The in vitro development of bovine oocytes after maturation in glucose and beta-hydroxybutyrate concentrations associated with negative energy balance in dairy cows. *Reproduction in Domestic Animals, 41*(2), 119–123.

Leroy, J. L. M. R., Vanholder, T., Van Knegsel, A. T. M., Garcia-Ispierto, I., & Bols, P. E. J. (2008b). Nutrient prioritization in dairy cows early postpartum: mismatch between metabolism and fertility? *Reproduction in Domestic Animals, 43*(Suppl 2), 96–103.

Li, Q., Miao, D-Q., Zhou, P., Wu, Y-G., Gao, D. et al. (2011). Glucose metabolism in mouse cumulus cells prevents oocyte aging by maintaining both energy supply and the intracellular redox potential. *Biology of Reproduction, 84*(6), 1111–1118.

Locasale, J. W. & Cantley, L. C. (2010). Altered metabolism in cancer. *BMC Biology, 8*, 88.

Lopez-Lazaro, M. (2008). The warburg effect: why and how do cancer cells activate glycolysis in the presence of oxygen? *Anti-Cancer Agents in Medicinal Chemistry, 8*(3), 305–312.

Marei, W. F., Wathes, D. C., & Fouladi-Nashta, A. A. (2010). Impact of linoleic acid on bovine oocyte maturation and embryo development. *Reproduction, 139*(6), 979–988.

Matorras, R., Ruiz, J. I., Mendoza, R., Ruiz, N., Sanjurjo, P., & Rodriguez-Escudero, F. J. (1998). Fatty acid composition of fertilization-failed human oocytes. *Human Reproduction, 13*(8), 2227–2230.

May-Panloup, P., Chretien, M-F.,Malthiery, Y., & Reynier, P. (2007). Mitochondrial DNA in the oocyte and the developing embryo. *Current Topics in Developmental Biology, 77*, 51–83.

McEvoy, T. G., Coull, G. D., Broadbent, P. J., Hutchinson, J. S., & Speake, B. K. (2000). Fatty acid composition of lipids in immature cattle, pig and sheep oocytes with intact zona pellucida. *Journal of Reproduction and Fertility, 118*(1), 163–170.

Minge, C. E., Bennett, B. D., Norman, R. J., & Robker, R. L. (2008). Peroxisome proliferator-activated receptor-gamma agonist rosiglitazone reverses the adverse effects of diet-induced obesity on oocyte quality. *Endocrinology, 149*(5), 2646–2656.

Mitchell, M., Cashman, K. S., Gardner, D. K., Thompson, J. G., & Lane, M. (2009). Disruption of mitochondrial malate-aspartate shuttle activity in mouse blastocysts impairs viability and fetal growth. *Biology of Reproduction, 80*(2), 295–301.

Mito, T., Yoshioka, K., Nagano, M., Suzuki, C., Yamashita, S., & Hoshi, H. (2009). Transforming growth factor-alpha in a defined medium during in vitro maturation of porcine oocytes improves their developmental competence and intracellular ultrastructure. *Theriogenology, 72*(6), 841–850.

Morado, S. A., Cetica, P. D., Beconi, M. T., & Dalvit, G. C. (2009). Reactive oxygen species in bovine oocyte maturation in vitro. *Reproduction Fertility and Development, 21*(4), 608–614.

Nichol, R., Hunter, R. H., Gardner, D. K., Leese, H. J., & Cooke, G. M. (1992). Concentrations of energy substrates in oviductal fluid and blood plasma of pigs during the peri-ovulatory period. *Journal of Reproduction and Fertility, 96*(2), 699–707.

O'Brien, J. K., Dwarte, D., Ryan, J. P., & Maxwell,W. M. C., & Evans, G. (1996). Developmental capacity, energy metabolism and ultrastructure of mature oocytes from prepubertal and adult sheep. *Reproduction Fertililty and Development, 8*, 1029–1037.

Orsi, N. M., Gopichandran, N., Leese, H. J., Picton, H. M., & Harris, S. E. (2005). Fluctuations in bovine ovarian follicular fluid composition throughout the oestrous cycle. *Reproduction, 129*(2), 219–228.

Oyamada, T. & Fukui, Y. (2004). Oxygen tension and medium supplements for in vitro maturation of bovine oocytes cultured individually in a chemically defined medium. *Journal of Reproduction and Development, 50*(1), 107–117.

Paczkowski, M., Silva, E., Schoolcraft, W. B., & Krisher, R. L. (2011). Comparative importance of fatty acid oxidation to oocyte nuclear maturation in murine, bovine and porcine species. *Proceedings, Society for the Study of Reproduction.* Portland, OR, USA. p 598.

Preis, K. A., Seidel, G. E., Jr., & Gardner, D. K. (2007). Reduced oxygen concentration improves the developmental competence of mouse oocytes following in vitro maturation. *Molecular Reproduction and Development, 74*(7), 893–903.

Purcell, S. H., Chi, M. M., & Moley, K. H. (2012). Insulin-stimulated glucose uptake occurs in specialized cells within the cumulus oocyte complex. *Endocrinology, 153*(5), 2444–2454.

Purcell, S. H. & Moley, K. H. (2011). The impact of obesity on egg quality. *Journal of Assisted Reproduction and Genetics, 28*(6), 517–524.

Ratchford, A. M., Chang, A. S., Chi, M. M. Y., Sheridan, R., & Moley, K. H. (2007). Maternal diabetes adversely affects AMP-activated protein kinase activity and cellular metabolism in murine oocytes. *American Journal of Physiology Endocrinology and Metabolism, 293*(5), E1198–1206.

Rieger, D. & Loskutoff, N. M. (1994). Changes in the metabolism of glucose, pyruvate, glutamine and glycine during maturation of cattle oocytes in vitro. *Journal of Reproduction and Fertility, 100*(1), 257–262.

Roberts, R., Stark, J., Iatropoulou, A., Becker, D. L., Franks, S., & Hardy, K. (2004). Energy substrate metabolism of mouse cumulus oocyte complexes: Response to follicle stimulating hormone is mediated by the phosphatidylinositol 3-kinase pathway and is associated with oocyte maturation. *Biology of Reproduction, 71*, 199–209.

Saito, T., Hiroi, M., & Kato, T. (1994). Development of glucose utilization studied in single oocytes and preimplantation embryos from mice. *Biology of Reproduction, 50*, 266–270.

Sato, H., Iwata, H., Hayashi, T., Kimura, K., Kuwayama, T., & Monji, Y. (2007). The effect of glucose on the progression of the nuclear maturation of pig oocytes. *Animal Reproduction Science, 99*, 299–305.

Shoubridge, E. A. & Wai, T. (2007). Mitochondrial DNA and the mammalian oocyte. *Current Topics in Developmental Biology, 77*, 87–111.

Sinclair, K. D., Lunn, L. A., Kwong, W. Y., Wonnacott, K., Linforth, R. S. T., & Craigon J. (2008). Amino acid and fatty acid composition of follicular fluid as predictors of in-vitro embryo development. *Reproductive BioMedicine Online, 16*(6), 859–868.

Singh, R. & Sinclair, K. D. (2007). Metabolomics: approaches to assessing oocyte and embryo quality. *Theriogenology, 68*(Suppl 1), S56–62.

Somfai, T., Kaneda, M., Akagi, S., Watanabe, S., Haraguchi, S. et al. (2011). Enhancement of lipid metabolism with L-carnitine during in vitro maturation improves nuclear maturation and cleavage ability of follicular porcine oocytes. *Reproduction Fertility and Development, 23*(7), 912–920.

Songsasen, N., Spindler, R. E., &Wildt, D. E. (2007). Requirement for, and patterns of, pyruvate and glutamine metabolism in the domestic dog oocyte in vitro. *Molecular Reproduction and Development, 74*(7), 870–877.

Spindler, R. E., Pukazhenthi, B. S., & Wildt, D. E. (2000). Oocyte metabolism predicts the development of cat embryos to blastocyst in vitro. *Molecular Reproduction and Development, 56*, 163–171.

Steeves, T. E. & Gardner, D. K. (1999). Metabolism of glucose, pyruvate, and glutamine during the maturation of oocytes derived from pre-pubertal and adult cows. *Molecular Reproduction and Development, 54*(1), 92–101.

Steeves, T. E., Gardner, D. K., Zuelke, K. A., Squires, T. S., & Fry, R. C. (1999). In vitro development and nutrient uptake by embryos derived from oocytes of pre-pubertal and adult cows. *Molecular Reproduction and Development, 54*(1), 49–56.

Sturmey, R. G. & Leese, H. J. (2003). Energy metabolism in pig oocytes and early embryos. *Reproduction, 126*(2), 197–204.

Sturmey, R. G. & Leese, H. J. (2008). Role of glucose and fatty acid metabolism in porcine early embryo development. *Reproduction Fertility and Development, 20*, 149.

Sturmey, R. G., O'Toole, P. J., & Leese, H. J. (2006). Fluorescence resonance energy transfer analysis of mitochondrial: lipid association in the porcine oocyte. *Reproduction, 132*(6), 829–837.

Sturmey, R. G., Reis, A., Leese, H. J., & McEvoy, T. G. (2009). Role of fatty acids in energy provision during oocyte maturation and early embryo development. *Reproduction in Domestic Animals, 44*(Suppl 3), 50–58.

Su Y-Q., Sugiura, K., Wigglesworth, K., O'Brien, M. J., Affourtit, J. P. et al. (2008). Oocyte regulation of metabolic cooperativity between mouse cumulus cells and oocytes: BMP15 and GDF9 control cholesterol biosynthesis in cumulus cells. *Development,135*(1), 111–121.

Sutovsky, P. & Schatten, G. (1997). Depletion of glutathione during bovine oocyte maturation reversibly blocks the decondensation of the male pronucleus and pronuclear apposition during fertilization. *Biology of Reproduction, 56*, 1503–1512.

Sutton-McDowall, M. L., Gilchrist, R. B., & Thompson, J. G. (2004). Cumulus expansion and glucose utilisation by bovine cumulus-oocyte complexes during in vitro maturation: the influence of glucosamine and follicle-stimulating hormone. *Reproduction, 128*(3), 313–319.

Sutton-McDowall, M. L, Gilchrist, R. B., & Thompson, J. G. (2010). The pivotal role of glucose metabolism in determining oocyte developmental competence. *Reproduction, 139*(4), 685–695.

Sutton-McDowall, M. L., Mitchell, M., Cetica, P., Dalvit, G., Pantaleon, M. et al. (2006). Glucosamine supplementation during in vitro maturation inhibits subsequent embryo development: possible role of the hexosamine pathway as a regulator of developmental competence. *Biology of Reproduction, 74*(5), 881–888.

Sutton, M. L., Cetica, P. D., Beconi, M. T., Kind, K. L., Gilchrist, R. B., & Thompson J. G. (2003a). Influence of oocyte-secreted factors and culture duration on the metabolic activity of bovine cumulus cell complexes. *Reproduction, 126*, 27–34.

Sutton, M. L., Gilchrist, R. B., & Thompson, J. G. (2003b). Effects of in-vivo and in-vitro environments on the metabolism of the cumulus-oocyte complex and its influence on oocyte developmental capacity. *Human Reproduction Update, 9*(1), 35–48.

Swain, J. E., Bormann, C. L., Clark, S. G., Walters, E. M., Wheeler, M. B., & Krisher R. L. (2002). Use of energy substrates by various stage preimplantation pig embryos produced in vivo and in vitro. *Reproduction, 123*(2), 253–260.

Takeuchi, T., Neri, Q. V., Katagiri, Y., Rosenwaks, Z., & Palermo, G. D. (2005). Effect of treating induced mitochondrial damage on embryonic development and epigenesis. *Biology of Reproduction, 72*(3), 584–592.

Thangavelu, G., Colazo, M. G., Ambrose, D. J., Oba, M., Okine, E. K., & Dyck, M. K. 2007. Diets enriched in unsaturated fatty acids enhance early embryonic development in lactating Holstein cows. *Theriogenology, 68*(7), 949–957.

Thompson, J. G. (2006). The impact of nutrition of the cumulus oocyte complex and embryo on subsequent development in ruminants. *Journal of Reproduction and Development, 52*(1), 169–175.

Thompson, J. G., Lane, M., & Gilchrist, R. B. (2007). Metabolism of the bovine cumulus-oocyte complex and influence on subsequent developmental competence. *Society for Reproduction and Fertility, Suppl 64*, 179–190.

Thompson, J. G., Partridge, R. J., Houghton, F. D., Cox, C. I., & Leese, H. J. (1996). Oxygen uptake and carbohydrate metabolism by in vitro derived bovine embryos. *Journal of Reproduction and Fertility, 106*(2), 299–306.

Thompson, J. G., Simpson, A. C., Pugh, P. A., Wright, R. W., Jr., & Tervit, H. R. (1991). Glucose utilization by sheep embryos derived in vivo and in vitro. *Reproduction Fertility and Development, 3*(5), 571–576.

Tsutsumi, O., Satoh, K., Taketani, Y., & Kato, T. (1992). Determination of enzyme activities of energy metabolism in the maturing rat oocyte. *Molecular Reproduction and Development, 33*, 333–337.

Tubman, L., Peter, A., & Krisher, R. (2006). Pentose phosphate pathway activity controls nuclear maturation of porcine oocytes. *Reproduction Fertility and Development, 18*(1), abst 344, 279–280.

Urner, F. & Sakkas, D. (2005). Involvement of the pentose phosphate pathway and redox regulation in fertilization in the mouse. *Molecular Reproduction and Development, 70*(4), 494–503.

Van Blerkom, J. (2004). Mitochondria in human oogenesis and preimplantation embryogenesis: engines of metabolism, ionic regulation and developmental competence. *Reproduction, 128*(3), 269–280.

Van Blerkom, J. (2011). Mitochondrial function in the human oocyte and embryo and their role in developmental competence. *Mitochondrion, 11*(5), 797–813.

Van Blerkom, J., Davis, P., & Alexander, S. (2003). Inner mitochondrial membrane potential (DeltaPsim), cytoplasmic ATP content and free Ca^{2+} levels in metaphase II mouse oocytes. *Human Reproduction, 18*(11), 2429–2440.

Van Hoeck, V., Sturmey, R. G., Bermejo-Alvarez, P., Rizos, D., Gutierrez-Adan, A. et al. (2011). Elevated non-esterified fatty acid concentrations during bovine oocyte maturation compromise early embryo physiology. *PLoS ONE [Electronic Resource]6*(8), e23183.

Vander Heiden, M. G., Cantley, L. C., & Thompson, C. B. (2009). Understanding the Warburg effect: the metabolic requirements of cell proliferation. *Science, 324*(5930), 1029–1033.

Vousden, K. H. & Ryan, K. M. (2009). p53 and metabolism. *Nature Reviews Cancer, 9*(10), 691–700.

Wakefield, S. L., Lane, M., Schulz, S. J., Hebart, M. L., Thompson, J. G., & Mitchell, M. (2008). Maternal supply of omega-3 polyunsaturated fatty acids alter mechanisms involved in oocyte and early embryo development in the mouse. *American Journal of Physiology Endocrinology and Metabolism, 294*(2), E425–434.

Wang, Q., Chi, M. M., Schedl, T., & Moley, K. H. (2012). An intercellular pathway for glucose transport into mouse oocytes. *American Journal of Physiology Endocrinology and Metabolism, 302*, E1511–E1518.

Wang, Q. & Moley, K. H. (2010). Maternal diabetes and oocyte quality. *Mitochondrion, 10*(5), 403–410.

Warburg, O. (1956). On the origin of cancer cells. *Science, 123*(3191), 309–314.

Wilding, M., Coppola, G., Dale, B., & Di Matteo, L. (2009). Mitochondria and human preimplantation embryo development. *Reproduction, 137*(4), 619–624.

Wonnacott, K. E., Kwong, W. Y., Hughes, J., Salter, A. M., Lea, R. G. et al. (2010). Dietary omega-3 and -6 polyunsaturated fatty acids affect the composition and development of sheep granulosa cells, oocytes and embryos. *Reproduction, 139*(1), 57–69.

Wu, G. Q., Jia, B. Y., Li, J. J., Fu, X. W., Zhou, G. B. et al. (2011). L-carnitine enhances oocyte maturation and development of parthenogenetic embryos in pigs. *Theriogenology, 76*, 785–793.

Yoneda, A., Suzuki, K., Mori, T., Ueda, J., & Watanabe, T. (2004). Effects of delipidation and oxygen concentration on in vitro development of *porcine* embryos. *Journal of Reproduction and Development, 50*(3), 287–295.

Yoshida, M. (1993). Role of glutathione in the maturation and fertilization of pig oocytes in vitro. *Molecular Reproduction and Development, 35*(1), 76–81.

Yoshida, M., Ishigaki, K., Nagai, T., Chikyu, M., & Pursel, V. G. (1993). Glutathione concentration during maturation and after fertilization in pig oocytes: relevance to the ability of oocytes to form male pronucleus. *Biology of Reproduction, 49*(1), 89–94.

You, J., Lee, J., Hyun, S-H., & Lee, E. (2012). L-carnitine treatment during oocyte maturation improves in vitro development of cloned pig embryos by influencing intracellular glutathione synthesis and embryonic gene expression. *Theriogenology,78*(2), 235–243.

Yuan, Y., Wheeler, M. B., & Krisher, R. L. (2012). Disrupted redox homeostasis and aberrant redox gene expression in porcine oocytes contribute to decreased developmental competence. *Biology of Reproduction.*

Zachut, M., Dekel, I., Lehrer, H., Arieli, A., Arav, A. et al. (2010). Effects of dietary fats differing in n-6：n-3 ratio fed to highyielding dairy cows on fatty acid composition of ovarian compartments, follicular status, and oocyte quality. *Journal of Dairy Science, 93*(2), 529–545.

Zeng, H-T., Yeung, W. S. B., Cheung, M. P. L., Ho, P-C., Lee, C. K. F. et al. (2009). In vitro-matured rat oocytes have low mitochondrial deoxyribonucleic acid and adenosine triphosphate contents and have abnormal mitochondrial redistribution. *Fertility and Sterility, 91*(3), 900–907.

Zeron, Y., Ocheretny, A., Kedar, O., Borochov, A., Sklan, D., & Arav, A. (2001). Seasonal changes in bovine fertility: relation to developmental competence of oocytes, membrane properties and fatty acid composition of follicles. *Reproduction, 121*(3), 447–454.

Zheng, P., Bavister, B. D., & Ji, W. (2001). Energy substrate requirement for in vitro maturation of oocytes from unstimulated adult rhesus monkeys. *Molecular Reproduction and Development, 58*, 348–355.

Zheng, P., Vassena, R., & Latham, K. E. (2007). Effects of in vitro oocyte maturation and embryo culture on the expression of glucose transporters, glucose metabolism and insulin signaling genes in rhesus monkey oocytes and preimplantation embryos. *Molecular Human Reproduction, 13*(6), 361–371.

Zuelke, K. A. & Brackett, B. G. (1992). Effects of luteinizing hormone on glucose metabolism in cumulus-enclosed bovine oocytes matured in vitro. *Endocrinology, 131*(6), 2690–2696.

Zuelke, K. A. & Brackett, B. G. (1993). Increased glutamine metabolism in bovine cumulus cell-enclosed and denuded oocytes after in vitro maturation with luteinizing hormone. *Biology of Reproduction, 48*(4), 815–820.

Zuelke, K. A., Jeffay, S. C., Zucker, R. M., & Perreault, S. D. (2003). Glutathione (GSH) concentrations vary with the cell cycle in maturing hamster oocytes, zygotes, and pre-implantation stage embryos. *Molecular Reproduction and Development, 64*(1), 106–112.

10　卵母细胞发育能力的鉴别

Marc-André Sirard 和 Mourad Assidi

10.1　简　　介

在人类和家畜的辅助生殖技术中，卵母细胞的发育能力是关键，且发育能力的评估被认为是提高 ART 效率和安全性的前提条件。然而已有的文献明确表明，卵母细胞的发育是一个多因素的过程，目前仅使用世界各地的形态学参数尚很难准确地评估。因此，探索评定卵母细胞发育能力的其他方法则成为人们感兴趣的领域。本章着重介绍卵母细胞发育能力的概念及其在这一过程中所涉及的一些关键问题，还将讨论如何利用生物标记物（biomarker）等新技术和新方法来准确评估卵母细胞发育能力。

10.2　卵母细胞发育能力的概念

卵母细胞发育能力是指卵母细胞发育至成熟期所具备的能力，即经过成功受精，到达囊胚阶段，并产生一个健康后代。到目前为止，通过最终产物的测定证实，这种能力是一个复杂的过程，涉及许多连续的、伴随的及相互依赖的步骤，包括卵母细胞的成熟、受精、胚胎发育及最终产出健康的后代。这种发育能力是卵母细胞通过获得发育能力所需的许多关键分子的生物合成和储存来实现。要解析卵母细胞发育能力累积的机制，需要从以下 6 个层次或步骤展开讨论。

10.2.1　卵母细胞的分子储存

在卵母细胞生长期，会产生和累积一些有助于其成熟、受精和早期胚胎发育的分子。这些分子是由卵母细胞生长和成熟期间的细胞核和卵质中的关键分子加工而成的产物。这些分子的适当储备被称为分子成熟（molecular maturation）（Sirard et al., 2006）。分子成熟是指把实现上述能力所必需的适宜因素以时间、空间和剂量依赖的方式储存于卵母细胞中的过程，目前对该过程还没有很好的定义。这种累积并不意味着一种特定的表型，也解释了为什么卵母细胞和卵丘-卵母细胞复合体（COC）在相似的表型下，某些卵母细胞比其他卵母细胞有更强的发育能力。这一结果表明，在揭示卵母细胞发育能力并提高预测准确性的过程中，运用现行的形态学标准尚存在一些局限性，这也强调了研究这些分子功能的重要性。有报道称，在这种情况下，小鼠的卵母细胞体积增加了 300 倍。这种巨大的细胞增殖和旺盛的代谢与基因的表达活性有关，它为卵母细胞的发育过程提供了足够的储备（mRNA、核糖体及蛋白质等）（Wassarman & Albertini, 1994; Mermillod & Marchal, 1999）。在哺乳动物中，卵母细胞直径、成熟度及随后的发育能力之间存在正相关（Fair et al., 1995; Otoi et al., 1997; Miyano & Manabe，2007）。卵母细胞直径增加的背后有多种分子机制（分子库），在涉及卵母细胞发育过程的主要分子机制中，本节将重点讨论卵母细胞甚至卵泡环境内的基因转录和蛋白质合成（Barnes & First, 1991; Hyttel et al., 1997; Sirard & Trounson, 2003）。在牛卵母细胞生长过程中这种转录活性显著增加，但当卵母细胞的直径达到 110 μm 时，其有腔卵泡阶段的转录活性开始下降（Fair et al., 1995, Memili et al., 1998）。此外已经证实，卵母细胞能够将母体 mRNA 以转译失活的状态长期储存而不被降解。与总 RNA 相比，尽管卵母细胞 mRNA 所占比例很小，但其具有可变长度的 poly（A）尾和 RNA 结合蛋白，这使它们在适当的阶段或时间内能被储存和使用（翻译）（Memili et al., 1998; Lequarre et al., 2004; Tremblay et al., 2005）。在非洲爪蟾蜍卵母细胞中，mRNA 的储存需要一些分子如信使核糖核蛋白复合物（messenger ribonucleoprotein complex, mRNP）的参与，故认为这种复合物能使翻译和降解装置避免转录（Weston & Sommerville, 2006）。

蛋白质的合成对减数分裂期卵母细胞的恢复也至关重要。在 GVBD 之后，主要基于储存的 mRNA poly（A）尾长度的选择来实现蛋白质的合成（Kastrop et al., 1991b; Levesque & Sirard, 1996）。非翻译区（3′UTR）也似乎影响 mRNA 的稳定性、储存及翻译（Henrion et al., 2000）。该翻译活性（translational activity）在体外母牛卵母细胞的 GVBD 期（IVM 培养约 6h）最大，约为 GV 期水平的 3 倍，然后在 MII 期再次下降（Tomek et al., 2002），并且在 GVBD 期合成和累积了其他的蛋白质，如核糖体蛋白、线粒体蛋白、ZP 糖蛋白、组蛋白及激酶（Wassarman & Albertini, 1994; Massicotte et al., 2006）。除了新蛋白质的翻译外，其他翻译后修饰（主要是指磷酸化）发生在牛卵母细胞的 G2/M 过渡期（Kastrop et al., 1991a; Kallous et al., 1993）。

除了转录和翻译之外，卵母细胞内糖酵解代谢显著增加，包括丙酮酸和乳酸代谢，这对卵母细胞的核成熟和发育能力有直接影响（Coffer et al., 1998; Cetica et al., 1999; Krisher & Bavister, 1999; Fan & Sun, 2004）。有趣的是，储存分子的类型（质量和数量）反映了卵子质量，并对其后续的发育能力至关重要。在相似的形态学和超微结构特征下，由于卵泡环境的特殊诱导，一些卵母细胞已经获得或产生并积累了适当的分子工具来成功激活胚胎基因组及发育能力（Sirard et al., 2006）。若要更好地评估每个卵母细胞内在的发育能力，理解其背后蕴藏的分子机制将会变成一种很有效的方法。

10.2.2 减数分裂能力

减数分裂能力是哺乳动物卵母细胞中最明显且被广泛研究的过程。它是指核成熟及对来自生发泡（GV）的卵母细胞核通过减数分裂恢复（生发泡破裂，GVBD）、同源染色体与第一极体排出（polar body extrusion）的关联，直到第二次减数分裂 MII 停滞过程的描述。值得注意的是，在早期胚胎发育过程中从 GVBD 期（牛和人卵母细胞的直径达到约 110 μm）到母源-胚胎过渡（MET）期间，大部分转录活性会被抑制（Fair et al., 1997; Tremblay et al., 2005）。第二次减数分裂恢复（second meiotic resumption）由精原核诱导，导致减数分裂的完成和第二极体排出（Hyttel et al., 1986）。该减数分裂在其持续时间和多次停滞方面是非常特殊的，尽管在显微镜下鉴定核成熟是很容易的，但是它的成功鉴别并不能代表卵母细胞完全具备发育能力。

10.2.3 细胞质能力

细胞质能力包括卵母细胞在成熟前（LH 峰之前）和最终成熟能够实现成功受精、卵裂和胚胎发育的过程期间卵细胞质所发生的所有超微结构修饰（Kruip et al., 1983; Hyttel et al., 1986; Hyttel et al., 1997）。与细胞质能力有关的特征主要是线粒体数目的增加以及它们向内质网和卵黄膜的迁移（Michaels et al., 1982）。另外，高尔基体与大量的脂质囊泡有关，并迁移到卵母细胞的皮质下区域，在那里可能参与皮层颗粒细胞的形成。这种恰当的细胞器迁移（organelle relocation）伴随着两个重要而可见的细胞质能力评估标准：适当的透明带厚度和卵周隙间距（Wassarman & Albertini, 1994; Fair et al., 1995; Sun, 2003），在受精前最后成熟阶段透明带的厚度和分化程度会增加至最大（Hyttel et al., 1986; Familiari et al., 2006）。

目前还没有有效的直接测定细胞质成熟能力的方法，因此通常用减数分裂的成熟作为细胞质成熟的参考。除了这种间接的方法外，还可以通过早期胚胎发育的结果来评估细胞质的成熟，这就是在细胞质和分子水平上难以区分卵母细胞的成熟和发育能力的原因。

10.2.4 受精能力

受精能力是指卵母细胞和精子细胞融合的能力，并导致第二极体的排出和两个原核的形成。精子穿透后卵母细胞的分子和细胞机制确保了该水平的能力。在哺乳动物（主要是人和牛）中成功受精的高比例印证了生长期卵母细胞正确驱动配子融合的内在潜力。然而，少量的受精失败可能主要与精核去浓缩不完全或原核不同步相关（Sirard et al., 2006; Swain & Pool, 2008）。

10.2.5 胚胎发育能力

早期胚胎发育能力（embryo developmental competence）是指受精的卵母细胞分裂、适当地激活胚胎基因组（在母源-胚胎过渡过程中）并发育成囊胚的潜能。发育至囊胚阶段的能力明显地受到卵泡环境和卵泡分化程度的影响（Dieleman et al., 1983; Blondin et al., 2002）。囊胚的结果是用来评估发育至囊胚能力的主要标准，主要涉及成熟期卵母细胞的分子机制的质量和效率（转录因子、翻译及信号分子）（Barnes & First, 1991; Vigneault et al., 2004）。

10.2.6 妊娠期的发育能力

妊娠期的发育并产生健康后代是卵母细胞能力的最终标准。多年来，为了提高人类和动物 ART 的效率和安全性，人们已经付出了很多的努力。在生殖的关键领域，尽管近几年在生殖技术实施方面成绩斐然，但 ART 与一些不良的后果如牛的大胎综合征（large offspring syndrome, LOS）、多胎妊娠率及人类的一些表观遗传变异都有或多或少的关联（Lonergan et al., 2003; Farin et al., 2006; Odom & Segars, 2010）。卵母细胞遗留的一些遗传的、分子的及细胞的成熟步骤影响了健康后代的出生及之后的生长发育（McEvoyet et al., 2003; Le Bouc et al., 2010）。因此需要以实验动物为模型来开展更多的研究，鉴别配子及 ART 操作对胚胎表观基因组的影响，从而评估随后的妊娠、分娩、后代及成年的健康状况。在未来的几年，一些生殖新方法及卵母细胞最优培养方案毫无疑问将成为可靠的工具，用以阐明与卵母细胞能力有关的适当分子机制，从而容许更有效（生物标记物、目标通路）而安全的 ART 方法的使用。

10.3 卵泡参数对卵母细胞发育能力的影响

在许多哺乳动物中，特别是大型的单排卵动物，卵泡环境对卵母细胞发育至受精的能力有明显的影响。参与评估的卵泡参数主要有大小、健康状况、闭锁状态、超排（superstimulation）效果及细胞分化的水平。

10.3.1 卵泡大小的影响

研究表明，卵泡大小是影响卵母细胞发育能力的重要参数。它会影响受精的成功率，较小的牛和猪的卵泡（小于 3 mm）会降低卵母细胞的发育能力（Lonergan et al., 1994; Blondin & Sirard, 1995; Marchal et al., 2002）。此外，人类小于 18 mm 的卵泡中卵母细胞的受精率及胚胎质量比大于 18 mm 的都要低（Rosen et al., 2008）。这些卵母细胞似乎恢复较早，所以可能缺乏一些实现其全部发育能力的其他卵泡因子。

10.3.2　健康状况的影响

尽管我们还没有充分了解其机制，但卵泡闭锁是以颗粒细胞的凋亡为迹象而开始，而颗粒细胞逐渐向卵丘移动，此后会嵌入到卵母细胞中(Zeuner et al., 2003)。优势卵泡和大的次级卵泡（secondary follicle）不会发生或仅有轻微的闭锁，并且卵母细胞能够保持良好的发育能力（囊胚率）（Vassena et al., 2003）。卵泡闭锁的标志是卵丘层的破坏，表现为发育能力不良。有研究认为，在 COC 卵丘细胞外层中有轻微凋亡迹象的细胞具有更高的发育能力（Blondin & Sirard, 1995; Zeuner et al., 2003; Feng et al., 2007）。这些凋亡现象似乎是促进或加速卵母细胞成熟的一种信号，以提高卵母细胞的发育能力，它可以解释为确保物种延续的一种配子保存过程。

10.3.3　超排的影响

超排计划是利用卵泡环境来诱导卵母细胞发育能力的激素处理方案。为了模拟生理的或正常的激素模式，考虑利用卵泡发生波（follicular wave）的生殖生理和激素调节的知识来改进超排技术。卵泡间的基因表达分析显示，卵泡从生长到分化的过渡与早期颗粒细胞黄体化（Robert et al., 2001）、LH 受体表达（Robert et al., 2003）及卵丘细胞的分化和增殖（Assidi et al., 2010）有关的大量转录本相关。这种激素的诱导通常是在母牛优势卵泡直径为 8.5 mm 之前的平稳期进行的，因此可以恢复一个同质的卵泡群（Ginther et al., 2000; Merton et al., 2003）。它能增加潜在的分化卵泡的数量和质量（显性或早期闭锁），能够诱导更高的发育潜能（Blondin et al., 2002）。进一步从分子水平上探索卵泡-卵母细胞的应答机制，可以阐明卵泡分化阶段的复杂性，实现超数排卵效率和卵母细胞潜能的最大化。

10.3.4　卵泡分化水平的影响

在单排卵动物的发情周期中，与次级卵泡波（follicular wave）期间的卵泡相比，之后有越来越多的细胞分化及类固醇合成与优势卵泡的快速生长相似(Ginther, 2000），这些变化发生在有腔卵泡直径增加和卵母细胞发育能力实现的过程中（Humblot et al., 2005）。在大型动物如牛的黄体期，除非黄体退化，否则这种优势卵泡的排卵将会被黄体酮所抑制。

在黄体酮水平降低的情况下，排卵前期与 LH 脉冲及孕激素和雌激素比率的增加有关，并且与卵母细胞中细胞器的重排有关（Hyttel et al., 1986）。这个时期卵母细胞“苏醒”，具有完整的发育能力（Hyttel et al., 1986; Humblot et al., 2005）。LH 激素激增后，从优势卵泡中收集的卵母细胞具有很强的发育潜能。LH 峰刺激孕激素受体的表达，通过阻止颗粒细胞凋亡来促进优势卵泡排卵。有趣的是，孕激素受体拮抗剂能够重新激活优势卵泡中的细胞周期停滞和凋亡（Quirk et al., 2004）。这些现象证实了 PGR 在优势卵泡的最终分化、生长、寿命（老化）及维持细胞抗凋亡方面有重要的作用。因此，嵌入的卵母细胞能够维持并可能增强其发育能力。

10.4 与卵母细胞发育能力有关的卵丘-卵母细胞复合体的形态学改变

卵丘细胞与卵母细胞保持密切的关系，能促进卵母细胞的成熟、排卵和受精（Tanghe et al., 2002; Thompson et al., 2007）。鉴于卵丘细胞的重要性及其与卵母细胞毗邻的位置，在大型哺乳动物中通过研究卵丘细胞的形态学，以期找到与更好发育能力有关的选择标准。有研究表明，由多个卵丘细胞层（$n \geqslant 3$）包围的人和牛卵母细胞表现出较强的发育能力（Blondin & Sirard, 1995; Ng et al., 1999）。III 级 COC 的卵母细胞周围紧密分布着几层卵丘细胞层，并且外层卵丘细胞的轻微扩张与较高的受精率及妊娠率呈正相关（Blondin & Sirard, 1995; Lasiene et al., 2009）。此外，卵丘扩散后面积的增大可作为预测猪卵母细胞体外发育能力的一个参数（Qian et al., 2003）。

除了卵丘的形态外，在 GV 期的染色质构型与卵母细胞能力之间也有一些相关性。在大多数哺乳动物中，染色质最初分布于卵泡发育起始（牛＞1 mm）时的细胞核[非环绕核仁（NSN）模式]中，然后在靠近核仁和核膜的地方形成一种渐进的、与其大小相关的浓缩方式即 F 模式，意为接近核仁和核膜的絮状凝聚态染色质模式（floccular form of condensed chromatin close to the nucleoli and nuclear membrane, F pattern）（Liu et al., 2006）。这种 F 模式与牛卵母细胞中 RNA 转录的减少和减数分裂能力的获得相关（Fair et al., 1995; Liu et al., 2006）。在其他哺乳动物如人和小鼠中也报道了类似的结果（Miyara et al., 2003; Tan et al., 2009）。值得一提的是，哺乳动物卵母细胞能力的增强与基因转录的抑制和卵母细胞中 SN 染色质构型（由染色质包围的核仁）有关（Tan et al., 2009）。

在生长阶段，卵泡直径达到 3 mm 之前，牛卵母细胞包含 1～2 个空泡和纤维状的核仁，预示着大量 rRNA 的合成。在此之后，这些结构变得同质化且紧凑，并伴随着转录活性的急剧降低，意味着减数分裂能力的获得（Crozet et al., 1986）。当卵母细胞减数分裂恢复时，母体核就会溶解，只有在雄原核和雌原核受精后卵母细胞核才重新出现（重新组装卵母细胞核仁物质）（Lefevre, 2008）。这被认为是胚胎发育成功和获能的关键因素，因为去核的卵母细胞不能形成囊胚（Ogushi et al., 2008）。总之，染色质构象和 GV 期的核仁状态可能有助于预测卵母细胞的发育能力。

10.5 与卵母细胞发育能力有关的卵丘-卵母细胞复合体的生化改变

10.5.1 葡萄糖代谢

葡萄糖代谢是小鼠、猪及牛卵母细胞生长和减数分裂恢复过程中的重要一环（Biggers et al., 1967; Eppig, 1976; Leese & Barton, 1985; Mayes et al., 2007; Thompson et al., 2007）。分析表明，生长期卵母细胞中葡萄糖-6-磷酸脱氢酶（G6PDH）表现为高活性，代谢活动能使亮甲基蓝（BCB）染色，最终细胞质变得无色。然而，成熟的卵母细胞有两大特征，即转录活性降低及 G6PDH 含量降低，无法代谢 BCB。人们正是利用了这种代谢特性来鉴别出完全成熟的卵母细胞。因此，被染成蓝色细胞质的卵母细胞的 Akt 和 MAP 激酶的磷酸化水平更高、囊胚质量更好，其发育能力也会随之提高（Alm et al., 2005; Sutton-McDowall et al., 2010; Torner et al., 2008）。

10.5.2 电泳迁移

为提高优质卵母细胞的选择效率，人们引入了电泳迁移法（dielectrophoretic migration），这是一种非侵入性的发育能力预测法，能够测定卵母细胞或合子在电场中（电压 14 V，频率 4 MHz）的迁移速度，迁移速度快的卵母细胞发育能力强（Dessie et al., 2007）。造成卵母细胞迁移速度变化的因素可能有很多，如膜的渗透性、细胞质的渗透性、细胞分子组成及细胞本身的大小和形状。有趣的是，人们在研究电泳迁移法时，还发现有几个基因在初级和次级卵母细胞中差异表达。

10.5.3 透明带折射率

提高优质卵母细胞的选择效率有一项形态学标准即透明带折射率（zona refringence）。实际上，卵丘细胞的内表层与透明带（卵母细胞外周的一层厚保护膜）直接接触，透明带厚度随着卵母细胞的发育而增加，在人类卵母细胞第二次减数分裂中期会达到 17 μm。排卵前透明带蛋白质产量会轻微降低，而卵裂开始之前，其直径则保持相对稳定（Goyanes et al., 1990; Gook et al., 2008）。透明带折射率能够反映透明带的厚度和均匀度，在人类试管受精（IVF）的过程中，这一形态标准与卵母细胞的发育能力、胚胎着床成功率及妊娠率呈正相关（Montag et al., 2008; Montag & van der Ven, 2008; Madaschi et al., 2009）。因此，目前人们可能会在卵母细胞选择过程中利用这一点作为各项参数的参考。

10.6 使用 Coasting 诱导大型哺乳动物卵母细胞的发育能力

在人类中，“Coasting”是指促超排刺激发生时，不再注射促性腺激素。这主要是为了预防卵巢过度刺激综合征（ovarian hyperstimulation syndrome, OHSS），在接受人绒毛膜促性腺激素（hCG）注射前有助于稳定血清雌二醇（E2）水平。而在动物身上，“Coasting”是指在内源性促黄体素（LH）存在的情况下，不再注射促性腺激素，从而刺激卵泡分化，提高卵母细胞发育能力（Sher et al., 1995; Blondin et al., 2002）。这样就形成了一种选择性压力，即减少小卵泡数量而提高大、中型卵泡的比例（Fluker et al., 1999; Blondin et al., 2002）。此外，“Coasting”可能会引起卵丘外层轻微闭锁，这有利于 III 级 COC 的形成，以及提高发育能力（Blondin & Sirard, 1995）。在母牛上实施“Coasting”48h 后，其卵裂率和囊胚率均提高（分别达到了 90%和 80%），这些数据均验证了上述发现（Blondin et al., 2002）。在人类 IVF 的过程中，抑制促性腺激素（少于 4 天）也是预防卵巢过度刺激综合征、多囊卵巢综合征（polycystic ovary syndrome, PCOS）并发症的有效方法，同时还能避免卵母细胞发育能力的损害或子宫内膜容受性（Simon et al., 1998; Isaza et al., 2002）。因此，“Coasting”是一种通过提高可供选择的卵母细胞数量而改进卵母细胞发育能力的有效工具。

10.7 卵泡细胞基因组或基因表达在评估卵母细胞发育能力中的应用

目前用于预测卵母细胞发育能力的依据有形态学标准、超微结构标准及代谢标准。尽管这些标准使妊娠率有所提高，但形态学标准仍然是比较主观的，甚至在某些案例中与卵母细胞的联系也并不紧密。因此，找到其他相关的生物标记，从而准确预测卵母细胞的各项发育能力是当务之急。在这种背景下，基因组技术提供了一种新的可能性，即能够在非常微小的样品中研究基因表达。运用这种方法，人们可以在单个卵泡，甚至是单个卵丘复合物中进行研究。考虑到卵泡细胞的双向接触和连续接触对卵母细胞质量都至关重要，所以一些基因组研究将重点放在与基因表达相关的卵泡状态研究上。Evans 等（2004）通过比较次级卵泡和优势卵泡，发现与细胞凋亡相关的差异表达基因数量增加。这些基因标记物很有可能用来标记牛的优势卵泡。一些相似的研究表明，一些关键基因与卵泡的状态和优势的获得有相关性（Bedard et al., 2003; Mihm et al., 2006; Wells & Patrizio, 2008），还有一些研究则将重点放在促超排治疗对卵泡转录组的影响上。有研究显示，LH 会诱发一种早期（LH 峰后 6h）效应，其中在牛颗粒细胞中有与排卵有关的基因标记。而在后期（LH 峰后 22h），颗粒细胞转录组中会出现大量的与黄体化有关的基因（Gilbert et al., 2010）。还有一项与 LH 基因表达效应类似的研究表明，牛卵丘细胞中存在大量的值得进一步研究的候选基因（Assidi et al., 2010）。人类的窦状卵泡被刺穿后，其中颗粒细胞的转录组数据（与卵丘细胞的转录模式不同）显示出与炎症相关的许多基因表达，可为排卵做准备。卵丘细胞中表达的基因主要涉及类神经元功能和蛋白质水解（Koks et al., 2010）。总之，上述研究证实了人们对卵泡细胞在排卵前行为的预测，并且为进一步的分子生理学和调控机制的研究提供了有效的靶基因。此外，还有一些研究以此为参考，分析了与体外卵巢刺激相关的基因表达模式（Grondahl et al., 2009; Gilbert et al., 2010; Jones et al., 2008; Tesfaye et al., 2009）。我们应当注意到，对卵泡细胞中差异表达基因的研究是在多个物种上进行的，用来找出能够作为卵母细胞质量指标的相关标记物，其目的是鉴定出能够精准预测卵母细胞发育能力的基因标记物（定量且非侵入性的），并且作为新的形态学标准的参考。目前已经在牛（Burns et al., 2003; Fayad et al., 2004; Bettegowda et al., 2008; Gilbert et al., 2010）、人（Feuerstein et al., 2007; Ferrari et al., 2010; Koks et al., 2010）等哺乳动物中进行了研究，发现了能够提高辅助生殖技术（ART）成功率和安全性的关键基因标记物。

目前在寻找预测卵母细胞发育能力的生物标记物领域，培养 COC 或在人、家畜身上实施 ART 并实现两个及以上的胚胎移植都极具挑战性。为此，人们通过分析卵泡细胞的基因表达并记录卵母细胞妊娠率而对个体卵泡进行评估。这种评估方法巧妙地避开了特定的偏差，尤其是在人类的生育治疗中。并且在临床上推荐选择性单胚移植（elective single embryo transfer, eSET）也非常有效。此外，使用基于形态学的 SET 后，妊娠率仍然不高，而且此疗法缺少有效的卵母细胞选择标记。据推测，来源于卵泡且能够受孕的卵泡细胞中差异化的基因组组成能为卵母细胞发育能力提供一个有用的指标（Hamel et al., 2008）。过去常用于寻找明确的卵母细胞发育能力生物标记物的方法有 inter-patient（成功怀孕组和未怀孕组）和 intra-patient（卵泡导致怀孕组和卵泡导致怀孕失败组）两种（Hamel et al., 2010a）。Hamel 等进行的这项研究，同时考虑了上述两种方法各自的侧重点和优势，从而清楚地解析与卵泡发育能力相关的基因表达模式的变化。在进行了 intra-patient 分析和单个样本候选基因确认以后，研究发现了 7 种生物标记物：磷酸甘油酸酯激酶 1（phosphoglycerate kinase 1, PGK1）、G 蛋白信号调控子 2（regulator of G protein signalling 2, RGS2）、G 蛋白信号调控子 3（RGS3）、芳香化酶（CYP19a）、细胞分裂周期蛋白 42（cell division cycle 42, CDC42）、尿苷二磷酸葡萄糖焦磷酸化酶-2（UDP-glucose pyrophosphorylase-2, UGP2）和普列克底物蛋白同源物样结构域家族 A 成员 1（pleckstrin homology-like domain, family A, member 1, PHLDA1）（Hamel et al., 2010a; Hamel et al., 2010b）。上述标记物的基因组功能分析显示，它们确实参与了特定的细胞信号转导通路和早期卵泡细胞黄体化，由于它们中大多数都与调节卵泡细胞分化的各种脑肽有关，因此很有可能受到激素环境的影响（图 10.1）。

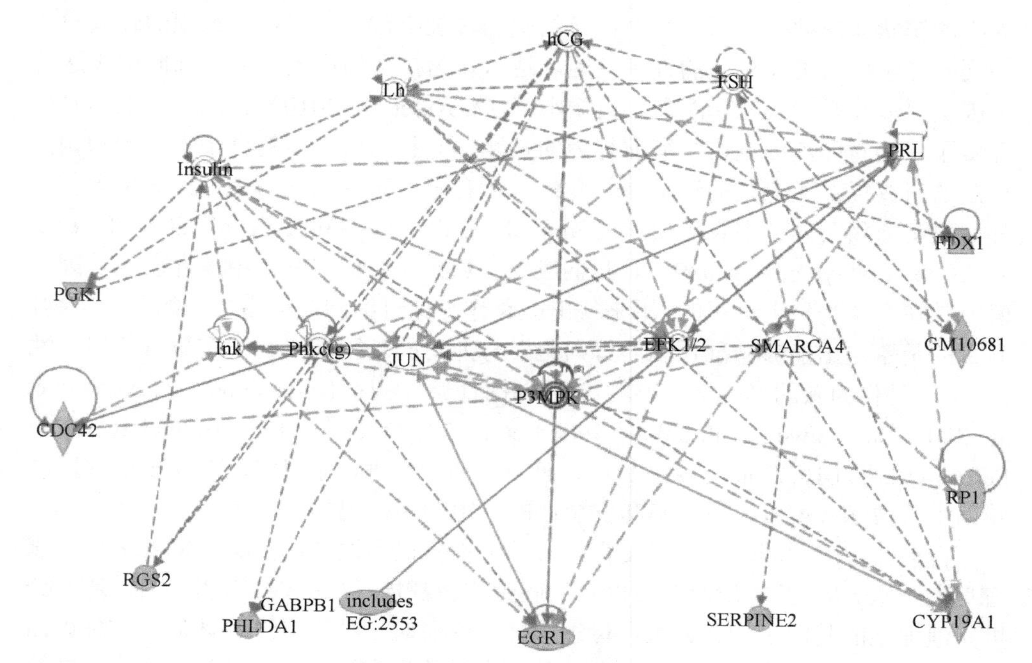

图 10.1　根据 Ingenuity 程序搜索出来的与人类妊娠相关的有关标记物的潜在信号网络（根据 Hamel et al., 2008; Hamel et al., 2010a）

10.8　卵丘细胞基因组或基因表达在评估卵母细胞发育能力中的应用

在卵泡形成期间，卵母细胞被卵泡细胞包围，这种卵泡细胞在窦状阶段分化成壁层颗粒细胞和卵丘细胞。卵丘细胞是高度分化的卵泡细胞，它与卵母细胞保持着紧密的细胞连接。除去它们，这些细胞间通讯将会中断及抑制其代谢、转录及翻译活动，大大降低了卵母细胞的发育能力（Tatemoto & Terada, 1995; Matzuk et al., 2002; Tanghe et al., 2002; Sutton et al., 2003; Tanghe et al., 2003; Atef et al., 2005）。此外，卵丘功能受到一些卵母细胞分泌因子的影响，主要是转化生长因子（TGF）（Elvin et al., 2000a; Eppig, 2001; Gilchrist et al., 2004）和 EGF 样肽（Tsafriri et al., 2005; Downs & Chen, 2008; Panigone et al., 2008）。因此，卵丘细胞被认为是反映卵母细胞质量的参照物，包括卵母细胞成熟、排卵、受精及早期胚胎发育在内的许多因素也被证明能增强卵母细胞的发育能力（Tanghe et al., 2002;

Hernandez-Gonzalez et al., 2006; Assou et al., 2008）。要熟知卵丘细胞上述的所有功能，并确认在成熟卵母细胞上的卵丘细胞中，差异表达的基因组标记物有助于强化当前的卵母细胞选择策略，从而改善妊娠效果。因此，哺乳动物中卵丘细胞是越来越多的基因组研究的目标，用来建立卵丘细胞转录组和卵母细胞发育能力之间可能的相关性。

在小鼠中，通过对不同卵泡发育阶段卵丘细胞内的基因表达进行分析，研究了形态类似但具有不同发育能力的卵丘-卵母细胞复合体的基因表达谱变异（Adriaenssens et al., 2011）。研究发现，在排卵前、超排过程或体外 FSH 处理之后均存在一些与牛卵母细胞发育能力相关的基因标记物在卵丘细胞中表达（Assidi et al., 2008）。这些候选基因为探索卵泡生长和分化过程中卵丘细胞的变化提供了宝贵且有价值的数据，并成为客观而定量地选择高质量卵母细胞的参数。

对于人类 ART 来说，需要建立有效的卵母细胞选择工具，卵丘细胞因其所具备的可用性、非侵入性（避免道德和法律的限制）和在卵母细胞能力获得过程中的突出作用，故已成为首选。对卵丘细胞基因表达进行鉴定，能够发现卵母细胞发育能力相关的定量和非侵入性生物标志物，这将提高 SET 程序的效率。Hamamah 博士小组通过对人类卵丘细胞基因表达谱的分析，特别强调了这一观点，并指出一些有意义的标记物需要进一步去验证（Assou et al., 2008; Assou et al., 2010）。这些与妊娠成功和失败有关的生物标记已经加深了我们对卵丘细胞参与卵母细胞潜能发挥的认识（Assou et al., 2006; Feuerstein et al., 2007; Huang & Wells, 2010; Assidi et al., 2011）。利用基因组方法对来自 SET 实验的卵丘细胞进一步研究，将为卵母细胞的发育能力提供强有力的预测因子，从而强化形态学参数，增加卵母细胞的选择效率，提高妊娠率。

10.9 参与激发卵母细胞发育能力的信号通路

了解卵泡到卵丘、卵丘到卵母细胞的过程（信号通路）仍然是通过不同的体外或体内处理来研究卵母细胞最终发育能力的关键措施。因此，我们认为候选基因的功能基因组分析及其与已知的卵泡生理学的匹配是揭示发育能力之谜的方法。虽然卵丘细胞能够提高卵母细胞的发育能力，但是通过 TGF 家族（主要是 GDF9 和 BMP15）实现卵母细胞对邻近体细胞的反馈应该被重点考虑（Eppig, 2001; Sugiura et al., 2007）。卵母细胞和卵泡细胞之间适当的互作对于卵母细胞正常发育、卵泡发生、排卵及随后的胚胎发育是必不可少的（Eppig et al., 2002; Gilchrist et al., 2008）。近年来已有报道称信号通路对于代谢的卵丘-卵母细胞协同性非常重要，其中包括胆固醇合成（Su et al., 2008）、糖酵解（Sugiura et al., 2005）和排卵（Richards et al., 2002a; Richards, 2007）。

通过鉴定重要的信号通路来了解卵母细胞能力的发挥机制仍然是一个挑战。①在已被证实的卵丘或卵泡细胞中的基因标记间构建功能关系通路；②在已知的卵丘-卵母细胞代谢与信号通路间构建通路；③在全细胞信号系统中构建促性腺激素与生长因子之间的功能关系通路，将会为发育能力调控提供一个关键的要素。我们假设这些信号通路之间存在一些重叠，这样的信号重叠将帮助我们发现重要的通路。结合人类和动物模型中已报道的有价值的数据，需特别注意物种间的生理差异及相似之处。为了安全和准确地诱导卵母细胞发育能力，需要在体外、体内或卵泡内对靶通路或基因进行精确分析，明确与卵母细胞能力相关的重要通路。只有这样，在畜牧业和人类不育症治疗中，ART的功效、成本和安全性才能够得到改善。

10.10 小　　结

卵母细胞发育能力的实现是一个复杂的过程，需要对其进行深入研究。本章从不同层次详细讨论了卵母细胞发育能力鉴别的要素，在具体的空间、时间及大小前提下，均需要理想而精细的分子或通路调控。因此，最佳的能力应该是细胞核和细胞质成熟、胚胎基因组功能激活、发育至囊胚期及分娩出健康的后代。任何这些过程的全部或局部的失败都会影响卵母细胞发育能力的实现。另外，以往卵母细胞成熟培养实验的成功并不能确保后续步骤的顺利完成。由于卵母细胞发育能力的复杂性，在受精后的表型分析之前，目前尚没有可靠的方法对其进行评估。通过基因组方法来筛选定量和非侵入性的生物标志物，是对卵母细胞能力评估的一个很有趣的发展方向。这些可靠的基因生物标志物一旦被验证，就能够提供一个高精度的工具，来强化预测卵母细胞发育能力的形态学标记和生化因子。这种能力可以提高妊娠率、减少多胎妊娠的发生，同时提高人类选择SET治疗程序的效率，也能够加速动物育种的遗传进展。

（王欣荣、李明娜　译；王　彪、杨雅楠　校）

参考文献

Adriaenssens, T., Segers, I., Wathlet, S., & Smitz, J. (2011). The cumulus cell gene expression profile of oocytes with different nuclear maturity and potential for blastocyst formation. *Journal of Assistive Reproduction and Genetics, 28*, 31–40.

Alm, H., Torner, H., Lohrke, B., Viergutz, T., Ghoneim, I. M., & Kanitz, W. (2005). Bovine blastocyst development rate in vitro is influenced by selection of oocytes by brillant cresyl blue staining before IVM as indicator for glucose-6-phosphate dehydrogenase activity. *Theriogenology, 63*, 2194–2205.

Assidi, M., Dieleman, S. J., & Sirard, M. A. (2010). Cumulus cell gene expression following the LH surge in bovine preovulatory follicles: Potential early markers of oocyte competence. *Reproduction, 140*, 835–852.

Assidi, M., Dufort, I., Ali, A., Hamel, M., Algriany, O. et al. (2008). Identification of potential markers of oocyte competence expressed in bovine cumulus cells matured with follicle-stimulating hormone and/or phorbol myristate acetate in vitro. *Biology of Reproduction, 79*, 209–222.

Assidi, M., Montag, M., Van Der Ven, K., & Sirard, M. A. (2011). Biomarkers of human oocyte developmental competence expressed in cumulus cells before ICSI: A preliminary study. *Journal of Assistive Reproduction and Genetics* (in press).

Assou, S., Anahory, T., Pantesco,V., Le Carrour, T., Pellestor, F. et al. (2006). The human cumulus–oocyte complex gene-expression profile. *Human Reproduction, 21*, 1705–1719.

Assou, S., Haouzi, D., DeVos, J., & Hamamah, S. (2010). Human cumulus cells as biomarkers for embryo and pregnancy outcomes. *Molecular Human Reproduction*.

Assou, S., Haouzi, D., Mahmoud, K., Aouacheria, A., Guillemin, Y. et al. (2008). A non-invasive test for assessing embryo potential by gene expression profiles of human cumulus cells: a proof of concept study. *Molecular Human Reproduction, 14*, 711–719.

Atef, A., Francois, P., Christian, V., & Marc-Andr, S. (2005). The potential role of gap junction communication between cumulus cells and bovine oocytes during in vitro maturation. *Molecular Reproduction and Development, 71*, 358–367.

Barnes, F. L., & First, N. L. (1991). Embryonic transcription in in vitro cultured bovine embryos. *Molecular Reproduction and Development, 29*, 117–123.

Bedard, J., Brule, S., Price, C. A., Silversides, D. W., & Lussier, J. G. (2003). Serine protease inhibitor-E2 (SERPINE2) is differentially expressed in granulosa cells of dominant follicle in cattle. *Molecular Reproduction and Development, 64*, 152–165.

Bettegowda, A., Patel, O. V., Lee, K. B., Park, K. E., Salem, M. et al. (2008). Identification of novel bovine cumulus cell molecular markers predictive of oocyte competence: Functional and diagnostic implications. *Biology of Reproduction, 79*, 301–309.

Biggers, J. D., Whittingham, D. G., & Donahue, R. P. (1967). The pattern of energy metabolism in the mouse oocyte and zygote. *Proceedings of the National Academy of Science USA, 58*, 560–567.

Blondin, P., Bousquet, D., Twagiramungu, H., Barnes, F., & Sirard, M. A. (2002). Manipulation of follicular development to produce developmentally competent bovine oocytes. *Biology of Reproduction, 66*, 38–43.

Blondin, P., & Sirard, M. A. (1995). Oocyte and follicular morphology as determining characteristics for developmental competence in bovine oocytes. *Molecular Reproduction and Development, 41*, 54–62.

Burns, K. H., Owens, G. E., Ogbonna, S. C., Nilson, J. H., & Matzuk, M. M. (2003). Expression profiling analyses of gonadotropin responses and tumor development in the absence of inhibins. *Endocrinology, 144*, 4492–4507.

Cetica, P. D., Pintos, L. N., Dalvit, G. C., & Beconi, M. T. (1999). Effect of lactate dehydrogenase activity and isoenzyme localization in bovine oocytes and utilization of oxidative substrates on in vitro maturation. *Theriogenology, 51*, 541–550.

Coffer, P. J., Jin, J., & Woodgett, J. R. (1998). Protein kinase B (c-Akt): A multifunctional mediator of phosphatidylinositol 3-kinase activation. *Biochemistry Journal, 335*(Pt 1), 1–13.

Crozet, N., Kanka, J., Motlik, J., & Fulka, J. (1986). Nucleolar fine structure and RNA synthesis in bovine oocytes from antral follicles. *Gamete Research, 14*, 65–73.

Dessie, S. W., Rings, F., Holker, M., Gilles, M., Jennen, D. et al. (2007). Dielectrophoretic behavior of in vitro-derived bovine metaphase II oocytes and zygotes and its relation to in vitro embryonic developmental competence and mRNA expression pattern. *Reproduction, 133*, 931–946.

Dieleman, S. J., Kruip, T. A., Fontijne, P., de Jong, W. H., & van der Weyden, G. C. (1983). Changes in oestradiol, progesterone and testosterone concentrations in follicular fluid and in the micromorphology of preovulatory bovine follicles relative to the peak of luteinizing hormone. *Journal of Endocrinology, 97*, 31–42.

Downs, S. M., & Chen, J. (2008). EGF-like peptides mediate FSH-induced maturation of cumulus cell-enclosed mouse oocytes. *Molecular Reproduction and Development, 75*, 105–114.

Elvin, J. A., Yan, C., & Matzuk, M. M. (2000a). Oocyte-expressed TGF-beta superfamily members in female fertility. *Molecular Cell Endocrinology, 159*, 1–5.

Eppig, J. J. (1976). Analysis of mouse oogenesis in vitro. Oocyte isolation and the utilization of exogenous energy sources by growing oocytes. *Journal of Experimental Zoology, 198*, 375–382.

Eppig, J. J. (2001). Oocyte control of ovarian follicular development and function in mammals. *Reproduction, 122*, 829–838.

Eppig, J. J., Wigglesworth, K., & Pendola, F. L. (2002). The mammalian oocyte orchestrates the rate of ovarian follicular development. *Proceedings of the National Academy of Science USA, 99*, 2890–2894.

Evans, A. C., Ireland, J. L.,Winn, M. E., Lonergan, P., Smith, G.W. et al. (2004). Identification of genes involved in apoptosis and dominant follicle development during follicular waves in cattle. *Biology of Reproduction, 70*, 1475–1484.

Fair, T., Hulshof, S. C., Hyttel, P., Greve, T., & Boland, M. (1997). Oocyte ultrastructure in bovine primordial to early tertiary follicles. *Anatomy and Embryology* (Berlin), *195*, 327–336.

Fair, T., Hyttel, P., & Greve, T. (1995). Bovine oocyte diameter in relation to maturational competence and transcriptional activity. *Molecular Reproduction and Development, 42*, 437–442.

Familiari, G., Relucenti, M., Heyn, R., Micara, G., & Correr, S. (2006). Three-dimensional structure of the zona pellucida at ovulation. *Microscopic Research Techologies, 69*, 415–426.

Fan, H. Y., & Sun, Q. Y. (2004). Involvement of mitogen-activated protein kinase cascade during oocyte maturation and fertilization in mammals. *Biology of Reproduction, 70*, 535–547.

Farin, P. W., Piedrahita, J. A., & Farin, C. E. (2006). Errors in development of fetuses and placentas from in vitro-produced bovine embryos. *Theriogenology, 65*, 178–191.

Fayad, T., Levesque, V., Sirois, J., Silversides, D. W., & Lussier, J. G. (2004). Gene expression profiling of differentially expressed genes in granulosa cells of bovine dominant follicles using suppression subtractive hybridization. *Biology of Reproduction,70*, 523–533.

Feng, W. G., Sui, H. S., Han, Z. B., Chang, Z. L., Zhou, P. et al. (2007). Effects of follicular atresia and size on the developmental competence of bovine oocytes: a study using the well-in-drop culture system. *Theriogenology, 67*, 1339–1350.

Ferrari, S., Lattuada, D., Paffoni, A., Brevini, T. A., Scarduelli, C. et al. (2010). Procedure for rapid oocyte selection based on quantitative analysis of cumulus cell gene expression. *Journal of Assistive Reproduction and Genetics*.

Feuerstein, P., Cadoret, V., Dalbies-Tran, R., Guerif, F., Bidault, R., & Royere, D. (2007). Gene expression in human cumulus cells: one approach to oocyte competence. *Human Reproduction, 22*, 3069–3077.

Fluker, M. R., Hooper, W. M., & Yuzpe, A. A. (1999). Withholding gonadotropins ("coasting") to minimize the risk of ovarian hyperstimulation during superovulation and in vitro fertilization-embryo transfer cycles. *Fertility and Sterility, 71*, 294–301.

Gilbert, I., Robert, C., Dieleman, S. J., Blondin, P., & Sirard, M. A. (2010). Transcriptional effect of the luteinizing hormone surge in bovine granulosa cells during the peri-ovulation period. *Reproduction*.

Gilchrist, R. B., Lane, M., & Thompson, J. G. (2008). Oocyte-secreted factors: regulators of cumulus cell function and oocyte quality. *Human Reproduction Update, 14*, 159–177.

Gilchrist, R. B., Ritter, L. J., & Armstrong, D. T. (2004). Oocyte-somatic cell interactions during follicle development in mammals. *Animal Reproductive Science, 82–83*, 431–446.

Ginther, O. J. (2000). Selection of the dominant follicle in cattle and horses. *Animal Reproductive Science, 60–61*, 61–79.

Ginther, O. J., Bergfelt, D. R., Kulick, L. J., & Kot, K. (2000). Selection of the dominant follicle in cattle: Role of two-way functional coupling between follicle-stimulating hormone and the follicles. *Biology of Reproduction, 62*, 920–927.

Gook, D. A., Edgar, D. H., Borg, J., & Martic, M. (2008). Detection of zona pellucida proteins during human folliculogenesis. *Human Reproduction, 23*, 394–402.

Goyanes, V. J., Ron-Corzo, A., Costas, E., & Maneiro, E. (1990). Morphometric categorization of the human oocyte and early conceptus. *Human Reproduction, 5*, 613–618.

Grondahl, M. L., Borup, R., Lee, Y. B., Myrhoj, V., Meinertz, H., & Sorensen, S. (2009). Differences in gene expression of granulosa cells from women undergoing controlled ovarian hyperstimulation with either recombinant follicle-stimulating hormone or highly purified human menopausal gonadotropin. *Fertility and Sterility, 91*, 1820–1830.

Hamel, M., Dufort, I., Robert, C., Gravel, C., Leveille, M. C. et al. (2008). Identification of differentially expressed markers in human follicular cells associated with competent oocytes. *Human Reproduction, 23*, 1118–1127.

Hamel, M., Dufort, I., Robert, C., Leveille, M. C., Leader, A., & Sirard, M. A. (2010a). Genomic assessment of follicular marker genes as pregnancy predictors for human IVF. *Molecular Human Reproduction, 16*, 87–96.

Hamel, M., Dufort, I., Robert, C., Leveille, M. C., Leader, A., & Sirard, M. A. (2010b). Identification of follicular marker genes as pregnancy predictors for human IVF: New evidence for the involvement of luteinization process. *Molecular HumanReproduction, 16*, 548–556.

Henrion, G., Renard, J. P., Chesne, P., Oudin, J. F.,Maniey, D. et al. (2000). Differential regulation of the translation and the stability of two maternal transcripts in preimplantation rabbit embryos. *Molecular Reproduction and Development, 56*, 12–25.

Hernandez-Gonzalez, I., Gonzalez-Robayna, I., Shimada, M.,Wayne, C. M., Ochsner, S. A. et al. (2006). Gene expression profiles of cumulus cell oocyte complexes during ovulation reveal cumulus cells express neuronal and immune-related genes: Does this expand their role in the ovulation process? *Molecular Endocrinology, 20*, 1300–1321.

Huang, Z., & Wells, D. (2010). The human oocyte and cumulus cells relationship: new insights from the cumulus cell transcriptome. *Molecular Human Reproduction*.

Humblot, P., Holm, P., Lonergan, P., Wrenzycki, C., Lequarre, A. S. et al. (2005). Effect of stage of follicular growth during superovulation on developmental competence of bovine oocytes. *Theriogenology, 63*, 1149–1166.

Hyttel, P., Callesen, H., & Greve, T. (1986). Ultrastructural features of preovulatory oocyte maturation in superovulated cattle. *Journal of Reproduction and Fertility, 76*, 645–656.

Hyttel, P., Fair, T., Callesen, H., & Greve, T. (1997). Oocyte growth, capacitation and final maturation in cattle. *Theriogenology, 47*, 23–32.

Isaza, V., Garcia-Velasco, J. A., Aragones, M., Remohi, J., Simon, C., & Pellicer, A. (2002). Oocyte and embryo quality after coasting: The experience from oocyte donation. *Human Reproduction, 17*, 1777–1782.

Jones, G. M., Cram, D. S., Song, B., Magli, M. C., Gianaroli, L. et al. (2008). Gene expression profiling of human oocytes following in vivo or in vitro maturation. *Human Reproduction, 23*, 1138–1144.

Kastrop, P. M., Bevers, M. M., Destree, O. H., & Kruip, T. A. (1991a). Protein synthesis and phosphorylation patterns of bovine oocytes maturing in vivo. *Molecular Reproduction and Development, 29*, 271–275.

Kastrop, P. M., Hulshof, S. C., Bevers, M. M., Destree, O. H., & Kruip, T. A. (1991b). The effects of alpha-amanitin and cycloheximide on nuclear progression, protein synthesis, and phosphorylation during bovine oocyte maturation in vitro. *Molecular Reproduction and Development, 28*, 249–254.

Koks, S., Velthut, A., Sarapik, A., Altmae, S., Reinmaa, E. et al. (2010). The differential transcriptome and ontology profiles of floating and cumulus granulosa cells in stimulated human antral follicles. *Molecular Human Reproduction, 16*, 229–240.

Krisher, R. L., & Bavister, B. D. (1999). Enhanced glycolysis after maturation of bovine oocytes in vitro is associated with increased developmental competence. *Molecular Reproduction and Development, 53*, 19–26.

Kruip, T. A. M., Cran, D. G., van Beneden, T. H., & Dieleman, S. J. (1983). Structural changes in bovine oocytes during final maturation in vivo. *Gamete Research, 8*, 29–47.

Lasiene, K., Vitkus, A., Valanciute, A., & Lasys, V. (2009). Morphological criteria of oocyte quality. *Medicina (Kaunas), 45*, 509–515.

Le Bouc, Y., Rossignol, S., Azzi, S., Steunou, V., Netchine, I., & Gicquel, C. (2010). Epigenetics, genomic imprinting and assisted reproductive technology. *Annals of Endocrinology (Paris), 71*, 237–238.

Leese, H. J., & Barton, A. M. (1985). Production of pyruvate by isolated mouse cumulus cells. *Journal of Experimental Zoology, 234*, 231–236.

Lefevre, B. (2008). The nucleolus of the maternal gamete is essential for life. *Bioessays, 30*, 613–616.

Lequarre, A. S., Traverso, J. M., Marchandise, J., & Donnay, I. (2004). Poly(A) RNA is reduced by half during bovine oocyte maturation but increases when meiotic arrest is maintained with CDK inhibitors. *Biology of Reproduction, 71*, 425–431.

Levesque, J. T., & Sirard, M. A. (1996). Resumption of meiosis is initiated by the accumulation of cyclin B in bovine oocytes. *Biology of Reproduction, 55*, 1427–1436.

Liu, Y., Sui, H. S.,Wang, H. L., Yuan, J. H., Luo, M. J. et al. (2006). Germinal vesicle chromatin configurations of bovine oocytes. *Microscopic Research Technologies, 69*, 799–807.

Lonergan, P., Monaghan, P., Rizos, D., Boland, M. P., & Gordon, I. (1994). Effect of follicle size on bovine oocyte quality and developmental competence following maturation, fertilization, and culture in vitro. *Molecular Reproduction and Development, 37*, 48–53.

Lonergan, P., Rizos, D., Kanka, J., Nemcova, L., Mbaye, A. M. et al. (2003). Temporal sensitivity of bovine embryos to culture environment after fertilization and the implications for blastocyst quality. *Reproduction, 126*, 337–346.

Madaschi, C., Aoki, T., de Almeida Ferreira Braga, D. P., de Cassia Savio Figueira, R., Semiao Francisco, L. et al. (2009). Zona pellucida birefringence score and meiotic spindle visualization in relation to embryo development and ICSI outcomes. *Reproductive Biomedicine Online, 18*, 681–686.

Marchal, R.,Vigneron, C., Perreau, C., Bali-Papp, A., & Mermillod, P. (2002). Effect of follicular size on meiotic and developmental competence of porcine oocytes. *Theriogenology, 57*, 1523–1532.

Massicotte, L., Coenen, K., Mourot, M., & Sirard, M. A. (2006). Maternal housekeeping proteins translated during bovine oocyte maturation and early embryo development. *Proteomics, 6*, 3811–3820.

Matzuk, M. M., Burns, K. H., Viveiros, M. M., & Eppig, J. J. (2002). Intercellular communication in the mammalian ovary: oocytes carry the conversation. *Science, 296*, 2178–2180.

Mayes, M. A., Laforest, M. F., Guillemette, C., Gilchrist, R. B., & Richard, F. J. (2007). Adenosine 5′-monophosphate kinaseactivated protein kinase (PRKA) activators delay meiotic resumption in porcine oocytes. *Biology of Reproduction, 76*, 589–597.

McEvoy, T. G., Ashworth, C. J., Rooke, J. A., & Sinclair, K. D. (2003). Consequences of manipulating gametes and embryos of ruminant species. *Reproduction Supplement, 61*, 167–182.

Memili, E., Dominko, T., & First, N. L. (1998). Onset of transcription in bovine oocytes and preimplantation embryos. *Molecular Reproduction and Development, 51*, 36–41.

Mermillod, P., & Marchal, R. (1999). La maturation de l'ovocyte de mammifères. *médecine/sciences m/s n° 2, 15*, 148–156.

Merton, J. S., de Roos, A. P., Mullaart, E., de Ruigh, L., Kaal, L. et al. (2003). Factors affecting oocyte quality and quantity in commercial application of embryo technologies in the cattle breeding industry. *Theriogenology, 59*, 651–674.

Michaels, G. S., Hauswirth, W. W., & Laipis, P. J. (1982). Mitochondrial DNA copy number in bovine oocytes and somatic cells. *Developments in Biology, 94*, 246–251.

Mihm, M., Baker, P. J., Ireland, J. L., Smith, G. W., Coussens, P. M. et al. (2006). Molecular evidence that growth of dominant follicles involves a reduction in follicle-stimulating hormone dependence and an increase in luteinizing hormone dependence in cattle. *Biology of Reproduction, 74*, 1051–1059.

Miyano, T., & Manabe, N. (2007). Oocyte growth and acquisition of meiotic competence. *Society of Reproduction and Fertility Supplement, 63*, 531–538.

Miyara, F., Migne, C., Dumont-Hassan, M., LeMeur, A., Cohen-Bacrie, P. et al. (2003). Chromatin configuration and transcriptional control in human and mouse oocytes. *Molecular Reproduction and Development, 64*, 458–470.

Montag, M., Schimming, T., Koster, M., Zhou, C., Dorn, C. et al. (2008). Oocyte zona birefringence intensity is associated with embryonic implantation potential in ICSI cycles. *Reproductive Biomedicine Online, 16*, 239–244.

Montag, M., & van der Ven, H. (2008). Symposium: Innovative techniques in human embryo viability assessment. Oocyte assessment and embryo viability prediction: Birefringence imaging. *Reproductive Biomedicine Online, 17*, 454–460.

Ng, S. T., Chang, T. H., & Wu, T. C. (1999). Prediction of the rates of fertilization, cleavage, and pregnancy success by cumuluscoronal morphology in an in vitro fertilization program. *Fertility and Sterility, 72*, 412–417.

Odom, L. N., & Segars, J. (2010). Imprinting disorders and assisted reproductive technology. *Current Opinion in Endocrinology, Diabetes, and Obesity, 17*, 517–522.

Ogushi, S., Palmieri, C., Fulka, H., Saitou, M., Miyano, T., & Fulka, Jr., J. (2008). The maternal nucleolus is essential for early embryonic development in mammals. *Science, 319*, 613–616.

Otoi, T., Yamamoto, K., Koyama, N., Tachikawa, S., & Suzuki, T. (1997). Bovine oocyte diameter in relation to developmental competence. *Theriogenology, 48*, 769–774.

Panigone, S., Hsieh, M., Fu, M., Persani, L., & Conti, M. (2008). LH signaling in preovulatory follicles involves early activation of the EGFR pathway. *Molecular Endocrinology*.

Qian, Y., Shi, W. Q., Ding, J. T., Sha, J. H., & Fan, B. Q. (2003). Predictive value of the area of expanded cumulus mass on development of porcine oocytes matured and fertilized in vitro. *Journal of Reproduction and Development, 49*, 167–174.

Quirk, S. M., Cowan, R. G., Harman, R. M., Hu, C. L., & Porter, D. A. (2004). Ovarian follicular growth and atresia: the relationship between cell proliferation and survival. *Journal of Animal Science, 82*(E-Suppl.), E40–E52.

Richards, J. S. (2007). Genetics of ovulation. *Seminars in Reproductive Medicine, 25*, 235–242.

Richards, J. S., Russell, D. L., Ochsner, S., Hsieh, M., Doyle, K. H. et al. (2002a). Novel signaling pathways that control ovarian follicular development, ovulation, and luteinization. *Recent Programs in Hormonal Research, 57*, 195–220.

Robert, C., Gagne, D., Bousquet, D., Barnes, F. L., & Sirard, M. A. (2001). Differential display and suppressive subtractive hybridization used to identify granulosa cell messenger rna associated with bovine oocyte developmental competence. *Biology of Reproduction, 64*, 1812–1820.

Robert, C., Gagne, D., Lussier, J. G., Bousquet, D., Barnes, F. L., & Sirard, M. A. (2003). Presence of LH receptor mRNA in granulosa cells as a potential marker of oocyte developmental competence and characterization of the bovine splicing isoforms. *Reproduction, 125*, 437–446.

Rosen, M. P., Shen, S., Dobson, A. T., Rinaudo, P. F., McCulloch, C. E., & Cedars, M. I. (2008). A quantitative assessment of follicle size on oocyte developmental competence. *Fertility and Sterility, 90*, 684–690.

Sher, G., Zouves, C., Feinman, M., & Maassarani, G. (1995). 'Prolonged coasting': An effective method for preventing severe ovarian hyperstimulation syndrome in patients undergoing in-vitro fertilization. *Human Reproduction, 10*, 3107–3109.

Simon, C., Garcia Velasco, J. J., Valbuena, D., Peinado, J. A., Moreno, C. et al. (1998). Increasing uterine receptivity by decreasing estradiol levels during the preimplantation period in high responders with the use of a follicle-stimulating hormone step-down regimen. *Fertility and Sterility, 70*, 234–239.

Sirard, M. A., Florman, H. M., Leibfried-Rutledge, M. L., Barnes, F. L., Sims, M. L., & First, N. L. (1989). Timing of nuclear progression and protein synthesis necessary for meiotic maturation of bovine oocytes. *Biology of Reproduction, 40*, 1257–1263.

Sirard, M. A., Richard, F., Blondin, P., & Robert, C. (2006). Contribution of the oocyte to embryo quality. *Theriogenology, 65*, 126–136.

Sirard, M. A., & Trounson, A. (2003). Follicular factors affecting oocyte maturation and developmental competence. In *Biology and Pathology of the Oocyte: Its Role in Fertility and Reproductive Medecine* (pp. 305–315).

Su, Y. Q., Sugiura, K.,Wigglesworth, K., O'Brien, M. J., Affourtit, J. P. et al. (2008). Oocyte regulation of metabolic cooperativity between mouse cumulus cells and oocytes: BMP15 and GDF9 control cholesterol biosynthesis in cumulus cells. *Development, 135*, 111–121.

Sugiura, K., Pendola, F. L., & Eppig, J. J. (2005). Oocyte control of metabolic cooperativity between oocytes and companion granulosa cells: Energy metabolism. *Developments in Biology, 279*, 20–30.

Sugiura, K., Su, Y. Q., Diaz, F. J., Pangas, S. A., Sharma, S. et al. (2007). Oocyte-derived BMP15 and FGFs cooperate to promote glycolysis in cumulus cells. *Development, 134*, 2593–2603.

Sun, Q. Y. (2003). Cellular and molecular mechanisms leading to cortical reaction and polyspermy block in mammalian eggs. *Microscopic Research Technologies, 61*, 342–348.

Sutton, M. L., Gilchrist, R. B., & Thompson, J. G. (2003). Effects of in-vivo and in-vitro environments on the metabolism of the cumulus-oocyte complex and its influence on oocyte developmental capacity. *Human Reproduction Update, 9*, 35–48.

Sutton-McDowall, M., Gilchrist, R., & Thompson, J. (2010). The pivotal role of glucose metabolism in determining oocyte developmental competence. *Reproduction*.

Swain, J. E., & Pool, T. B. (2008) ART failure: Oocyte contributions to unsuccessful fertilization. *Human Reproduction Update, 14*, 431–446.

Tan, J. H., Wang, H. L., Sun, X. S., Liu, Y., Sui, H. S., & Zhang, J. (2009). Chromatin configurations in the germinal vesicle of mammalian oocytes. *Molecular Human Reproduction, 15*, 1–9.

Tanghe, S., Van Soom, A., Mehrzad, J., Maes, D., Duchateau, L., & de Kruif, A. (2003). Cumulus contributions during bovine fertilization in vitro. *Theriogenology, 60*, 135–149.

Tanghe, S., Van Soom, A., Nauwynck, H., Coryn, M., & de Kruif, A. (2002). Minireview: Functions of the cumulus oophorus during oocyte maturation, ovulation, and fertilization. *Molecular Reproduction and Development, 61*, 414–424.

Tatemoto, H., & Terada, T. (1995). Time-dependent effects of cycloheximide and alpha-amanitin on meiotic resumption and progression in bovine follicular oocytes. *Theriogenology, 43*, 1107–1113.

Tesfaye, D., Ghanem, N., Carter, F., Fair, T., Sirard, M. A. et al. (2009). Gene expression profile of cumulus cells derived from cumulus-oocyte complexes matured either in vivo or in vitro. *Reproduction and Fertility Developments, 21*, 451–461.

Thompson, J. G., Lane, M., & Gilchrist, R. B. (2007). Metabolism of the bovine cumulus-oocyte complex and influence on subsequent developmental competence. *Society of Reproduction and Fertility Supplement, 64*, 179–190.

Tomek, W., Torner, H., & Kanitz, W. (2002a). Comparative analysis of protein synthesis, transcription and cytoplasmic polyadenylation of mRNA during maturation of bovine oocytes in vitro. *Reproduction of Domestic Animals, 37*, 86–91.

Torner, H., Ghanem, N., Ambros, C., Holker, M., Tomek, W. et al. (2008). Molecular and subcellular characterisation of oocytes screened for their developmental competence based on glucose-6-phosphate dehydrogenase activity. *Reproduction, 135*, 197–212.

Tremblay, K., Vigneault, C., McGraw, S., & Sirard, M. A. (2005). Expression of cyclin B1 messenger RNA isoforms and initiation of cytoplasmic polyadenylation in the bovine oocyte. *Biology of Reproduction, 72*, 1037–1044.

Tsafriri, A., Cao, X., Ashkenazi, H., Motola, S., Popliker, M., & Pomerantz, S. H. (2005). Resumption of oocyte meiosis in mammals: on models, meiosis activating sterols, steroids and EGF-like factors. *Molecular and Cell Endocrinology, 234*, 37–45.

Vassena, R., Mapletoft, R. J., Allodi, S., Singh, J., & Adams, G. P. (2003). Morphology and developmental competence of bovine oocytes relative to follicular status. *Theriogenology, 60*, 923–932.

Vigneault, C., McGraw, S., Massicotte, L., & Sirard, M. A. (2004). Transcription factor expression patterns in bovine in vitro-derived embryos prior to maternal-zygotic transition. *Biology of Reproduction, 70*, 1701–1709.

Wassarman, P. M., & Albertini, D. F. (1994). The mammalian ovum. In *The Physiology of Reproduction* (pp. 79–122).

Wells, D., & Patrizio, P. (2008). Gene expression profiling of human oocytes at different maturational stages and after in vitro maturation. *American Journal of Obstetrics and Gynecology, 198*(455), e451–e459.

Weston, A., & Sommerville, J. (2006). Xp54 and related (DDX6-like) RNA helicases: Roles in messenger RNP assembly, translation regulation and RNA degradation. *Nucleic Acids Research, 34*, 3082–3094.

Yung, Y., Maman, E., Konopnicki, S., Cohen, B., Brengauz, M. et al. (2010). ADAMTS-1: A new human ovulatory gene and a cumulus marker for fertilization capacity. *Molecular and Cell Endocrinology, 328*, 104–108.

Zeuner, A., Muller, K., Reguszynski, K., & Jewgenow, K. (2003). Apoptosis within bovine follicular cells and its effect on oocyte development during in vitro maturation. *Theriogenology, 59*, 1421–1433.

11　体外成熟环境影响发育结果

Pat Lonergan

11.1　简　　介

胚胎体外生产（IVP）技术在家养哺乳动物中应用广泛，尤其是在牛上的应用已超过 20 年。这项技术已成为科学研究中普遍使用的策略之一，它可以帮助我们更好地了解体内胚胎是如何正常发育的，可以作为细胞核移植和转基因等技术的基础，也可以作为检测卵母细胞发育过程中发生错误的方法，还可作为一种模型将一个物种的研究结论推广到其他物种。然而，自 20 世纪 90 年代活体采卵技术（ovum pick-up, OPU）出现以来，它就被作为后代的繁育策略用于良种母畜的育种规划，特别在巴西等一些国家，目前的活体采卵和体外受精技术的应用已经超过了超数排卵，成为一种将胚胎移植商业化推广的技术（Stroud, 2011）。

有关胚胎体外生产的技术尚面临不同的挑战，其中就包括所使用的卵母细胞来源（供体的身份或遗传优势、发情周期阶段、卵泡发生波的阶段等）通常是未知的，因此卵母细胞的品质变化很大。卵母细胞与不同雄性动物收集到的精子进行体外受精时，其发育能力显著不同，并且由于受精后环境条件的变化可能使胚胎在品质上也发生相应的改变。人们普遍认为，体内生产的胚胎质量要优于体外生产的胚胎。也有许多文献支持通过形态学、超低温保存、转录表达谱、转录表达过程及移植后的受孕率等数据指标进行评定（Stroud, 2011）。然而这必须符合一些条件，即在体外有多种类型的培养系统，其中的一些明显优于其他的培养系统。国际胚胎移植学会每年收集的商业胚胎移植统计数据就反映了质量差异的现实意义（www.iets.org）。据获得的最新有效数据显示，2010 年大约有 590 561 枚体内生产的胚胎被移植到世界各地，它们中有超过一半（327 525 枚占 55.5%）是活体移植，其余的（263 036 枚占 44.5%）是经过冷冻保存后再进行移植。相反，同年移植的 339 685 枚体外生产的胚胎中大部分（315 715 枚占 93%）都是活体移植（Lonergan et al., 2006）。另外，随着胚胎移植技术的发展，通过胚胎体外生产技术培育的胎儿和犊牛出现流产、初生重增加、难产及出生死亡率高等一系列问题已经频频见诸报端（Farin et al., 2006; Kruip & den Daas, 1997）。

有些学者没有专门去关注胚胎体外生产的整个过程，而是将其作为一个完整的学科系统编入到一本著作中（如 Gordon, 2003）。而本章的目的是强调与体外成熟相关的一些问题，以及处理这些问题的具体方法。由于胚胎体外生产被广泛使用，本章将讨论重点放在与牛有关的科学研究上，以及近期关于牛的后代繁殖的育种规划方面。

11.2 卵母细胞的体内成熟

大多数哺乳动物的卵母细胞在胚胎期进入减数分裂的早期阶段，并在前期 I 的双线期（生发泡时期）分裂暂停，直到它们进入排卵期继续发育或发生卵泡闭锁。包围卵母细胞的牛卵泡直径达到大约 3 mm（Fair et al., 1995）时，卵母细胞就发育到了最大。在减数分裂恢复前，卵母细胞的染色体数是 $2n$ 而不是 4C（它是单倍体补体的四倍）。通过成熟期减数分裂的恢复和发育，第一极体排出，以及 $1n$2C 的 DNA 补体在细胞分裂中期 II 暂停。精子穿透卵子的作用力（$1n$1C）导致第二极体排出，卵母细胞中 $1n$1C 状态的建立使受精后实现第一次有丝分裂并形成第一个二倍体的胚胎（$2n$2C）。所有后续的分裂均是有丝分裂，并形成两个完全相同的子细胞（图 11.1）。

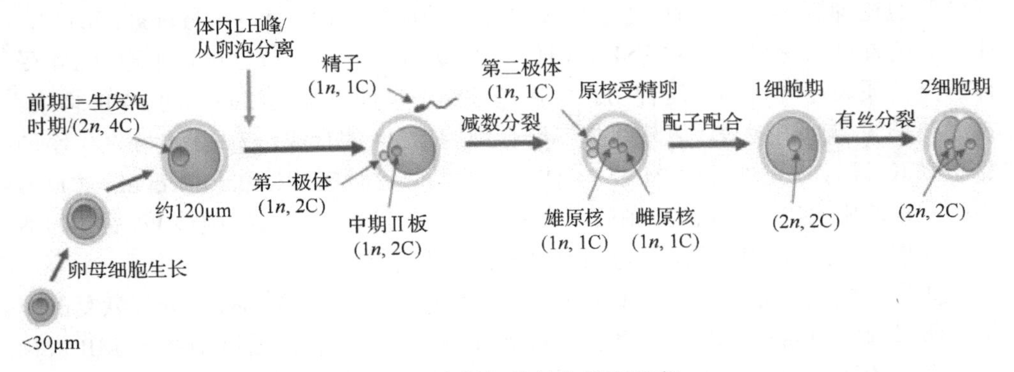

图 11.1 卵母细胞的生长和发育

在胎儿卵巢的发育过程中，大多数哺乳动物的卵母细胞在胎儿期进入了减数分裂的早期阶段，并停滞在前期 I 的双线期（生发泡）。排卵前的 LH 峰激发了减数分裂恢复并排出第一极体，在减数分裂中期 II 时 1n2C 的 DNA 补体暂停。受精时精子的穿透作用（1n1C）引起第二极体排出，卵母细胞中 1n1C 状态被建立，这时形成了受精后第一个二倍体胚胎（2n2C）。所有后续的分裂都是有丝分裂，并生成两个完全相同的子细胞。

牛的发情周期由 2～3 个卵泡生长波构成，它涉及与促卵泡素（FSH）短暂性升高相关的一个新的卵泡波的出现，以及卵泡群的生长和优势卵泡的选择（通过一个卵泡阻碍其他卵泡生长的过程，或生长在不适合其他卵泡生长的激素环境中）。每个卵泡波的峰值在单个非排卵或排卵的优势卵泡发育中出现（Ireland et al., 2000; Roche, 1996）。如果在孕酮（P4）浓度较低的时候发育出优势卵泡，它就会在适当的促黄体素（LH）脉冲模式下继续排卵。优势卵泡中卵母细胞减数分裂的触发因素是 LH 的促排卵前期波，它触发了卵泡的破裂并发育到减数分裂中期 II。LH 促排卵后约 24h，此时成熟的卵母细胞被释放到完成受精的输卵管壶腹部。

在排卵前的 LH 峰到排卵的这一时期，当颗粒细胞黄体化为排卵后黄体素的生成做准备时，卵泡液环境会由雌二醇主导变成由黄体酮主导（Dieleman, 1983）。这些变化是否使卵泡对卵母细胞有直接的影响尚不确定，但是我们从中得出这与减数分裂的恢复和卵母细胞的成熟是一致的，并且与决定卵母细胞品质的作用是相似的。有趣的是，将亚硝酸盐环氧雄烷[一种 3β 类固醇脱氢酶抑制剂和一种将孕烯醇酮（阻止卵泡内的 P4 在排卵前期上升）催化合成 P4 的酶]在排卵前期对牛进行注射，会导致卵泡中 P4 的生成显著减少，但不会影响到排卵率和黄体功能，这与之后黄体期的 1～9 天血清中 P4 的测定结果相同（Li et al., 2007），其对卵母细胞品质的影响尚未测定。

P4 对促进子宫内膜基因表达和孕体生长的主要作用已经被阐明（Lonergan, 2011），对卵母细胞成熟期的作用尚不清楚。目前已对牛卵母细胞基因组与非基因组 P4 受体的存在，以及与卵丘细胞的关联做了定性研究，也阐明了体外条件下卵丘细胞通过抑制 P4 生成对卵母细胞发育能力的调控作用（Aparicio et al., 2011）。在之后的体外成熟过程或对 FSH、LH 及 P4 进行补充，在应答过程中通过 P4 受体的蛋白质表达观察到了这种动态变化，表明了牛卵母细胞成熟期间 P4 的作用。在成熟期间用亚硝酸盐环氧雄烷抑制卵丘细胞中 P4 的合成，造成了囊胚发生率的显著降低，通过补充外源性 P4 或 P4 拮抗剂能消除这种影响（Aparicio et al., 2011）。当卵丘细胞中 P4 的合成被抑制后，会降低胚胎的发育或阻断细胞核 P4 受体的活性，体现了体外成熟时决定卵母细胞品质的孕激素的作用。

卵泡环境维持卵母细胞前期 I 的减数分裂停滞（GV 期）和减数分裂恢复的作用。卵母细胞内高水平的 cAMP 抑制成熟促进因子的活性，通过刺激 cAMP 依赖性蛋白激酶 A 使卵母细胞处于减数分裂状态。排卵前期促性腺激素激增造成卵泡和卵母细胞中 cGMP 水平的下降，导致卵母细胞中磷酸二酯活性下降，使细胞内 cAMP 下降和减数分裂恢复（Norris et al., 2009; Vaccari et al., 2009）。此外，在细胞质水平上也发生了细胞器重排的一系列变化（Hyttel et al., 1989）。

11.3 胚胎体外生产

基于 IVF 的技术和程序能够为家养反刍动物的遗传改良和繁殖管理提供益处，也便于我们对胚胎发育规律的理解。反刍动物的体外胚胎培养分三个步骤，其中包括卵母细胞体外成熟（IVM）、卵母细胞体外受精（IVF）及胚胎体外培养

（IVC）（图 11.2）。卵母细胞的成熟包括从被屠宰的小母牛和奶牛的卵巢中收集卵母细胞，或使用经阴道从活体动物卵巢收集卵子的方法。通常是根据形态表现来选择优质的卵母细胞，一般在组织培养基 199（tissue culture medium 199, TCM199）、类促性腺激素或含有 5%的 CO_2 生长因子培养基补充液中 24h 内成熟。第一个形态标志是从卵母细胞分离出的卵丘细胞在成熟时开始扩散。除去卵丘细胞后仔细地检查卵母细胞会发现，第一极体被挤压到卵黄周隙，说明达到了细胞分裂中期的第二阶段，该阶段对于卵母细胞的体内排卵和受精是必不可少的。就体外受精而言，卵母细胞可与活体的或冷冻的精子进行人工授精，之后配子被孵育 24h，此时受精卵会经过多种培养基的培养而到达囊胚阶段。

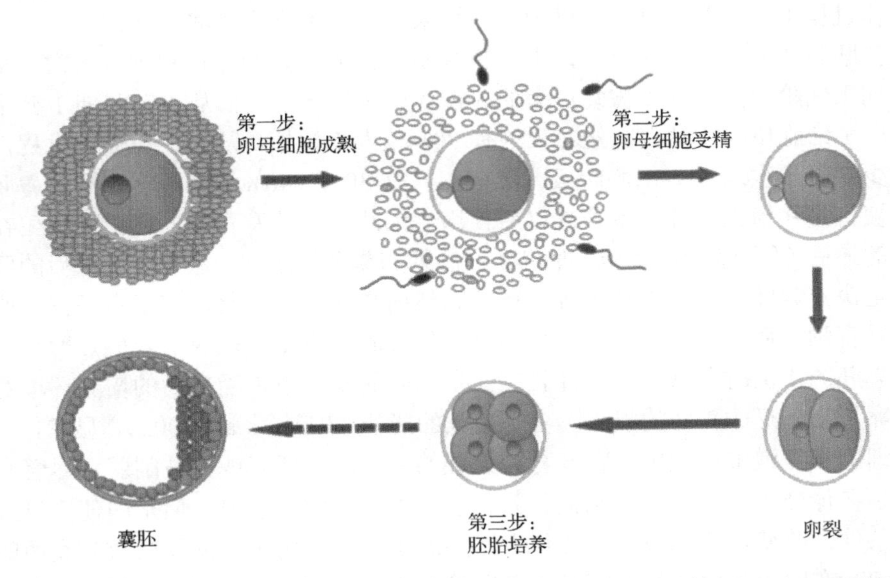

图 11.2 反刍动物胚胎体外培养示意图，其中包括卵母细胞体外成熟（IVM）、卵母细胞体外受精（IVF）及胚胎体外培养（IVC）

在体外研究中，大多数是有关囊胚或孵化囊胚阶段发育的研究，在其中包含了两个事实：一是囊胚期胚胎，至少它在牛上通常被用来移植或冷冻保存；二是体外培养体系，它不能实现反刍动物孵化囊胚的正常发育。但通过使用琼脂糖凝胶孔，已经能在体外人工诱导孵化囊胚的发育（Brandao, 2004）。该结果虽然很有意义，但技术细节方面仍需大的改进，如原条 1 期特化的胚盘还没有在培养条件下形成（Alexopoulos et al., 2005; Vejlsted et al., 2006）。此外现有的证据表明，囊胚扩张的过程完全是由母体驱动的，即使到囊胚阶段，胚胎的发育仍然不明显（它不需要接触母体生殖道）。以下事实也验证了类似状况，即使用 IVF 技术，能在体外条件使大量囊胚成功地发育，并移植到同期化处理后的受体中。相反，囊胚孵化后的发育和孕体胚胎的植入前期仍依赖于子宫分泌液，即来自于子宫内膜尤其是子宫腺体分泌的所谓组织营养素(histotroph)，它能够刺激胚胎的生长和发育。事实也证明，在体外条件下并不能发生孵化囊胚的扩张（Brandao, 2004; Alexopoulos et al., 2005）。在体内如果缺乏子宫腺体，也会导致囊胚扩张的失败（Gray et al., 2002; Spencer et al., 2006）。将胚泡移植到受体并对怀孕率和产犊率进行评估是胚胎发育能力的最终考验，但由于操作技术或经济因素的考虑，在大多数情况下这种评估并不具有可行性，但可以使用多个胚胎移植模型来评估胚胎的孵化能力及在体内的囊胚扩张过程(Clemente et al., 2009; Forde et al., 2010)。鉴于大多数牛胚胎的丢失发生在移植后的前 16 天（Diskin et al., 2008），因此在该移植操作过程中，会利用这个关键的窗口期来评估胚胎是否能够生存。

就胚胎体外生产效率而言，牛大约有 90%是未成熟的卵母细胞，通常是从发情周期未知阶段的卵泡中恢复过来的。在体外条件下，它们从成熟前期 I 到中期 II 经历了细胞核的成熟，紧接着大约有 80%被人工授精，从而经历受精过程，随后至少分裂一次进入 2-细胞阶段。然而，只有 30%～40%的卵母细胞到达囊胚阶段时被直接移植到受体中或冷冻以后使用。因此，胚胎发育的退化主要发生在该过程的最后（体外培养阶段），即在 2-细胞期和囊胚期之间，这表明受精后的胚胎培养是决定囊胚生产过程最关键的环节。然而事实并非如此，有很多证据表明，沿着发育轴向后的一系列因素，特别是卵母细胞的质量，在决定未成熟卵母细胞形成囊胚的比例时非常关键，并且在一定的限制条件下，受精后的培养环境对未成熟卵母细胞形成囊胚的能力不会产生大的影响（Rizos et al., 2002）。显然，一旦卵母细胞从卵泡中被取出，它发育为囊胚的能力就会或多或少被削弱。尽管有些尝试是在体外条件下暂时抑制减数分裂恢复以使细胞质成熟，但是即使通过改善发育条件，改变培养基成分，并使用屠宰的小母牛或奶牛的恢复减数分裂后的卵母细胞，在同等条件下其囊胚发育率也很少能超过 40%。因而很可能是，在从卵泡中取出之前（如通过卵泡发育的操作）去做一些提高卵母细胞发育能力的尝试，也许比取出之后进行一些处理更有益处。

11.4　卵母细胞移出卵泡前发育能力的改善

卵母细胞发育能力（oocyte competence）被定义为卵母细胞的成熟、受精及发育到囊胚阶段的能力，它在卵泡发育时期伴随卵母细胞生长而逐渐获得。垂体促性腺激素和卵丘细胞间区域的双向交流对于细胞核和细胞质成熟（获得完成减数分裂的能力，确保单精子受精，并实现胚胎植入前发育）都至关重要。

卵泡中卵母细胞的起源位置对其发育能力也有很大的影响，一旦卵母细胞脱离卵泡，其发育能力就受到限制。从发育开始到囊胚阶段，卵泡内的卵母细胞发育能力与卵泡波阶段（Hendriksen et al., 2004; Machatkova et al., 2004）、成熟位置（site of maturation）（在体内与体外）（Greve et al., 1987; Leibfried-Rutledge et al., 1987; Bordignon et al., 1997; van de Leemput et al., 1999; Dieleman et al., 2002; Rizos et al., 2002; Machatkova et al., 2004）及与回收时窦状卵泡的大小呈正相关（Lonergan et al., 1994）。

可以通过控制卵泡的生长，并以这种方式影响移植后未成熟卵母细胞的发育能力。据报道，激素刺激和卵巢采集（Blondin, Guilbault et al., 1997）之间的"Coasting"期及卵巢采集与卵母细胞发育能力之间的时间间隔（Blondin, Coenen et al., 1997）对卵母细胞的后续发育存在显著影响。之后的研究显示，当动物接受6次FSH注射及48h培养后能获得最好的发育结果，如果在卵子收集前6h进行LH处理，则能引起80%的卵母细胞在体外进入囊胚期（Blondin et al., 2002）。最近有类似的研究也认为，FSH峰值和卵泡能力之间的最佳时期是（54±7）h，且确定良好的能力窗口期对于奶牛超排刺激后从卵巢中获取最优质卵母细胞至关重要（Nivet et al., 2012）。当然，这些研究结果令人倍受鼓舞，也让我们获益良多，其中特别令人感到欣慰的是，有一项回顾性研究检测了5年间收集的数据，认为根据或长或短的"Coasting"时期相关的FSH类型，通过改变超排处理方法后，对IVF后卵巢的反应及胚胎的发育率没有影响，类似的研究结果也从其他研究小组的数据中得以验证（Durocher et al., 2006）。

11.5　卵母细胞移出卵泡后发育能力的改善

卵母细胞从卵泡中恢复后，人们可采取两种方法来改善其发育能力。第一种是将促生长物质添加到培养基中（促性腺激素、类固醇、生长因子等），然后通过这种方式可以获得适度的发育，但囊胚的产率却很少能稳定维持在50%以上。虽然添加各类促性腺激素、类固醇和生长因子可以促进囊胚发育，但作为一种措施来讲，如果卵母细胞来源于体内成熟，则添加剂量应是适度的、少量的。

第二种方法是尝试去模拟卵母细胞所在的卵泡内部环境来维持减数分裂的停滞。从屠宰后小母牛卵巢中恢复未成熟的卵母细胞时出现发育不良，有一种解释是这些卵母细胞主要是从小到中等大小的卵泡中获得的，这些卵泡形成了一个非常不均匀的卵泡库，如果被选择为优势卵泡，至少还需要几天的时间才能排卵。相反，只要卵泡中有发育成熟的处在细胞分裂中期II的卵母细胞，只要它生长到15～20 mm就可以排卵。因此通常使用体外成熟的卵母细胞，虽然它们核成熟的能力强，但到达正常胞质成熟的时间尚不足。此外，体内的卵母细胞在卵泡液中成熟，而"阳性"刺激则是由LH激增引起的。与此相反，在体外条件下，从卵泡中取出的成熟卵母细胞则存在于"阴性"（从调控的角度）卵泡液环境中，没有LH

激增引发的正面刺激，因此出现不同的结果不足为奇。

众所周知，在卵泡最终的生长和成熟过程中，即从 1 mm 发育到 15～20 mm 期间，卵母细胞的细胞核发生剧烈的变化（Assey et al., 1994）。优势卵泡中卵母细胞的激活恰恰处在 LH 峰之前，其中细胞核和细胞质形态发生了改变，这已被提议作为卵母细胞实现充分发育的一个先决条件。这也表明，不仅卵母细胞成熟能力（从 LH 峰到排卵的发生过程）是重要的，而且 LH 峰过程中发育能力的建立也是非常重要的。尽管对体外成熟培养基进行了多次的改良，但囊胚在体外培养时仍然存在生物学的局限性。为了使小卵泡（发育不良的卵泡）中的卵母细胞、大卵泡中的卵母细胞或体内完全发育的卵母细胞的功能一致，有必要对其预先进行早熟处理。作为胚胎体外生产过程的一部分，从小的窦状卵泡中取出未成熟的卵母细胞，将其开始进行体外成熟培养时，我们尚无法通过改变时间和培养环境来成功实现这些卵母细胞的后续发育。

尽管有证据表明，体外成熟环境改变会影响后续囊胚的产率，但是一般来说改进是适度的，即使在最好的情况下也大约有一半的卵母细胞未能达到这一阶段。一些学者已经试图通过人工手段，去改善体外条件下卵母细胞内维持不同时期的减数分裂停滞的方法（Sirard, 2001）。迄今为止，尽管可逆地抑制减数分裂对囊胚产率没有任何不良的影响，但也没有多少证据表明它对卵母细胞的发育能力有积极的影响。然而这些也许会被改变，在最近出版的文献中所使用的药物组分，能够实现卵母细胞核和细胞质成熟过程的同步化，并且能促进有足够卵丘细胞的环境中未成熟卵母细胞之间有更持久的互作效应，并可以通过延长卵母细胞成熟期而达到预期结果（Albuz et al., 2010; Gilchrist, 2011）。如上所述，出于大众可以接受的考虑，在世界各地的不同学者的研究中，类似的结果被重复才是至关重要的。

11.6　卵母细胞环境对胚胎基因表达的影响

在奶牛中，根据核仁形态学，人们认为完全生长的卵母细胞具有转录活性（Fair et al., 1996）。在卵母细胞生长期产生并储存转录产物，可以促使卵母细胞成熟、受精和早期胚胎发育，直至胚胎基因组在 8～16-细胞阶段被转录（在第四个细胞周期内）。有确凿的证据表明，成熟卵母细胞所在的环境可以影响卵母细胞成熟的转录模式。Watson 等（2000）研究了体外成熟培养基（Na^+/K^+ATPase-1 亚型，bFGF，Cu/Zn SOD，细胞周期蛋白 A，细胞周期蛋白 B）对相对丰度为 5 的成熟卵母细胞转录的影响，在没有氨基酸的人工合成输卵管液中进行成熟培养时，相对丰度的最大差别和最低的发育频率均被观察到。同样，与体外成熟的卵母细胞相比，体内成熟培养产生的卵母细胞的发育能力更有优势，这与相对转录丰度差异的基因数目有关（Katz-Jaffe et al., 2009）。

直到最近，关于卵母细胞成熟环境对最终的胚胎基因表达影响的研究才引起了较多的关注。有证据显示，胚泡中的基因表达模式在很大程度上取决于受精后的培养环境（体内或体外）。例如，一些研究小组报道了体外受精卵在绵羊输卵管内的培养，可以产生类似于体内胚胎的 mRNA 表达模式（Rizos et al., 2002）。此外，Knijn 等（2002）检测了源于体外或体内成熟的卵母细胞受精后发育至囊胚时的转录丰度，发现在被检测的转录物间没有差异。这表明，无论卵母细胞来自何处，通过普通受精后在培养环境中产生的囊胚都有相似的转录谱。

Fischer Russell 等（2006）研究了含有不同的蛋白质补充剂的卵母细胞培养基对体外获得的囊胚产量和品质的影响。结果发现，与胰岛素生长因子生物有效性（IGFBP6）调整有关的各种转录产物的表达、组蛋白脱乙酰作用（*Hdac1* 和 *Hdac2*）、滋养层发育（*Mash2*）、母体的妊娠识别（interferon-tau）、环境胁迫（*Hsp*）及滋养层功能（*Oct-4*）等均受到基底成熟培养基[TCM199 或 SOF（输卵管合成液）]和蛋白质补充剂（protein supplementation）（BSA 或血清）类型的显著影响。在与此类似的研究中，Warzych 等（2007）研究了卵母细胞成熟培养基中不同蛋白质补充剂（无脂肪酸 BSA、血清）和高分子聚乙烯基吡咯烷酮 40（polyvinyl pyrrolidone 40, PVP40）对细胞凋亡的相对丰度及卵母细胞中与细胞生存相关的基因和囊胚孵化的影响，发现只有在成熟卵母细胞中 *IGF2* 表达发生了改变，而且囊胚影响了 *Hsp70*、*IGFIR*、*IGF2* 和 *IGF2R* 的转录丰度。

因此，尽管受精后培养环境对囊胚 mRNA 的丰度模式有很大的影响，但在从前期 I 发育到中期 II 时卵母细胞所处的环境，不管是卵泡所在的体内环境，还是成熟培养器皿的体外环境，均会影响到转录丰度，这不仅对成熟的卵母细胞，而且对囊胚阶段后更远的发育轴而言仍然如此。

11.7 牛体外成熟培养的实践应用

20 世纪 90 年代，首次在牛上开发出经阴道的活体采卵技术（Pieterse et al., 1991）。从那时起，许多研究已经着手对技术因素（如针头大小、真空压力、操作员技能）和生物因素（如激素刺激、收集的频率）进行改善。活体采卵技术的出现使 IVP 技术的应用有了较大的可能性，IVM 便是其中的第一步，通过评估卵巢的活性及是否具有遗传优势来对动物进行饲养。尽管通过收集屠宰后的肉牛卵巢为基础研究提供了很珍贵的原材料（卵母细胞、体外受精胚胎），但它对遗传改良的帮助相对较少。当这些收集到的卵母细胞与具有高遗传优势的种公畜的精液甚至性控精液进行结合的时候，在大多情况下就可以从遗传角度实现生产高品质胚胎的可能性。目前该技术的实践操作水平较高的国家是巴西，该国每年大约开展约 300 000 个胚胎移植，其中绝大部分采用 OPU-IVP 技术来实现（Lonergan et al.,

2006)。

对卵母细胞和胚胎进行成功培养有助于研究卵泡参数与卵母细胞发育能力之间的关系，以便确定有发育能力的卵母细胞标记，以及从单个供体获得少量的卵母细胞的能力，如在进行 OPU 操作的时候。然而，单独培养卵母细胞和胚胎往往导致发育率较低。近期的研究指出，对卵母细胞和胚胎在进行集中培养时，可以通过一种独立识别的方式去应用该项技术（Matoba et al., 2010）（图 11.3）。开发的这些培养系统为卵母细胞集中培养的方式提供了双重的效率，同时可以在整个体外发育过程中使单个卵母细胞和胚胎得以分离，从而能实现对个体的成功鉴定。

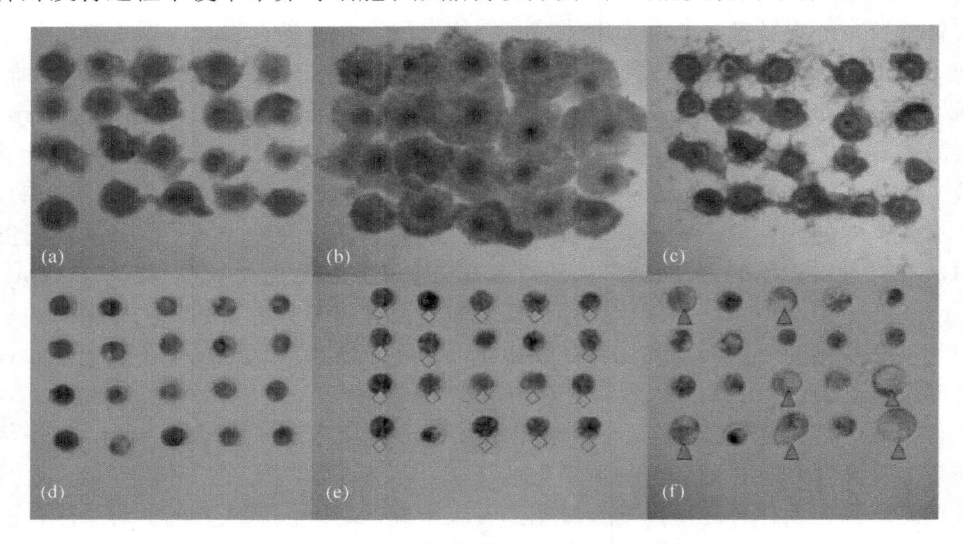

图 11.3　同一批未成熟的牛卵母细胞培养到第 7 天时的典型图像（Matoba et al., 2010）
（彩图请扫封底二维码）

将 20 个卵母细胞或胚胎培养在 100 μl 的 5×4 网格的油滴培养皿中。受精后培养的胚胎在 160 μm 范围内有一定的差异（d～f）。（a）未成熟的卵丘-卵母细胞复合体（COC）；（b）体内成熟的 COC；（c）体外受精 18～20h 后的受精卵；（d）第 1 天无卵丘的受精卵；（e）第 2 天分裂的胚胎（菱形标志所指）；（f）第 7 天的胚胎。

此外，体外成熟可用来处理具有重大实践意义的生理学问题，体内代谢条件对卵母细胞影响的研究就是一个很好的例子。例如，非酯化脂肪酸（NEFA）升高的影响与产后奶牛能量负平衡之间的关系的研究（Pieterse et al., 1991）。该研究表明，在体外成熟的卵母细胞中添加了生理浓度的 NEFA 后对胚胎的发育有不利影响（Pieterse et al.,1991）。

11.8　体外成熟培养的长期影响

研究证据表明，有越来越多的人对辅助生殖技术（ART）对健康的长期影响表示了担忧。这些研究主要是在实验动物（小鼠、老鼠）或养殖的家畜（羊、牛）中进行，但对人类健康的相关研究很少。在理想条件下，哺乳动物胚胎移植前的发育会导致后代的早产或长期的健康问题（Fleming et al., 2012）。很难将IVM（也可能是体外受精）的影响与来自于IVC（家畜体外培养胚胎的过程中最长的部分）的影响区分开来。具体地说，目前尚不清楚卵母细胞成熟条件是否会对后代健康产生长期影响。研究发现，雌鼠在卵母细胞成熟期特别是饲喂低蛋白饲料时会导致其后代长期产生生理和行为上的异常（Watkins et al., 2008），这引发了人们对卵母细胞体外成熟的担忧。对人类卵母细胞体外成熟培养的研究中，其后代健康状况没有出现不良后果（Cha et al., 2005; Mikkelsen, 2005; Soderstrom-Anttila et al., 2006）。然而，这些研究并没有报告个体在幼年时的健康状况，另外在家畜方面也没有进行长期的观察研究。Eppig 等（2009）研究了小鼠卵母细胞体外成熟后代的长期健康状态和寿命，并比较了促性腺激素处理的体内成熟的卵母细胞，结果表明体外成熟对后代的长期健康状况影响有限。例如，分析发现，试验各组的寿命和大部分生理及行为指标之间并没有差别，但脉搏率和心输出量略有降低。值得注意的是，与体内成熟组相比，体外成熟组脉搏率和心输出量有明显降低。但令人惊讶的是，当进行无氨基酸的体外成熟培养时，这种降低得到很大程度的改善。

11.9　小　　结

体外成熟是许多家畜胚胎工程技术的起点，并被应用于人类辅助生殖技术方面，但目前应用率不高。在牛的胚胎体外生产（通常为30%～40%）中观察到相对较低的囊胚发育率，这在很大程度上与卵母细胞没有处于特定的培养条件有关，该条件下往往会有优势卵泡向着排卵方向发育。迄今为止，一些探索性研究的成功极大地改善了卵母细胞的发育能力，这也与卵母细胞从卵泡中被取出之前的策略调整有关。体外成熟条件的操作包括减数分裂恢复的短期停滞能够使细胞质成熟，或对体外成熟的培养基进行优化时要尝试去模拟排卵卵泡的动态环境，这在将来可能会被证明是有益的和可重复的，但该领域仍有许多工作有待完成。

（王欣荣、张　帆　译；郭天芬、王　彪　校）

参 考 文 献

Albuz, F. K., Sasseville, M., Lane, M., Armstrong, D. T., Thompson, J. G., & Gilchrist, R. B. (2009). Simulated physiological oocyte maturation (SPOM): A novel in vitro maturation system that substantially improves embryo yield and pregnancy outcomes. *Human Reproduction, 25*, 2999–3011.

Alexopoulos, N. I., Vajta, G., Maddox-Hyttel, P., French, A. J., & Trounson, A. O. (2005). Stereomicroscopic and histological examination of bovine embryos following extended in vitro culture. *Reproduction and Fertility Development, 17*, 799–808.

Aparicio, I. M., Garcia-Herreros, M., O'Shea, L. C., Hensey, C., Lonergan, P., & Fair, T. (2011). Expression, regulation, and function of progesterone receptors in bovine cumulus oocyte complexes during in vitro maturation. *Biology of Reproduction.*

Assey, R. J., Hyttel, P., Greve, T., & Purwantara, B. (1994). Oocyte morphology in dominant and subordinate follicles. *Molecular Reproduction and Development, 37*, 335–344.

Blondin, P., Bousquet, D., Twagiramungu, H., Barnes, F., & Sirard, M. A. (2002). Manipulation of follicular development to produce developmentally competent bovine oocytes. *Biology of Reproduction, 66*, 38–43.

Blondin, P., Coenen, K., Guilbault, L. A., & Sirard, M. A. (1997). In vitro production of bovine embryos: Developmental competence is acquired before maturation. *Theriogenology, 47*, 1061–1075.

Blondin, P., Guilbault, L. A., & Sirard, M. A. (1997). The time interval between FSH-P administration and slaughter can influence the developmental competence of beef heifer oocytes. *Theriogenology, 48*, 803–813.

Bordignon, V., Morin, N., Durocher, J., Bousquet, D., & Smith, L. C. (1997). GnRH improves the recovery rate and the in vitro developmental competence of oocytes obtained by transvaginal follicular aspiration from superstimulated heifers. *Theriogenology, 48*, 291–298.

Brandao, D. O., Maddox-Hyttel, P., Lovendahl, P., Rumpf, R., Stringfellow, D., & Callesen, H. (2004). Post hatching development: A novel system for extended in vitro culture of bovine embryos. *Biology of Reproduction, 71*, 2048–2055.

Cha, K. Y., Chung, H. M., Lee, D. R., Kwon, H., Chung, M. K. et al. (2005). Obstetric outcome of patients with polycystic ovary syndrome treated by in vitro maturation and in vitro fertilization/embryo transfer. *Fertility and Sterility, 83*, 1461–1465.

Clemente, M., de La Fuente, J., Fair, T., Al Naib, A., Gutierrez-Adan, A. et al. (2009). Progesterone and conceptus elongation in cattle: A direct effect on the embryo or an indirect effect via the endometrium? *Reproduction, 138*, 507–517.

Dieleman, S. J., Bevers, M. M., Poortman, J., & van Tol, H. T. (1983). Steroid and pituitary hormone concentrations in the fluid of preovulatory bovine follicles relative to the peak of LH in the peripheral blood. *Journal of Reproduction and Fertility, 69*, 641–649.

Dieleman, S. J., Hendriksen, P. J., Viuff, D., Thomsen, P. D., Hyttel, P. et al. (2002). Effects of in vivo prematuration and in vivo final maturation on developmental capacity and quality of pre-implantation embryos. *Theriogenology, 57*, 5–20.

Diskin, M. G., & Morris, D. G. (2008). Embryonic and early foetal losses in cattle and other ruminants. *Reproduction of Domestic Animals, 43*(Suppl. 2), 260–267.

Durocher, J., Morin, N., & Blondin, P. (2006). Effect of hormonal stimulation on bovine follicular response and oocyte developmental competence in a commercial operation. *Theriogenology, 65*, 102–115.

Eppig, J. J., O'Brien, M. J., Wigglesworth, K., Nicholson, A., Zhang, W., & King, B. A. (2009). Effect of in vitro maturation of mouse oocytes on the health and lifespan of adult offspring. *Human Reproduction, 24*(4), 922–928.

Fair, T., Hyttel, P., & Greve, T. (1995). Bovine oocyte diameter in relation to maturational competence and transcriptional activity. *Molecular Reproduction and Development, 42*, 437–442.

Fair, T., Hyttel, P., Greve, T., & Boland, M. (1996). Nucleus structure and transcriptional activity in relation to oocyte diameter in cattle. *Molecular Reproduction and Development, 43*, 503–512.

Farin, P. W., Piedrahita, J. A., & Farin, C. E. (2006). Errors in development of fetuses and placentas from in vitro-produced bovine embryos. *Theriogenology, 65*, 178–191.

Fleming, T. P., Velazquez, M. A., Eckert, J. J., Lucas, E. S., & Watkins, A. J. (2012). Nutrition of females during the periconceptional period and effects on foetal programming and health of offspring. *Animal Reproduction Science, 130*(3–4), 193–197.

Forde, N., Beltman, M. E., Duffy, G. B., Duffy, P., Mehta, J. P. et al. (2010). Changes in the endometrial transcriptome during the bovine estrous cycle: Effect of low circulating progesterone and consequences for conceptus elongation. *Biology of Reproduction, 84*, 266–278.

Gilchrist, R. B. (2011). Recent insights into oocyte-follicle cell interactions provide opportunities for the development of new approaches to in vitro maturation. *Reproduction and Fertility Developments, 23*, 23–31.

Gordon, I. (2003). *Laboratory production of cattle embryos*. Oxford: CABI Publishing.

Gray, C. A., Burghardt, R. C., Johnson, G. A., Bazer, F. W., & Spencer, T. E. (2002). Evidence that absence of endometrial gland secretions in uterine gland knockout ewes compromises conceptus survival and elongation. *Reproduction, 124*, 289–300.

Greve, T., Xu, K. P., Callesen, H., & Hyttel, P. (1987). In vivo development of in vitro fertilized bovine oocytes matured in vivo versus in vitro. *Journal of In Vitro Fertilization and Embryo Transfer, 4*, 281–285.

Hendriksen, P. J., Steenweg, W. N., Harkema, J. C., Merton, J. S., Bevers, M. M. et al. (2004). Effect of different stages of the follicular wave on in vitro developmental competence of bovine oocytes. *Theriogenology, 61*, 909–920.

Hyttel, P., Greve, T., & Callesen, H. (1989). Ultrastructural aspects of oocyte maturation and fertilization in cattle. *Journal of Reproduction and Fertility Supplement, 38*, 35–47.

Ireland, J. J., Mihm, M., Austin, E., Diskin, M. G., & Roche, J. F. (2000). Historical perspective of turnover of dominant follicles during the bovine estrous cycle: Key concepts, studies, advancements, and terms. *Journal of Dairy Science, 83*, 1648–1658.

Katz-Jaffe, M. G., McCallie, B. R., Preis, K. A., Filipovits, J., & Gardner, D. K. (2009). Transcriptome analysis of in vivo and in vitro matured bovine MII oocytes. *Theriogenology, 71*, 939–946.

Knijn, H. M., Wrenzycki, C., Hendriksen, P. J., Vos, P. L., Herrmann, D. et al. (2002). Effects of oocyte maturation regimen on the relative abundance of gene transcripts in bovine blastocysts derived in vitro or in vivo. *Reproduction, 124*, 365–375.

Kruip, T. A. M., & den Daas, J. H. G. (1997). In vitro produced and cloned embryos: Effects on pregnancy, parturition and offspring. *Theriogenology, 47*, 43–52.

Leibfried-Rutledge, M. L., Critser, E. S., Eyestone, W. H., Northey, D. L., & First, N. L. (1987). Development potential of bovine oocytes matured in vitro or in vivo. *Biology of Reproduction, 36*, 376–383.

Leroy, J. L., Vanholder, T., Mateusen, B., Christophe, A., Opsomer, G. et al. (2005). Non-esterified fatty acids in follicular fluid of dairy cows and their effect on developmental capacity of bovine oocytes in vitro. *Reproduction, 130*, 485–495.

Li, Q., Jimenez-Krassel, F., Bettegowda, A., Ireland, J. J., & Smith, G.W. (2007). Evidence that the preovulatory rise in intrafollicular progesterone may not be required for ovulation in cattle. *Journal of Endocrinology, 192*, 473–483.

Lonergan, P. (2011). Influence of progesterone on oocyte quality and embryo development in cows. *Theriogenology, 76*, 1594–1601.

Lonergan, P., Fair, T., Corcoran, D., & Evans, A. C. (2006). Effect of culture environment on gene expression and developmental characteristics in IVF-derived embryos. *Theriogenology, 65*, 137–152.

Lonergan, P., Monaghan, P., Rizos, D., Boland, M. P., & Gordon, I. (1994). Effect of follicle size on bovine oocyte quality and developmental competence following maturation, fertilization, and culture in vitro. *Molecular Reproduction and Development, 37*, 48–53.

Machatkova, M., Krausova, K., Jokesova, E., & Tomanek, M. (2004). Developmental competence of bovine oocytes: Effects of follicle size and the phase of follicular wave on in vitro embryo production. *Theriogenology, 61*, 329–335.

Matoba, S., Fair, T., & Lonergan, P. (2010). Maturation, fertilisation and culture of bovine oocytes and embryos in an individually identifiable manner: A tool for studying oocyte developmental competence. *Reproduction and Fertility Development, 22*, 839–851.

Mikkelsen, A. L. (2005). Strategies in human in-vitro maturation and their clinical outcome. *Reproductive Biomedicine Online, 10*, 593–599.

Nivet, A. L., Bunel, A., Labrecque, R., Belanger, J., Vigneault, C. et al. (2012). FSH withdrawal improves developmental competence of oocytes in the bovine model. *Reproduction, 143*(2), 165–171.

Norris, R. P., Ratzan, W. J., Freudzon, M., Mehlmann, L. M., Krall, J. et al. (2009). Cyclic GMP from the surrounding somatic cells regulates cyclic AMP and meiosis in the mouse oocyte. *Development, 136*, 1869–1878.

Pieterse, M. C., Vos, P. L., Kruip, T. A., Wurth, Y. A., van Beneden, T. H. et al. (1991). Transvaginal ultrasound guided follicular aspiration of bovine oocytes. *Theriogenology, 35*(4), 857–862.

Rizos, D., Lonergan, P., Boland, M. P., Arroyo-Garcia, R., Pintado, B. et al. (2002). Analysis of differential messenger RNA expression between bovine blastocysts produced in different culture systems: implications for blastocyst quality. *Biology of Reproduction, 66*, 589–595.

Rizos, D., Ward, F., Duffy, P., Boland, M. P., & Lonergan, P. (2002). Consequences of bovine oocyte maturation, fertilization or early embryo development in vitro versus in vivo: Implications for blastocyst yield and blastocyst quality. *Molecular Reproduction and Development, 61*, 234–248.

Roche, J. F. (1996). Control and regulation of folliculogenesis – a symposium in perspective. *Review of Reproduction, 1*, 19–27.

Russell, D. F., Baqir, S., Bordignon, J., & Betts, D. H. (2006). The impact of oocyte maturation media on early bovine embryonic development. *Molecular Reproduction and Development, 73*, 1255–1270.

Sirard, M. A. (2001). Resumption of meiosis: Mechanism involved in meiotic progression and its relation with developmental competence. *Theriogenology, 55*, 1241–1254.

Soderstrom-Anttila, V., Salokorpi, T., Pihlaja, M., Serenius-Sirve, S., & Suikkari, A. M. (2006). Obstetric and perinatal outcome and preliminary results of development of children born after in vitro maturation of oocytes. *Human Reproduction, 21*, 1508–1513.

Spencer, T. E., & Gray, C. A. (2006). Sheep uterine gland knockout (UGKO) model. *Methods in Molecular Medicine, 121*, 85–94.

Stroud, B. (2011). IETS 2011 Statistics and Data Retrieval Committee Report. The year 2010 worldwide statistics of embryo transfer in domestic farm animals. *Embryo Transfer Newsletter, 29*(4), 14–23.

Vaccari, S., Weeks II, J. L., Hsieh, M., Menniti, F. S., & Conti, M. (2009). Cyclic GMP signaling is involved in the luteinizing hormone-dependent meiotic maturation of mouse oocytes. *Biology of Reproduction, 81*, 595–604.

van de Leemput, E. E., Vos, P. L., Zeinstra, E. C., Bevers, M. M., van der Weijden, G. C., & Dieleman, S. J. (1999). Improved in vitro embryo development using in vivo matured oocytes from heifers superovulated with a controlled preovulatory LH surge. *Theriogenology, 52*, 335–349.

Vejlsted, M., Du, Y., Vajta, G., & Maddox-Hyttel, P. (2006). Post-hatching development of the porcine and bovine embryo – defining criteria for expected development in vivo and in vitro. *Theriogenology, 65*, 153–165.

Warzych, E., Wrenzycki, C., Peippo, J., & Lechniak, D. (2007). Maturation medium supplements affect transcript level of apoptosis and cell survival related genes in bovine blastocysts produced in vitro. *Molecular Reproduction and Development, 74*, 280–289.

Watkins, A. J., Wilkins, A., Cunningham, C., Perry, V. H., Seet, M. J. et al. (2008). Low protein diet fed exclusively during mouse oocyte maturation leads to behavioural and cardiovascular abnormalities in offspring. *Journal of Physiology, 586*(8), 2231–2244.

Watson, A. J., De Sousa, P., Caveney, A., Barcroft, L. C., Natale, D. et al. (2000). Impact of bovine oocyte maturation media on oocyte transcript levels, blastocyst development, cell number, and apoptosis. *Biology of Reproduction, 62*, 355–364.

缩 略 语

α-KG	alpha ketoglutarate	α-酮戊二酸
γTuRC	γ tubulin ring complex	γ 微管蛋白环复合物
AA	amino acid	氨基酸
Ac-pre-miRNA	product of Ago2-mediated pre-miRNA cleavage	Ago2 介导的前体 miRNA 剪切产物
ADAM17	adisintegrin and metalloprotease 17	解聚素金属蛋白酶 17
Ago	argonaute	Ago 酶
AGT	aminogluthethimide	氨鲁米特（镇静剂）
Ahr	aryl hydrocarbon receptor	芳烃受体
ALK	activin receptor-like kinase	激活素受体样激酶
ALT	alanine transaminase	丙氨酸转氨酶
AMH	anti-mullerian hormone	抗缪勒氏管激素
APC/C	anaphase-promoting complex/cyclosome	后期促进复合物/周期体
Areg	amphiregulin	双调蛋白
ART	assisted reproductive technology	辅助生殖技术
ATM	ataxia-telangiectasia mutated homolog	毛细血管扩张性共济失调突变基因
ATP	adenosine tri phosphate	三磷酸腺苷
ATRX	X-linked alpha-thalassemia/mental retardation syndrome	X 染色体连锁的 α-地中海贫血症/精神障碍综合征
BCB	brilliant cresyl blue	亮甲基蓝
Bcl2	B-cell leukemia/lymphoma 2 family	B-细胞白血病/淋巴瘤-2 家族
BCS	body condition score	体况评分
BDNF	brain-derived neurotrophic factor	脑源性神经营养因子
BHLH	basichelix-loop-helix	碱性螺旋-环-螺旋转录因子
BMP15	bone morphogenetic protein 15	骨形态发生蛋白 15
BMPR2	BMP receptor type 2	骨形态发生蛋白 II 型受体
BPA	bisphenol A	双酚 A
BSA	bovine serum albumin	牛血清白蛋白
Btc	betacellulin	β 细胞调节素
BWS	Beckwith-Wiedemann syndrome	贝-威氏综合征
C	clumped chromatin configuration	染色质聚集态
Ca^{2+}	calcium	钙离子

CaMKII	calmodulin-dependent protein kinase II	钙调蛋白依赖（性）蛋白激酶 II
cAMP	cyclic AMP	环磷酸腺苷
CC	cumulus cell	卵丘细胞
CCAN	constitutive centromere associated network	常驻性着丝粒相关网络
CDC42	cell division cycle 42	细胞分裂周期蛋白 42
CDK	cyclin-dependent kinase	细胞周期依赖性激酶
CEEF	cumulus expansion enabling factor	卵丘扩散促进因子
CENP-A	centromere associated protein-A	着丝粒相关蛋白-A
CICR	Ca^{2+} -induced Ca^{2+} release	Ca^{2+}-诱导 Ca^{2+}释放
cKO	conditional knockout	条件性敲除
COC	cumulus-oocyte complex	卵丘-卵母细胞复合体
CPA	cyclopiazonic acid	偶氮酸
Cpeb	cytoplasmic polyadenylation element binding protein	胞质多腺苷酸结合蛋白
CPt1b	carnitine palmitoyltransferase 1b	肉毒碱棕榈酰转移酶 1b
CRE	cAMP response element	环腺苷酸反应元件
CREB	CRE binding protein	环腺苷酸反应元件结合蛋白
Cx-43	connexin-43	连接蛋白 43
CYP19	aromatase 19	芳香化酶 19
Cyp26b1	cytochrome P450, family 26, subfamily B	细胞色素 P450 家族 26 亚族 b 成员 1
*Dax*1	dosage sensitive sex reversal, adrenal hypoplasia critical region on chromosome X, gene 1	剂量敏感的性别反转先天性肾上腺发育不良基因 1
Dazl	deleted in azoospermia-like gene	无精子症基因
Dmc1	disrupted meiotic cDNA 1	DNA 减数分裂重组酶 1
Dnmt	DNA methyltransferase	DNA 甲基转移酶
DnmtL	DNA methyltransferase-like	DNA 类甲基转移酶
dpc	days post coitum	交配后天数或胎龄
DPI	diphenylene iodonium	二亚苯基碘
Dppa3	developmental pluripotency associated 3	发育多能性相关蛋白 3
dsRBD	double-stranded RNA binding domain	双链 RNA 结合域
E	embryonic day	胚胎期
EGF	epidermal growth factor	表皮生长因子
EGFR	EGF receptor	表皮生长因子受体
ER	endoplasmic reticulum	内质网
ErbB	EGF receptor family	表皮生长因子受体家族
Ereg	epiregulin	上皮调节蛋白

ERK1/2	extracellular signal regulated kinases 1/2	分裂素激活蛋白激酶 1/2
ER	endoplasmic reticulum	内质网
eSET	elective single embryo transfer	选择性单胚移植
EST	expressed sequence tag	表达序列标签
F pattern	floccular form of condensed chromatin close to the nucleoli and nuclear membrane	接近核仁和核膜的絮状凝聚态染色质模式
F6P	fructose-6-phosphate	果糖-6-磷酸
FA	fatty acid	脂肪酸
FAO	fatty acid β oxidation	脂肪酸 β 氧化
FAS	fatty acid synthase	脂肪酸合酶
FGF	fibroblast growth factor	成纤维细胞生长因子
Figlα	factor in the germ line alpha	生殖细胞系因子 α
Floped	factor located in oocyte permitting embryonic development	母源效应因子复合体特异性胞质蛋白
FoxL2	forkhead box l 2	叉头盒 L2
FSH	follicle-stimulating hormone	促卵泡素
FST	follistatin	卵泡抑素
G3P	glyceraldehyde-3-phosphate	甘油醛三磷酸
G6P	glucose-6-phosphate	葡萄糖-6-磷酸
G6PDH	glucose-6-phosphate dehydrogenase	葡萄糖-6-磷酸脱氢酶
GCP	gamma complex protein	伽马复合蛋白
GDF9	growth and differentiation factor 9	生长和分化因子 9
GDNF	glial cell line derived neurotrophic factor	胶质细胞源性神经营养因子
GLS	glutaminase	谷氨酰胺酶
GLUT	glucose transporter	葡萄糖转运体
GPR	G protein coupled receptor	G 蛋白偶联受体
GSC	germline stem cell	生殖干细胞
GSH	glutathione, reduced	还原型谷胱甘肽
GSSG	glutathione, oxidized	氧化型谷胱甘肽
GV	germinal vesicle	生发泡（胚泡）
GVBD	germinal vesicle breakdown	生发泡破裂
H2AT119ph	histone H2A phosphorylation	组蛋白 H2A-T119 磷酸化
H3K14ac	histone H3 acetylation	组蛋白 H3 第 14 位赖氨酸的乙酰化
H3K4me1	mono-methylated lysine residue 4 of histone H3	组蛋白 H3 第 4 位赖氨酸的一甲基化
H3K4me2	di-methylated lysine residue 4 of histone H3	组蛋白 H3 第 4 位赖氨酸的二甲基化
H3K4me3	tri-methylated lysine residue 4 of histone H3	组蛋白 H3 第 4 位赖氨酸的三甲基化
H3S10ph	histone H3 phosphorylation	组蛋白 H3 磷酸化

H4K12ac	acetylation of histone H4 at lysine 12	组蛋白 H4 赖氨酸-12 乙酰化
H4K5ac	acetylation of histone H4 at lysine 5	组蛋白 H4 赖氨酸-5 乙酰化
HA	hyaluronic acid	透明质酸
HBP	hexosamine biosynthesis pathway	己糖胺生物合成途径
HDAC	histone deacetylase	组蛋白脱乙酰酶
Hell	helicase lymphoid-specific	淋巴-特异性解旋酶
HK	hexokinase	己糖激酶
HP1	heterochromatin protein 1	异染色质蛋白 1
IBMX	3-isobutyl-1-methylxanthine	3-异丁基-1-甲基黄嘌呤
ICF	immunodeficiency-centromeric instability-facial anomalies syndrome	免疫缺陷-着丝粒不稳定-面部异常综合征
ICM	inner cell mass cell	内细胞团细胞
ICR	imprinting control region	印记控制区
ICSI	intracytoplasmic sperm injection	胞质内单精子注射
IGF1	insulin like growth factor 1	类胰岛素生长因子 1
IP_3	inositol 1,4,5-trisphosphate	肌醇 1,4,5-三磷酸
IVC	*in vitro* culture	体外培养
IVF	*in vitro* fertilization	体外受精
IVM	*in vitro* maturation	体外成熟
IVP	*in vitro* embryo production	胚胎体外生产
kb	kilobase	千碱基
KDM1B	lysine demethylase 1B	赖氨酸脱甲基酶 1B
KMT1C	methyltransferase G9A	甲基转移酶 G9A
Kpna7	importin alpha 8	输入蛋白 α 8
LC/LCC	loosely/condensed chromatin configuration	松散/凝聚态染色质
LDH	lactate dehydrogenase	乳酸脱氢酶
LH	luteinizing hormone	促黄体素
LHCGR	LH receptor	促黄体素受体
Lhm8	LIM homeobox protein 8	LIM 同源框蛋白 8
LOS	large offspring syndrome	大胎综合征
LSD1	lysine demethylase 1	赖氨酸脱甲基酶 1
LSH	lymphoid-specific helicase	淋巴-特异性解旋酶
m^7G	7-methyl-G cap	7-甲基-鸟苷帽子
MAPK	mitogen-activated protein kinase, *or* ERK 1/2	丝裂原-活化蛋白激酶或分裂素激活蛋白激酶 1/2
MCU	mitochondrial Ca^{2+} uniporter	线粒体 Ca^{2+}单向传递体

ME	malic enzyme	苹果酸酶
MET	maternal-to-embryonic transition	母源-胚胎过渡
MI	metaphase I	中期 I
MII	metaphase II	中期 II
miRNA	micro RNA molecule	microRNA 分子
miRNP	microRNA ribonucleoprotein	microRNA 核糖核蛋白
MLCK	myosin light chain kinase	肌球蛋白轻链激酶
MLL2	histone-lysine *N*-methyltransferase	组蛋白-赖氨酸 *N*-甲基转移酶
MOF	multiple oocyte follicle	多卵母细胞卵泡
MPF	maturation or M-phase promoting factor	成熟期促进因子或 M 期促进因子
mRNA	messenger RNA	信使 RNA
mRNP	messenger ribonucleoprotein complex	信使核糖核蛋白复合物
Msh4,5	mutS homolog 4 and 5	错配修复同源蛋白 4 和 5
Msy2	Y box protein 2	Y 框蛋白 2
MTOC	microtubule organizing center	微管组织中心
mTORC1	target of rapamycin complex 1	雷帕霉素靶蛋白复合体 1
NAADP	nicotinic acid adenine dinucleotide phosphate	烟酸腺嘌呤二核苷磷酸
NAD(P)	nicotinamide adenine dinucleotide (phosphate)	烟酰胺腺嘌呤二核苷酸（磷酸）
ncRNA	non-coding RNA molecule	非编码 RNA 分子
NEB	negative energy balance	能量负平衡
NEDD1	neuronal precursor cell expressed developmentally down-regulated protein 1	神经前体细胞表达发育下调蛋白 1
NEFA	nonesterified fatty acid	非酯化脂肪酸
NGF	nerve growth factor	神经生长因子
nobox	newborn ovary homeobox-encoding gene	新生儿卵巢同源框-编码基因
Npm	nucleoplasmin	核质蛋白
NPPC	natriuretic peptide precursor type C	利尿钠肽前体蛋白 C
NRG1	neuregulin	神经调节蛋白
NSN	non-surrounded nucleolus	非环绕核仁
nt	nucleotide	核苷酸
NT4	neurotrophin 4	神经营养蛋白 4
ntrk2	neurotrophic tyrosine kinase receptor type 2	神经营养性酪氨酸激酶 2 型受体
O_2	oxygen	氧
OA	oxaloacetate	草酰乙酸
Obox	oocyte specific homeobox gene family	卵母细胞特异性同源框基因家族
Oct4	octamer binding transcription factor 4	八聚体结合转录因子 4

OPU	ovum pick-up	活体采卵技术
OSF	oocyte-secreted factor	卵母细胞分泌因子
OXPHOS	oxidative phosphorylation	氧化磷酸化
P4	progesterone	孕酮
PARP-1	poly (ADP ribose) polymerase-1	多腺苷二磷酸核糖聚合酶-1
PCM	pericentriolar material/matrix	中心粒外周物质/基质
PDE	phosphodiesterase	磷酸二酯酶
PDE3	phosphodiesterase type III	磷酸二酯酶 III
PDPK1	3-phosphoisnositide dependent protein kinase 1	3-磷酸肌醇依赖性蛋白激酶 1
PFK	phosphofructokinase	磷酸果糖激酶
PG	prostaglandin	前列腺素
PGC	primordial germ cell	原始生殖细胞
PGE2	prostaglandin E2	前列腺素 E2
PGK1	phosphoglycerate kinase 1	磷酸甘油酸酯激酶 1
PGR	progesterone receptor	孕酮受体
PHLDA1	pleckstrin homology-like domain, family A, member 1	普列克底物蛋白同源物样结构域家族 A 成员 1
PI3K	phosphatidylinositol 3-kinase	磷脂酰肌醇 3-激酶
PIP_2	phosphatidylinositol 4,5-bisphosphate	磷脂酰肌醇 4,5-二磷酸
PK	pyruvate kinase	丙酮酸激酶
PKA	protein kinase A	蛋白激酶 A
PKC	protein kinase C	蛋白激酶 C
PLC	phospholipase C	磷酯酶 C
PMCA	plasma membrane Ca^{2+} ATPase	质膜 Ca^{2+} ATP 酶
Pol II	RNA polymerase II	RNA 聚合酶 II
POU	Pit, Oct, Unc domain	POU 结构域
PPP	pentose phosphate pathway	磷酸戊糖途径
pre-miRNA	precursor miRNA	前体 miRNA
pri-miRNA	primary miRNA	初级 miRNA
PRPP	phosphoribosyl pyrophosphate	磷酸核糖焦磷酸
PTEN	phosphatase and tensin homolog deleted on chromosome 10	第 10 号染色体缺失的磷酸酶及张力蛋白同源基因
PTGER 2,4	G protein-coupled receptor subtype EP2 or EP4	G 蛋白偶联受体亚型 EP2 或 EP4
PTGS2	prostaglandin synthase 2	前列腺素合成酶 2
PUFA	polyunsaturated fatty acid	多不饱和脂肪酸
PVP40	polyvinyl pyrrolidone 40	聚乙烯基吡咯烷酮 40
R5P	ribose-5-phosphate	核糖-5-磷酸

RGS2,3	regulator of G protein signalling 2, 3	G 蛋白信号调控子 2, 3
RISC	RNA-induced silencing complex	RNA-诱导沉默复合体
RNAi	RNA interference	RNA 干扰
RNP	Ribonucleoprotein	核糖核蛋白
RRM	RNA recognition motif	RNA 识别基序
rsp6	ribosomal protein s6	核糖体蛋白 s6
rspo1	R-spondin homolog 1	R-脊椎蛋白同源体 1
S1P	sphingosine-1-phosphate	鞘氨醇-1-磷酸
SAC	spindle assembly checkpoint	纺锤体组装检查点
SAGE	serial analysis of gene expression	基因表达系列分析
SCF	stem cell factor	干细胞因子
SCMC	subcortical maternal complex	母源效应因子复合体
SYCP	synaptonemal complex protein	联会复合体蛋白质
SERCA	sarcoplasmic/endoplasmic reticulum Ca^{2+} ATPase	肌浆网/内质网 Ca^{2+} ATP 酶
shRNA	short hairpin RNA	短发夹 RNA
SMAD	Sma- and Mad-related	Sma-和-Mad 相关蛋白
SN	surrounded nucleolus	环绕核仁
SNBP	sperm nuclear binding protein	精子核结合蛋白
SOF	synthetic oviductal fluid	输卵管合成液
Sohlh1,2	spermatogenesis and oogenesis-specific basic helix-loop-helix 1 and 2	精子、卵子发生特异性碱性螺旋-环-螺旋蛋白 1 和 2
SPCA	secretory pathway Ca^{2+} ATPase	分泌途径的 Ca^{2+}ATP 酶
SSH	suppressive subtractive hybridization	抑制消减杂交
Stra8	stimulated by retinoic acid, gene 8	视黄酸应答基因 8
SWI/SNF	helicase of the switch/sucrose non-fermenting family	解旋酶转换/蔗糖不发酵家族
TALDO	transaldolase	转醛醇酶
TC/TCC	tightly condensed chromatin configuration	高度凝聚的核染色质形态
TCA	tricarboxylic acid cycle	三羧酸循环
TCM	tissue culture medium	组织培养基
TGF	transforming growth factor family	转化生长因子家族
TKT	transketolase	转酮醇酶
TRBP	transactivating response (TAR) RNA-binding protein	转录激活反应 RNA-结合蛋白
Tsc1	tuberosclerosis complex	结节性硬化综合征
TUBG1	γ-tubulin gene	γ-微管蛋白基因
UGP2	UDP-glucose pyrophosphorylase-2	尿苷二磷酸葡萄糖焦磷酸化酶-2
UTR	untranslated region	非翻译区

VRK1	vaccinia-related kinase	牛痘关联激酶
WE	Warburg effect	瓦尔堡效应
WT	wild type	野生型
Ybx2	Y box protein 2	Y 框蛋白 2
Zar1	zygote arrest 1	合子阻滞因子 1
ZP 2,3	zona pellucida protein gene 2,3	透明带糖蛋白基因 2, 3
ZP	zona pellucida	透明带